四川盆地碳酸盐岩典型地质露头解析图集

杨跃明　李国辉　王丽英　周红飞　主编

石油工业出版社

内容提要

本图集以四川盆地海相地层中天然气主要产层为研究对象，在对四川盆地及周缘的露头剖面进行系统勘测后，优选33条实测剖面，系统阐述露头剖面地层及岩石学特征、沉积韵律及岩石学特征、编绘露头横剖面和综合柱状图。精选具有代表性的宏观和微观照片，包括构造、岩性、岩石组构、化石、储层孔隙等。

本图集由地层简介、油气勘探概况、剖面特征阐述、66幅露头地质平面图和剖面图、752张照片和简要文字说明组成。具有一定实用性和科学性，有助于了解四川盆地海相地层主要产层概貌，对油气地质研究的工作者和高校师生均有参考价值。

图书在版编目（CIP）数据

四川盆地碳酸盐岩典型地质露头解析图集／杨跃明等主编. 一北京：石油工业出版社，2023.6

ISBN 978-7-5183-5788-8

Ⅰ.①四… Ⅱ.①杨… Ⅲ.①四川盆地－碳酸盐岩油气藏－地质勘探－图集 Ⅳ.①P618.130.2-64

中国版本图书馆CIP数据核字（2022）第233433号

审图号：GS京（2023）1287号

出版发行：石油工业出版社
（北京安定门外安华里2区1号 100011）
网　址：www.petropub.com
编辑部：（010）64253017　　图书营销中心：（010）64523633
　　　　（010）64253017　　　　　　　　　　（010）64523633

经　销：全国新华书店

印　刷：北京中石油彩色印刷有限责任公司

2023年6月第1版　　2023年6月第1次印刷
787×1092毫米　开本：1/8　印张：32
字数：450千字
定价：480.00元

（如出现印装质量问题，我社图书营销中心负责调换）

版权所有，翻印必究

《四川盆地碳酸盐岩典型地质露头解析图集》编委会

主　编：杨跃明　李国辉　王丽英　周红飞

编　委：赵路子　谢继容　文　龙　张本健　朱　华
　　　　　白贵林　宋家荣　彭　平　任利明　周　刚
　　　　　注　华　李莉　李　楠　严　威　张　亚

前言 PREFACE

四川盆地及周缘具有丰富的油气地质研究中不可或缺的重要路径。

四川盆地内在华蓥山构造带亦有出露，是露头地质调查研究的良好场所。

四川盆地具有多产层的富油气盆地，是露头地质调查研究的良好场所。常规天然气勘探已在陈志留系外的其他地层均有大规模勘探，取得了丰硕的勘探成果，2020年四川盆地中国石油探区天然气年产能力跨上300×10⁸m³的新台阶，并朝着2025年年产达到500×10⁸m³的目标奋进。随着油气勘探工作的不断深入，勘探难度逐渐加大，中国石油西南油气田公司愈感油气基础研究的重要性和急迫性，决定花大力气组建一批有代表性的海相地层露头地质剖面，为油气地质研究奠定基础，2017年设立专项研究，调查勘测层位为海相碳酸盐岩天然气主要产层，研究团队共六十余人，毕两年半之功，共踏勘调查97条露头剖面，勘测其中33条，积累了大量第一手资料。

露头勘测剖面的选择首先基于良好的野外工作条件，重点剖面出露的完整性，剖面结构的代表性、典型性。既突出重点，又兼顾相变特征。震旦系灯影组的重点是基于川西露头和渝东北地区兼顾斜坡相区；寒武系则包含不同地层分区的剖面；石炭系剖面选择基于川西和渝东地区和不同地层区，上、中、下二叠统选择代表有利储集相的生屑滩和长兴组、大隆组分布区的剖面，并兼顾川西和渝东北地层区和不同相区为主，上二叠统主要选择峨眉山玄武岩组、吴家坪组和长兴组，大隆组分布区的剖面勘测一条长兴组生物礁剖面；三叠系飞仙关组重点在鲕粒滩发育区选择剖面，嘉陵江组考虑了铜街子组分布区的剖面，雷口坡组主要选择不同沉积相区的剖面。

通过露头剖面勘测，取得了一些新的发现，在南江杨坝震旦系灯影组二段顶部发现岩溶漏斗和岩溶角砾，为桐湾运动Ⅰ幕提供了直接证据；在巫溪徐家石龙洞组剖面发现各斜长石斑晶泥晶灰岩和凝灰岩，可能示龙王庙沉积期该区附近有岩浆活动；渝东鄂西渝北地区寒武系碳酸盐岩与泥晶变化较快，与现今认识存在一定偏差，中晚寒武世渝东北地区沉积相分异性强，与盆地内地层的两分性不同，沉积水体呈开放状态，中晚寒武世渝东北地区沉积相分异性强，除局限海合地相外，也存在开阔海和盆地相外；中泥盆统观雾山组底界不应以出现灰云岩段至出现回春河流相为界，观雾山组由碎屑岩段、混积岩段和碳酸盐岩组成，形成完整的海进一海退旋回；华蓥山地区雷口坡组一段底部发现一套厚50m的滩相颗粒岩，储层孔隙发育，以期为油气地质研究提供基础材料。

本图集编撰的宗旨，为系统介绍四川盆地海相碳酸盐岩天然气主要产层露头地质剖面特征，以剖面为单元，以实测资料为基础，反映剖面基本状况和特征，进而可以较快速地了解和掌握油气地质概况。

本图集编撰的目的，在于充分展示露头地质剖面实测的主要成果，精选代表性的、典型的图片；宏观与微观相结合，以微观为主；图文兼顾，以图为主。

本图集编撰的方法，为以剖面为单元，以实测资料为基础，反映剖面基本状况，精选生物的、沉积的、成岩的典型图片，宏观观察与微观相结合，以微观为主。

基于上述考虑，图集由两部分组成：第一部分为相关层位地层特征阐述，包含地层概述和油气勘探简况；第二部分为各露头剖面特征描述，以剖面为单元，包括剖面结构、接触关系、岩石组合、储集孔隙特征等，由文字、图件和照片组成，图片为宏观和微观两种，照片微观照片为主，涵盖特殊岩性及矿物成分、岩石结构、沉积成岩构造、化石、储层孔隙类型等内容。资料使用截至2021年底。

在编撰过程中，西南油气田公司勘探首席专家杨跃明教授对图集的编撰思路、结构、风格进行统筹规划和指导，并邀请了相关专家进行讨论与咨询。文字由李国辉、周红飞编写，薄片鉴定、图版及其说明由王丽英、李国辉编制、剖面图由王坛、叶勇清绘，由杨跃明、李国辉总成。参加编撰工作的还有贾敏、钱红杉、李亚丁、陈曦、黄茂轩等。

感谢为该图集提供素材的前期科研项目的执行者和参与者，没有他们长期艰苦工作的成果，就没有本图集的面世；感谢中国石油西南油气田公司油气资源（物探）处、技术咨询中心、勘探开发研究院的大力支持；感谢王兴志、罗启后、张健、白贵林等教授、路中侃、杨西南等高级工程师多次对图集编撰进行指导，特别致谢冉隆辉教授、张荫本教授两次对本图集进行详细审阅，提出了宝贵的修改意见和建议。

仁智之见在于读者，或有笔漏意谬者，望参阅者不吝赐正。

目 录
CONTENTS

四川盆地海相地层简表 ··· 1

露头地质剖面位置图 ··· 2

剖面图例 ··· 3

1 震旦系灯影组

1.1 地层概况 ··· 4

1.2 油气勘探概况 ··· 5

1.3 地质剖面 ··· 6

 1.3.1 南江杨坝灯影组剖面 ·· 6

 1.3.2 汉源马烈灯影组剖面 ··· 15

 1.3.3 天全小河灯影组剖面 ··· 24

 1.3.4 秀山溶溪灯影组剖面 ··· 30

2 寒武系

2.1 地层概况 ·· 33

 2.1.1 龙王庙组 ·· 33

 2.1.2 洗象池组 ·· 33

2.2 油气勘探概况 ·· 34

2.3 下寒武统地质剖面 ·· 35

 2.3.1 仁怀后山—金沙岩孔清虚洞组剖面 ·· 35

 2.3.2 酉阳龙潭清虚洞组剖面 ··· 39

 2.3.3 石柱马武石龙洞组剖面 ··· 44

 2.3.4 亚溪徐家石龙洞组剖面 ··· 55

 2.3.5 南江沙滩孔明洞组剖面 ··· 61

- 2.4 中上寒武统地质剖面 ·········· 65
  - 2.4.1 乐山沙湾象洗池组剖面 ·········· 65
  - 2.4.2 仁怀后山—五马娄山关群剖面 ·········· 70
  - 2.4.3 酉阳龙潭娄山关群剖面 ·········· 78
  - 2.4.4 城口修齐三游洞组剖面 ·········· 87
  - 2.4.5 巫溪徐家三游洞组剖面 ·········· 96
  - 2.4.6 秭归九畹溪三游洞组剖面 ·········· 99

3 泥盆系—石炭系

- 3.1 地层概况 ·········· 103
  - 3.1.1 泥盆系观雾山组 ·········· 103
  - 3.1.2 石炭系 ·········· 103
- 3.2 油气勘探概况 ·········· 104
- 3.3 地质剖面 ·········· 104
  - 3.3.1 北川桂溪中泥盆统观雾山组剖面 ·········· 104
  - 3.3.2 北川通口石炭系剖面 ·········· 116
  - 3.3.3 青川建峰上石炭统马平组剖面 ·········· 124
  - 3.3.4 华蓥山仙鹤洞上石炭黄龙组剖面 ·········· 129
  - 3.3.5 华蓥山新兴煤矿上石炭统黄龙剖面 ·········· 133
  - 3.3.6 丰都南天湖上石炭统黄龙组剖面 ·········· 135

4 二叠系

- 4.1 地层概况 ·········· 140
  - 4.1.1 中统（阳新统） ·········· 140
  - 4.1.2 上统（乐平统） ·········· 140
- 4.2 油气勘探概况 ·········· 141
- 4.3 地质剖面 ·········· 142
  - 4.3.1 旺苍双汇二叠系剖面 ·········· 142
  - 4.3.2 剑阁上寺二叠系剖面 ·········· 152

- 4.3.3 广元朝天西北乡二叠系剖面 ……161
- 4.3.4 天全思经二叠系剖面 ……167
- 4.3.5 宣汉渡口上二叠系剖面 ……175
- 4.3.6 开州满月上二叠统剖面 ……183
- 4.3.7 宣汉鸡唱上二叠统长兴组剖面 ……189

5 中—下三叠统

- 5.1 地层概况 ……199
- 5.2 油气勘探概况 ……200
- 5.3 地质剖面 ……201
  - 5.3.1 云阳上坝下三叠统飞仙关组剖面 ……201
  - 5.3.2 旺苍铁炉坝下三叠统嘉陵江组剖面 ……212
  - 5.3.3 盐津黎山下三叠统嘉陵江组剖面 ……224
  - 5.3.4 广安前锋光辉中三叠统雷口坡组剖面 ……230
  - 5.3.5 屏山铜厂中三叠统雷口坡组剖面 ……238

参考文献 ……245

四川盆地海相地层简表

界	系	统	地层组	代号	地质年龄（Ma）	构造运动	地层厚度（m）	岩性简述	油气产层
中生界	三叠系	中统	雷口坡组	T_2l			0~1000	浅灰色、灰色灰岩、白云岩夹石膏，分五段	气层
		下统	嘉陵江组	T_1j			200~800	灰色、深灰色灰岩、白云岩夹石膏，分四段	气层
			飞仙关组	T_1f	252.2		120~900	灰色、生物灰岩、页岩、灰紫色、鲕状灰岩夹石膏	气层
古生界	二叠系	上统	长兴组	P_3ch			0~445	石灰岩、页岩、铝土质泥岩、各缝石及泥岩	气层
			龙潭组	P_3l			15~400	碳质页岩、页岩、生物灰色、薄层煤、泥灰岩、上部局部见硅质岩	气层
		中统	茅口组	P_2m			200~400	灰色灰岩、白云岩夹紫红色、灰绿色泥岩	气层
			栖霞组	P_2q			100~200	生屑灰岩、泥质灰岩夹白云岩、上部局部夹硅质岩	气层
		下统	梁山组	P_1l	299	云南运动	1~3	黑色碳质页岩夹薄煤层	
	石炭系	上统	马平组	C_2m			0~35		
			黄龙组	C_2hl			0~80	亮晶生屑白云岩、亮晶生屑灰岩、角砾状白云岩、含生屑白云岩、生屑白云岩	气层
		下统	总长沟组	C_1z	359.5	东吴运动	0~1600	亮晶生屑鲕粒灰岩、亮晶鲕粒灰岩、含生屑泥晶灰岩、局部为泥岩，分两段	
	泥盆系	上统	长滩子组	D_3ct			0~120	状灰岩，泥砂页岩	
			茅坝坝组	D_3m			0~360	以泥晶团块（团粒）灰岩等为主，夹砂屑灰岩	
			沙窝子组	D_3s			0~600	鲕粒灰岩夹生物屑灰岩、藻层状灰岩	
			小岭坡组	D_3x			0~260	灰色、云质灰岩、白云岩夹瘤状灰岩	
			土桥子组	D_3t			0~220	泥晶层孔虫灰岩、白云岩夹含量叠层与核形石条带	
		中统	观雾山组	D_2g			0~2330	粉砂岩、云质灰岩、泥岩、泥灰岩	
			金宝石组	D_2j			0~430	下部为鲕状砂岩、上部多为页岩夹硅质岩	
		下统	甘溪铺组	D_1g	416		0~580	粉砂岩、泥灰岩、泥岩等	
			平驿铺组	D_1p			0~270	石英砂岩，泥质粉砂岩、细—中晶灰质白云岩，局部发育生物碳	
	志留系	中统	回星哨组	S_2hx		加里东运动	0~1000	含泥质，铁质粉砂岩，上部以灰色泥岩，顶部见泥质灰岩	
		下统	韩家店组	S_2h			0~500	瘤状灰岩、泥岩或薄层瘤状灰岩、灰绿色石英砂岩，泥质粉砂岩	
			石牛栏组	S_1s			0~980	灰绿色、黄灰色泥页岩、瘤状灰岩互层、局部见含生物碎屑灰岩	
			龙马溪组	S_1l	443.8		0~1000	下部为黑色碳质页岩，顶部为浅绿色或黄绿色砂质泥岩	气层
	奥陶系	上统	五峰组	O_3w			0~10	笔石页岩，钙质页岩、硅质页岩	气层
		中统	临湘组	O_2l			0~5	见泥灰色石英砂或深灰色石英砂泥岩	
			宝塔组	O_2b			0~40	瘤状灰岩，泥灰色砂屑灰岩	
			十字铺组	O_2s			0~80	下部为灰色瘤灰岩或含瘤灰岩，上部以瘤灰岩为主	
		下统	湄潭组	$O_{1,2}m$			0~400	上部及下部主要由页岩、粉砂质页岩夹砂质页岩组成，中段主要为生物碎屑灰岩；上段为灰岩、生屑灰岩，夹少量泥晶灰岩，常含黑色泥质条带	
			桐梓组	O_1t	485.4	郁南运动	0~150	以白云岩为主，夹薄层灰岩，在泥灰色瘤晶白云岩中见黑色泥质条带	
	寒武系	上统	洗象池组	$\epsilon_{2-3}x$			0~1000	白云岩为主、夹泥质白云岩、云质砂岩及白云岩和灰岩石互层	气层
		中统	高台组	ϵ_2g			0~240	绿灰色、紫红色泥质白云岩、云质粉砂岩、云质砂岩及灰岩	
			红花园组	ϵ_2h			0~200	厚互层，棕红色泥质白云岩、石膏、盐岩	
		下统	龙王庙组	ϵ_1l			0~700	白云岩、颗粒白云岩、石灰岩、石膏岩	气层
			沧浪铺组	ϵ_1c			0~200	灰色砂岩、粉砂岩、泥质粉砂岩	
			筇竹寺组	ϵ_1q			0~1560	下部为黑色碳质页岩，产三叶虫，古介形类；上部为灰绿色页岩夹粉砂条带、产软舌螺、普通含磷	气层
			麦地坪组	ϵ_1m	541	桐湾运动	0~200	深灰色、灰黑色、粉砂质页岩、白云岩、灰质白云岩、含硅质含磷	
新元古界	震旦系	上统	灯影组	Z_2dn			64~1000	白云岩、颗粒白云岩、硅质白云岩、普通含石	气层
		下统	陡山沱组	Z_1	635		5~770	碳质页岩、页岩、粉砂岩、黑色、含硅质白云岩	
前震旦界				AnZ				由变质岩、页岩、岩浆岩和沉积岩组成盆地基底	

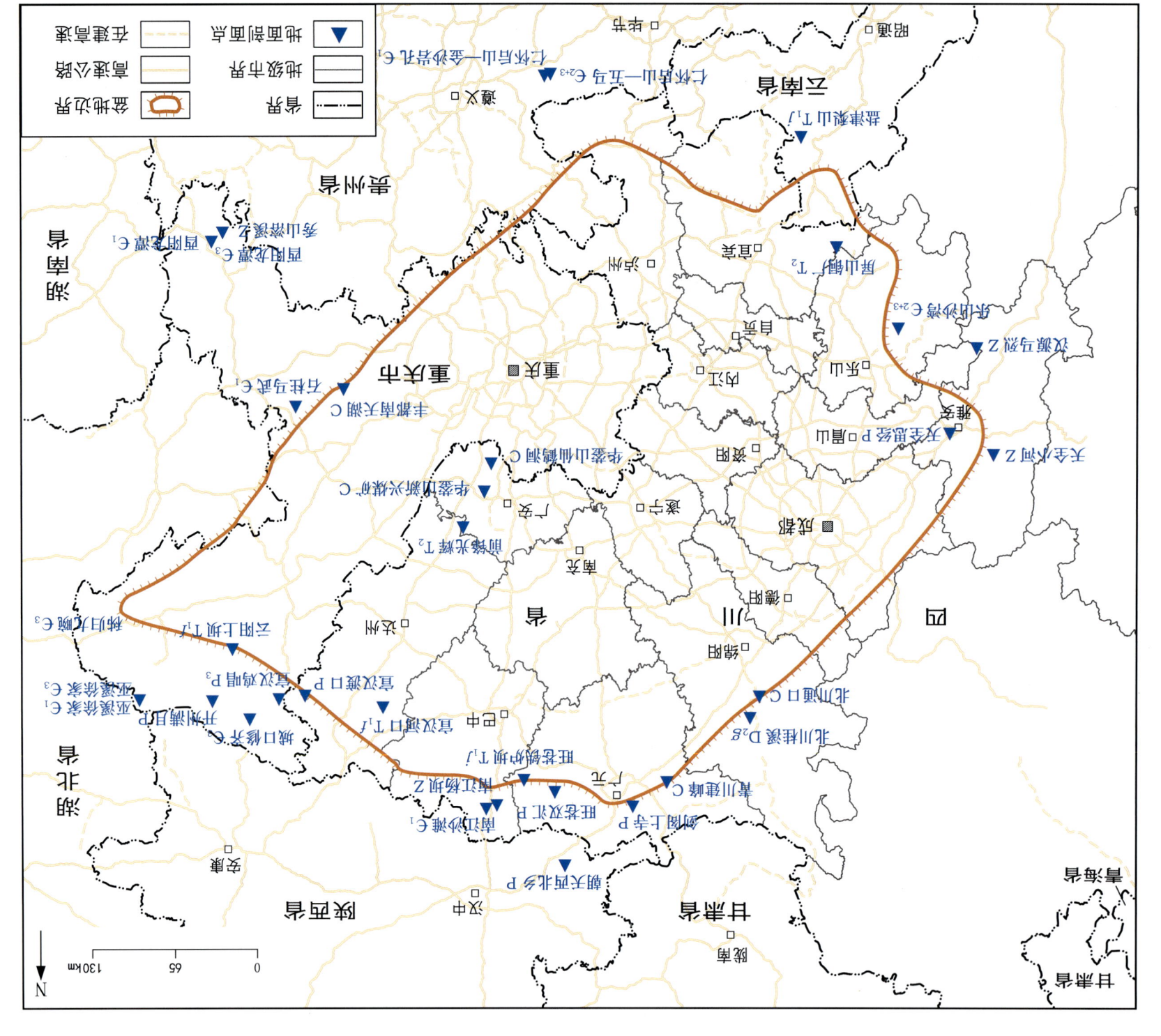

釜火地质露头图位置图

剖面图例

图例	名称	图例	名称	图例	名称	图例	名称
	中砂岩		细砂岩		粉砂岩		泥质粉砂岩
	云质泥岩		石膏质泥岩		泥岩		泥
	石灰岩		泥质灰岩		含膏质灰岩		砂质泥岩
	砂质灰岩		生物灰岩		生物碎屑灰岩		砂屑生物碎屑灰岩
	针孔状灰岩		鲕状灰岩		假鲕状灰岩		角砾状灰岩
	硅质灰岩		含白云石灰岩		灰质鲕粒灰岩		砾屑结晶灰岩
	含硅质生屑灰岩		花斑状砂屑白云岩		砾石结核灰岩		砾屑结核颗粒灰岩
	砂屑白云岩		白云岩		灰质鲕粒白云岩		含灰白云岩
	核形石白云岩		泥质生屑白云岩		粉砂质白云岩		角砾状白云岩
	生屑白云岩		针孔状白云岩		砂质条带白云岩		葡萄状白云岩
	藻云岩		致密玄武岩		杏仁状玄武岩		
					硅质岩		藻纹层白云岩
							藻团块白云岩
							砾屑条带灰岩
							泥质条带白云岩
							藻纹状白云岩
							角砾岩
							云质灰岩
							藻灰岩
							砾屑灰岩
							沥青质灰岩
							页状灰岩
							介壳灰岩
							碎屑灰岩
							砂屑云质灰岩
							碳质灰岩
							碳质页岩
							砂质泥岩
							砂质页岩
							粉砂质泥岩
							灰质页岩
							灰质泥岩

1 震旦系灯影组

1.1 地层概况

葛利普（Grabau A W）1922 年明确将震旦一词作为系一级年代地层单元，灯影组由李四光、赵亚曾（1924）在宜昌境内灯影峡命名，原称"灯影灰岩"，《中国前寒武系》（1962）建"灯影统"，包括陡山沱层和灯影层，相当于李四光光、沙庆安将"灯影组"所称陡山沱统和灯影灰岩，1963 年刘鸿允、沙庆安将"灯影组"之"灯影灰岩"限定为李四光之"灯影灰岩"范畴，并沿用至今。

四川盆地灯影组纵向上岩性组合具有明显四分性，自下而上可分为下贫藻段、富藻段、上贫藻段和含硅质岩段。早期在威远地区钻孔资料揭示，震旦系仅存灯影组和陡山沱组，灯影组和陡山沱组，实为陡山沱组，将震旦系一段以碎屑岩为主，实为陡山沱组；震二段以碳酸盐岩为主，并以藻类富集程度和硅质含量多少依据细分为三段：震二段为下贫藻白云岩段，震三段为富藻白云岩段，震四段为上贫藻白云岩和含硅质白云岩段，并以混积岩（碎屑岩和碳酸盐岩）底为界，将震四段分震四$_1$和震四$_2$两个亚段（震四$_1$亚段为上贫藻白云岩段，震四$_2$亚段为含硅质白云岩段）。随着勘探和研究的不断深入，恢复陡山沱组和灯影组，定为震旦系上统，不再将"系"之下分"段"，而是在"组"之下分"段"，陡山沱组对应震一段，灯影组对应原震二段（富藻段）、灯三段对应原震四段、灯二段对应原震三段（下贫藻段），灯三段对应震四（原震四$_1$亚段），灯四段对应原震四$_2$亚段（碎屑岩＋含硅质白云岩段）。第三届全国地层会议对震旦系进行重新厘定，陡山沱组为震旦系下统，灯影组为上统。2014 年，中国石油西南油气田公司对灯影组进行重新划分，强调了混积岩代表的地质事件（冯明友等，2017），并将该碎屑岩段划分为两个段，新方案为：灯影组一段、灯影组二段、灯影组三段、灯影组四段；将原灯四段拆分成两个段，下部混积岩段为灯三段、上部含硅质白云岩段为灯四段。

四川盆地局部地区震旦系灯影组与寒武系筇竹寺组之间存在过渡层（麦地坪段），已有众多学者对二者之间界线划分进行了深入研究（杨遵和等，1982；殷继成等，1980，1989；李日辉和杨式溥，1988；李日辉，1991）。在实际应用中，将麦地坪组归属寒武系。

灯影组与下伏陡山沱组间为整合接触，与上覆寒武系接触关系分两类：一种是灯影组与麦地坪组（$\epsilon_1 m$）同的整合接触（陈孟羲，1982；李日辉和杨式溥，1988；李日辉，1991），另一种为灯影组与筇竹寺等组（$\epsilon_1 q$）间的平行不整合接触。

灯影组在包括四川盆地在内的上扬子地区广泛分布，盆地内深埋地腹，盆地边缘有出露，即西南缘雅安—峨眉—乐山一带、西缘彭灌杂岩体外围、北缘米仓山、大巴山地区、东部和南部的川鄂湘黔地区。

盆地内灯影组厚度变化较大，为 200~1000m，并呈近南北向厚薄相间的分布格局。自西向东，厚值区分布在绵竹—乐山一带和宁强—巴中—南充—自贡—宜宾一带，厚度平均为 800~1000m；城口—云阳—南川一带，厚度为 600~1000m。厚值带之间为薄值区，最小厚度不足 200m。

四川盆地及其周缘灯影组灯影组存在相变（邓胜徽等，2015），碳酸盐岩台地相灯影组以白云岩为主，夹少量碎屑岩、石膏、石灰岩，纵向上分段性明显，碎屑岩分布在灯三段，长宁地区灯一段见石膏；台地斜坡相灯影组见灯三段；盆地东南缘湘黔地区，灯影组以石灰岩为主，白云岩不发育，岩性分段性亦不明显，厚度不足百米（地质矿产部成都地质矿产研究所，1987）。

受震旦纪末桐湾运动影响，灯影组存在不同程度剥蚀，盆地西南缘天全—雅安地区及盆地内资阳地区剥蚀至灯二段，其余大部分地区残存灯四段。桐湾运动造成的地层剥蚀，还叠加了志留纪末加里东运动造成的更大范围隆升剥蚀。

1.2 油气勘探概况

四川盆地震旦系灯影组是常规天然气主力产层之一，经历了漫长曲折的勘探历程（臧鸿鸣等，1999）。油气勘探始于20世纪60年代，1964年加深威基井，钻至震旦系灯影组顶部（进入震旦系灯影组21.7m处）见气侵，井漏，对井深2438~2859.39m进行测试，产气量为7.8×10⁴m³/d，发现震旦系灯影组气藏。该气藏长宁等构造均产水，勘探效果差。

威远灯影组气藏发现后，先后在乐山—龙女寺隆起斜坡区自流井、大窝顶、天宫堂和盆地北缘长宁等构造均产水，勘探效果差。

2011年7月，高石梯地区高石1井震旦系灯影组二段测试产气量达102×10⁴m³/d，灯四段产气量为36×10⁴m³/d，发现了安岳气田灯影组气藏，是继威远灯影组气藏发现后，在川中地区灯影组勘探取得的重大突破（魏国齐等，2013），是我国第一个产层年代最古老的大型气田。

截至2021年，安岳气田震旦系灯影组气藏共获天然气探明储量6809×10⁸m³，其中灯四段气藏探明储量4352×10⁸m³，灯二段气藏为2457×10⁸m³。

四川盆地灯影组气藏总体为局限海台地沉积，灯二和灯四段在台地边缘和环"德阳—安岳裂陷槽"发育带状藻滩相，台内局部发育孤立状藻滩体，是有利储集岩相，发育厚层藻云岩。

威远震旦系灯影组储层岩性主要为藻云岩，储集空间为溶蚀孔、洞和裂缝，储层类型为低孔、低渗、强非均质性的裂缝—孔隙（洞）型。柱塞岩样孔隙度分析表明，大于2.0%的岩样孔隙度占总样品数32.3%，压汞分析表明，灯二段上部到灯四段，各种孔隙和溶洞发育，岩心统计结果表明，平均洞密度为32个/m，缝密度为60条/m，76%的洞和34%的缝为未充填或半充填，喉道窄呈片状，中值喉道半径（r₅₀）最大值为0.7μm，平均渗透率为0.04mD。灯二段气藏明显高于垂直渗透率，横向连通性较强，储层单层厚度小，层数多，最多可达47层，累计厚度最大为90m。

安岳地区灯影组气藏是一个弹性水驱的块状底水构造圈闭气藏，气水界面海拔为−2434m。气藏含气面积为219km²，含气高度为243m。全气藏为连通性较弱的统一的水动力系统，原始地层压力为29.53MPa，气藏底水具有封闭性。

安岳灯影组气藏发现后，随着勘探研究的不断深入，油气勘探向纵深推进，发现了"德阳—安岳裂陷槽"，并提出环裂陷槽边缘发育规模分布的微生物丘滩体建造（李忠权等，2015），是有利的储集岩相带，同时，裂陷带内沉积厚层优质的下寒武统烃源岩，与灯影组储层形成侧向对接优越的旁生侧储层岩组合新认识，油气勘探思路向环"德阳—安岳裂陷槽"合缘丘滩体特变。并在蓬莱地区对接优越储藏的旁生侧储成藏得突破，蓬探1井测试产气量为121.98×10⁴m³/d，蓬探101井产气量220.88×10⁴m³/d，蓬探102井产气量65.06×10⁴m³/d。与此同时，开辟向合内滩勘探思路，高石126井产气量58.76×10⁴m³/d的高产工业气流，高石128井合内滩勘探领域，高石126井产气量36.68×10⁴m³/d。以上展示了灯影组广阔的勘探领域和勘探前景。

1.3 地质剖面

1.3.1 南江杨坝灯影组剖面

南江杨坝灯影组剖面位于四川省巴中市南江县杨坝镇，南距南江县城 24km，其北约 70km 为著名的诺水河—光雾山国家地质公园和米仓山国家森林公园。剖面位于公路旁，整体出露良好，易于观测。构造位置处于四川盆地北部边缘米仓山凸起南缘带。

灯影组合合硅质白云岩与寒武系麦地坪组泥晶灰岩呈整合接触，灯影组底与震旦系下统观音崖组灰白色中粒石英砂岩呈整合接触。剖面总长为 1343.6m，灯影组厚度 823.8m。

灯影组可分为四段：

灯一段（厚度为 27.64m），灰白色泥粉晶白云岩夹颗粒白云岩，纹层状白云岩，颗粒白云岩厚度为 0.29~2.68m，累计厚度 4.22m。孔洞主要见于纹层状白云岩中，多具顺层分布特征，由白云石不同程度地充填，局部见碳沥青充填。颗粒白云岩及泥粉晶白云岩以针孔发育为特征。

灯二段（厚度为 552.83m），中下部藻云岩发育葡萄状构造、花斑状构造、泡沫状构造（水平状、波状、挠曲状）为主，以中层—薄层状产出；上部（厚 66.19m）灰色薄层—厚层藻纹层泥粉晶白云岩，针孔发育，局部见溶洞和缝合线构造，顶部 1.76m 处见宽度约为 2.0m 的岩溶漏斗，其内为角砾岩，角砾为灰白色白云岩，粒径为 0.2~60cm，棱角状、分选差，无定向，砾间砂质充填，自下而上角砾岩（个体）小，（数量）少，（磨圆）较好向大、多，差渐变。

灯三段（厚度为 65.43m），褐黄色—黄灰薄层—中层砂岩夹同色泥岩、泥质粉砂岩，底部与灯二段接触面呈波状起伏，平行不整合接触。上部（厚度为 8.3m）黑色薄层—中层状粉—细粉粒砂岩与灯四段纹层白云岩接触。

灯四段（厚度为 177.9m），下部（厚度为 81.7m）厚层—块层状微晶白云岩夹硅质条带，局部见纹层藻云岩；中部（厚度为 23.95m）深灰色粉晶—细晶白云岩—粉晶白云岩夹 4 层同色角砾状白云岩，角砾状白云岩单层厚度为 0.88~2.89m，累计厚度为 7.02m，角砾呈棱角—次圆。白云岩针孔较发育，普遍见碳沥青充填，上部灰黑色中层—厚层粉晶—细晶白云岩与藻云岩互层，藻云岩中普遍见水平纹层，裂缝及针孔发育，见较多碳沥青充填。

储层主要发育灯影组一段、二段、四段。

储集空间类型主要是溶蚀孔洞，也见裂缝 + 孔洞型，孔洞的形成主要与桐湾期表生岩溶作用及沉积期短暂暴露淡水淋滤作用有关。在溶蚀孔洞中常见有碳沥青不同程度充填，表明曾经历过油气充注。

灯一段储层发育在灰白色—灰色泥晶—粉晶藻云岩、粉晶白云岩中，少量发育在颗粒状白云岩中，葡萄状、花斑状构造发育，孔隙度为 1.42%~10.16%，平均度为 3.62%；渗透率为 0.14~20.6mD，平均为 0.96mD。

灯二段储层发育在距灯二段底 12.39m 灰色泥晶—微晶白云岩中（孔洞层厚 7.1m），碳沥青沿溶孔、裂隙大量发育，针孔发育，距灯二段顶 25.13m 灰色微晶—粉晶白云岩中（孔洞层厚 22.8m），溶蚀孔洞及针孔发育，孔隙度为 0.84%~4.08%，平均为 2.39%；渗透率为 0.015~11.59mD，平均为 1.28mD。

灯四段储层主要分布在灯四段上部灰白色—灰白色泥晶—粉晶白云岩，以针孔为主，储层内孔洞和裂隙中大量充填沥青，孔隙度为 1.57%~5.06%，平均为 2.69%；渗透率为 0.02~6.89mD，平均为 1.117mD。

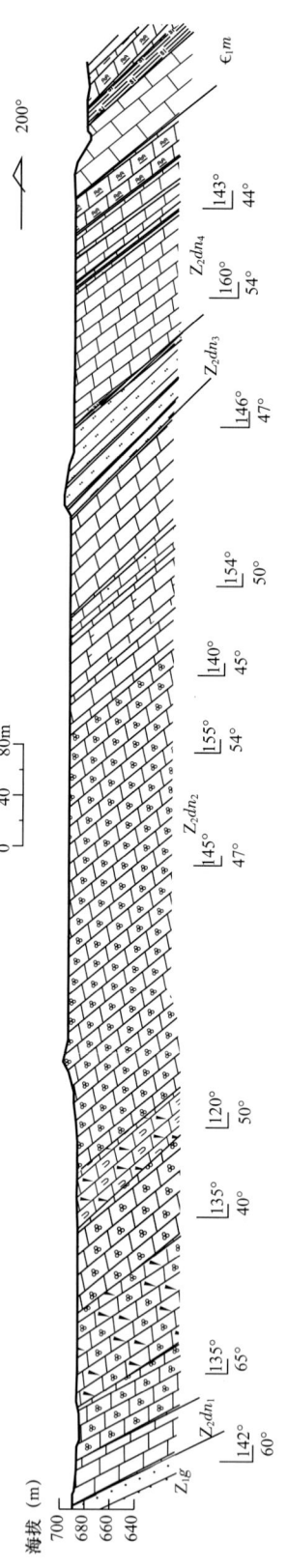

南江杨坝震旦系灯影组实测剖面图

南江杨坝震旦系灯影组综合柱状图

▼ 地质界线

灯影组泥晶白云岩（左）与观音崖组中粒石英砂岩（右）同整合接触。南江杨坝。露头照片

▼ 地质界线

麦地坪组石灰岩（下）与郭家坝组含黑色页岩（上）接触关系。南江杨坝。露头照片

▼ 葡萄状构造

葡萄状藻云岩。南江杨坝，Z_2dn_1。露头照片

▲ 葡萄状藻云岩。南江杨坝，Z_2dn_1。露头照片

▲ 葡萄状藻云岩。南江杨坝，Z_2dn_1。露头照片

▲ 葡萄状藻云岩。南江杨坝，Z_2dn_1。露头照片

▼ **花斑状构造** 微晶—粉晶藻云岩。南江杨坝，Z_2dn_1。露头照片

▼ **花斑状构造** 颗粒藻云岩。南江杨坝，Z_2dn_1。露头照片

▼ **纹层状构造** 由泥晶藻云岩与泥晶白云岩薄互层形成。南江杨坝，Z_2dn_2。露头照片

▼ 纹层状构造

由泥晶藻云岩与泥晶白云岩薄互层形成，暗色条带为藻云岩。南江杨坝，Z_2dn_2。露头照片

▼ 硅质条带

微晶—粉晶白云岩夹硅质岩，硅质岩不易风化，呈凸起状。南江杨坝，Z_2dn_4。露头照片

▼ 岩溶角砾岩

灯二段顶面表生岩溶作用形成的岩溶角砾岩。南江杨坝，Z_2dn_2。露头照片

▼ 颗粒结构

颗粒白云岩。南江杨坝，Z_2dn_2。露头照片

▼ 孔洞中的碳沥青

粉晶白云岩。孔洞中为碳沥青充填。南江杨坝，Z_2dn_2。露头照片

▼ 岩溶角砾构造

碳沥青沿角砾间大量分布（黑色），角砾状白云岩。南江杨坝，Z_2dn_4。露头照片

▶ 纹层状泥晶含砂质白云岩。南江杨坝，Z_2dn_2。普通薄片，单偏光，显微照片

▶ 藻团块与藻砂屑形态大小不规则，多变形，"海相渗成"成岩环境形成，为坝，Z_2dn_2。粒间为晶粒白云石胶结，亮晶藻砂屑白云岩。南江杨普通薄片，单偏光，显微照片

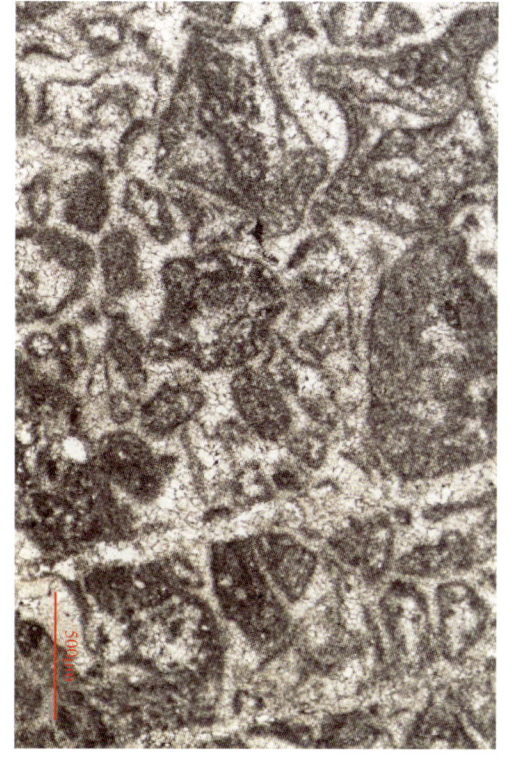

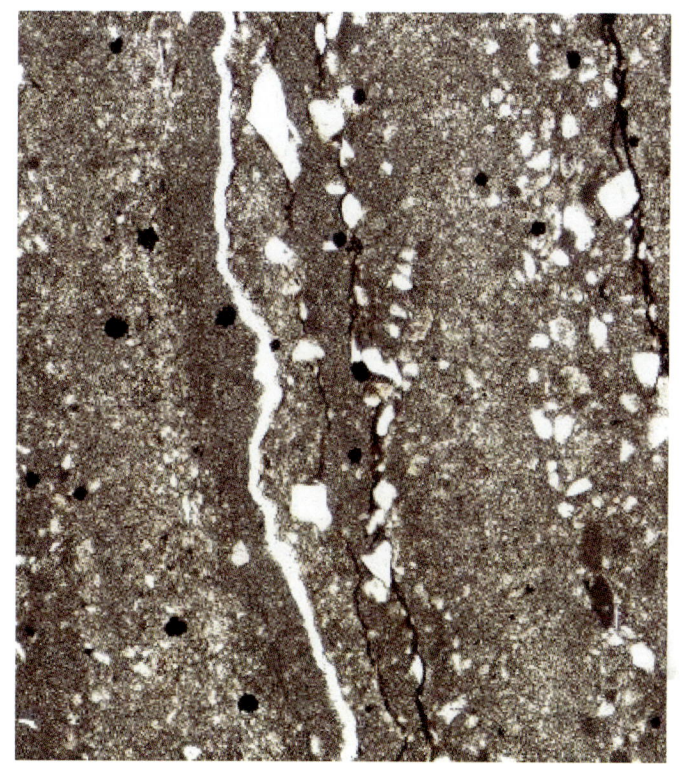

▶ 缝合线构造。缝间为压溶作用形成的不溶残积物（黑色），缝合柱起伏差较大，说明压溶作用较强，砂屑微晶白云岩。南江杨坝，Z_2dn_2。普通薄片，单偏光，显微照片

▶ 葡萄花边状构造长粒状白云石垂直于层纹形成花边状构造，花边状白云岩。南江杨坝，Z_2dn_1。普通薄片，单偏光，显微照片

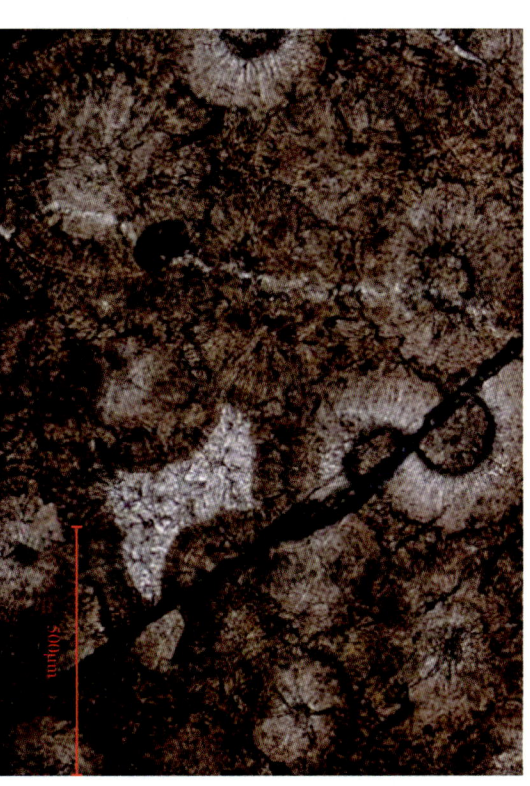

▶ 藻纹层构造富藻纹层与白云岩亮层明暗相间，层纹状白云岩。南江杨坝，Z_2dn_1。普通薄片，单偏光，显微照片

▶ 葡萄状构造未充其构造缝储葡萄层（中上），葡萄状白云岩。南江杨坝，Z_2dn_1。铸体薄片，单偏光，显微照片

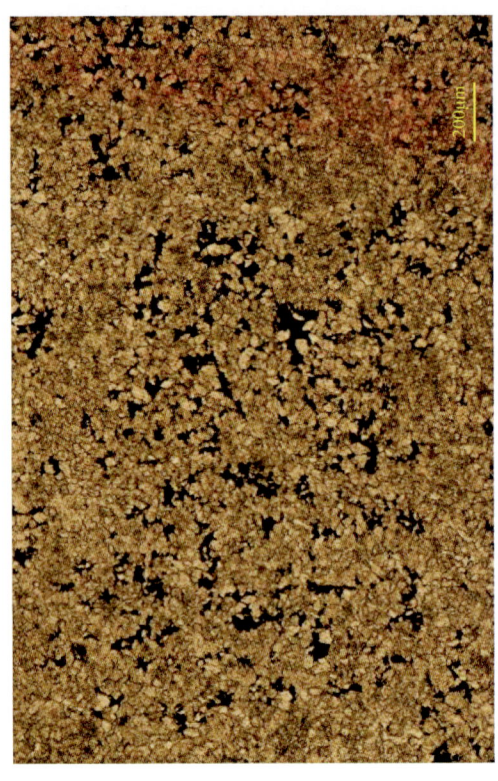

▲ 晶粒结构

晶间充填碳沥青（黑色），粉晶白云岩。南江杨坝，Z_2dn_4。普通薄片，单偏光，显微照片

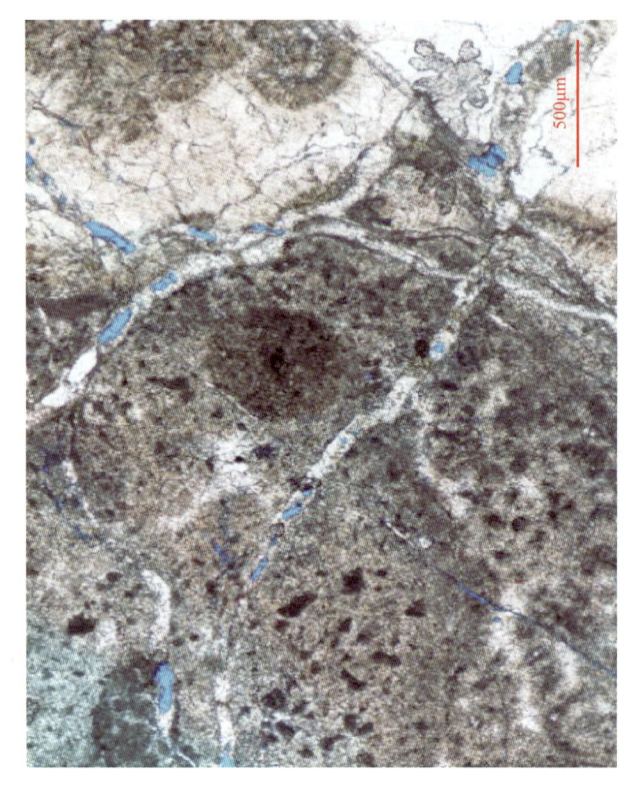

▲ 网状构造缝

裂缝由白云石半充填，残余孔呈串珠状，粘结白云岩。南江杨坝，Z_2dn_1。铸体薄片，单偏光，显微照片

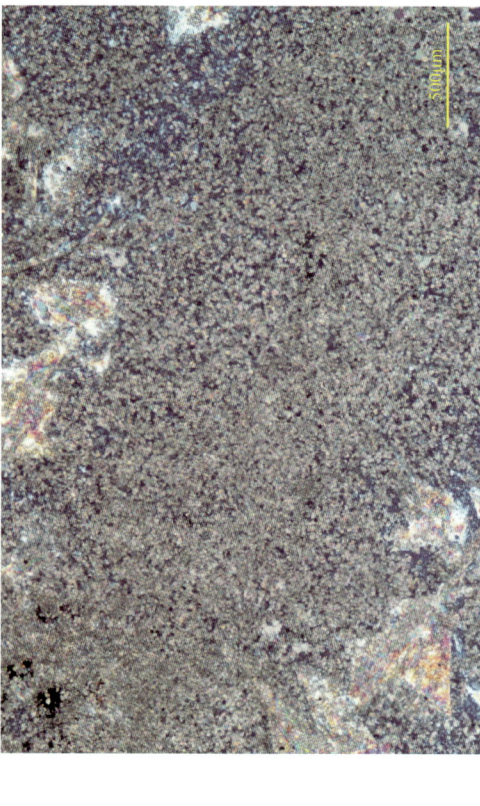

▲ 溶蚀孔

部分砂屑被溶蚀形成溶蚀孔，面孔率为5.0%，残余砂屑白云岩。南江杨坝，Z_2dn_2。铸体薄片，单偏光，显微照片

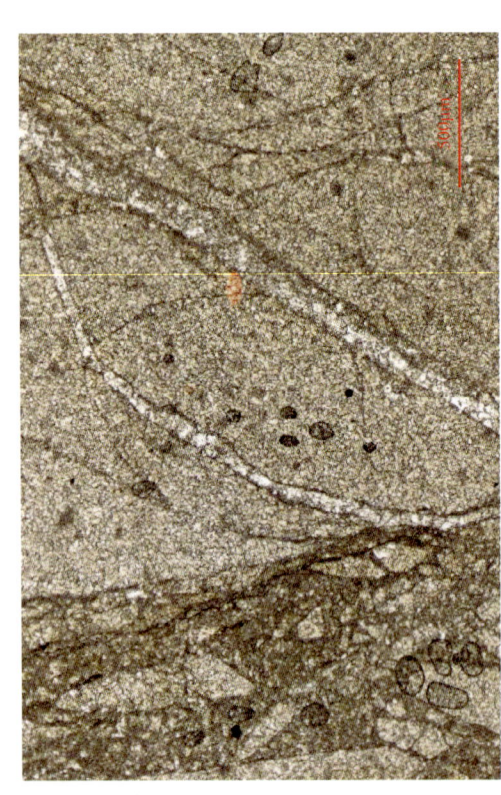

▲ 突变接触

右侧为粉晶白云岩，左侧为角砾岩。南江杨坝，Z_2dn_4。普通薄片，单偏光，显微照片

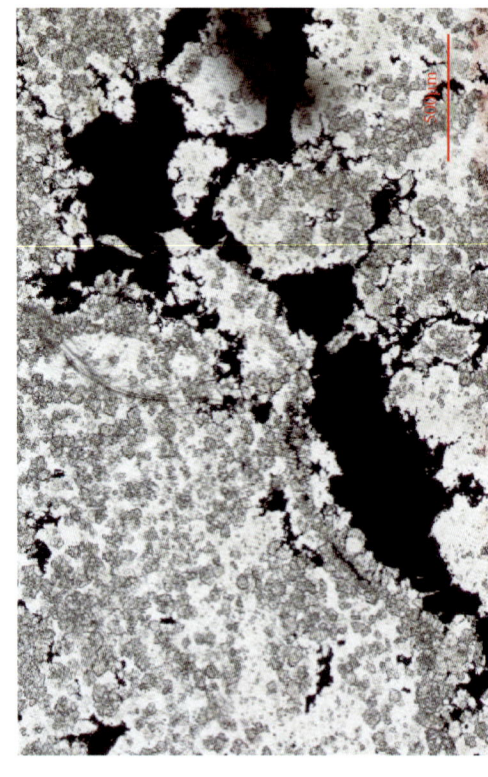

▲ 碳沥青充填

溶孔洞发育，藻粒硅质白云岩。南江杨坝，Z_2dn_4。普通薄片，单偏光，显微照片

▲ 溶蚀孔洞

溶蚀作用形成大小不等的溶蚀孔洞，面孔率为5.0%，花边状白云岩。南江杨坝，Z_2dn_1。铸体薄片，单偏光，显微照片

1.3.2 汉源马烈灯影组剖面

剖面位于四川省雅安市汉源县马烈乡东北部41km处团宝山矿山公路旁，西南距汉源县城72km。剖面与下伏观音崖组呈整合接触，顶与上覆寒武系麦地坪组呈整合接触，剖面总长为1946.3m，灯影组厚度为793.44m。

灯影组分四段，灯一段以发育葡萄状微生物白云岩与下伏灯影一段泥晶白云岩和上覆灯三段云质泥岩相区别，灯四段以灰白色—灰色泥岩与上覆麦地坪组底部硅质岩分界。

灯一段（厚度为160.08m），底为深灰色薄层—中层状微晶粉晶白云岩夹褐色页岩，灰色，深灰色微晶—细晶粉晶白云岩，中部夹1层厚0.53m的云质砂岩，全段孔洞均较发育，白云石不同程度为灰质充填其间，顺层分布占主体，局部见穿层现象，形成明暗相间纹层状构造。以出现葡萄状白云岩边界划分为灯一段，"葡萄"以藻含量逐渐增多，以藻纹层白云岩为主。

灯二段（厚度为398.91m），中下部（厚度为311.47m）为灰色，浅灰色葡萄状、花斑状藻云岩，藻纹层白云岩，近顶部见1层厚10cm的褐黄色云质砂岩，以白云岩为主，上部以灰色、深灰色薄层—中层状藻纹层白云岩分布占主体，并不同程度有褐黄色云质泥岩充填其间，孔洞较发育。

灯三段（厚度为79.25m），下部（厚度为49.5m）为灰色中层状微晶—粉晶白云岩夹同色藻云岩发育纹层状构造，孔洞较发育，以含纹层状构造为主；中部（厚度为26.59m）以含较多陆源碎屑为特征，为灰色中层状含泥质粉砂的粉晶—细晶粉晶白云岩，局部夹云质泥岩，也见藻纹层构造，孔隙度较差，上部为浅灰色中层状微晶白云岩，发育水平纹层（泥质条带），顶部中层白云岩夹两薄层云质泥岩—中层状藻纹层白云岩。顶部常见有少量针孔或溶孔。

风化面呈条带状，孔隙不发育。顶部见褐黄色云质泥岩与灯四段分界。

灯四段（厚度为155.2m），下部（厚度为49.5m）为灰色薄层—中层状微晶—粉晶白云岩夹同色藻云岩，二者厚度比为1:2~1:6。白云岩中常见有少量针孔或溶孔。中层0.96m为灰褐色硅质角砾岩，角砾为白云岩和硅质岩，并与邻竹寺组灰褐色中层细粉砂岩平行不整合接触。

麦地坪组（厚度为176.96m），为灰色、深灰色中层状含泥质黑云岩夹黑色泥岩。

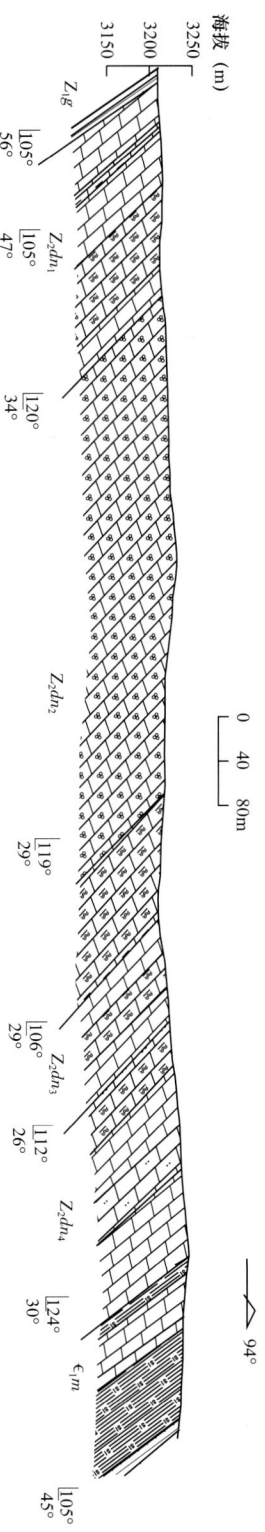

汉源马烈震旦系灯影组实测剖面图

储层在灯影组各段和麦地坪组中均有分布。

储层孔隙可见溶洞、晶间溶孔、粒间溶孔、裂缝，绝大多数孔洞是表生岩溶作用形成的溶孔。

灯一段储层主要为灰色—灰黑色泥晶—粉晶白云岩（7.58m），分布在顶部近风化壳，储层形成与表生岩溶作用有关。孔隙度为0.14~26.5mD，平均为13.32mD。

灯二段储层主要为灰色—灰黑色泥晶—粉晶白云岩，孔隙度为1.41%~2.09%，平均为1.75%；渗透率为0.01~253mD，平均为9.87mD。

灯三段储层主要为灰色—深灰色泥晶—粉晶白云岩，孔隙度为0.42%~3.59%，平均为2.01%；渗透率为0.013~0.051mD，平均为0.0328mD。

灯四段储层主要分布在顶部，为浅灰色泥晶—粉晶白云岩，孔隙度为1.01%~5.09%，平均为3.01%；渗透率为0.019~0.024mD，平均为0.022mD。

麦地坪组储层厚度较小，孔隙度为0.013~0.145mD，平均为0.079mD。3.53%~6.52%，平均为5.12%；渗透率为0.014~0.024mD，平均为0.022mD。

汉源马烈震旦系灯影组综合柱状图

地层			伽马曲线 GR(API) 0—40	厚度(m)	岩性剖面	岩性描述	沉积相			
统	组	段					微相	亚相	相	
下寒武统	筇竹寺组			0–50		灰白色中层细砂岩			陆棚	
	麦地坪组			50–150		灰白色中层状硅质岩,局部夹硅质条带,纹层状构造发育,见沥青充填裂隙,顶部0.96m为灰褐色角砾岩,角砾成分为硅质岩和白云岩	滩间海	开阔海台地	碳酸盐岩台地	
						棕褐色薄层—中层状硅微晶泥白云岩,上部夹硅质岩条带,下部与硅质岩呈互层状				
				150–200		浅灰色泥粉晶微晶白云岩				
上震旦统	灯影组	四段		200–250		浅灰色泥粉晶白云岩,藻纹层发育,亮晶与层交替,夹多层薄—中层硅质条带白云岩				
						灰色薄层状泥微晶白云岩与白色薄层硅质岩互层。层间夹有白色薄层硅质岩。灰白色泥微晶白云岩厚10–12cm,层内发育微纹层,风化面呈条带状	云坪			
		三段		250–350		灰色中层状泥微晶—粉晶白云岩厚3.31m的灰色含粉砂白云质泥晶白云岩,风化面呈褐黄色、肉红色,具条带状构造,局部见溶孔	砂云坪			
						浅灰色中层状微晶—粉晶微晶白云岩,藻纹层发育,中下部含较多陆源碎屑,为白云石全充填	云坪			
				350–400		浅灰色深灰色薄层—中层状微晶—粉晶藻纹层白云岩,孔洞发育,自下而上颗粒渐深,由浅灰色变为深灰色,中下部含较多陆源碎屑	藻丘			
						深灰色深灰色薄层—中层状微晶—粉晶藻纹层白云岩,局部见晶砂泥质,中上部孔洞较发育	云坪			
				400–450		深灰色—灰色薄层—中层状微晶—粉晶藻纹层白云岩,孔洞发育具顺层分布,白云石半充填—全充填	藻丘	局限海台地		
		二段		450–500		深灰色薄层—中层状微晶—粉晶藻纹层白云岩,底部发育藻纹层,上部孔洞发育,局部针孔密集分布	云坪			
				500–700		灰色局部深灰色中层状微晶藻纹层白云岩,发育明暗相间的纹层状构造,顶部见葡萄状构造,下部夹2.71m的含膏质页岩	藻滩			
				700–800		灰色局部深灰色中层状细晶白云岩,葡萄、花豆状构造发育,葡萄多顺层产出,大小各异,共间夹多层藻纹层相间,纹层暗相间,纹层明暗相间—菱片状结构—粗糙结构可见频繁的葡萄状白云石,由葡萄边缘到中心可见一粗糙结构—菱片状结构白云石				
				800–850		浅灰色—灰色中层状细晶微晶藻纹层白云岩,针孔发育,局部溶孔发育,上部孔洞较发育,上部呈砂糖状,纹层呈明暗相间,上部孔洞较发育	云坪			
				850–900		灰色—灰黑色薄层—中层状微晶—粉晶白云岩,局部见藻纹层白云岩,下部为灰黑色,上部为灰色	藻丘			
		一段		900–950		灰黑色薄层—中层状微晶—粉晶藻纹层白云岩,纹层呈条带状,缝合线构造发育,孔洞亦较发育	云坪			
						灰黑色薄层—中层状微晶—粉晶白云岩,局部见斑状构造,为白云石充填溶蚀孔洞,见白云石充填	藻丘			
						灰褐色薄层,底部夹薄层黄色页岩,填脉状裂缝,半充填	云坪			
下震旦统	观音崖组					灰褐色—褐黄色页岩				

▶ 断层
两条小型断层在红色标记处相交，薄层状微晶白云岩。汉源马烈，Z_2dn_1。露头照片

▶ 溶蚀孔洞
细晶白云岩。汉源马烈，Z_2dn_2。露头照片

▶ 波状叠层石
泥晶藻云岩。汉源马烈，Z_2dn_2。露头照片

▼ 波状叠层石

泥晶藻云岩。汉源马烈，Z_2dn_2。露头照片

▼ 葡萄状构造

葡萄状个体可见栉壳结构，多数学者认为是表生作用形成的壳状次生构造，但亦有学者将其定为菌藻类成因。泥晶藻云岩。汉源马烈，Z_2dn_2。露头照片

▼ 葡萄状构造

由多个小型葡及葡萄印模组成。泥晶藻云岩。汉源马烈，Z_2dn_2。露头照片

▼ **纹层状构造**

暗色条纹中富藻，亮色条纹中贫藻，纹层的形成是季节性或昼夜性温差所致，藻纹层造成菌藻类贫富差异所致，藻纹层泥晶白云岩。汉源马烈，Z_2dn_2。露头照片

▼ **条带状构造**

硅质岩条带（黑色），为硅质吸附有机质所致，略具成层性，可分支交叉，含硅质白云岩。汉源马烈，Z_2dn_4。露头照片

▼ **花斑状构造**

由富藻葡萄状圈层组成，泥晶藻云岩。汉源马烈，Z_2dn_2。露头照片

▲ 花斑状构造

由多个小型富藻葡萄状组成。泥晶藻云岩。汉源马烈，Z_2dn_2。露头照片

▲ 书页状构造

藻纹层白云岩差异风化，富藻层凸起，贫藻层呈凹槽，贫藻层凸起。泥晶藻云岩。汉源马烈，Z_2dn_2。露头照片

▲ 鸟眼状构造

略具成层性分布，泥晶藻纹层白云岩。汉源马烈，Z_2dn_3。露头照片

▶ 鲕粒幻影

局部被硅化，具成层性，亮晶鲕粒硅质白云岩。汉源马烈，Z_2dn_1。普通薄片，显微照片

▶ 花边状构造

葡萄花边状发生强烈后期改造，形成沿花边分布白色纯净粗大单晶白云石。花边状藻云岩。汉源马烈，Z_2dn_2。普通薄片，单偏光，显微照片

▶ 纹层状构造

藻纹层平行或断续成层，层纹状白云岩。汉源马烈，Z_2dn_4。普通薄片，单偏光，显微照片

▶ 纹层状构造

隐约可见晶间溶孔，层纹状白云岩。汉源马烈，Z_2dn_2。普通薄片，单偏光，显微照片

▶ 亮晶砂屑硅质白云岩

汉源马烈，Z_2dn_4。茜素红局部染色，普通薄片，单偏光，显微照片

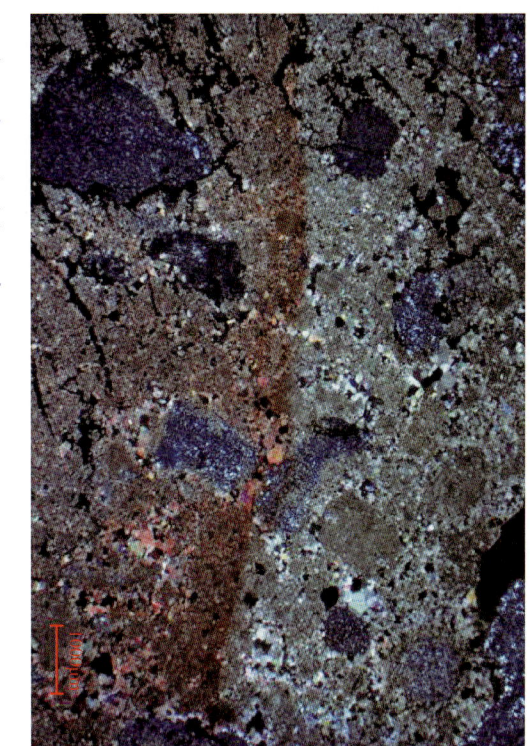

▶ 晶间孔、缝

发育晶内溶孔，晶间溶缝，充填少量碳沥青，面孔率为6.0%。亮晶藻团块白云岩。汉源马烈，Z_2dn_2。铸体薄片，单偏光，显微照片

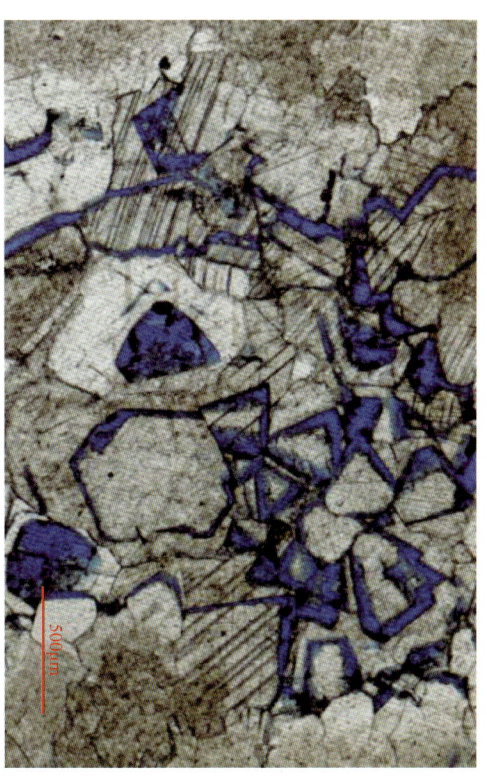

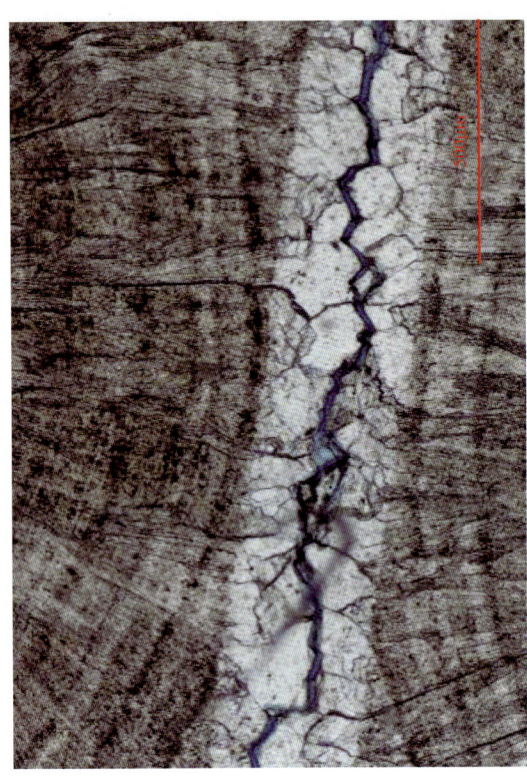
▲ 粒间溶缝
葡萄状间发育晶间孔、缝，孔中微见碳沥青，面孔率为1.0%，葡萄状白云岩。汉源马烈，Z_2dn_2。铸体薄片，单偏光，显微照片

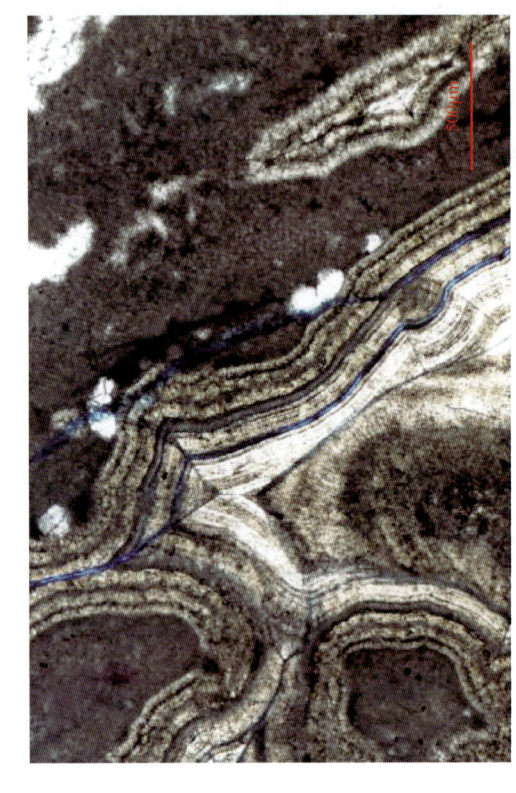
▲ 条带间溶缝
沿葡萄花边条带间溶开，形成条带间溶缝，有少量碳沥青充填，葡萄状白云岩。汉源马烈，Z_2dn_2。铸体薄片，单偏光，显微照片

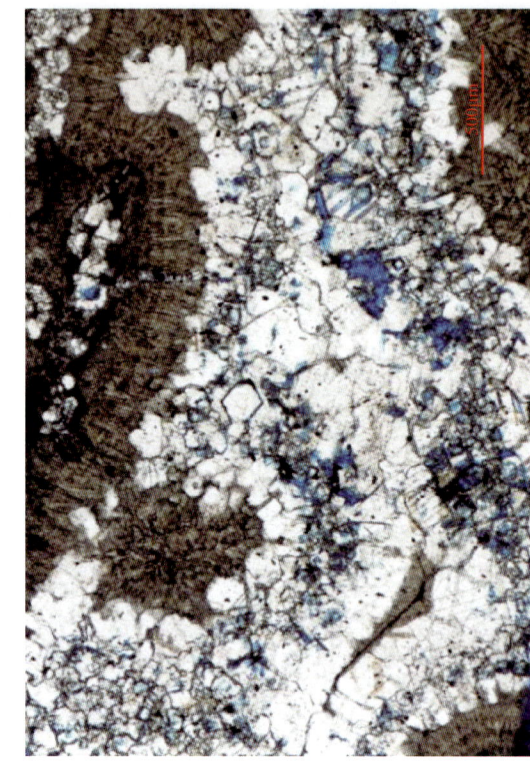
▲ 晶间溶孔
葡萄状层被粗大单晶白云石破坏，晶间发育溶孔，花边状白云岩。汉源马烈，Z_2dn_2。铸体薄片，单偏光，显微照片

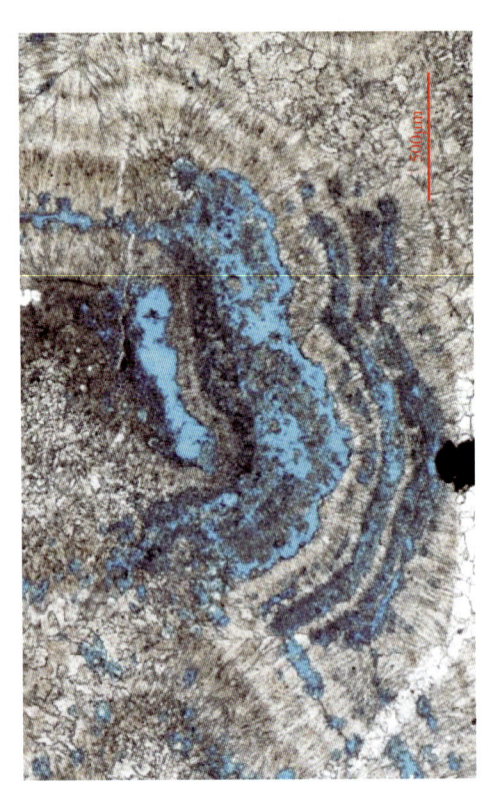
▲ 溶蚀孔
沿葡萄花边间溶蚀形成溶蚀孔，面孔率为10%，葡萄状白云岩。汉源马烈，Z_2dn_2。铸体薄片，单偏光，显微照片

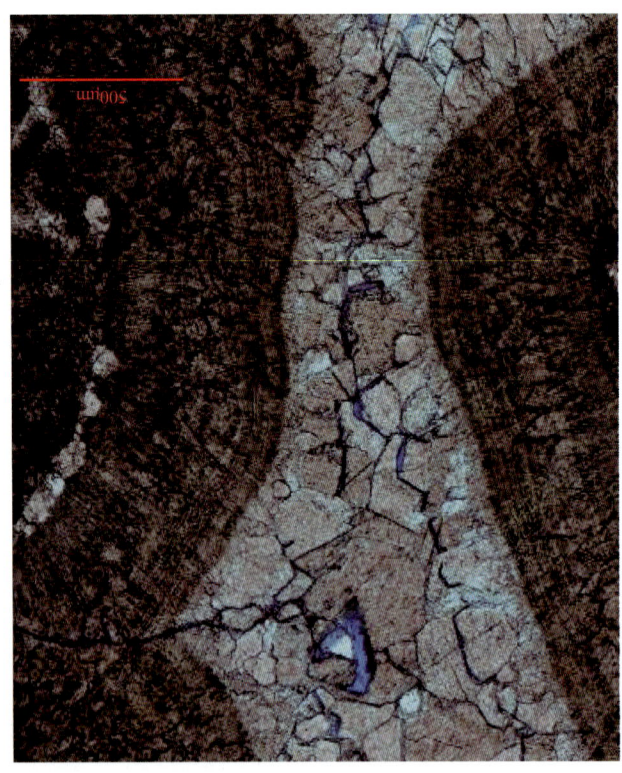
▲ 粒间溶缝
沿葡萄状白云石晶间形成细小缝，面缝率为0.5%，葡萄状白云岩。汉源马烈，Z_2dn_2。铸体薄片，单偏光，显微照片

▲ 溶缝
葡萄花边状间见溶缝，并有构造溶蚀缝切割葡萄状层，花边状白云岩。汉源马烈，Z_2dn_2。铸体薄片，单偏光，显微照片

▼ 粒间溶孔

砂屑间溶蚀孔洞发育，亮晶藻砂砾屑白云岩。汉源马烈，Z_2dn_2。铸体薄片，单偏光，显微照片

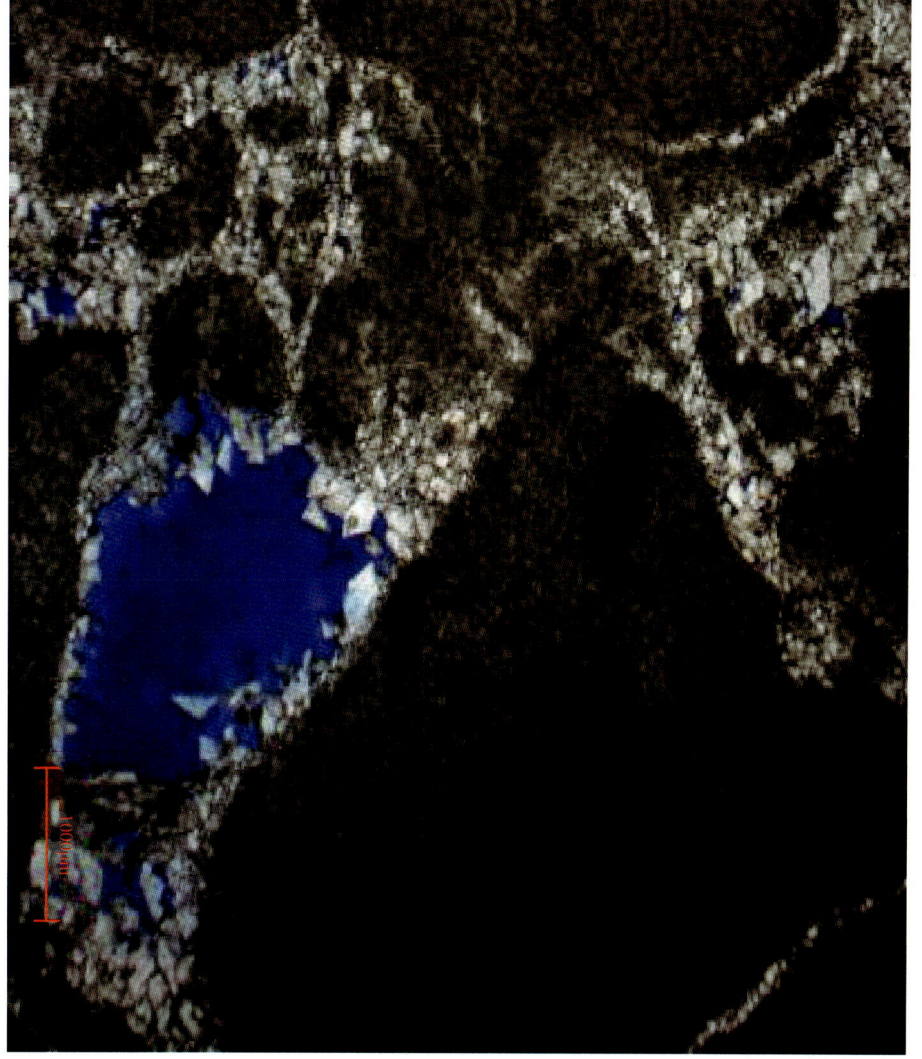

▼ 缝中缝

白云石充填构造缝，沿白云石晶间溶蚀形成缝中缝，缝内有少量碳沥青充填，粉晶白云岩。汉源马烈，Z_2dn_2。铸体薄片，单偏光，显微照片

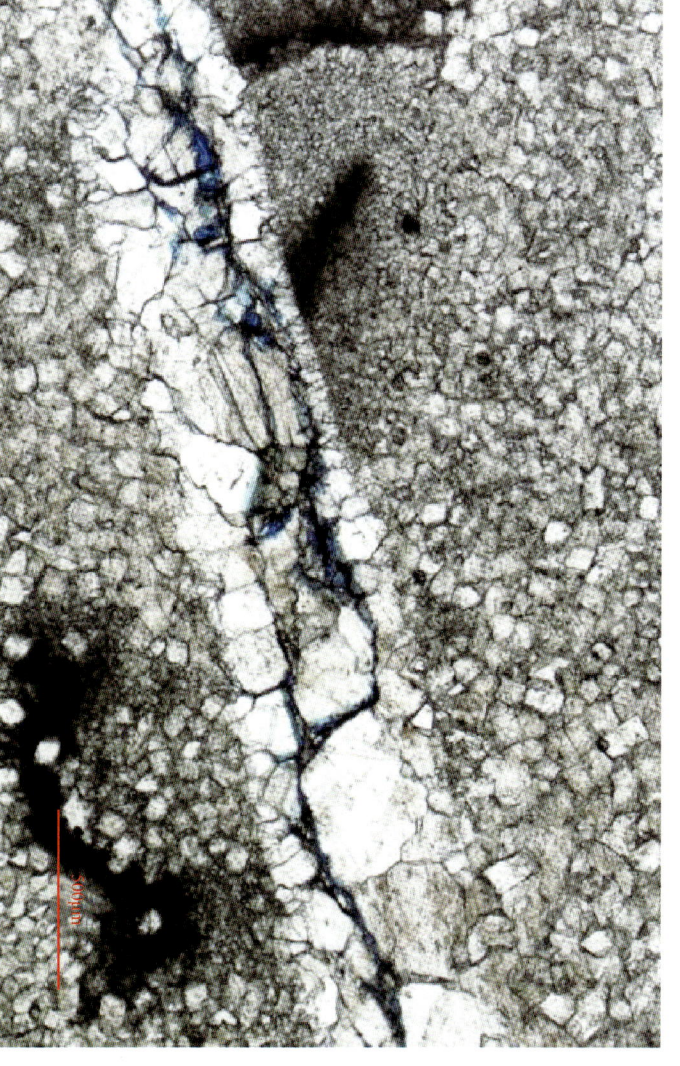

▼ 晶内溶孔

砾屑内的白云石晶内溶孔，亮晶砾屑白云岩。汉源马烈，Z_2dn_3。铸体薄片，单偏光，显微照片

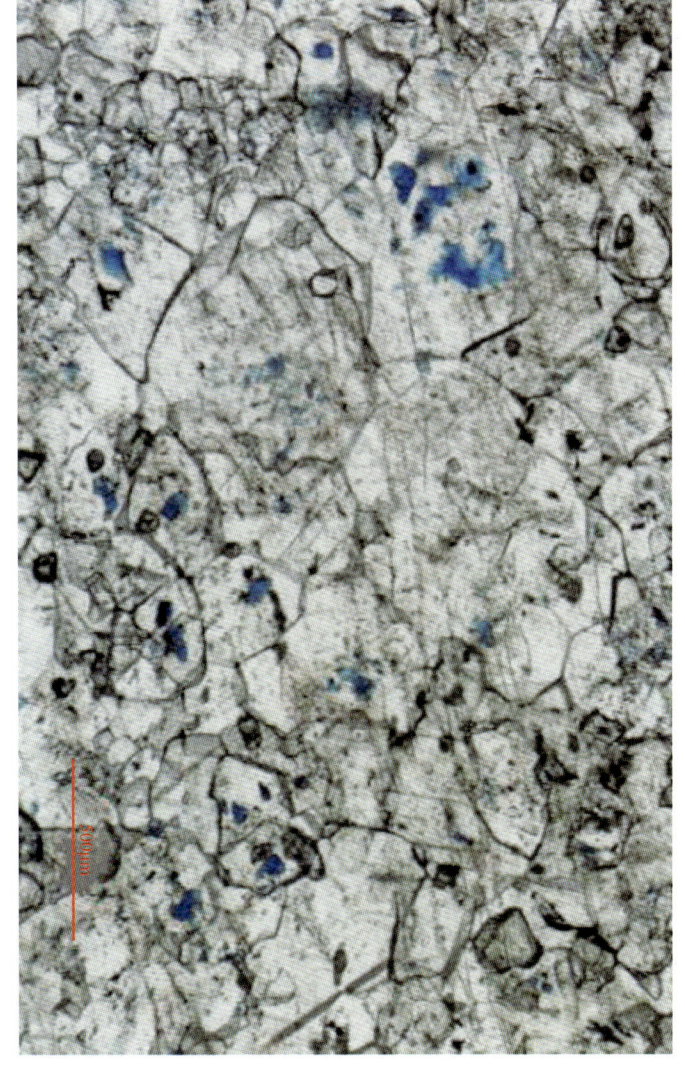

1.3.3 天全小河灯影组剖面

剖面位于四川省雅安市天全县小河乡龙门村村头沿河流公路旁，局部被较厚第四系土壤覆盖。距天全县城14km，西距泸定桥80km，南距瓦屋山102km，东距碧峰峡57km。

剖面总长为2173.7m，地层厚度为440.91m。灯影组与下伏震旦系下统观音崖组呈整合接触，岩性由观音崖组砂岩变为灯一段白云岩，灯二段白云岩与上覆奥陶系砂岩呈平行不整合接触，岩性突变，地貌特征明显，但地层界线为坡积物掩盖。

灯一段（厚度为256.90m），底部8.75m为灰白色细晶一中晶砂糖状白云岩，与下伏观音崖组接触；下部187.48m为灰色、深灰色中层一厚层块状泥晶一粉晶白云岩夹含砂屑白云岩5层，累计厚度为71.47m，孔洞发育，见白云石不同程度充填；上部60.67m为灰白色、浅灰色厚层一块状泥微晶白云岩夹同色亮晶藻团块白云岩，局部夹砂屑白云岩，亮晶藻团块白云岩一块状泥晶微晶白云岩夹亮晶白云岩，多具顺层分布特点，充填白云石、碳沥青。

灯二段（厚度为184.01m），可划分两个由厚层块状到中一薄层变化韵律层，其中厚层块状占绝对优势，下部韵律层厚层块状与中一薄层厚层比值为19.38：1。上部韵律层二者比值为7.76：1。下部韵律层（厚度为124.64m）厚层块状岩层主要为泥晶一粉晶白云岩，亮晶核形石白云岩、粒屑白云岩，见葡萄状构造、砂糖状构造，孔洞普遍发育，中一薄层岩层为灰白色泥晶白云岩夹亮晶白云岩、碳沥青、残余孔洞发育，裂缝较发育；上部韵律层（厚度为59.37m）厚层块状岩层与灰白色泥晶白云岩夹亮晶白云岩（厚度为7.65m），肉眼未见孔洞。

灯影组储集空间以孔洞为主，可见裂缝+孔洞的组合类型，储集空间以表生岩溶作用形成的孔洞为主，大多被后期方解石、石英或碳沥青不同程度地充填，除此而外，基质孔、粒间孔、晶间孔发育。

灯一段储层主要为底部砂糖状白云岩和上部晶粒状白云岩，纹层状储层普遍较发育，基质孔隙度为0.5%~3.7%，平均为1.8%；渗透率为0.008~3.633mD，平均为0.726mD。灯二段储层主要为微细晶白云岩，储集岩主要为亮晶砂屑白云岩、亮晶藻团块白云岩、亮晶核形石白云岩、亮晶藻团块白云岩，基质孔隙度为1.0%~6.0%，平均为2.7%；渗透率为0.010~16.104mD，平均为2.632mD。

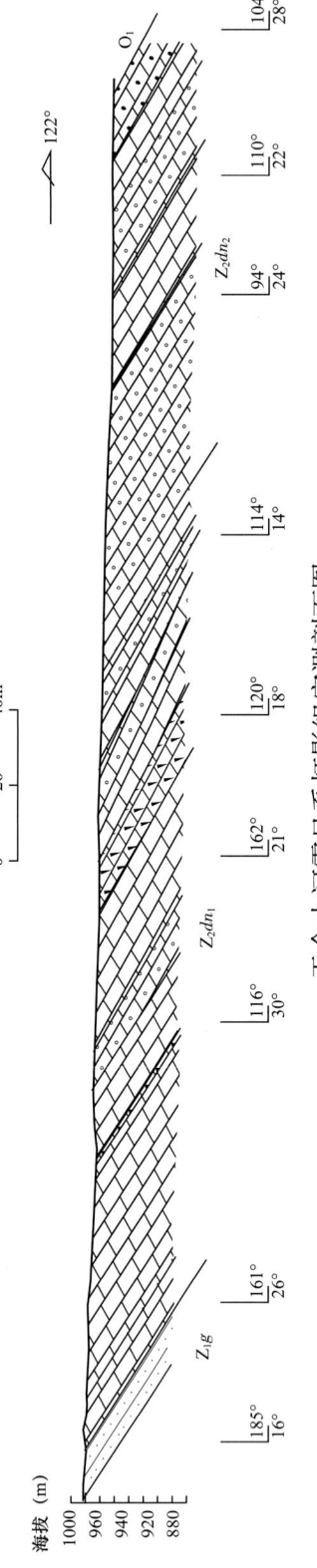

天全小河震旦系灯影组实测剖面图

天全小河震旦系灯影组综合柱状图

地层			厚度(m)	岩性剖面	岩性描述	沉积相		
统	组	段				微相	亚相	相
下寒武统		下寒武统筇竹寺组	0		砂岩			
上震旦统	灯影组	三段	50		灰白色薄层状泥晶核形石白云岩，单层厚度为2-4cm	藻滩	局限海台地	碳酸盐台地相
			100		灰白色薄层一块状泥晶白云岩，具葡萄状构造，晶洞内部充填有沥青，上部见晶洞充填有沥青，大小5mm至1.5cm不等，呈球形透镜状，中心未被填满	云坪		
					灰白色块状泥晶白云岩一块状泥晶白云岩，下部薄层状，上部块状，中部有薄层发育，大小不一，呈3mm×2mm-4mm×9mm，其内充填沥青、白云石	藻滩		
					灰白色局部深灰色厚层一块状泥晶含核形石白云岩。灰白见5.6m灰白色含核形石的屑白云岩，中上部见晶层发育，每15cm发育1层晶层状透镜体，见葡萄状构造，孔内充填沥青，尺寸为30-50cm，内部晶洞发育，大小不一，其内充填有沥青、白云石	云坪		
		二段	150		灰白色块状泥晶白云岩，粉晶结构，上部为泥晶结构，夹葡萄状白云岩，厚约25cm，晶洞大多被核形充填，个别未充填，孔洞发育，充填白云石和沥青	藻滩		
			200		灰白色块状泥晶白云岩，以条带状为主的亮晶藻团块白云岩。单层厚度大于1m，见条带状构造，溶孔发育，上部为泥晶白云岩，中上部局部见砂糖状白云岩和亮晶砂屑白云岩。中部夹藻纹层状白云岩，晶洞边缘充填沥青，其内充填白云石，部分未充填	云坪		
					灰白色厚层一细晶白云岩，底部夹细晶团块白云岩，底部夹细晶的屑白云岩，纹层状构造发育，晶洞发育，略具顺层状，无规则	藻滩		
			250		浅灰色薄层状藻团块白云岩，晶洞发育，晶洞内充填有方解石和白云石，偶见白云石充填的残晶，个别未充填，大小不一，形状无规则	藻滩		
					灰白色厚层状藻团各砂屑白云岩，晶洞内见白云石、沥青充填，偶见锥至柱梅圆状透镜状	砂屑滩		
			300		深灰色块状亮晶各砂屑白云岩	云坪		
		一段			灰白色中厚层状泥晶白云岩	云坪		
			350		浅灰色薄层一厚层状泥晶块白云岩	云坪		
					灰白色块状泥晶藻团块白云岩，底部白云岩发育晶洞，下部以薄层状为主，上部为厚层状产出，多顺层，个别未充填一次棱角状	云坪		
			400		灰白色薄层一厚层细晶白云岩，粉晶结构，下部为薄层状，顶部见厚约10cm的砾状白云岩，角砾呈次圆一次棱角状，砾径为1-3cm	云坪		
					灰白色薄层一厚层细晶白云岩，下部以薄层为主，上部为厚层，呈榴圆状，透镜状，中上部白云岩由泥晶渐变为灰白色，至厚层状砂糖状结构，孔隙发育，局部见硅质条带	滩岸		
下震旦统	观音崖组				灰色薄层状细砂岩	滨岸		

▲ 溶蚀孔洞
孔洞内碳沥青弱充填，泥晶白云岩。天全小河，Z_2dn_2，露头照片

▲ 溶蚀孔洞
孔洞内充填白云石和碳沥青，泥晶白云岩。天全小河，Z_2dn_2，露头照片

▲ 砂糖状结构

晶粒白云岩风化面貌。天全小河，Z_2dn_1。露头照片

▲ 颗粒状结构

深灰色砂屑白云岩。天全小河，Z_2dn_2。露头照片

▲ 纹层状构造

富藻层（暗色）与贫藻层（亮色）间互叠置，泥晶藻纹层白云岩。天全小河，Z_2dn_2。露头照片

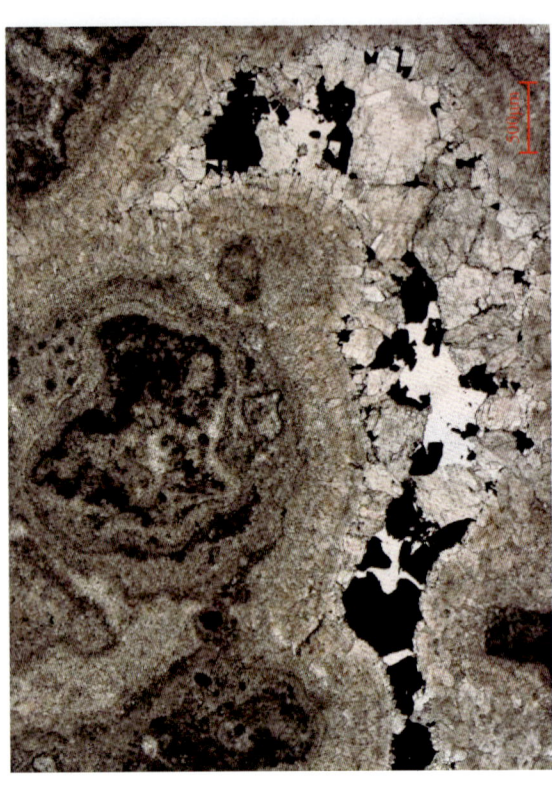

▲ 纹层状构造

硅质呈层状交代，形成明暗互层，层纹状含硅质白云岩。天全小河，Z_2dn_1。普通薄片，单偏光，显微照片

▲ 多期充填

葡萄间发育溶蚀孔和碳沥青收缩孔，溶孔内有两个世代的白云石充填，第三世代充填碳沥青，葡萄状白云岩。天全小河，Z_2dn_2。普通薄片，单偏光，显微照片

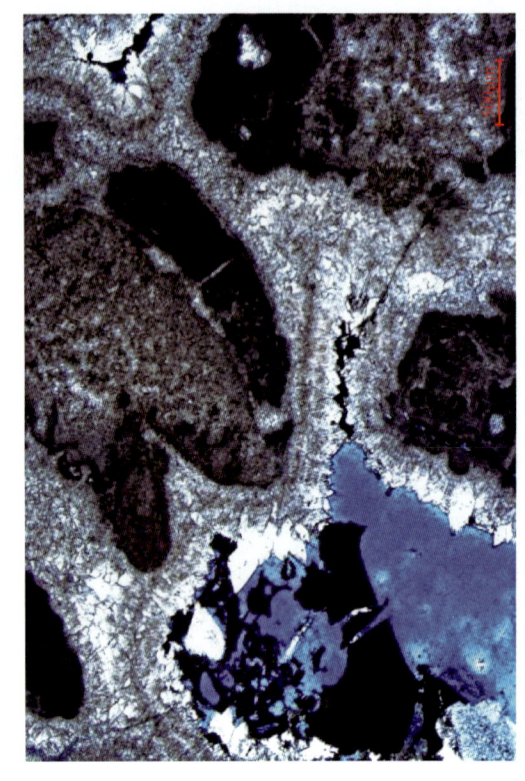

▲ 多期充填

空腔孔内由两个世代白云石充填，第三世代为碳沥青充填，碳沥青因收缩形成沥青收缩孔，绵层状白云岩。天全小河，Z_2dn_2。铸体薄片，单偏光，显微照片

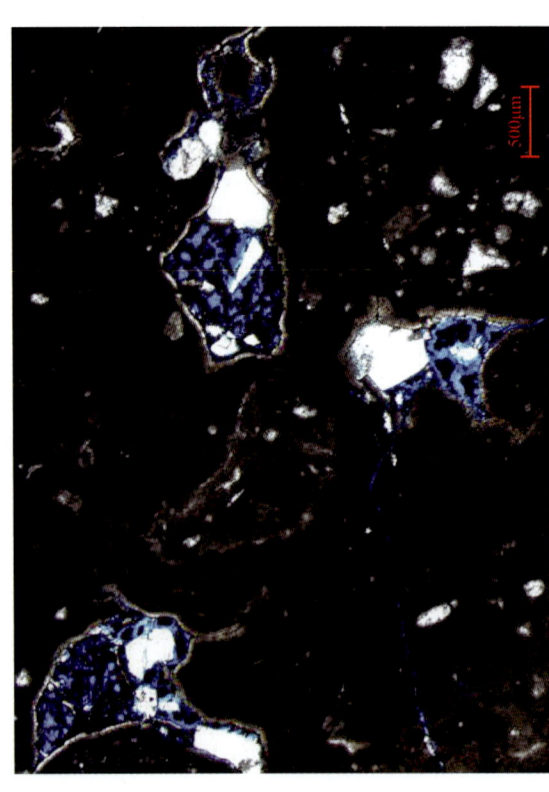

▲ 粒间溶蚀孔洞

粒间溶蚀孔洞，并有碳沥青收缩孔，面孔率为10%，亮晶藻团块白云岩。天全小河，Z_2dn_2。铸体薄片，单偏光，显微照片

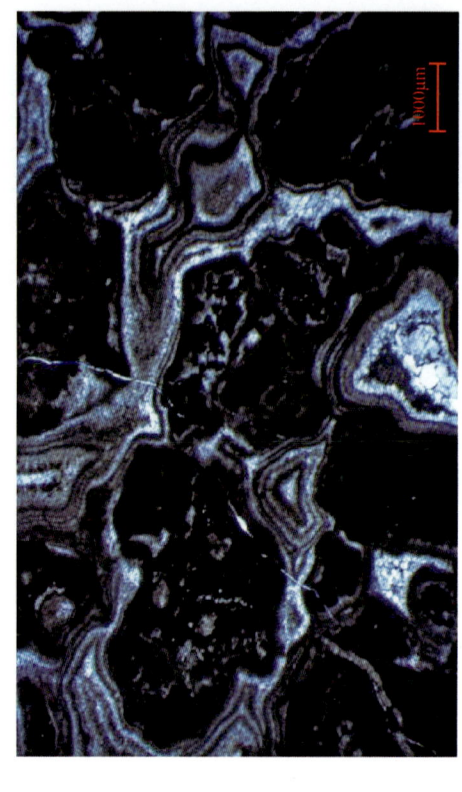

▲ 粒间溶蚀孔

粒间溶蚀孔，孔内被白云石及微量碳沥青半充填，亮晶藻砾屑白云岩。天全小河，Z_2dn_1。铸体薄片，单偏光，显微照片

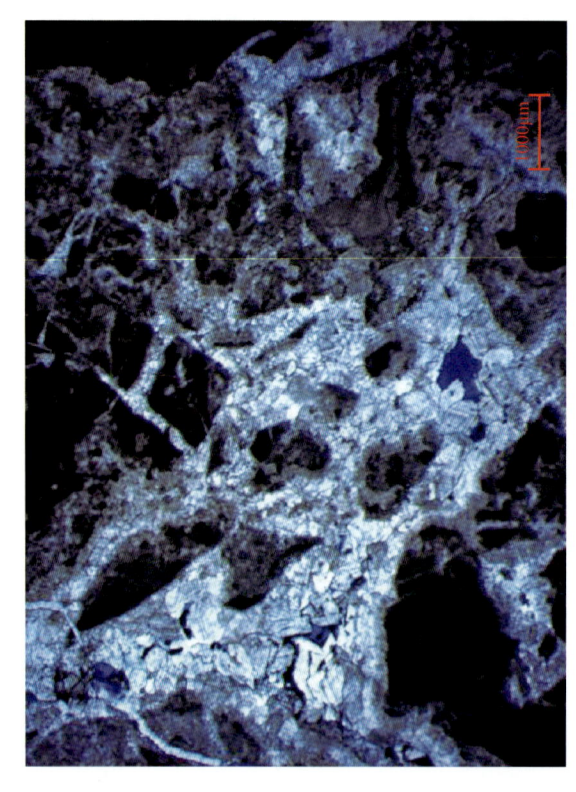

▲ 构造微裂缝

构造微裂缝内白云石半充填，绵层状白云岩。天全小河，Z_2dn_2。普通薄片，单偏光，显微照片

▶ **葡萄状层间溶缝**

沿葡萄状圈层间形成溶缝，呈环状弧形分布，面缝率为1.0%，葡萄状白云岩。天全小河，Z_2dn_2，铸体薄片，单偏光，显微照片

▶ **层状叠层构造**

部分窗格孔内依次被白云石、碳沥青半充填，层状叠层白云岩。天全小河，Z_2dn_2，铸体薄片，单偏光，显微照片

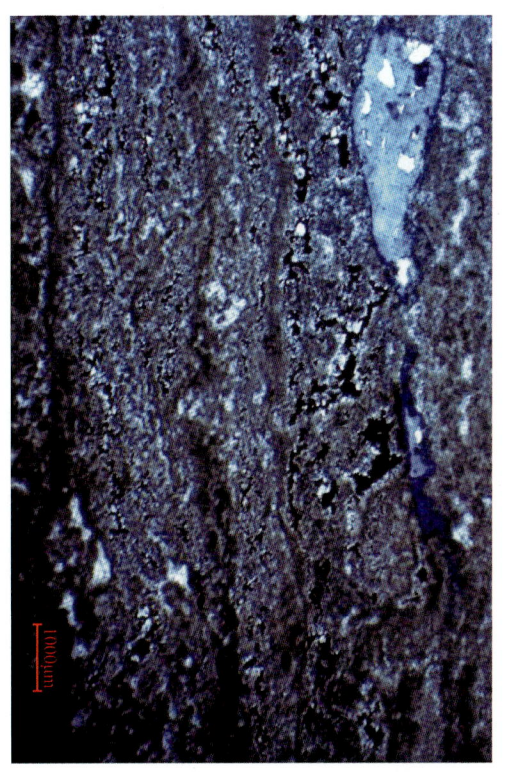

▶ **溶蚀孔**

葡萄状粒间溶蚀孔，并见凝块石内钙孔，面孔率为2.0%，亮晶凝块石白云岩。天全小河，Z_2dn_2，铸体薄片，单偏光，显微照片

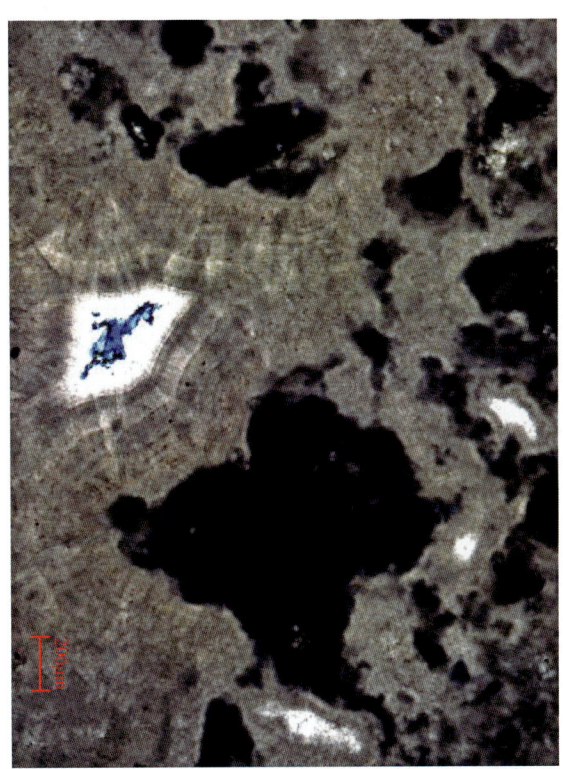

▶ **鸟眼状溶蚀构造**

鸟眼状溶蚀孔被白云石半充填，面孔率为3.0%，粉晶白云岩。天全小河，Z_2dn_2，普通薄片，单偏光，显微照片

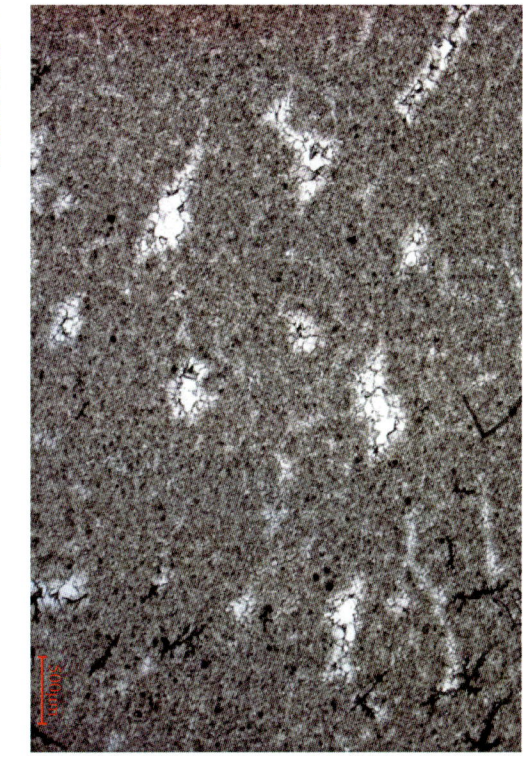

▶ **溶蚀孔**

见粒间溶孔，碳沥青收缩孔，亮晶藻团块白云岩。天全小河，Z_2dn_2，铸体薄片，单偏光，显微照片

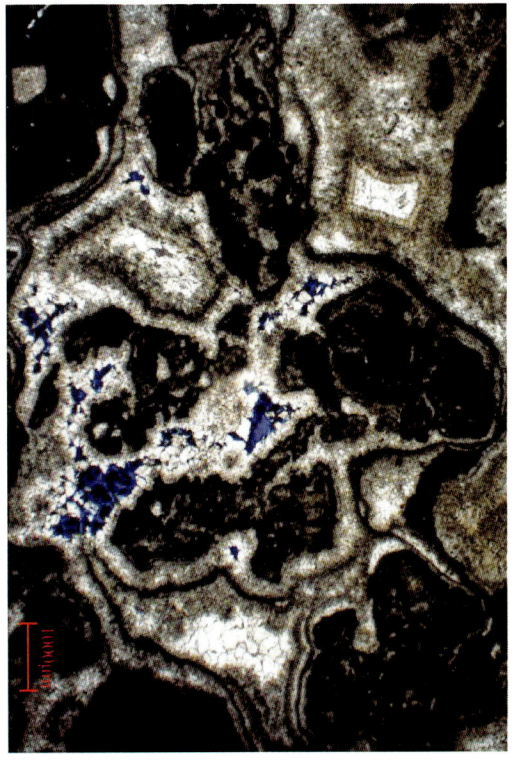

1.3.4 秀山溶溪灯影组剖面

剖面位于重庆市秀山县西北25km溶溪镇鱼泉村。灯影组齐全，灯影组、地层连续，出露良好。顶与寒武系牛蹄塘组（$\epsilon_1 n$）黑色含磷铁矿结核页岩间为整合接触，底与震旦系陡山沱组呈整合接触。

剖面测量总长度为496m，震旦系厚度为122.62m，其中陡山沱组厚度为58.56m，灯影组厚度为63.76m。

秀山剖面陡山沱组（厚度为58.56m）为灰绿色含粉砂质泥岩（厚度为51.94m）夹灰质白云岩，顶部（厚度为3.79m）为灰绿色薄层状泥质白云岩与白云质页岩互层，与灯影组中厚层泥晶白云岩分界；二者呈整合接触；灯影组与上覆寒武系牛蹄塘组含磷铁矿结核黑色含磷铁矿产结核页岩之间推测可能为整合接触关系，证据有三：（1）上下岩层产状一致；（2）二者之间界面未见风化残积物；（3）二者之间未见岩溶现象。

灯影组除底部见5.68m的白云岩外，其上均为石灰岩。

白云岩段：灰绿色中厚层泥晶白云岩，上下部为中层状，中部为中层状。

石灰岩段：下部（厚度为22.61m）为杂色薄层——中层状石灰岩，局部夹云质灰岩，风化面呈条带状构造，新鲜面由灰白色、灰绿色、肉红色等多种颜色组成；上部（厚度为35.47m）为灰色、浅灰色薄层泥晶灰岩与黄灰色薄层石灰岩不等厚互层，组成韵律层。

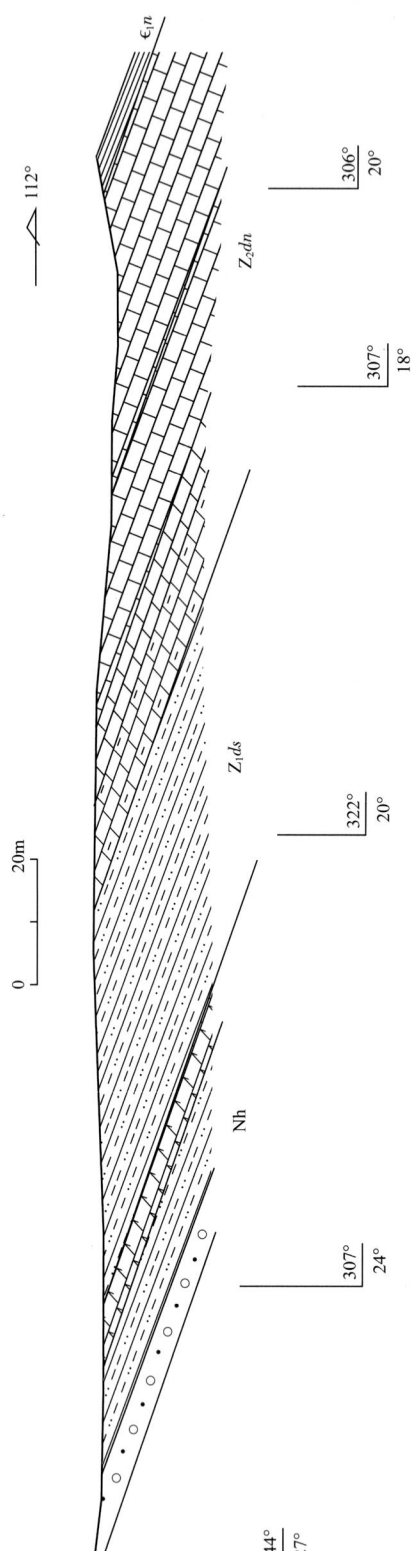

秀山溶溪震旦系灯影组实测剖面图

秀山溶溪震旦系灯影组综合柱状图

地层			厚度(m)	岩性剖面	岩性描述	沉积相		
统	组					微相	亚相	相
下寒武统	牛蹄塘组		20		灰黑色页岩，风化面呈黄灰色，含磷铁矿结核			
上震旦统	灯影组		40 60		浅灰白色—黄灰色薄层—中层状泥晶灰岩，下部呈中层状，新鲜面呈肉红色；上部为薄层状、浅灰白色与黄灰色纵向上交替出现呈韵律性，黄灰色灰岩中见竹叶状小砾石，风化面呈肩背状凸起		斜坡	碳酸盐岩台地
			80		浅灰色薄层—中层状泥晶白云岩，风化面见平行层理，中部见灰色竹叶状灰岩砾屑			
下震旦统	陡山沱组		100		浅灰色薄层状—厚层状泥质白云岩与白云岩略等厚互层，上下部为厚层、中部中层状，泥质白云岩风化后略显黄色，可见毫米级水平纹层，单层厚度80cm左右，中部厚度为2-3cm，单层厚度20-25cm		清水陆棚	陆棚
			120		灰绿色薄层状—中层状粉砂泥岩，下部呈叶片状，显示毫米级水平层理，风化后呈书页状，条带状构造发育，白云岩风化后层理不发育		碎屑陆棚	
			140		浅灰色薄层状灰白云岩，单层厚2-7cm不等，白云岩每个薄层间夹1-2mm泥岩夹层，构成白云岩夹层，白云岩风化面呈残黄色，孔洞不发育；灰绿色薄层状含粉砂泥岩，单层厚2-8cm不等，韵律层发育，偶见粉砂岩夹层		清水陆棚	
南华系	南沱组		160		浅灰绿色粉砂质泥岩			

▼ 书页状构造

页岩与粉砂质页岩差异风化形成凹凸相间的层状构造。秀山溶溪，Z_1ds。露头照片

▼ 条带状构造

石灰岩中因泥质含量的差异，成岩石颜色的差别，泥晶含泥质灰岩。秀山溶溪，Z_2dn。露头照片

▼ 层状构造

薄层状灰白色石灰岩夹黄灰色石灰岩。秀山溶溪，Z_2dn。露头照片

▼ 地质界线

震旦系灯影组与寒武系牛蹄塘组整合接触。秀山溶溪。界线。秀山溶溪。露头照片

▼ 微晶含云灰岩

岩性致密。秀山溶溪，Z_2dn。普通薄片，单偏光，显微照片

▼ 细晶白云岩

微裂隙呈蛛网状，未见孔隙。秀山溶溪，Z_2dn。茜素红染色，单偏光，显微照片

2 寒 武 系

2.1 地层概况

四川盆地寒武系分三统六组，自下而上为下统麦地坪组（ϵ_1m），中上统洗象池组（$\epsilon_{2-3}x$）（四川省区域地层表编写组，1978）。常规天然气储层主要为龙王庙组和洗象池组。

2.1.1 龙王庙组

寒武系下龙王庙组命名部剖面位于云南昆明西山滇池西岸龙王庙附近（卢衍豪，1941），代表浅水碳酸盐岩开阔台地沉积的石灰岩组合。后引入四川盆地，在川中地区为一套白云岩，川东地区为含膏白云岩与滇东地区龙王庙组岩石相的潮坪、颗粒滩、澙湖沉积产物（杜金虎等，2016；冯伟明等，2014；刘自亮等，2020）。显然，为局限海台地相的产物。

龙王庙组与下伏沧浪铺组合不同，与上覆高台组合不同均为整合成面通用之。

四川盆地龙王庙组岩石厚度要为0～200m，乐山—龙女寺古隆起核部因剥蚀而缺失，古隆起外围厚度渐增，最大厚度分布于蜀南地区，为180～200m。

龙王庙组出露于盆地北部、东部及南部边缘带，盆地内埋于地腹。

清虚洞组

清虚洞组（尹赞勋1945年命名，贵州湄潭置县城东南角带，参考部面为块状石灰岩，中段为云质石灰岩和钙质白云岩，上段为白云岩。代表浅水碳酸盐岩沉积，分布在川南黔北及湘西地区。

石龙洞组

石龙洞组（王钰1938年命名，湖北宜昌之西16km石龙洞）为一套中层—块状白云岩，池组近顶部发现典型的早奥陶世早期牙形石。因此，洗象池组为中寒武世晚期—早奥陶世早期的潮坪沉积产物（李伟等，2019；谷明峰等，2020），分布在渝东鄂西及大巴山地区。

孔明洞组

孔明洞组（四川南江地层组1960年命名，南江县沙滩）下部为颗粒灰岩，中上部为砂质白云岩，硅质灰岩夹碎屑岩，该组代表滨岸沉积，分布于米仓山地区。

2.1.2 洗象池组

洗象池组由赵亚曾（1929）创立，命名地点为四川峨眉山洗象池，命名时称"洗象池系"。此后，经历了"洗象池层"（谭锡畴和李春昱，1933；盛莘夫，1940），"洗象池群"（李春昱等，1963）。《中国地层典》编委会（1999）称"洗象池组"，时代置于中寒武世—晚寒武世。但李善姬等（1989）在洗象池组近顶部发现典型的早奥陶世早期牙形石。因此，洗象池为中寒武世晚期—早奥陶世早期的潮坪沉积产物（李伟等，2019；谷明峰等，2020），分布于渝东鄂西及大巴山地区。

洗象池组与下伏高台组整合接触，与上覆地层接触关系因地而异，乐山—龙女寺古隆起核部地区与下奥陶统桐梓组整合接触，古隆起区洗象池剥蚀带附近，洗象池组与中二叠统平行不整合接触。

古隆起外围，洗象池组与下伏地层寒武系及滇中北地区奥陶统桐梓组整合接触。

此外，受郁南运动影响，古隆起核部缺失，乐山—龙女寺古隆起影响，米仓山地区缺失洗象池组。

洗象池组岩石厚度渐增，川东地区可达800m。洗象池组出露于盆地北缘、东缘和南缘，盆地内深埋地腹，由白云岩及白云质灰岩组成，分别应于保靖—铜仁—玉屏一带以西的川南黔北地区。娄山关群底界界与下伏地层整合接触，但层位自西向东渐次抬升，分布于娄山关群由丁文江于1930年创建，命名部剖面位于贵州娄山关，米仓山地区亦由丁文江异于1930年创建，命名剖面三游洞组。

组成高台组（ϵ_2g）、石冷水组（ϵ_2s）、甲劳组（ϵ_2j）、比条组（ϵ_{1b}）之上，即由中寒武世晚期斯变为晚寒武世晚期，顶界与上覆地层呈假整合或整合接触，时代为早奥陶世早期（姜怀福和安泰庠，1985；王钢，1986；王长生等，1988）。该群属局限海台地相。

三游洞组由王钰（1938）在宜昌县宜家山到桃坪村创建。由白云岩、云质灰岩、页岩组成，分布于鄂西渝东及大巴山地区。时代为中寒武世晚期—早奥陶世早期。

2.2 油气勘探概况

四川盆地针对寒武系天然气勘探工作相对较晚。在威远地区对震旦系钻探的同时，自威12井在寒武系洗象池组钻探井位，2004年开始部署寒武系专层勘探井位，2005年底寒武系洗象池组气藏建成日产气 $30 \times 10^4 m^3$ 的生产规模，共完成老井上试30口，获完成探井6口，获气井1口，洗象池组油气勘探工作主要围绕乐山—龙女寺古隆起开展，女基井、磨溪1井、磨溪23井、宝龙1井在洗象池组分别测试产气 $0.0286 \times 10^4 m^3/d$、$0.422 \times 10^4 m^3/d$、$2.11 \times 10^4 m^3/d$、$1.347 \times 10^4 m^3/d$，证实具含气性。中国石化在川东平桥地区钻探平桥1井，洗象池组测试获气 $20.0 \times 10^4 m^3/d$。

洗象池组沉积相在巴中—成都—乐山—线以西为混积潮坪沉积，其东为局限海台地沉积，储层岩相主要为局限海台地相，储层岩性主要为亮晶状的亮晶砂屑白云岩、粒屑白云岩、鲕粒白云岩，粒屑白云岩纵向叠置互层，储集空间类型三种类型，包括孔、洞、缝，残余粒间孔构成了滩相储层的主要储集空间类型；溶洞分布较普遍，但多充填，被硅质、粗晶方解石、白云石全充填，洞径一般为2~15mm，大者达50mm；裂缝分为两期，早期裂缝为扩溶缝，被硅质，中—全直径岩心样品分析孔隙度最高为5.43%，缝壁不直，缝为0.15~0.35mm，晚期裂缝平直、开启，缝宽为0.015~0.03mm；强的裂缝一孔隙型。储层发育受颗粒滩相分布和溶蚀作用控制（张帆等，1999），单层厚度和累计厚度小，平面分布较稳定，纵向上主要分布在洗象池组上部50~90m。

洗象池组气藏中天然气来源于下寒武统筇竹寺组，目前已见两种成藏组合：一种是在构造形变程度较高的地区，因断层和裂缝使洗象池组储层与筇竹寺组烃源岩对接（平桥模式）；另一种是断层和裂缝将源储沟通，形成气藏（威远模式）。显然，洗象池组气藏成藏都离不开断层的作用。

2005年，中国石油西南油气田公司在威远地区实施了寒武统龙王庙组（遇仙寺组）发现厚35m孔隙型白云岩储层，孔隙度为2.64%~8.07%，测试产气 $11.0 \times 10^4 m^3/d$，产水$192 m^3/d$，龙王庙组气藏获重大突破。磨溪8井（2012年），测试产气 $190.68 \times 10^4 m^3/d$，2013 年获天然气探明储量 $4403.8 \times 10^8 m^3$。

盆地内龙王庙组气藏空间展布受裂隙构造、储层（物性）展布的控制，总体上具有西高东低，南北向中部高，两侧低的特征。钻探及试油成果表明，气藏最高点位于磨溪9井，海拔为-4226.3m；最低点在磨溪16井，海拔为-4458.3m，气藏高度为232m。揭示磨溪8井在龙王庙组气藏在海拔-4458.3m之上总含气，气层低于最低构造圈闭线-4360m，气藏的范围不局限于构造圈闭。含气范围西侧的探井为磨溪201井，该井以西构造总体趋势是逐渐抬高，但岩性、岩相发生变化，储层致密形成岩性遮挡。因此，安岳气田寒武系龙王庙组气藏属构造背景上的构造—岩性气藏。

盆地海台相中等颗粒滩微相中，储集岩类主要为颗粒（砂屑，鲕粒）白云岩和晶粒（细晶，粉晶）白云岩，主要储集空间为残余粒间孔、粒间溶孔和晶间溶孔等（谢洪仁等，2018）。测井解释磨溪8井区块平均孔隙度为4.97%，平均渗透率为2.92mD。磨溪9井区块平均孔隙度为5.95%，平均渗透率为10.05mD。高石1井区块平均孔隙度为4.57%，平均渗透率为4.05mD。龙王庙组储层以低孔低渗储层为主，局部发育中孔—高孔、高渗。储层类型主要为裂缝—孔隙型。

安岳气田龙王庙组气藏钻探及油气藏形成条件，储层、气藏分布稳定，连片发育，是大气藏形成的基础。

磨溪16井测井解释气层底界海拔-4458.3m，分别比磨溪11井测井解释气层顶界海拔-4360m低52.6m和98.3m，单井含气高度为12~72.4m，平均为53.5m。磨溪16井测井解释气层底界海拔-4458.3m，气层低于最低构造圈闭线，气藏具底水气藏属性，气层低于最低构造圈闭线-4412.6m。

2.3 下寒武统地质剖面

2.3.1 仁怀后山—金沙岩孔清虚洞组剖面

剖面位于贵州省金沙县岩孔镇与仁怀市后山苗族布依族乡交界处,岩孔镇以北约3km,构造位置为岩孔背斜北翼,剖面测量长度为354.76m,地层厚度为97.65m,其中清虚洞组厚度为96.48m,清虚洞组与下伏金顶山组紫红色,灰绿色薄层细粒铁质云母石英砂岩,上覆中寒武统高台组黄灰色薄层,中层钙质粉砂岩均为整合接触,露头程度良好,局部有覆盖。

清虚洞组从下面以上可划分为两个岩性段。

下段为石灰岩段,厚度为38.2m。以出现粒屑灰岩为标志,以云质泥晶灰岩、鲕粒灰岩、砂屑灰岩为主,夹多套细晶、粉砂质灰岩,反映陆源注入较频繁。下部以泥微晶灰岩、泥晶鲕粒灰岩为主,局部夹亮晶鲕粒灰岩,砂屑灰岩,多呈薄层状;上部以亮晶颗粒灰岩为主,亮晶鲕粒灰岩,多以中层—厚层状产出,向上白云岩化程度增强。

上段为白云岩段,厚度为58.28m。以粉晶—细晶白云岩、泥晶白云岩,砂屑白云岩夹厚层状亮晶鲕粒白云岩,顶部发育一套厚层角砾状白云岩。该段可划分出三个韵律层:下部韵律层,上部夹亮晶鲕粒钙质粉砂岩,粉砂岩,自下而上表现为中层—厚层微晶—细晶白云岩→厚层粉晶—细晶白云岩夹粉砂岩(厚度为0.88m);中部韵律层(厚度为40.41m)自下而上为灰色中层—厚层粉晶—细晶白云岩→灰色厚层—块状亮晶粉屑白云岩(厚度为13.09m);上部韵律层(厚度为4.78m)自下而上为灰色微晶—细晶质粉砂岩(厚度为0.23m)→灰色粉晶粉屑白云岩夹粉砂质灰岩(厚度为3.9m)→灰色角砾状白云岩(厚度为0.65m)。顶部以出现大套黄灰色钙质粉砂岩(高台组)为界。

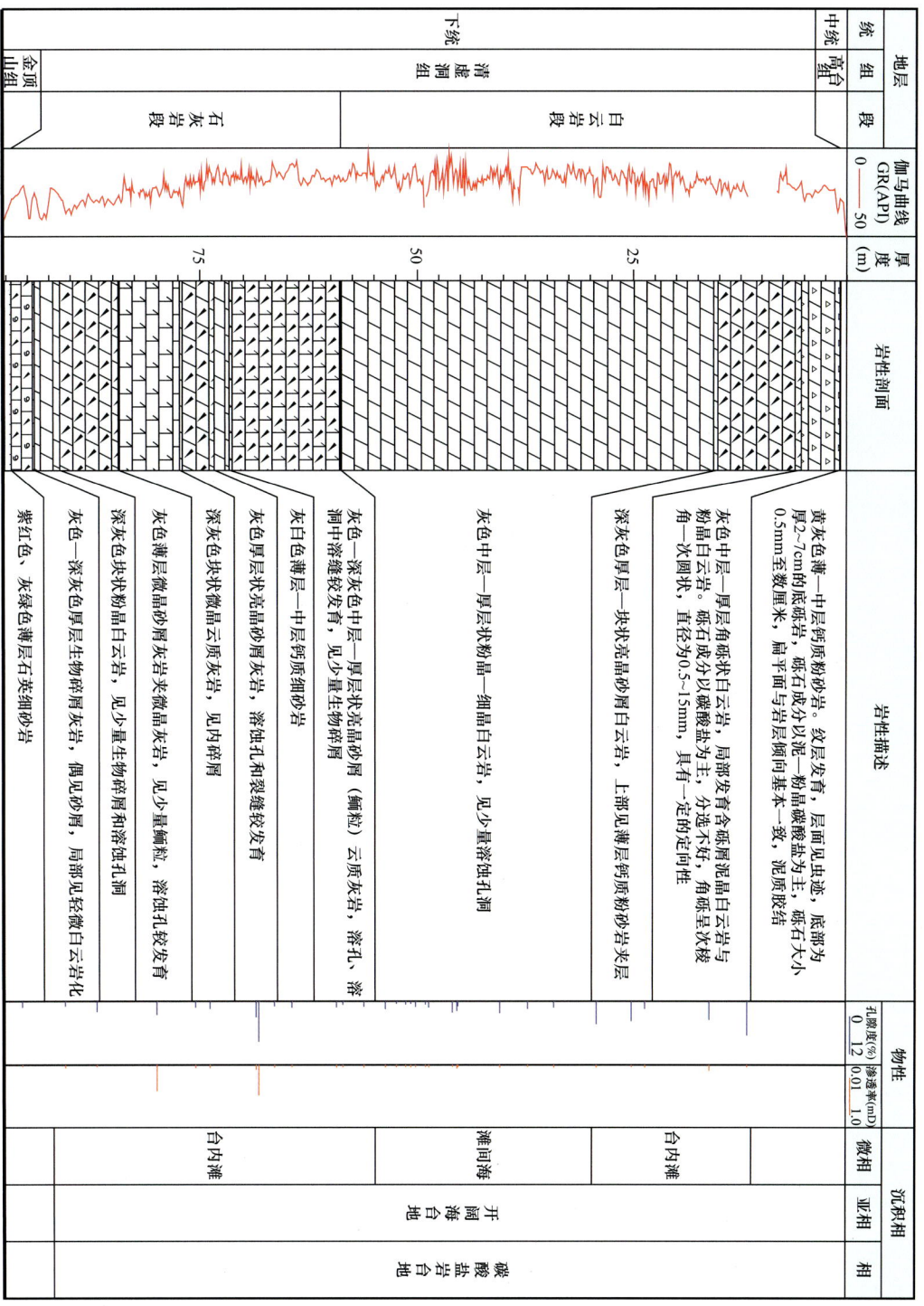

仁怀后山—金沙岩孔寒武系清虚洞组实测剖面图

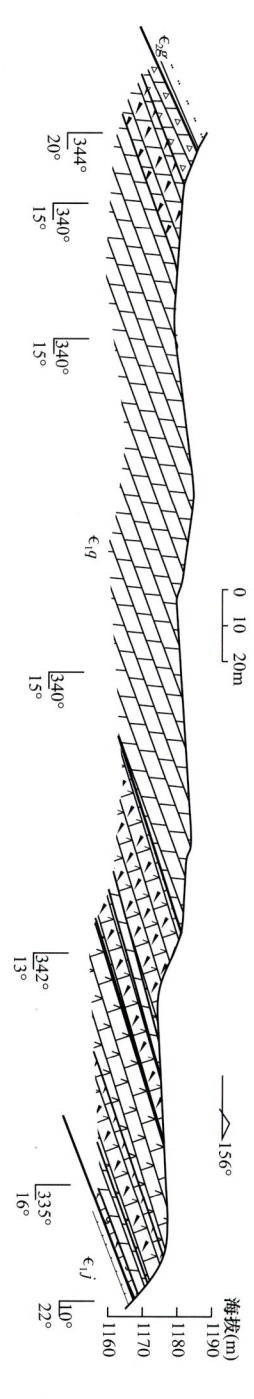

仁怀后山—金沙岩孔寒武系清虚洞组综合柱状图

▼ 竹帘状构造

泥晶—粉晶灰岩夹泥质条带，差异风化所致，泥晶含泥质灰岩。仁怀后山—金沙岩孔，ϵ_{1q}。露头照片

▼ 纹层状构造

纹层状泥晶灰岩。仁怀后山—金沙岩孔，ϵ_{1q}。露头照片

▼ 地质界线

清虚洞组（ϵ_{1q}）角砾状白云岩与高台组（ϵ_{2g}）粉砂岩分界线。仁怀后山—金沙岩孔。露头照片

▶ 颗粒结构

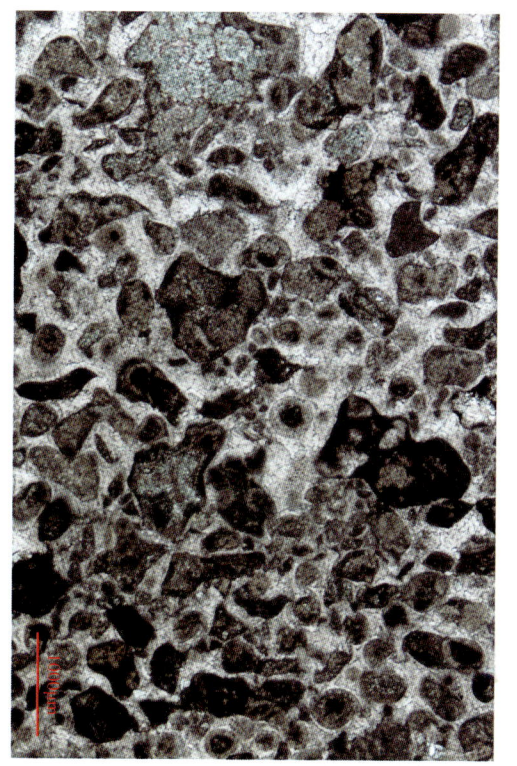

颗粒中见表鲕粒,砂屑,形状欠规则,粒间不含杂基,属高能砂屑滩相,局部见白云岩化,亮晶砂屑灰岩。仁怀后山—金沙岩孔,∈$_{1q}$。普通薄片,单偏光,显微照片

▶ 颗粒结构

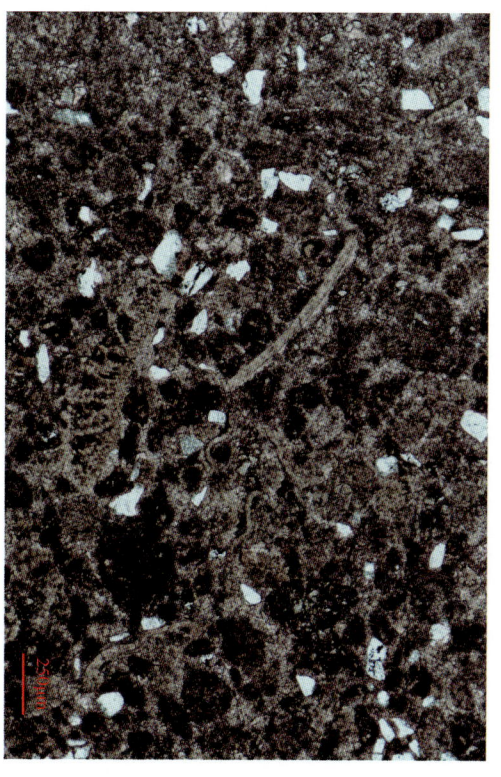

砂屑大小较均匀,零星见介形虫(左上)和古杯类(中下)碎片,并含陆源石英,亮晶砂屑灰岩。仁怀后山—金沙岩孔,∈$_{1q}$。普通薄片,单偏光,显微照片

▶ 颗粒结构

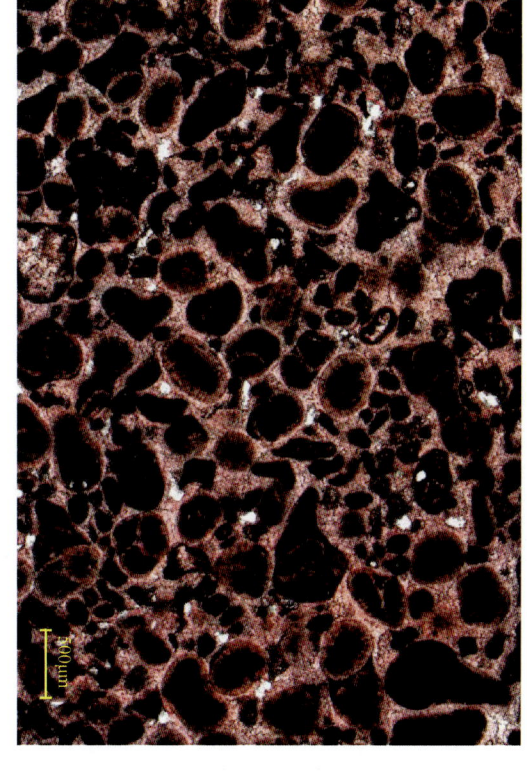

颗粒主要有砂屑和鲕粒,颗粒间充填亮晶方解石胶结物,零星见石英粉砂,亮晶鲕粒砂屑灰岩。仁怀后山—金沙岩孔,∈$_{1q}$。普通薄片,茜素红染色,单偏光,显微照片

▶ 颗粒结构

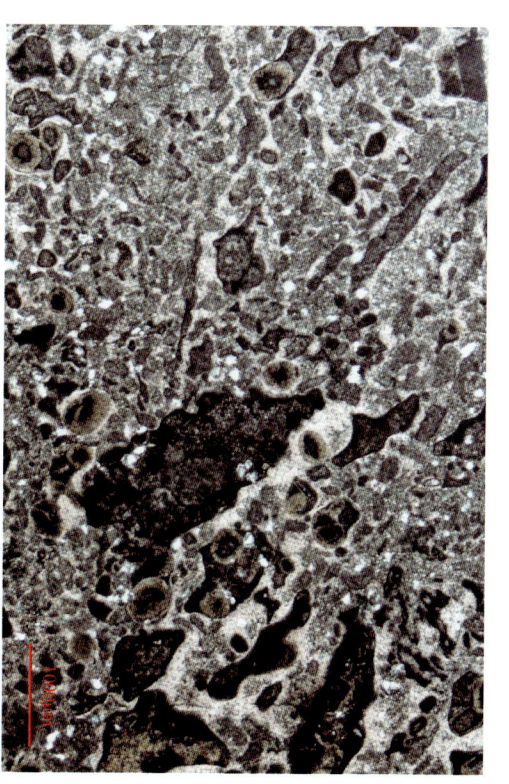

颗粒包括砂屑和砾屑,大小不等,形状不规则,具棱角状,磨圆度差,亮晶砂砾屑灰岩。仁怀后山—金沙岩孔,∈$_{1q}$。普通薄片,单偏光,显微照片

▶ 颗粒结构

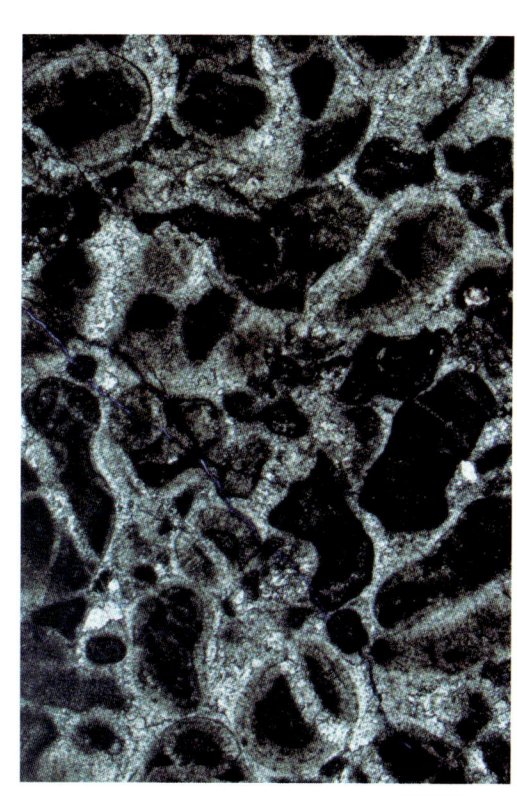

颗粒包括砂屑和表鲕粒,粒间为刃状(晶粒两个世代)亮晶胶结,一条张开微裂缝呈约45°斜交,切割颗粒,亮晶鲕粒砂屑灰岩。仁怀后山—金沙岩孔,∈$_{1q}$。铸体薄片,单偏光,显微照片

▶ 残余颗粒结构

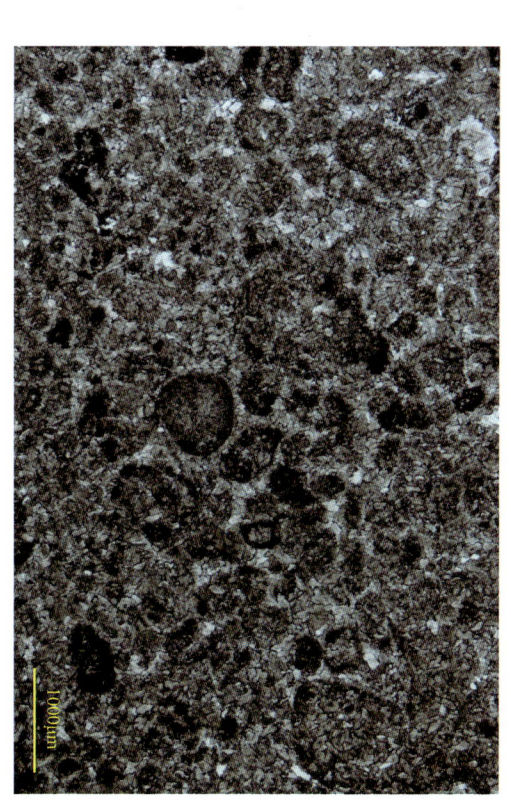

白云岩化作用彻底,但砂屑轮廓依然清晰,砂屑间充填亮晶方解石胶结物,亮晶砂屑白云岩。仁怀后山—金沙岩孔,∈$_{1q}$。普通薄片,单偏光,显微照片

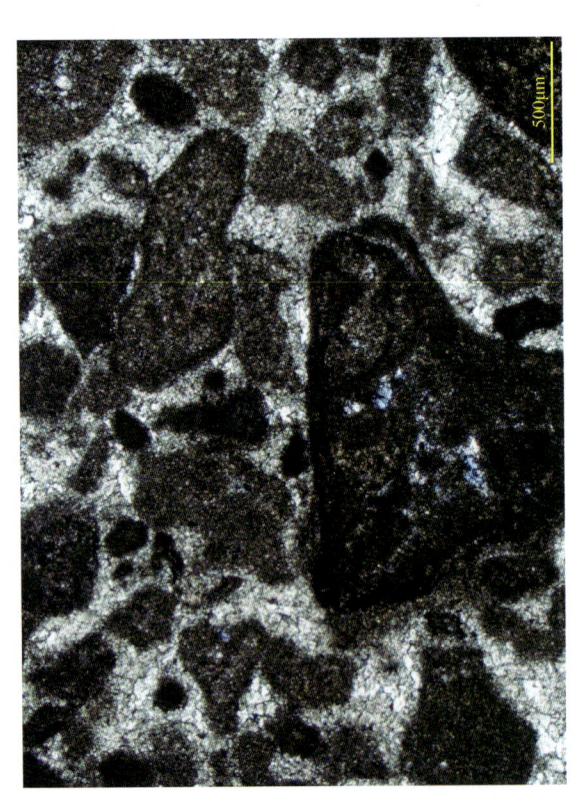

▲ 冲刷构造

冲刷面上下岩性差异明显，下部为泥粉晶灰岩，上部为生屑泥粉晶灰岩。仁怀后山—金沙岩灰岩，ϵ_{1q}。普通薄片，单偏光，显微照片

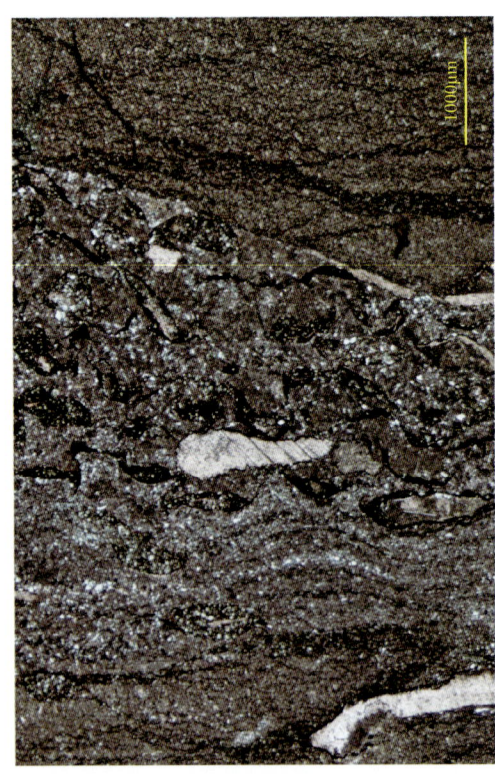

▲ 生物潜穴

生物潜穴内充填粉砂，呈椭圆形（亮色），纹层状粉砂泥质岩。仁怀后山—金沙岩灰岩，ϵ_{1q}。普通薄片，单偏光，显微照片

▲ 腹足、瓣鳃类碎片

有瓣腮类（右上）、腹足类（中和左），并见三叶虫碎片（中上呈钩状者），生屑泥晶灰岩。仁怀后山—金沙岩灰岩，ϵ_{1q}。普通薄片，茜素红染色，单偏光，显微照片

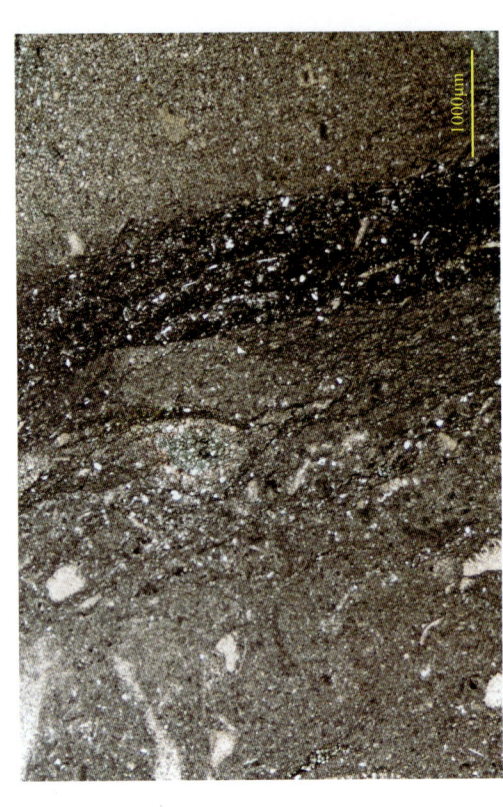

▲ 颗粒结构

颗粒主要为砂屑，其次为砾屑，一些颗粒已有形成包粒的趋势，亮晶胶结，为高能沉积产物。见少量粒内孔和胶结物中晶间微孔，面孔率为3.0%，亮晶砾砂屑白云岩。仁怀后山—金沙岩灰岩孔，ϵ_{1q}。铸体薄片，单偏光，显微照片

▲ 冲刷构造

冲刷面上下岩性差异明显，下部为泥粉晶灰岩，层面有削蚀断泥纹层；上部为生屑泥晶粉晶灰岩，含泥质。仁怀后山—金沙岩灰岩，ϵ_{1q}。普通薄片，单偏光，显微照片

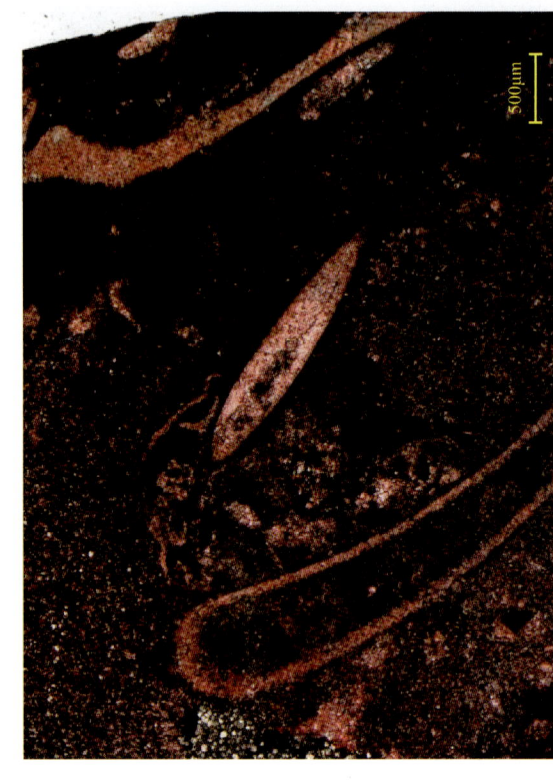

▲ 层纹状构造

石英粉砂略呈层状，泥晶粉砂质灰岩。仁怀后山—金沙岩灰岩孔，ϵ_{1q}。普通薄片，单偏光，显微照片

2.3.2 酉阳龙潭清虚洞组剖面

剖面位于重庆市酉阳县东南部龙潭镇江丰村，距酉阳县城 45km。构造应置应于渝东南隔槽式褶皱带中部，平阳盖向斜西翼。

剖面测量长度为 484.4m，地层厚度为 297.62m，其中清虚洞组厚度为 278.87m。清虚洞组底部灰色—深灰色厚层块状微晶—粉晶灰岩，（变晶）鲕粒灰岩与下伏金顶山组灰绿色薄层粉砂岩整合接触，顶部黄灰色薄层状白云岩，含粒屑粉晶灰岩与上覆高台组灰绿色薄层页岩（底部为泥质与灰质白云岩）呈整合接触。

清虚洞组纵向上可划分为两个岩性段：

第一岩性段为石灰岩夹白云岩段（厚度为 176.78m）。下部（厚度为 105.51m）为灰色—深灰色薄层—中层状泥晶—粉晶灰岩，局部夹泥岩或泥质条带，底部发育厚层状粉晶灰岩；中部（厚度为 11.87m）为灰色—深灰色薄层—厚层状泥晶白云岩，灰质白云岩夹亮晶粒屑白云岩，其间夹厚约 0.25m 的鲕粒灰岩，可见被方解石充填溶孔；上部（厚度为 59.4m）深灰色—浅灰色厚层状粉晶灰岩，亮晶粒屑灰岩，粒屑以砂屑为主，少量粉屑和砾屑。局部见豹斑状构造，自下而上颜色渐浅。

第二段为白云岩夹石灰岩段（厚度为 102.09m）。总体表现为自下而上渐少，石灰岩呈增多趋势。下部（厚度为 24.32m）为灰色—深灰色薄层—中层状泥晶—粉晶白云岩，灰质白云岩夹亮晶粒屑灰岩；中部（厚度为 50.01m）为中层—厚层状粉晶白云岩与云质互层，发育被方解石充填的裂缝；上部（厚度为 27.76m）灰色—浅灰色粉晶灰岩，粒屑灰岩，角砾状灰岩夹白云岩，孔洞缝发育，呈充填—半充填状态，角砾呈棱角—次棱角状，见溶蚀现象。

储层主要发育在高能滩相沉积岩中，储层岩性主要为粒屑粉晶灰岩，粉晶白云岩。储集空隙以晶间溶孔，粒内溶孔为主，局部裂缝发育。未被充填的溶孔孔径为 0.01~4.0mm，面孔率近 6.0%。

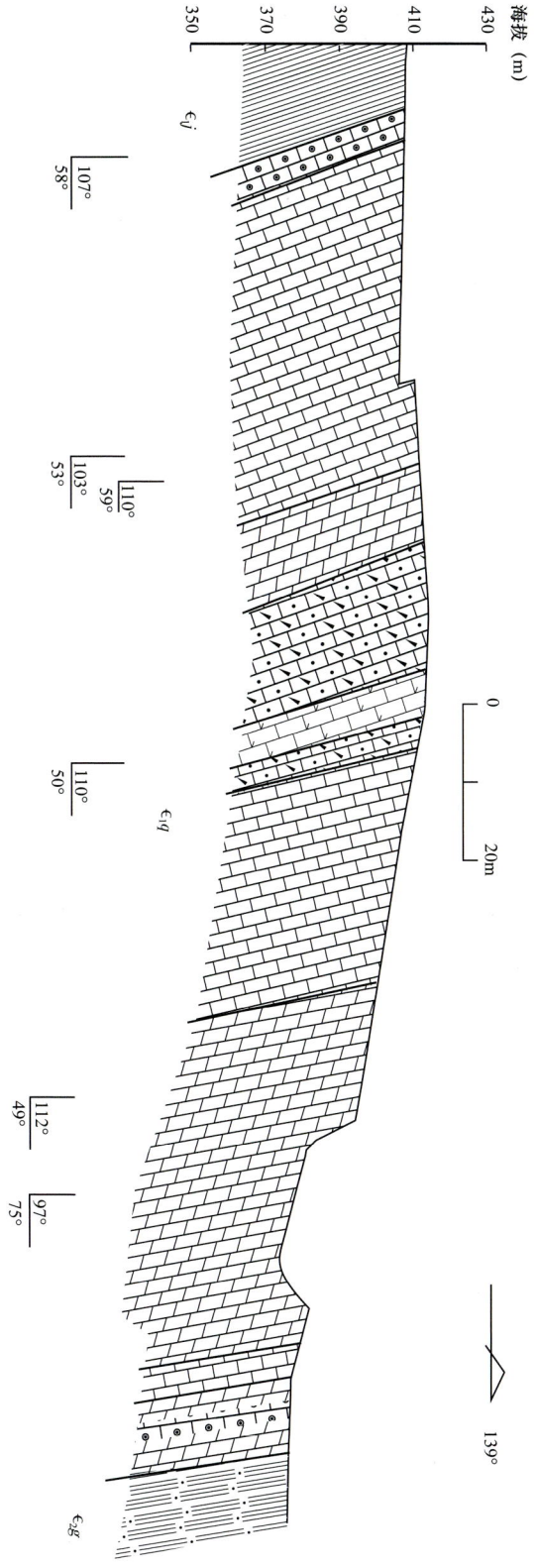

酉阳龙潭寒武系清虚洞组实测剖面图

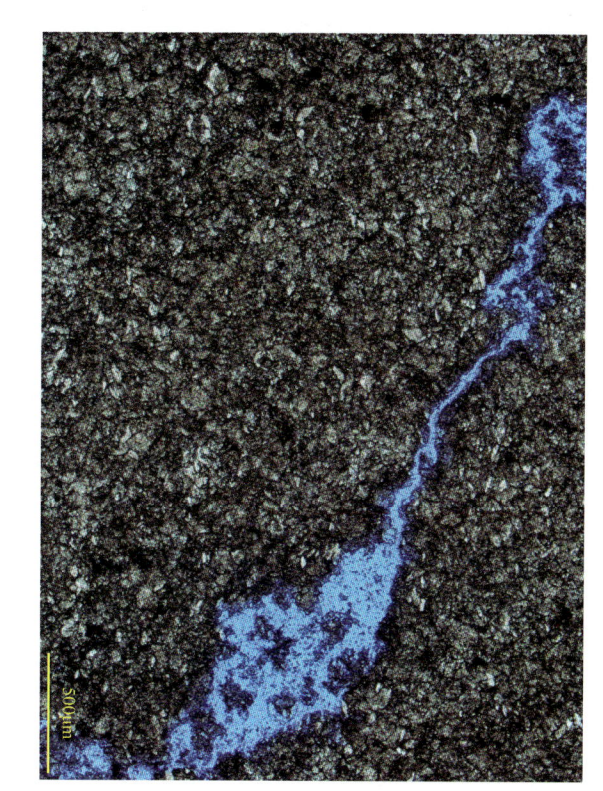

▲ 溶蚀缝洞

溶蚀缝局部扩溶，边界呈港湾状，面缝洞率为 3.0%。仁怀后山—金沙粉晶白云岩，∈₁q。铸体薄片，单偏光，显微照片

地层			厚度(m)	岩性剖面	岩性描述	沉积相		
统	组	高台组				微相	亚相	相
中寒武统					灰绿色粉砂质页岩，底部为薄层泥质云岩与下伏灰色白云岩分界			
下寒武统	清虚洞组		20		黄灰色薄层—中层状白云岩夹同色角砾状粒屑白云岩，溶蚀孔洞缝较发育，多呈半充填状态	颗粒滩	开阔海台地	碳酸盐岩台地
			40		灰白色薄层—黄灰色薄层状灰岩，含少量粒屑，泥晶胶结，夹薄层亮晶砂屑灰岩。见溶洞和少量针孔，针孔多呈弱充填状态	滩间海		
			60–80		灰色—深灰色中层—厚层状泥晶—粉晶白云岩，上部和下部各见一薄层含云质粒屑，见水平层理，刀砍纹构造，溶孔及裂缝均较发育，方解石充填	颗粒滩		
			100–120		灰色—深灰色薄层—厚层状粉晶灰岩夹薄层亮晶含砂屑灰岩，层间夹薄层灰黄色钙质泥岩，厚约1.5m，呈条带状。孔洞不发育	滩间海		
			140		浅灰色—深灰色中层—厚层状云质灰岩，见豹斑状构造，层面不平整			
			160		灰色中层—厚层状泥晶微晶灰岩夹砂屑灰岩，见豹斑状构造，层面不平，起伏不平。下部见冲刷面			
			180		下部深灰色，上部灰色中层—厚层亮晶颗粒灰岩，颗粒为粉屑、砂屑、砾屑和鲕粒，粒径有向上增大的趋势。层面可见解理发育，方解石充填	颗粒滩		
			200–220		深灰色薄层—中层状块状泥晶白云岩，上部夹一层约0.25m的亮晶颗粒白云岩，上部为中厚层状构造，普遍见泥质条带状构造，水洞较发育，方解石充填			
			240–260		灰色块状粉屑鲕粒灰岩，鲕粒为变形鲕，见少量溶孔，与下伏金顶山组界线清晰	滩间海		
金顶山组			280		灰绿色页岩夹黄灰色薄层—中层状粉砂岩，见波状层理，顶面见波痕	颗粒滩		

西阳垈滂寒武系清虚洞组综合柱状图

▶ **豆粒结构**

上部为豆粒灰岩，下部为泥晶灰岩，其间见明显的冲刷面，表明沉积水体由安静转变为动荡的突变。酉阳龙潭，ϵ_1q 近底部。露头照片

▶ **变形构造**

重力作用下滑塌引起的沉积层理构造变形，泥晶灰岩。酉阳龙潭，ϵ_1q 顶部。露头照片

▶ **刀砍纹构造**

差异风化形成，也称"树皮纹构造""太婆脸构造"，是地表白云岩极其显著的岩性识别标志，泥粉晶白云岩。酉阳龙潭，ϵ_1q 上部。露头照片

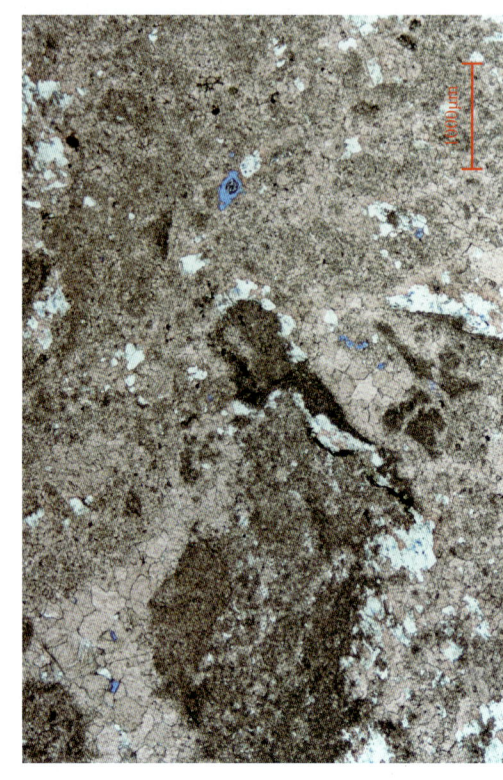

▲ 粘结组构

藻粘结灰岩，至少有三组方解石充填裂缝相互切割。酉阳龙潭，ϵ_{1q}。普通薄片，单偏光，显微照片

▲ 变形砂屑结构

粒分以砂屑为主，砾屑次之，压溶作用使颗粒强烈变形，形成缝合状、结绳状等，是典型的塑性变形代表形态，粒间充填泥质，左见张开构造微缝，砂砾屑灰岩。酉阳龙潭，ϵ_{1q}。铸体薄片，单偏光，显微照片

▲ 砾屑结构

砾屑具塑性变形的不定形，是早期成岩作用，有轻度硅化作用（右中），砾屑灰岩。浅灰白色），和少量晶间孔和介形虫体模孔（左上），砾屑灰岩。酉阳龙潭，ϵ_{1q}。铸体薄片，单偏光，显微照片

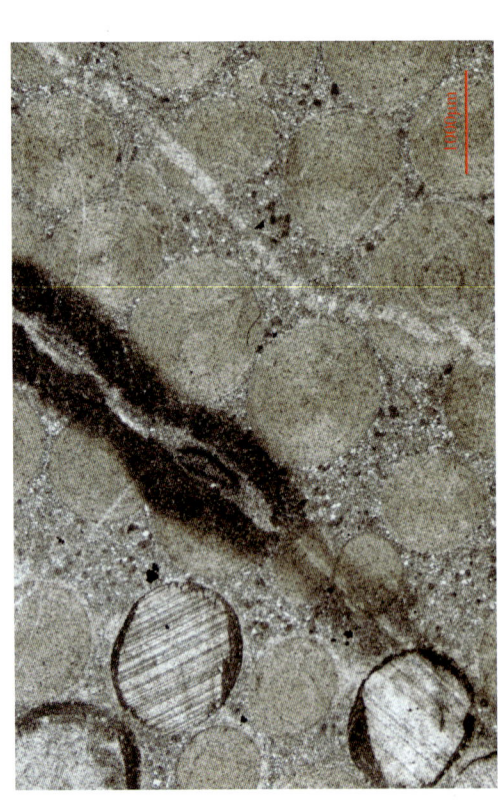

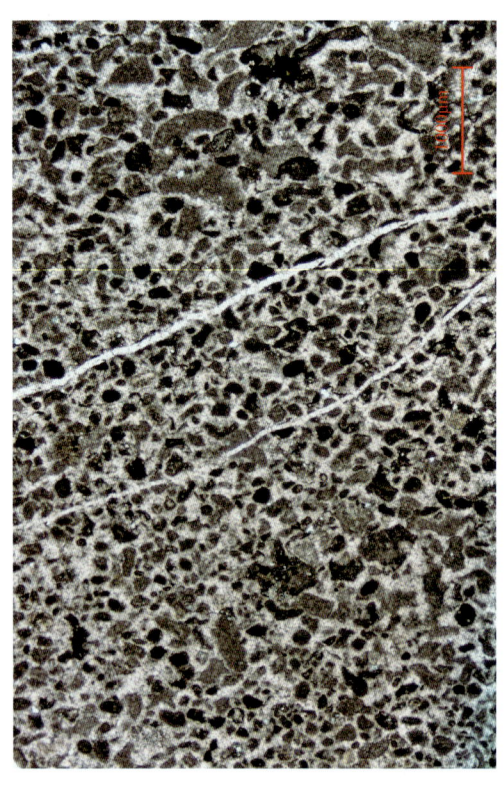

▲ 鲕粒结构

鲕粒因重结晶呈幻影，同心圈层可见，原始为放射状鲕粒，大部分仅保存了幻影（中、右），少部分鲕粒被溶蚀，被方解石充填，再演变为单晶鲕粒（左），溶蚀缝内充填泥质、方解石。粉晶鲕粒灰岩。酉阳龙潭，ϵ_{1q}。普通薄片，单偏光，显微照片

▲ 条带状构造

砂质呈条带状分布，一条方解石充填裂缝切割砂质条带，泥晶粉砂质灰岩，茜素红染色，酉阳龙潭，ϵ_{1q}。普通薄片，单偏光，显微照片

▲ 砂屑结构

砂屑具变形特征，粒度较均匀，砂屑灰岩，酉阳龙潭，ϵ_{1q}。普通薄片，单偏光，显微照片

▶ 冲刷构造

泥晶灰岩。西阳龙潭，∈₁q。普通薄片，茜素红染色，单偏光，显微照片

▶ 冲刷构造

砂屑灰岩，含少量陆屑。界面上下均为砂屑灰岩，但界面之上见角砾，砾间充填泥质，为砂屑灰岩，左中处有瓣鳃类个体。西阳龙潭，∈₁q。普通薄片，单偏光，显微照片

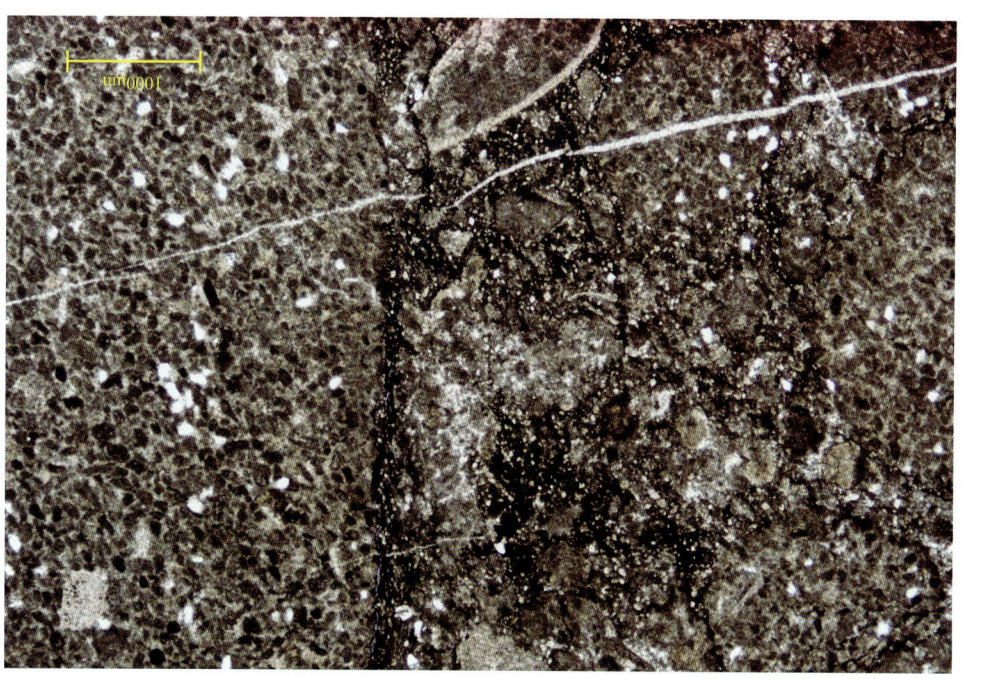

▶ 网状裂缝

可见三组裂缝相互切割，错位，右上处见溶蚀缝，基岩见冲刷构造，茜素红局部染色，左侧为泥晶灰岩，右侧为变形砾屑灰岩。西阳龙潭，∈₁q。普通薄片，单偏光，显微照片

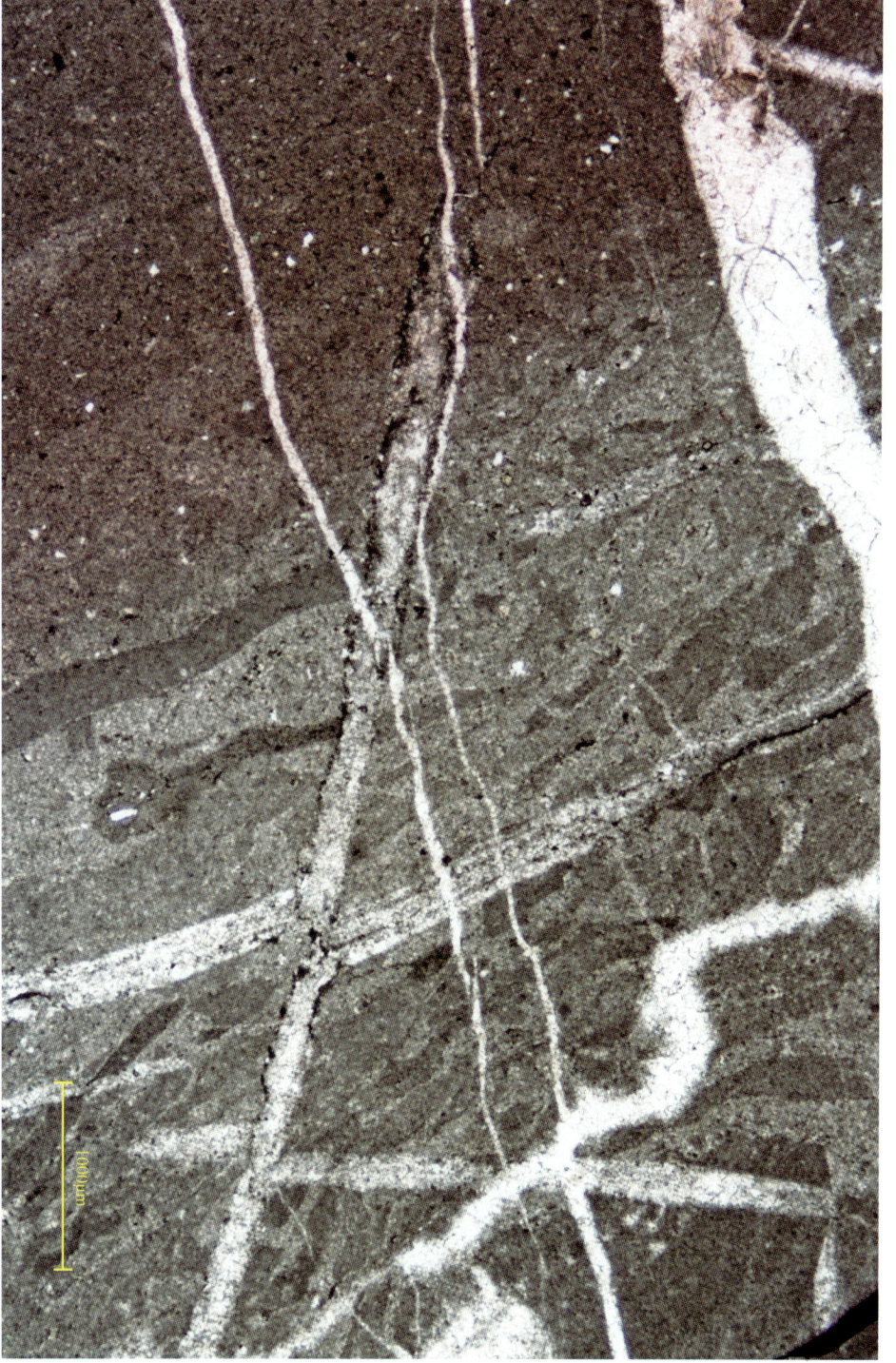

2.3.3 石柱马武石龙洞组剖面

剖面位于重庆市石柱县东南部马武镇宝莲村石流希望小学以西约400m，距县城48km。构造位置处于川东隔挡式褶皱带与隔槽式褶皱带的过渡带，老厂坪背斜的南东翼。

剖面测量长度为707.51m，地层厚度为267.65m，其中石龙洞组厚度为242.37m。石龙洞组底部深灰色厚层一块状微晶灰岩夹云质灰岩与下伏天河板组（$\epsilon_1 t$）黄绿色、灰绿色及灰岩整合接触，顶部黄灰色、灰白色薄层一中层状泥质一粉砂质白云岩夹泥质岩与上覆高台组黄灰色泥质岩和硅质岩亦为整合接触。剖面整体出露良好，局部被覆盖。

该剖面特殊之处在于中上部各见一层凝灰岩和硅质岩，两层合钠长石斑岩层。此外，中部出现碎屑灰岩。石龙洞组自下而上分下石灰岩段、碎屑岩段、上石灰岩段。

下石灰岩段（厚度为75.76m）。以深灰色一灰色微晶灰岩、泥微晶灰岩、砂屑灰岩、鲕粒灰岩为主，夹泥岩、泥质粉砂岩，含三叶虫、介形虫、腕足及其生物碎屑。下部（厚度为26.17m）为深灰色薄层一厚层泥微晶灰岩、泥灰岩，底部夹一套深灰色厚层一块状微晶一粉晶夹白云岩、顶部夹豆粒灰岩和砂屑灰岩，溶孔较多。中上部（厚度为49.59m）以页岩为界可分两个韵律层，下部韵律层黄绿色页岩厚度小（厚度仅为0.43m），其上为30.74m的灰色厚层状微晶一粉晶灰岩、亮晶砂屑灰岩、豆粒云质灰岩，见古杯、海绵、三叶虫；上部黄绿色页岩厚度为4.72m，其上为17.41m的深灰色薄层一中层微晶灰岩夹泥微晶灰岩，颗粒为砂屑、豆粒、鲕粒，普遍含生物碎屑。

碎屑岩段（厚度为41.61m）。该段以出现大套薄层火山凝灰岩为标志，以黄绿色、灰绿色薄层页岩、钙质粉砂岩、粉砂质泥岩为主，夹薄层页岩。下部主要为泥岩，中上部夹微晶一粉晶白云岩、中部夹薄层鲕粒灰岩，顶部为厚13.59m的钙质粉砂岩。该段泥页岩、粉砂岩薄层鲕粒灰岩，近顶部见一薄层一薄层石灰岩互层。

上石灰岩段（厚度为125m）。该段以灰色一深灰色微晶灰岩、微晶云质灰岩、亮晶砂屑灰岩为主，下部夹一套灰绿色、黄绿色薄层状页岩、中上部夹薄层状硅质岩，上部夹微晶一粉晶白云岩、粉砂质白云岩，可划分出三个韵律层，单个韵律层总体表现为泥微晶灰岩→亮晶颗粒灰岩→白云岩、沉积水体向上渐浅。第一韵律层（下部）厚度为67.16m，底部为厚1.67m的深灰色中层状微晶含鲕粒，其上为厚0.59m的灰绿色页岩和0.52m的深灰色微晶灰岩，向上为亮晶砂屑、砂屑、粉屑云质灰岩，普遍见白云岩化现象，豆粒灰岩，孔洞较发育，累计厚度为61.16m，其上为厚3.22m的微晶一粉晶灰岩；第二韵律层（中部）累计厚度为44.85m，底部为厚4.45m的厚层硅质岩，其上为厚4.41m的微晶一粉晶灰岩，中上部为亮晶颗粒灰岩夹云岩，孔洞较发育。其中，白云岩厚度为10.83m，颗粒岩厚度为25.16m，白云岩主要分布在中部，颗粒见砂屑、砾屑，局部见生物碎屑；第三韵律层（上部）累计厚度为12.99m，由微晶灰岩、微晶白云岩、粉砂质白云岩组成，未见颗粒灰岩，下部微晶灰岩呈中层一厚层状，厚度为6.54m，裂缝发育，岩性致密，其上微晶白云岩（厚度为3.71m）局部见溶蚀角砾岩，顶部白云岩（厚度为2.74m）含较多陆源碎屑并夹薄层泥岩。

下石灰岩段孔缝发育较少，仅在薄层颗粒灰岩中见少量孔洞，碎屑岩段孔洞基本不发育，上石灰岩段储层发育最好。

储层岩类主要为微晶一粉晶灰岩、亮晶颗粒灰岩、微晶云质灰岩、微晶云质灰岩和白云岩、孔隙为晶间孔、溶孔、溶洞和裂缝、但均存在不同程度充填。此外，该剖面硅质岩的孔隙和裂缝极为发育，个别孔径分小于1mm，可见宽为0.2~0.3mm不等的裂缝。

16个样品分析表明，孔隙度为1.14%~8.1%，平均为2.92%，其中孔隙度大于4.0%的样品占比为12.5%，孔隙度2.0%~4.0%的样品占比为75.0%，孔隙度小于2.0%的样品比例为12.5%；渗透率为0.0035~3.94mD，平均为0.104mD，渗透率小于0.005mD的样品比例为7.02%，渗透率0.005~0.01mD的占比40.35%，渗透率大于0.01mD的占比为52.63%。

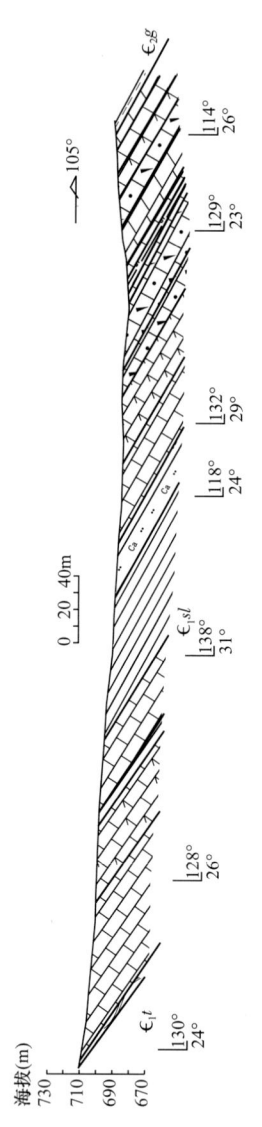

石柱马武寨武系石龙洞组实测剖面图

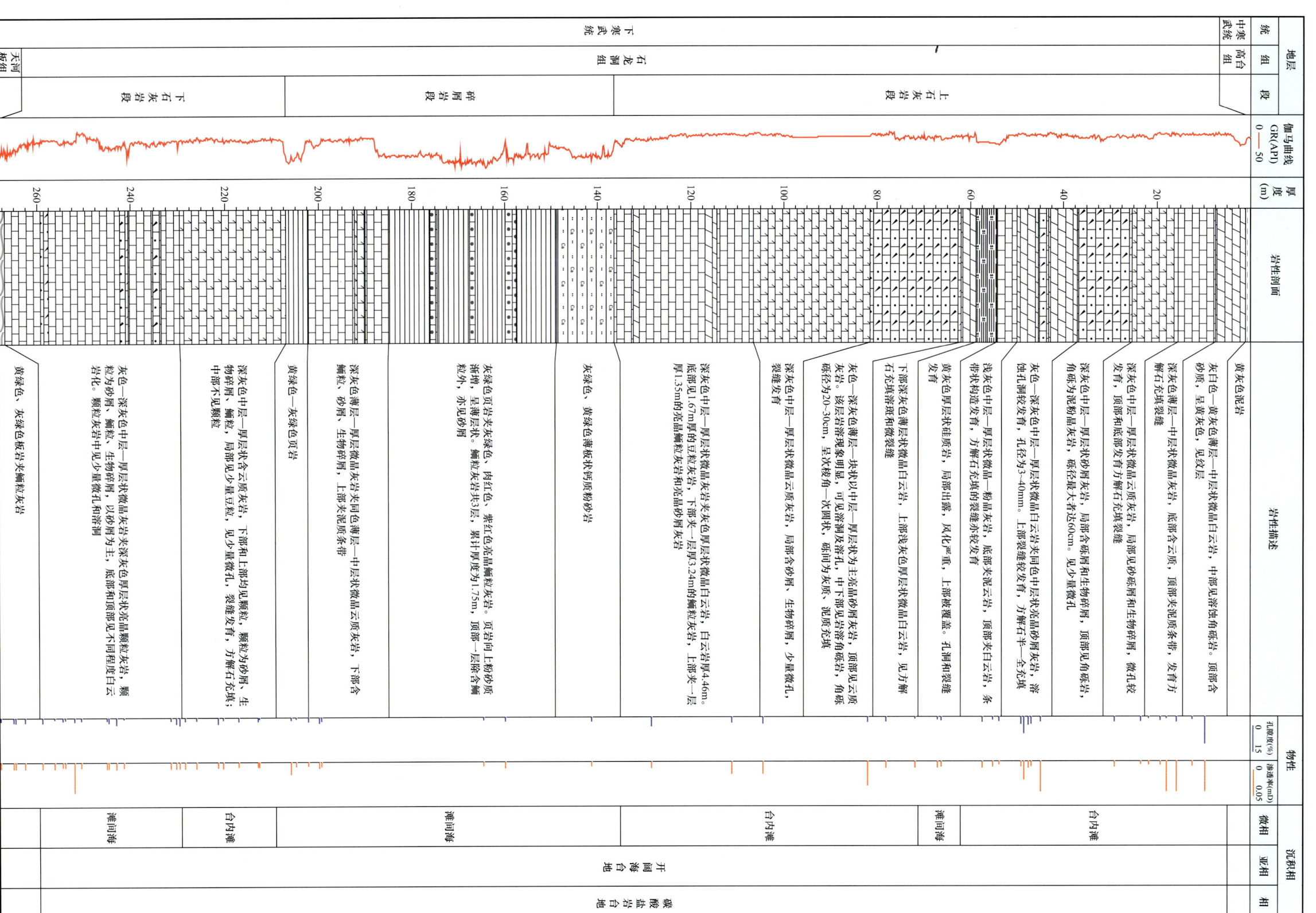

石柱马武寨武系石龙洞组综合剖面图

▲ 层状构造

深灰色—灰黑色薄层—厚层泥微晶灰岩、泥灰岩。石柱马武，$\epsilon_1 sl$。露头照片

▲ 地质界线

石龙洞组与天河板组分界（地质锤所在），其下为天河板组灰绿色页岩，其上为石龙洞组泥粉晶灰岩，整合接触。石柱马武，$\epsilon_1 sl$。露头照片

▲ 层状构造

深灰色—灰黑色薄层泥微晶灰岩夹石夹板薄层页岩，差异风化作用形成"竹简状"或"书页状"。石柱马武，$\epsilon_1 sl$。露头照片

▶ 沉积韵律层

韵律层由薄层渐变为厚层，岩石颜色由灰黑色渐变为深灰色、灰色，岩性为泥晶灰岩→粉晶灰岩→微晶白云岩，单个韵律层厚度为3~5m。石柱马武，$\epsilon_3 sl$。露头照片

▶ 沉积韵律层

石龙洞组上石灰岩段可见多个由薄层渐变为厚层状的沉积韵律层。石柱马武，$\epsilon_3 sl$。露头照片

▶ 豆粒结构

下石灰岩段上部云质灰岩中发育黑色豆粒，分布不均，大小不一，多呈椭圆状，定向性较差，白云石化不均一，不切底，呈斑状。泥粉晶云质灰岩。石柱马武，$\epsilon_3 sl$。左图为露头照片，右图为岩样照片

▲ 砂屑结构

下石灰岩段上部云质灰岩中见条带状砂屑，呈深灰色，砂屑条带不等宽，砂屑泥粉晶云质灰岩。石柱马武，$\epsilon_3 sl$。露头照片

▲ 层状不均一白云石化与微断层

白云石化沿层面分布（土黄色），具层状，但不规则，高角度微断层明显错断岩层，但断距小，断面被方解石充填。泥粉晶云质灰岩。石柱马武，$\epsilon_3 sl$。露头照片

▲ 层状不均一白云石化

白云石化沿层面产生，风化面呈线状，局部呈波状凸起。泥粉晶云质灰岩。石柱马武，$\epsilon_3 sl$。露头照片

▶ **古杯**

古杯横切面,见脑纹状结构,泥晶古杯灰岩。石柱马武,$\epsilon_1 sl$。普通薄片,单偏光,显微照片

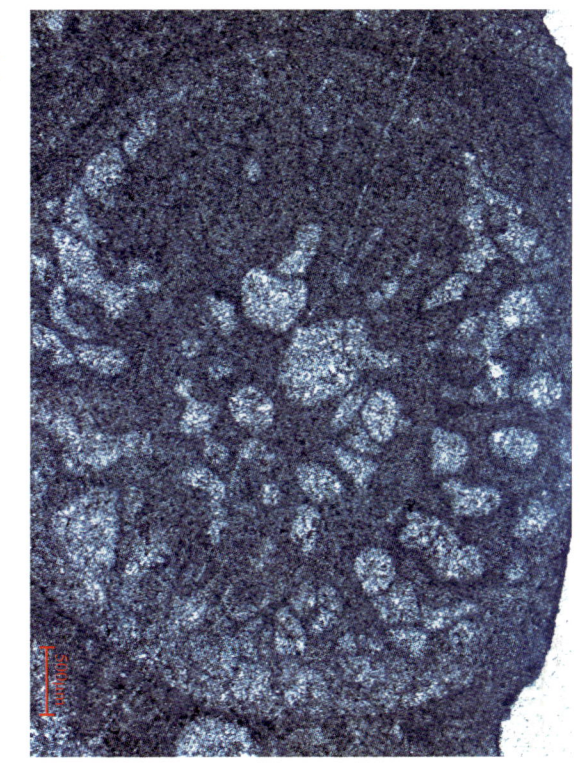

▶ **古杯**

古杯呈群体聚集,泥晶古杯灰岩。石柱马武,$\epsilon_1 sl$。普通薄片,单偏光,显微照片

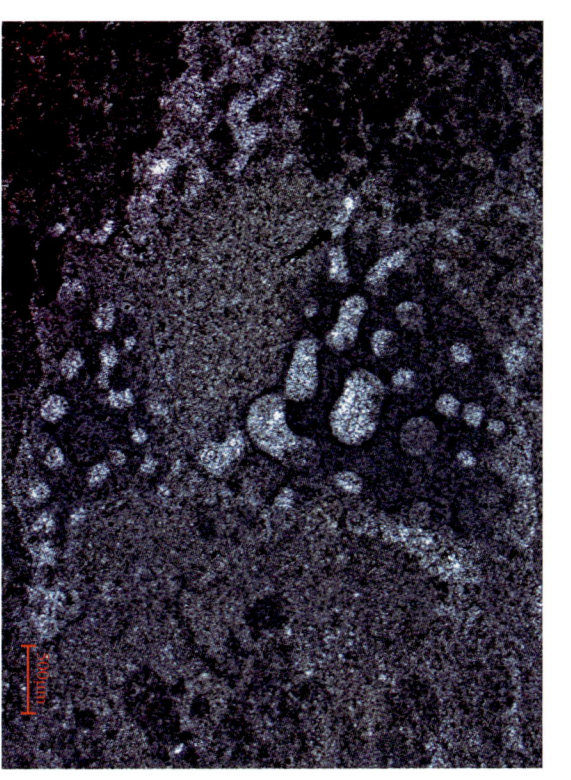

▶ **奥顿藻**

奥顿藻群体生长,藻间充填方解石,泥晶蓝细菌灰岩。石柱马武,$\epsilon_1 sl$。普通薄片,茜素红染色,单偏光,显微照片

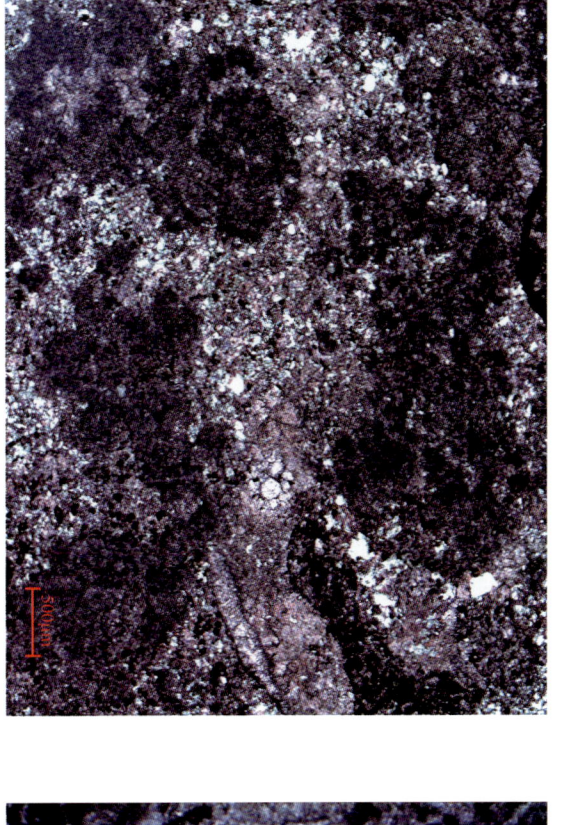

▶ **海绵**

海绵体被蓝藻包裹形成藻包壳,海绵粘结灰岩。石柱马武,$\epsilon_1 sl$。普通薄片,茜素红染色,单偏光,显微照片

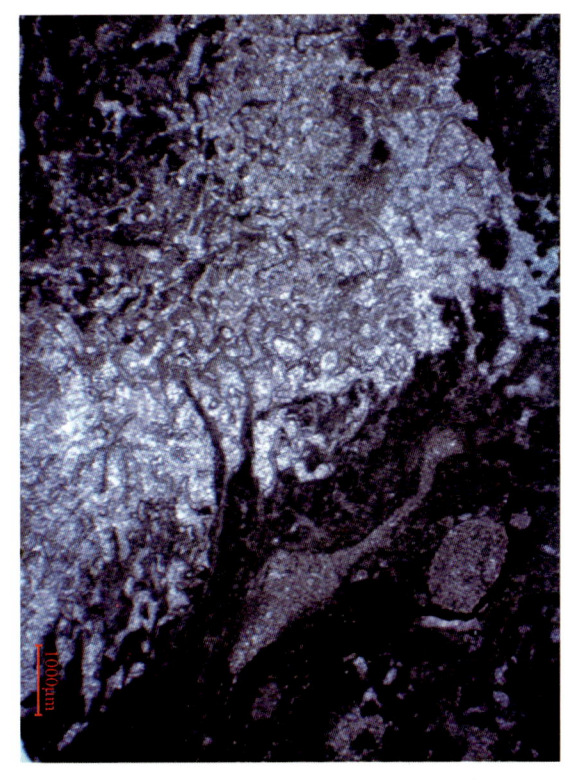

▶ **多种生物碎屑**

见古杯(上)、三叶虫(中)、瓣鳃(中下)等生物碎屑,具藻包壳,包壳局部白云石交代,亮晶生屑灰岩。石柱马武,$\epsilon_1 sl$。普通薄片,茜素红染色,单偏光,显微照片

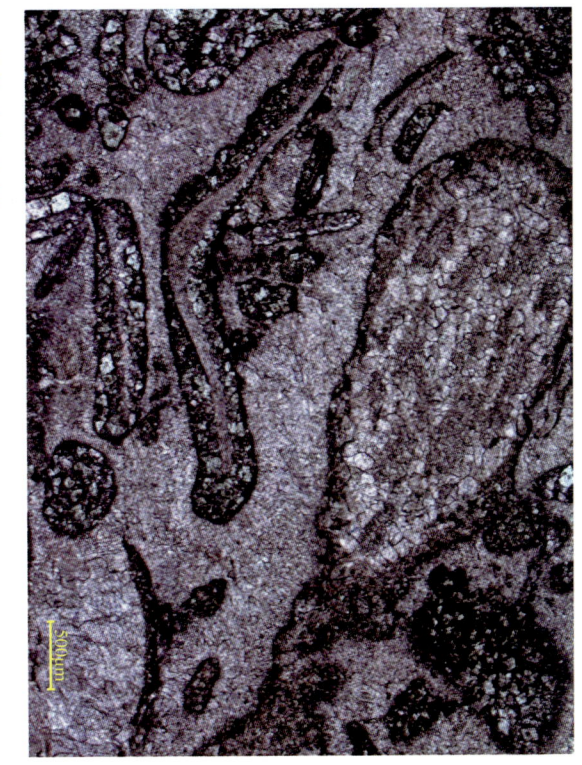

▶ **冲蚀槽沟(局部)**

冲蚀槽底部充填泥质和粉砂,其上为泥质灰岩(暗色)、粉砂质泥晶灰岩。石柱马武,$\epsilon_1 sl$。普通薄片,单偏光,显微照片

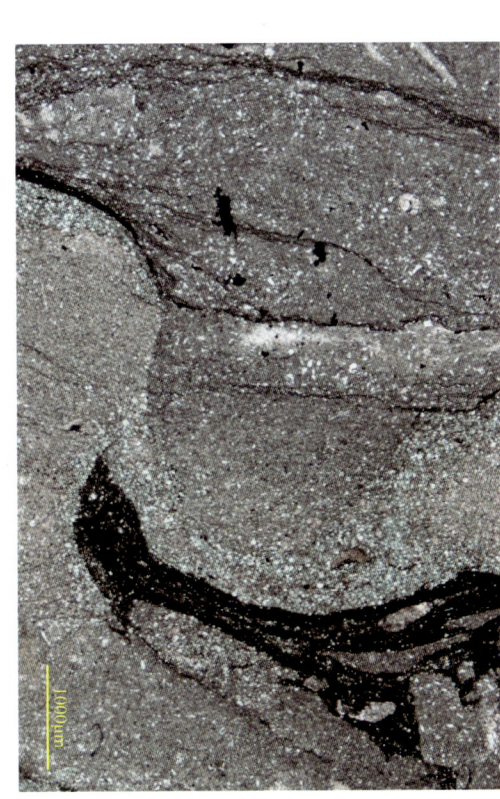

▲ 冲刷构造

冲刷界面之下为含粉砂质的泥质灰岩，其上为泥粉晶灰岩，底部含砂质。石柱马武，ϵ_1sl。普通薄片，单偏光，显微照片

▲ 冲蚀槽谷（局部）

冲刷作用使度面变形成锯齿状冲刷底面，冲刷界面上还见"冲刷小角砾"（左中），岩性突变，下部为含三叶虫泥晶灰岩，上部为有机质丰富的泥晶灰岩。石柱马武，ϵ_1sl。普通薄片，单偏光，显微照片

▲ 冲刷构造

冲刷界面之下为含粉砂质的泥质灰岩，其上为泥粉晶灰岩。石柱马武，ϵ_1sl。普通薄片，单偏光，显微照片

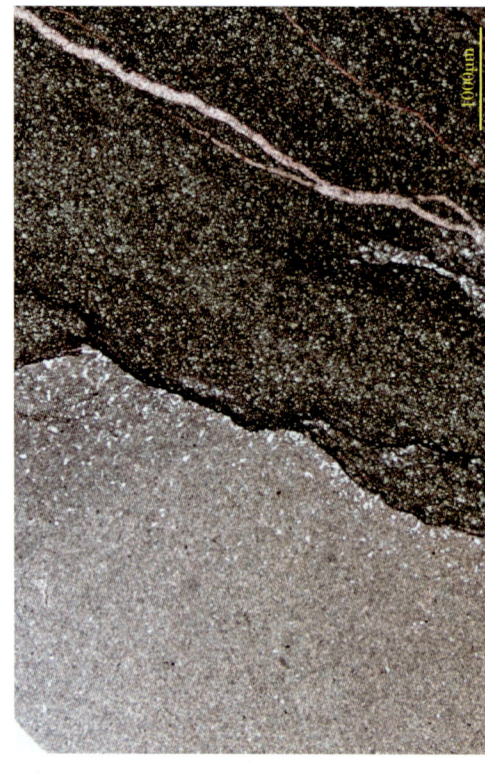

▲ 韵律层构造

冲刷界面之上的灰岩晶粒自下而上渐细，由细粉晶结构变为泥晶结构。石柱马武，ϵ_1sl。普通薄片，单偏光，显微照片

▲ 生物扰动

呈大小不等斑块状（浅色），泥岩。石柱马武，ϵ_1sl。普通薄片，单偏光，显微照片

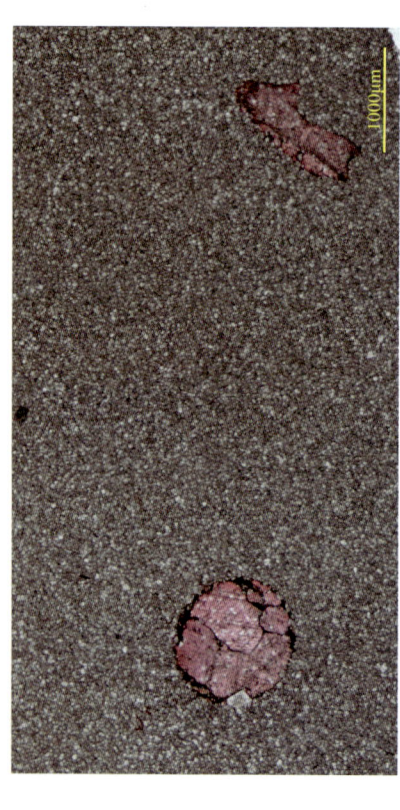

▲ 生物钻孔

左侧为钻孔横截面，呈规则圆形，被粗大方解石充填；右侧斜截面近椭圆形，泥晶灰岩。石柱马武，ϵ_1sl。普通薄片，茜素红染色，单偏光，显微照片

生物遗迹

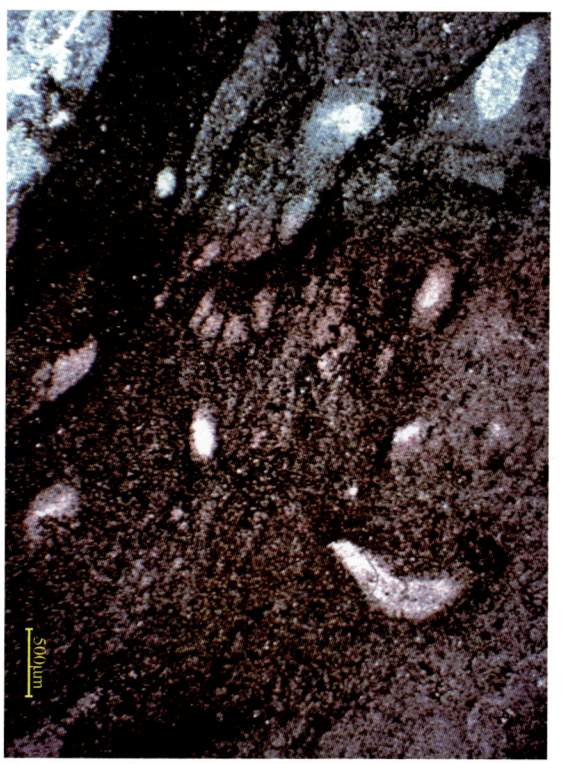

呈亮色斑状或椭圆形，疑为生物钻孔，孔内被方解石充填，粉晶灰岩。石柱马武，$\epsilon_1 sl$。普通薄片，茜素红染色，单偏光，显微照片

鲕粒结构

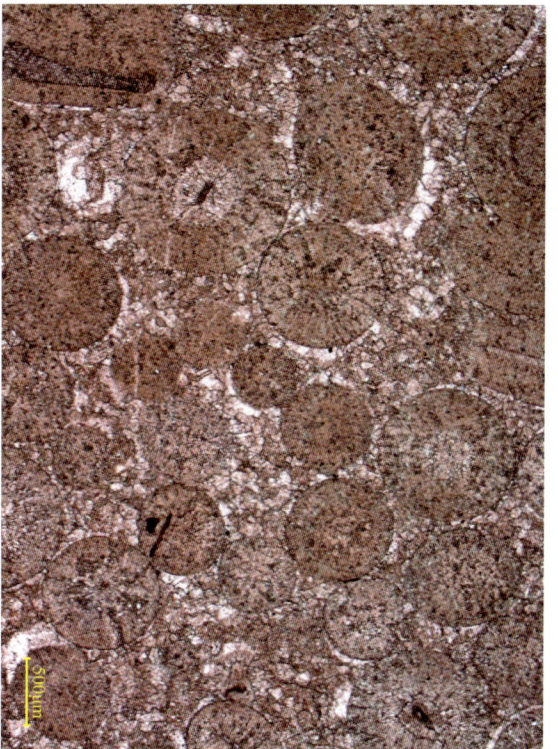

鲕粒具有放射状、亮晶鲕粒灰岩。石柱马武，$\epsilon_1 sl$。普通薄片，茜素红染色，单偏光，显微照片

鲕粒幻影

原为放射状鲕粒，经重结晶作用，已使鲕粒内放射状结构消失，仅个别可见（左上），发育一条溶蚀缝，亮晶鲕粒灰岩。石柱马武，$\epsilon_1 sl$。普通薄片，单偏光，显微照片

单晶鲕粒结构

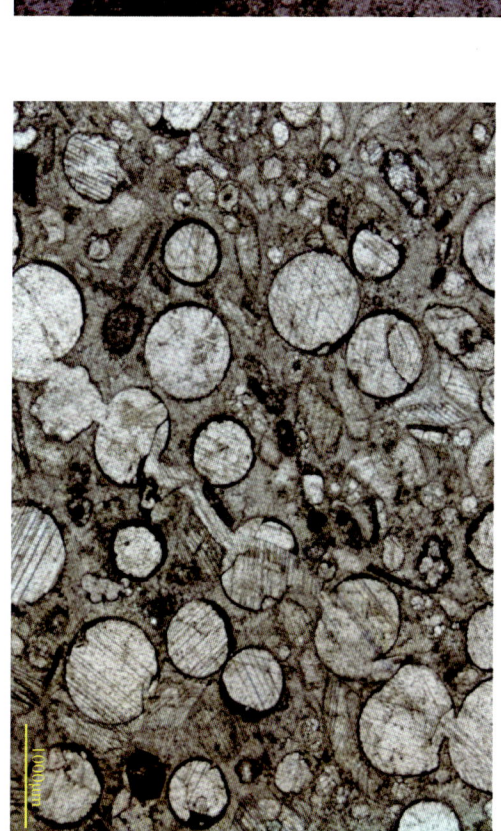

鲕粒为单晶鲕，鲕粒外层包裹碳沥青膜，溶蚀—充填作用形成粗大单晶，鲕粒灰岩。石柱马武，$\epsilon_1 sl$。普通薄片，单偏光，显微照片

核形石

核形石内部圈层清晰，部分核形石内有白云石化作用，石柱马武，$\epsilon_1 sl$。普通薄片，茜素红染色，单偏光，显微照片

表鲕粒结构

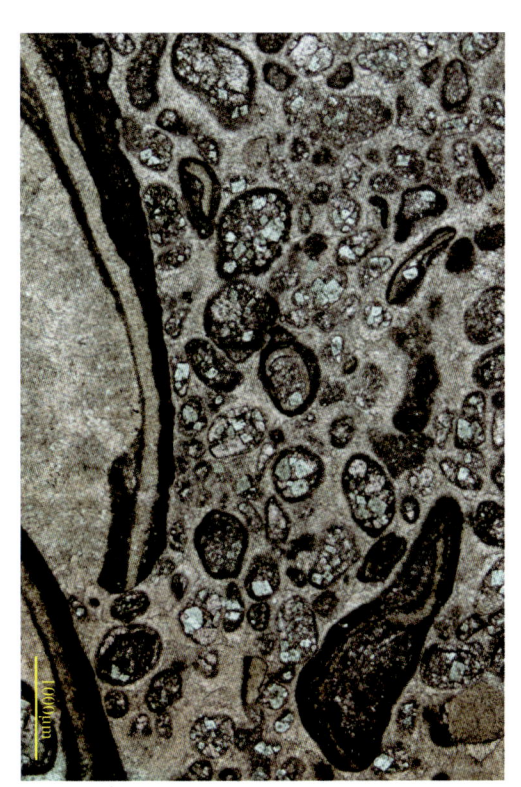

表鲕粒亦称薄皮鲕，粒间见刃柱状（两个世代）胶结，部长条状为瓣鳃类完壁被菌藻形成的厚包壳云岩化，亮晶表鲕粒含云质灰岩。石柱马武，$\epsilon_1 sl$。普通薄片，单偏光，显微照片

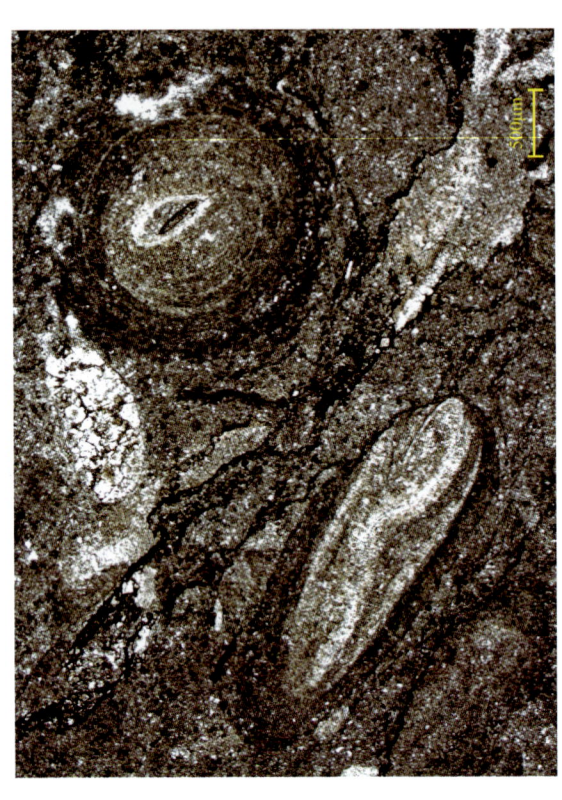

▲ 颗粒结构

核形石粗大，同心圈大规则，核心为生屑碎片，蓝细菌通过捕捉碳酸盐沉积物形成同心层，核形石泥晶灰岩。石柱马武，$\epsilon_1 sl$。普通薄片，单偏光，显微照片

▲ 颗粒结构

亮晶砾屑砂屑灰岩，少部分砂屑和砾屑有白云岩化作用。石柱马武，$\epsilon_1 sl$。普通薄片，单偏光，显微照片

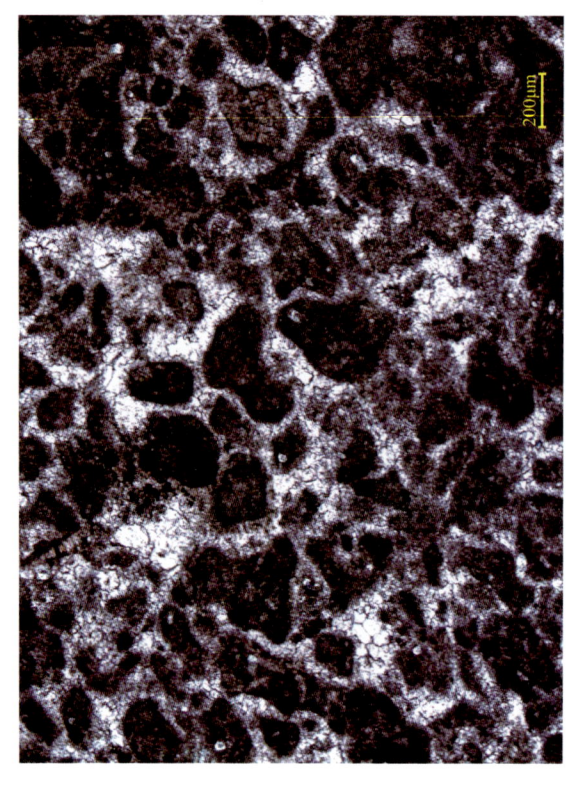

▲ 高能淘洗

砂屑大小、形态各异，为高能环境沉积产物，亮晶砂屑灰岩。石柱马武，$\epsilon_1 sl$。普通薄片，茜素红染色，单偏光，显微照片

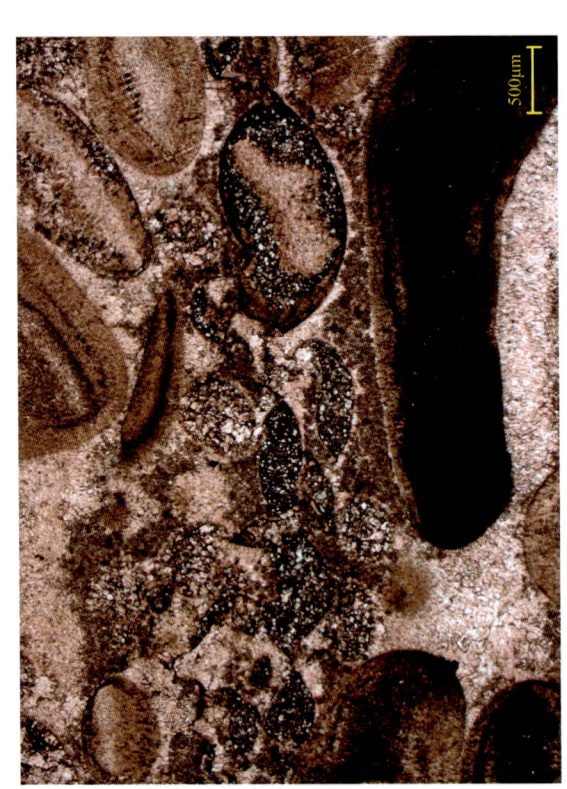

▲ 颗粒结构

鲕粒因受压实作用，横向掩拉变形，呈链锁状、蝌蚪状，内部有白云岩化，亮晶鲕粒灰岩。石柱马武，$\epsilon_1 sl$。普通薄片，茜素红染色，单偏光，显微照片

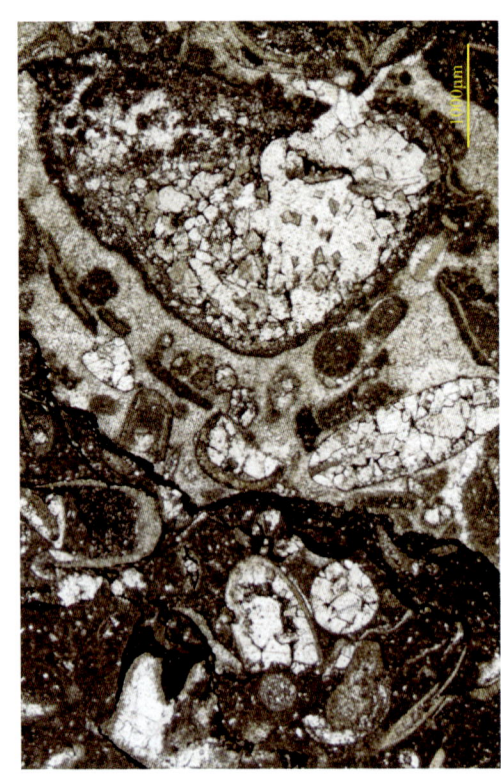

▲ 颗粒结构

泥晶颗粒灰岩，部分颗粒内被白云岩化，见三叶虫化石。石柱马武，$\epsilon_1 sl$。普通薄片，单偏光，显微照片

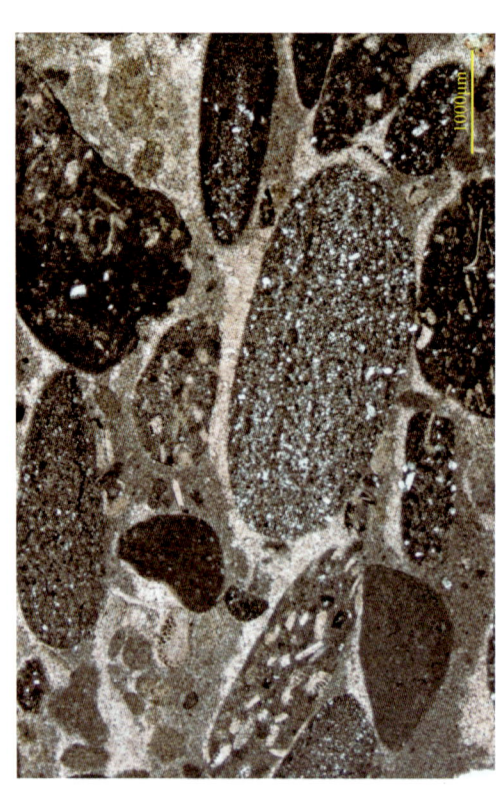

▲ 淘洗残留

砾屑和砂屑混杂，部分砾屑内部由泥晶云质和粉屑泥晶云质构成，砾屑长轴具定向性，砾内还具纤维层纹沉积构造。粒间原有泥晶疏散残留，为淘洗作用持续性不强的残留物，分洗掉的粒间孔由亮晶方解石充填，亮晶砂屑砾屑灰岩。石柱马武，$\epsilon_1 sl$。普通薄片，单偏光，显微照片

▶ 高成低沉

生物碎屑（棘皮、瓣鳃类）边缘有磨蚀，大小不等，形成于高能环境，但搬运到低能环境中堆积，呈密集状。颗粒间泥晶方解石充填，泥晶生屑灰岩。石柱马武，ϵ_3sl。普通薄片，茜素红染色，单偏光，显微照片

▶ 钠长石单晶

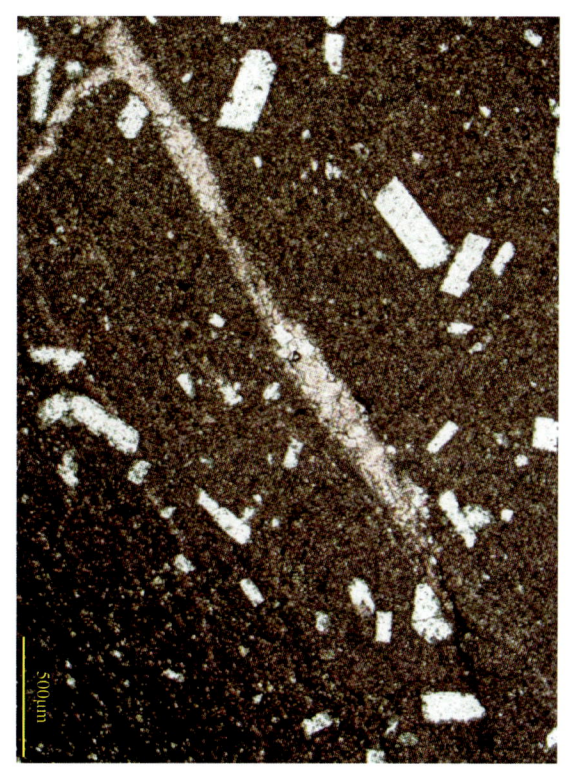

钠长石自形晶程度较高，左中下方可见钠长石双晶，右下部有白云岩化作用，含钠长石泥晶灰岩。石柱马武，ϵ_3sl。普通薄片，单偏光，显微照片

▶ 平行缝合线构造

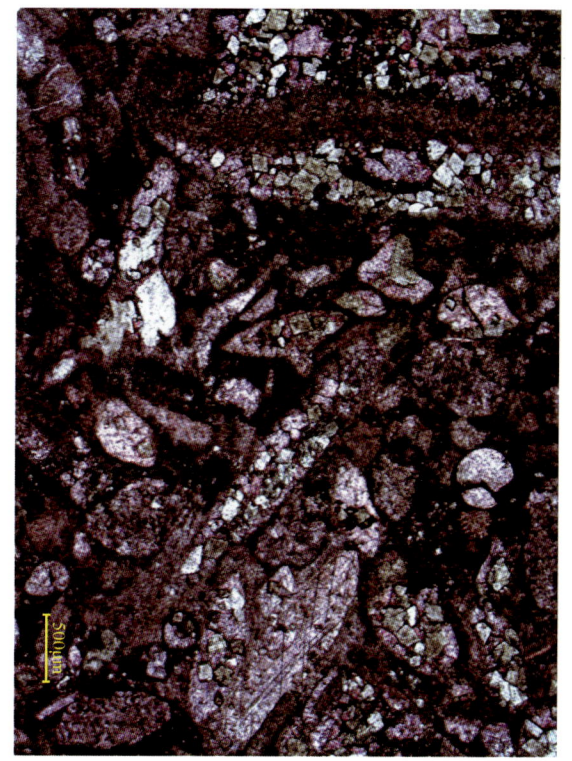

由于静水压力产生规整的层间微缝合线，纹层状泥晶含泥质灰岩。石柱马武，ϵ_3sl。普通薄片，茜素红局部染色，单偏光，显微照片

▶ 示底构造

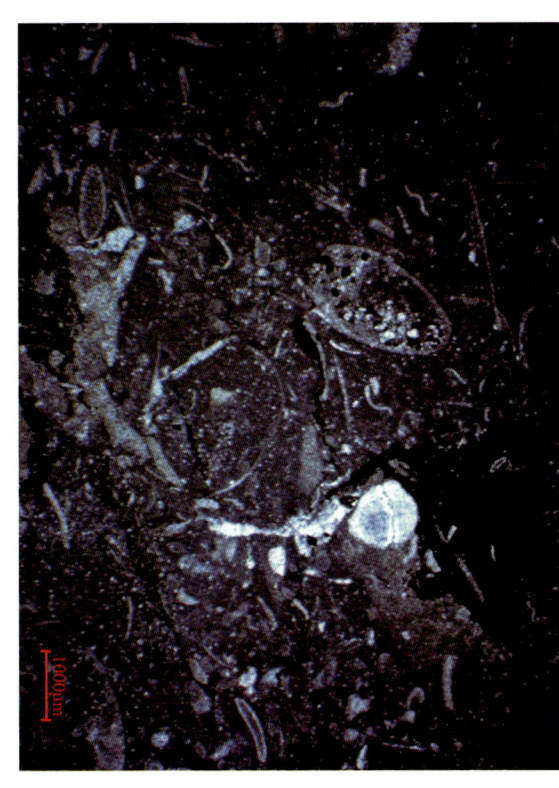

核形石间先由亮晶方解石胶结，再由渗流粉砂充填，并形成示底构造。右下方还见新月形胶结，反映成岩环境；核形石粒径为4～6mm，绿藻不规则同心增长层包壳，核形石粉晶灰岩。石柱马武，ϵ_3sl。普通薄片，茜素红染色，单偏光，显微照片

▶ 凝灰结构

由火山灰尘形成的凝灰岩，但凝灰质泥晶过渡，凝灰岩。绿蚀变作用强烈，已趋于黏土岩化，间凝灰质泥晶过渡，凝灰岩。石柱马武，ϵ_3sl。普通薄片，单偏光，显微照片

▶ 缝合线构造

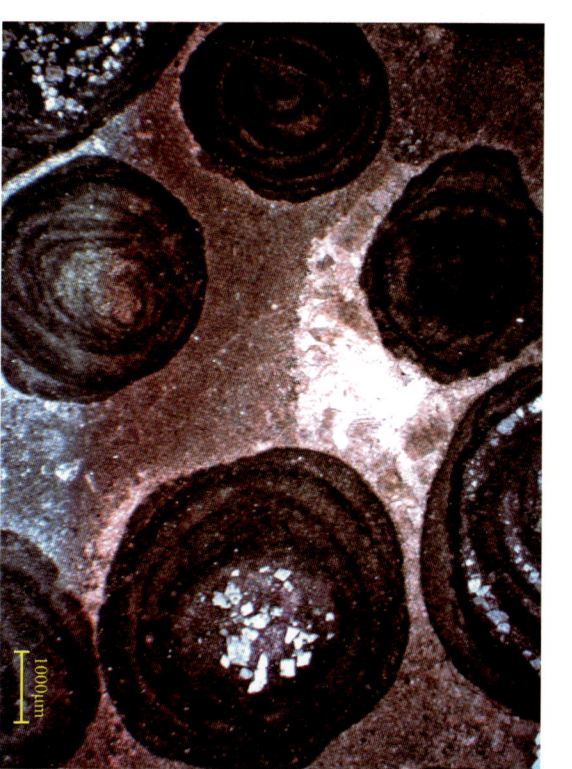

缝合线受生物硬体的影响，遇壳受阻，形成杂乱的缝合线，生屑泥晶灰岩。石柱马武，ϵ_3sl。普通薄片，单偏光，显微照片

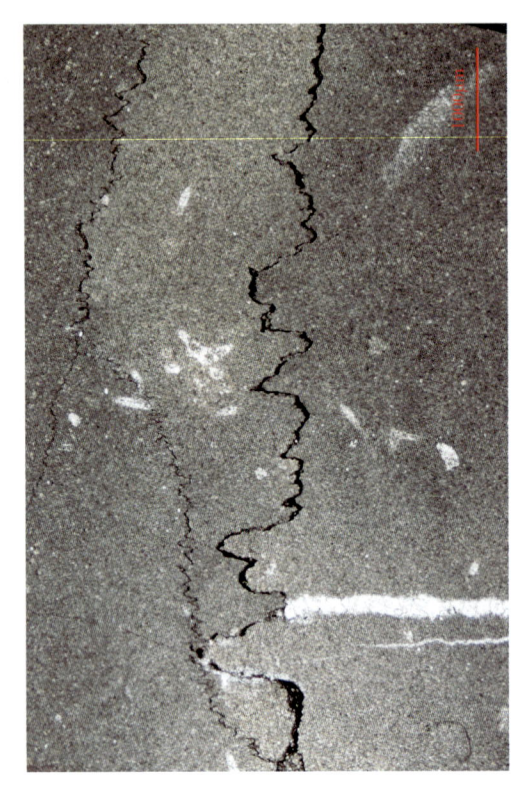
▲ 缝合线构造
多条缝合线相互交叉合并，泥晶灰岩。石柱马武，$\epsilon_1 sl$。普通薄片，单偏光，显微照片

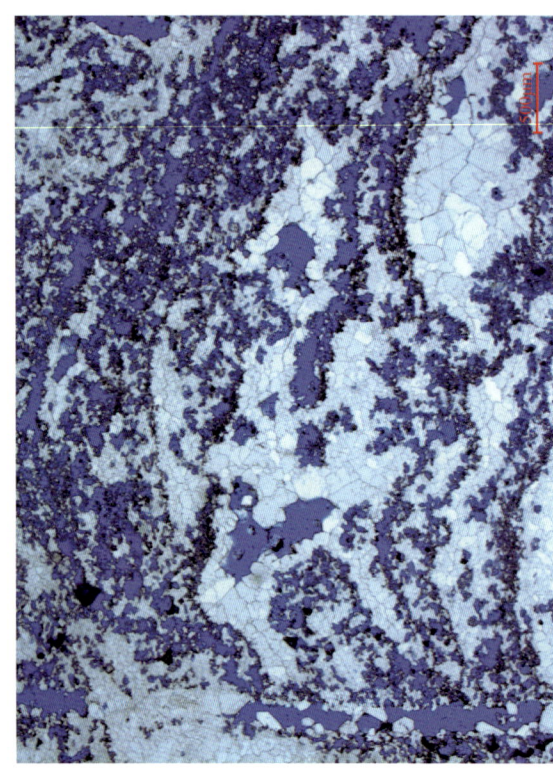
▲ 连通溶孔
原岩为绢层白云岩，白云石被溶蚀形成空隙，大量空隙被硅质充填，面孔率为23.0%。石柱马武，$\epsilon_1 sl$。铸体薄片，单偏光，显微照片

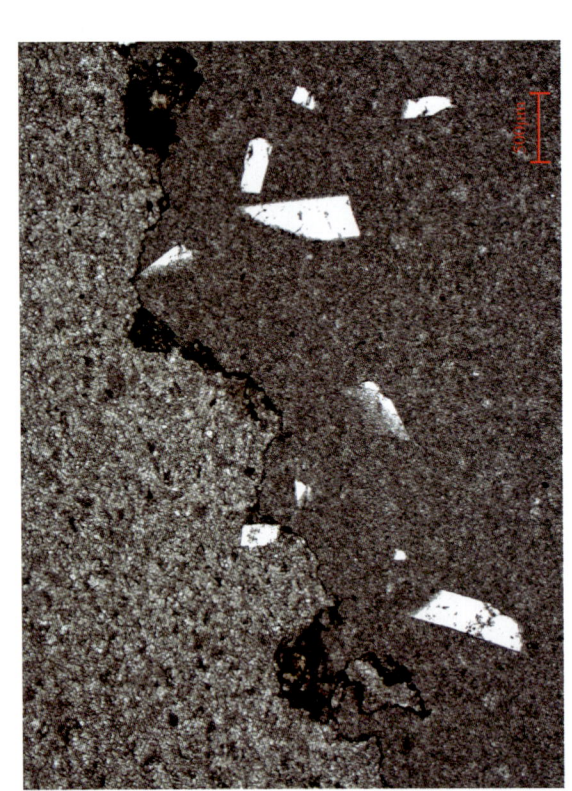
▲ 缝合线构造
缝合线之下部为泥晶灰岩中含半自形晶钠长石，上部为粉屑粉晶灰岩。石柱马武，$\epsilon_1 sl$。普通薄片，单偏光，显微照片

▲ 压溶角砾
压溶作用形成的多条缝合线相互切割、交叉，形成似角砾，角砾边界不规则。石柱马武，$\epsilon_1 sl$。粉晶灰岩，茜素红染色，单偏光，显微照片

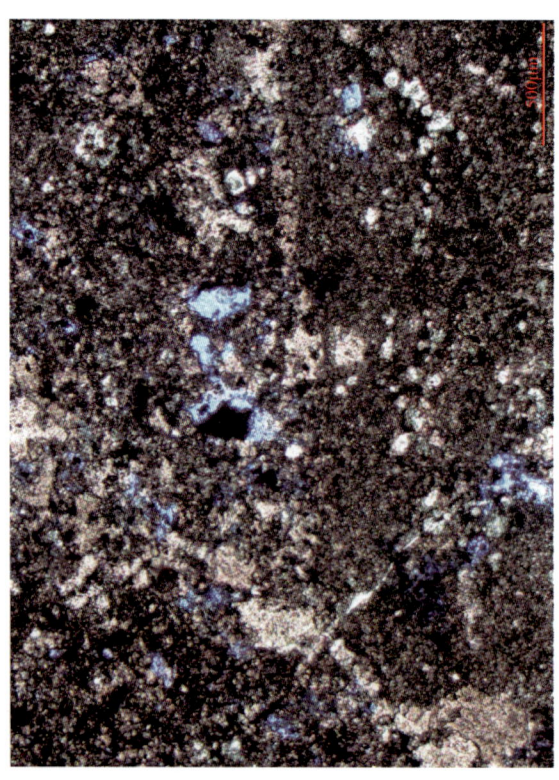
▲ 晶间溶孔、铸模孔
孔径大小不等、不均一，面孔率为3.0%，泥晶灰岩。石柱马武，$\epsilon_1 sl$。铸体薄片，茜素红染色，单偏光，显微照片

2.3.4 巫溪徐家石龙洞组剖面

剖面位于重庆市巫溪县东北部徐家镇一线,距县城36km,构造位置为邯郸梁—猫儿背复向斜北东方向剖面测量长度为297.51m,石龙洞组厚度为198.57m,石龙洞组底部薄层—中层状泥晶灰岩与上覆覃家庙组的砖红色泥岩倒转寒武统天河板组薄层石灰岩及黄灰色泥岩之间为整合接触,整合接触,顶部灰色中厚层泥晶白云岩,地层产状变化大,局部地层倒转,单个含砂质泥质白云岩及黄灰色泥岩之间为整合接触,整合接触,顶部灰色中厚层泥晶白云岩,地层产状变化大,局部地层倒转,单个岩石组合相对单一,总体表现为泥晶颗粒灰岩,云质灰岩夹白云岩,颗粒灰岩段白云岩化作用,可划分三个韵律层。

下部韵律层厚度为38.29m,其中韵律层下端颗粒灰岩厚度为33.06m,颗粒为鲕粒,豆粒,鲕粒和豆粒,溶蚀作用明显,顶部具白云岩化,发育斜层理和泥质条带;上端为深灰色中层—厚层状泥微晶灰岩夹灰质白云岩,向上颜色变浅。

中部韵律层厚度为75.71m,与下部韵律层相比,颗粒岩仅厚2.81m,上部石灰岩,云质灰岩,白云岩段白云岩化作用强,颗粒岩为鲕粒灰岩,含生物碎屑,自下而上鲕粒逐渐变密集,露头见较大溶蚀孔洞。上端白云岩化作用段以云质灰岩为主,夹灰岩,局部见豹斑状构造,孔隙和裂缝均较发育,岩层较破碎(后期构造),地层倾角较大,夹灰岩,局部见豹斑状构造,孔隙和裂缝均较发育,岩层较破碎(后期构造),地层倾角较大,局部近直立和倒转。

上部韵律层厚度为84.57m,下端为颗粒岩厚度为29.28m,为粉晶豆粒,鲕粒,砂屑灰岩,偶见生物碎屑;上端为泥微晶灰岩夹粉晶白云岩,地层倾角小,孔洞水较发育。

储层分布在颗粒灰岩和白云岩中,以白云岩及白云岩中常见蜂窝状孔洞和针孔,局部见较大型溶洞。

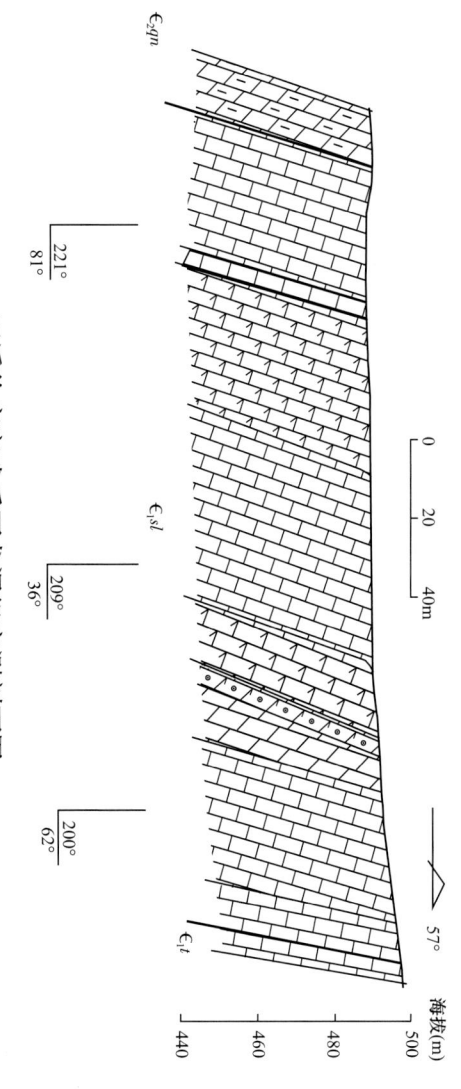

地层			厚度(m)	岩性剖面	岩性描述
中寒武统覃家庙组		ϵ_{2q}	200—		灰色薄层灰岩与页岩互层
下寒武统	石龙洞组	$\epsilon_1 sl$	150—		砖红色泥质页岩,含砂泥质泥岩
					灰色中层—厚层状微晶灰岩,溶蚀孔洞发育,黄灰色泥岩
			100—		灰色薄层—中层状微晶—粉晶白云岩,溶蚀孔洞发育
					灰色薄层—中层状块状微晶—粉晶白云岩,白云岩中针孔发育,见溶孔充填
			50—		灰色—深灰色薄层—块状泥晶—粉晶云质灰岩,局部含少量生屑,具豹斑状构造和溶蚀孔洞,孔洞呈条状,较弱
					灰色—深灰色厚层—块状颗粒灰岩,见粉晶充填,下面呈块状,向上端变为薄层,见溶孔充填
					灰色—深灰色厚层—厚层状粉晶灰质顶晶白云岩,具粉晶构造和解石充填,露头呈鲕较状,鲕粒为鲕,溶蚀作用明显
					灰色—深灰色中层—厚层状泥微晶灰质顶晶白云岩,颗粒为鲕粒,豆粒,泥质条带和少量溶孔
					灰色—深灰色中层—中层状泥微晶灰岩,见少量溶蚀孔
下寒武统天河板组		$\epsilon_1 t$			灰色薄层灰岩与页岩互层

巫溪徐家寒武系石龙洞组综合柱状图

55

▼ 变形构造
中层—厚层状泥晶灰岩中见明显的变形构造，反映沉积时因地貌的变形或外力影响发生塑性变形。巫溪徐家，$\epsilon_1 sl$。露头照片

▼ 沉积韵律
自下而上由薄层泥晶灰岩渐变为中厚层状粉晶灰岩，单个韵律层厚度约为2m。巫溪徐家，$\epsilon_1 sl$。露头照片

▼ 砂砾屑条带
砂砾屑灰岩与泥晶灰岩互层，砂砾屑灰岩呈浅黄灰色。巫溪徐家，$\epsilon_1 sl$。露头照片

▼ 泥砾

泥砾呈不规则长条状，泥质灰岩。巫溪徐家，$\epsilon_1 s l$。露头照片。

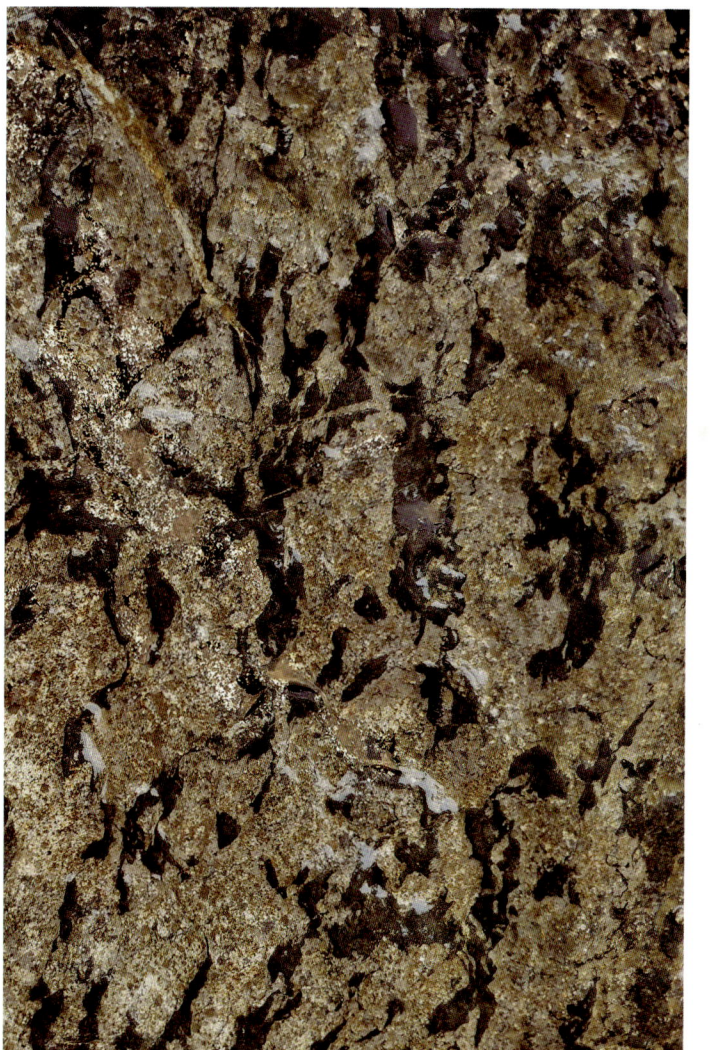

▼ 豹斑状构造

不均匀的白云岩化，白云岩呈土黄色，石灰岩呈深灰色，泥质白云岩。巫溪徐家，$\epsilon_1 s l$。露头照片。

▼ 豹斑斑状构造

不均一的白云岩化呈斑块（点）分布（浅色），泥粉晶云质灰岩。巫溪徐家，$\epsilon_1 s l$。露头照片。

▼ 竹帘状构造

石灰岩中夹极薄层泥岩，垂直层面形成泥质纹层，平面上形成撕裂状、蝌蚪状"泥砾"，泥质灰岩。巫溪徐家，ϵ_1sl。露头照片

▼ 纹层状构造

差异风化作用使风化面呈波状纹层，泥粉晶泥质灰岩。巫溪徐家，ϵ_1sl。露头照片

▼ 条带状构造

白云岩化呈浅黄灰色条带状，总体与层面平行，宽窄不一，局部具不规则穿层，云质灰岩。巫溪徐家，ϵ_1sl。露头照片

58

▼ 断层面

断层面被方解石充填，右侧呈梯坎状。巫溪徐家，$\epsilon_1 sl$。露头照片

▼ 网状裂缝

发育多期微细裂缝，方解石全充填，泥晶灰岩。巫溪徐家，$\epsilon_1 sl$。露头照片

▼ 网状裂缝

多组系、多条裂缝互相切割成角砾状，角砾为泥晶灰岩，粉晶白云石质，角砾间充填粉晶白云石。巫溪徐家，$\epsilon_1 sl$。普通薄片，单偏光，显微照片

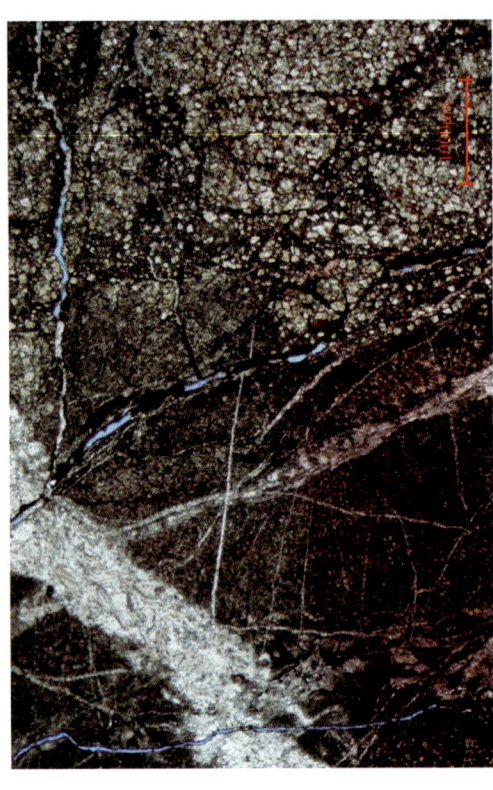

▲ 微小断层

微小断层使上下岩层错断，中部可见砾屑错开位移现象；上部岩层可见冲蚀构造，冲蚀面上下岩石结构不同。巫溪徐家，$\epsilon_1 sl$。普通薄片，单偏光，显微照片

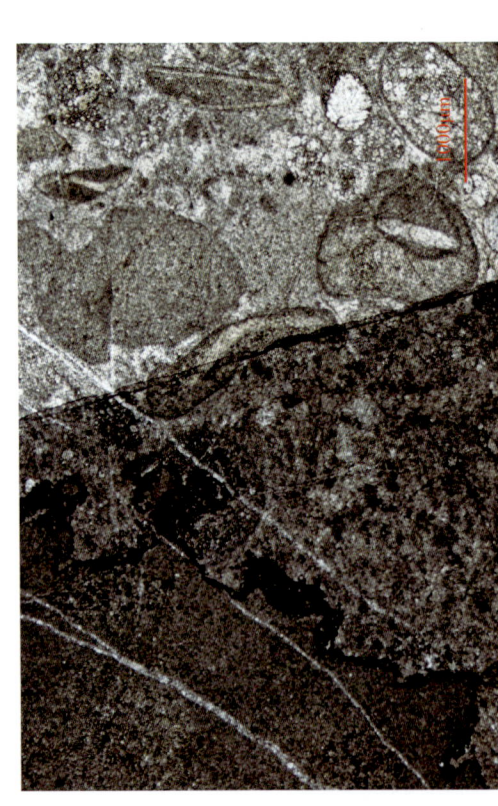

▲ 构造角砾岩

网状裂缝相互切割，围岩破碎成角砾，但无位移，角砾呈棱角状。巫溪徐家，$\epsilon_1 sl$。铸体薄片，茜素红局部染色，单偏光，显微照片

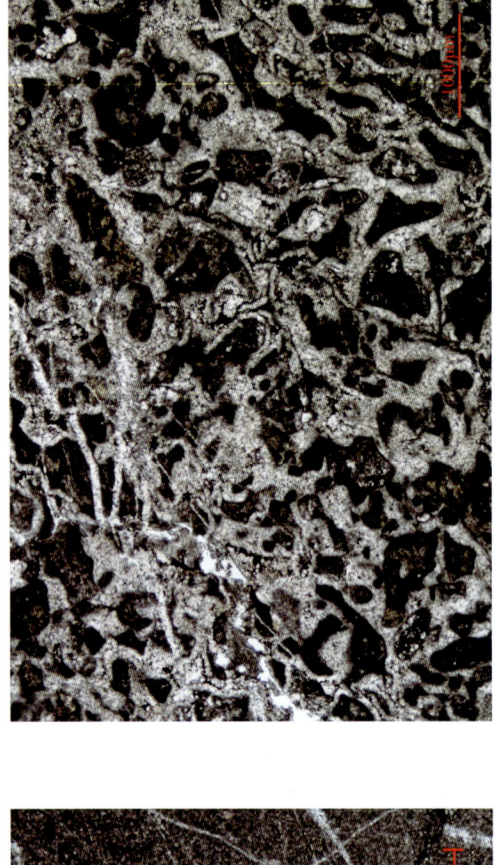

▲ 冲刷构造

界面之下为砾屑灰岩，砾屑有白云岩化；之上为泥晶灰岩，冲蚀作用形成凹凸界面。巫溪徐家，$\epsilon_1 sl$。普通薄片，单偏光，显微照片

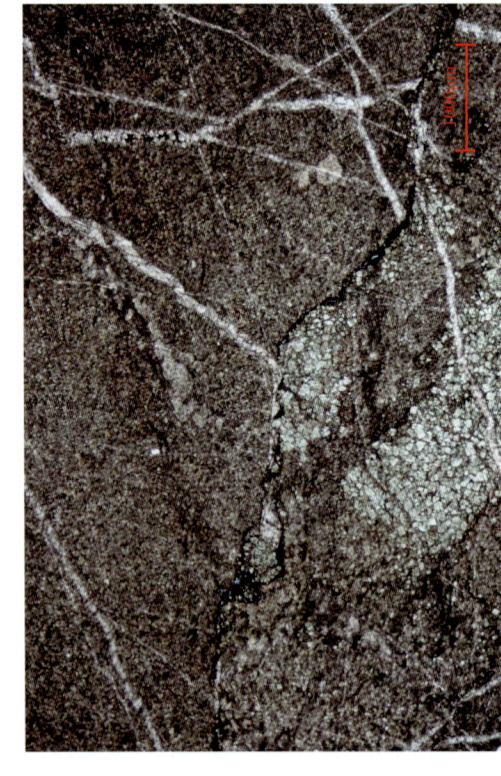

▲ 变形砂砾屑结构

由于塑性变形，形成拉长、弯曲、扭曲等形状，粒间为亮晶方解石胶结。亮晶砂砾屑灰岩。巫溪徐家，$\epsilon_1 sl$。普通薄片，单偏光，显微照片

▲ 粒间溶孔

砂屑内有白云岩化，左方已强烈变形，孔径为0.03~0.14mm，面孔率约为1.0%，亮晶鲕粒砂屑含云质灰岩。巫溪徐家，$\epsilon_1 sl$。铸体薄片，茜素红局部染色，单偏光，显微照片

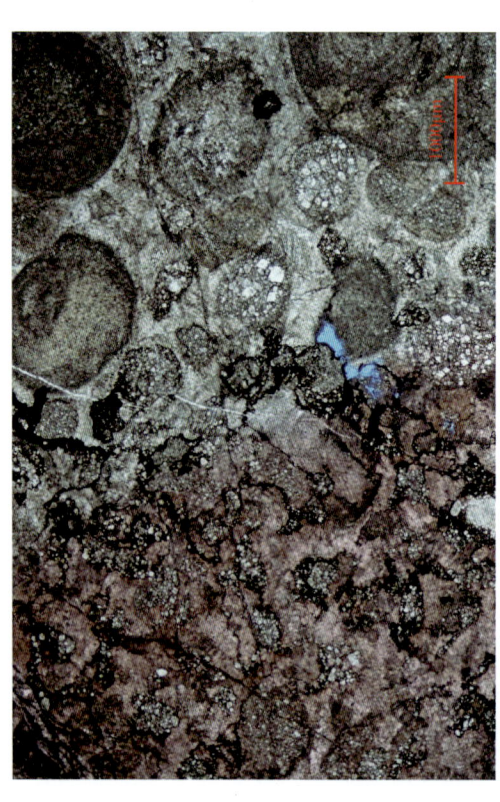

▲ 粒内溶孔

角砾间充填粉晶白云石，见粒内溶孔，面孔率为1.5%，角砾为云质灰岩。巫溪徐家，$\epsilon_1 sl$。铸体薄片，茜素红染色，单偏光，显微照片

2.3.5 南江沙滩孔明洞组剖面

剖面位于四川省南江县沙滩乡，距南江县城27km，构造位置为沙滩背斜南翼，剖面测量长度为326.04m，总体方位238°，孔明洞组厚度为93.82m。底部为灰色中层状鲕粒砂屑白云岩（厚度为3.05m），与下伏下寒武统郭家坝组黄色中层状中粒含砾石英砂岩整合接触，顶部以灰色中层一厚层状含砂屑鲕粒白云岩（向上过渡为紫红色）页岩与灰色薄层砂屑灰岩互层的中寒武统陡坡寺组整合接触。

孔明洞组整体发育砂屑白云岩和粉晶白云岩，中部夹7.46m含砾砂岩、砂岩、粉砂岩，以碎屑岩段为界，分上下岩段。

下岩段整体厚度为28.45m，以灰色薄层一中层状亮晶颗粒（砂屑、鲕粒）白云岩与粉晶白云岩互层，其中颗粒白云岩（四层）累计厚度为16.94m，粉晶白云岩（两层）累计厚度为11.51m。

上白云岩段厚度为57.91m，其中下部（厚度为28.99m）以泥微晶白云岩夹砂屑白云岩，向上略呈互层状，上部（厚度为28.92m）为灰色一深灰色中层一厚层状砂屑白云岩，局部（主要分布于顶部）为鲕粒变形鲕和瘤皮鲕。

上白云岩段以孔隙发育为特征，少见洞穴，上白云岩段孔洞相对较发育，多呈半充填一全充填状态。露头观察，下白云岩段以孔隙中发育少量溶孔、溶缝，部分被亮晶白云石充填，部分保留少量残余孔隙，岩石铸体薄片发现，砂屑白云岩中层状中粒岩屑石英砂岩。

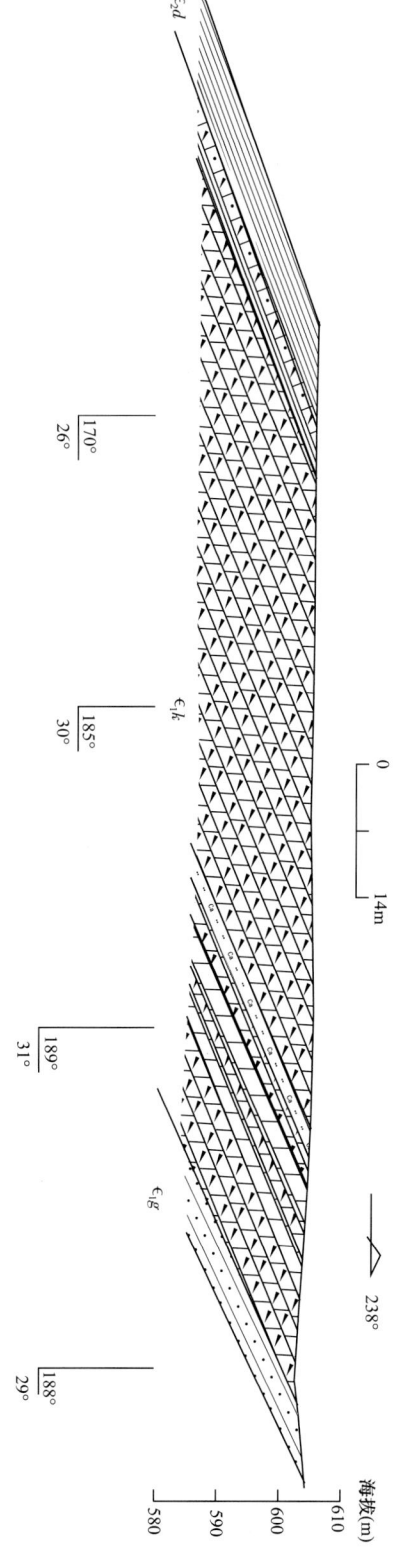

地层			厚度(m)	岩性剖面	岩性描述	颗粒	沉积相	
中寒武统	陡坡寺组						亚相	相
下寒武统	孔明洞组		20 40 60 80 100		灰绿色页岩夹薄层顶白云岩			
					灰色薄层颗粒灰岩夹黑色页岩			
					灰色一深灰色薄层一中层状亮晶颗粒白云岩，水平层理发育，顶部见厚层灰岩	滩间海	开阔海台地	碳酸盐台地
					灰色薄层一中层状微晶粉屑白云岩，砂屑局部富集，分布呈条带状，溶蚀孔洞相对发育，呈半充填状态	颗粒滩		
					灰色中层粉晶白云岩，砂屑粉屑具定向性	滩间海		
					灰色薄层粉晶白云岩，风化面见条带状构造	颗粒滩		
					灰色中层状粉晶白云岩，风化面见条带状构造，孔洞较发育，见鲕粒充填	颗粒滩		
					灰色一深灰色粉晶一细晶颗粒白云岩，颗粒以砂屑为主，局部见鲕粒、亮晶胶结	滩间海		
中寒武统	陡坡寺组				黄灰色中层状中粒岩屑石英砂岩			滨岸

南江沙滩寒武系孔明洞组综合柱状图

▲ 层状构造　孔明洞组下部薄层状砂屑白云岩。南江沙滩，∈₁k。露头照片

▲ 层状构造　孔明洞组中上部中层状砂屑白云岩。南江沙滩，∈₁k。露头照片

▲ 地质界线　孔明洞组深灰色中层—厚层层状石灰岩与陡坡寺组薄层粉砂质泥岩、薄层石灰岩互层状的界线。南江沙滩，∈₁k。露头照片

▲ 溶蚀孔洞　孤立分散状，半充填—全充填。溶蚀孔洞被石英和方解石充填，含鲕砂屑白云岩。南江沙滩，∈₁k。露头照片

▲ 微型韵律层

粉晶粉砂质白云岩。南江沙滩，∈$_1$b。普通薄片，单偏光，显微照片

▲ 微型多韵律层

粉晶粉砂质白云岩与粉晶白云岩互层。南江沙滩，∈$_1$b。普通薄片，单偏光，显微照片

▲ 冲蚀与削截

较强水动力冲刷下伏地层，形成凹凸不平的冲刷面，其上为细晶含粉砂灰岩，并随水动力渐弱，再上为泥晶灰岩。南江沙滩，∈$_1$b。普通薄片，单偏光，显微照片

▲ 生物钻孔

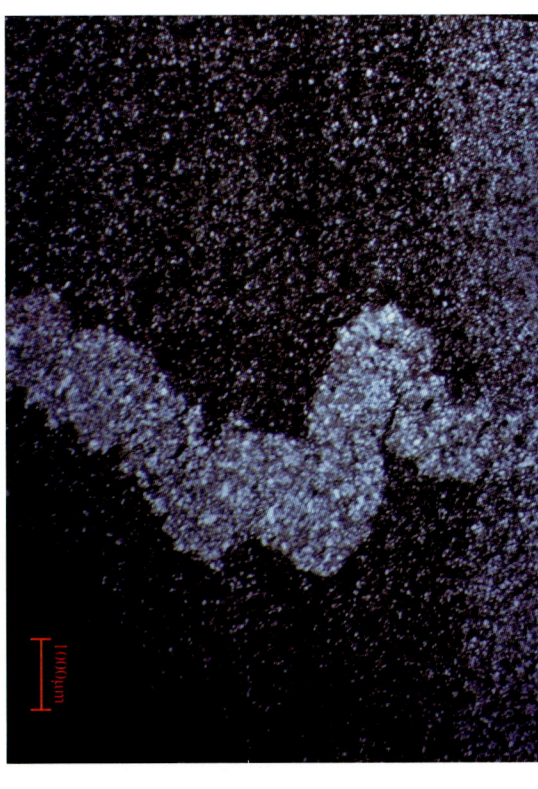

呈弯曲状，钻孔内充填上覆沉积物，砂屑截然不同。南江沙滩，∈$_1$b。普通薄片，单偏光，显微照片

▲ 生物扰动构造

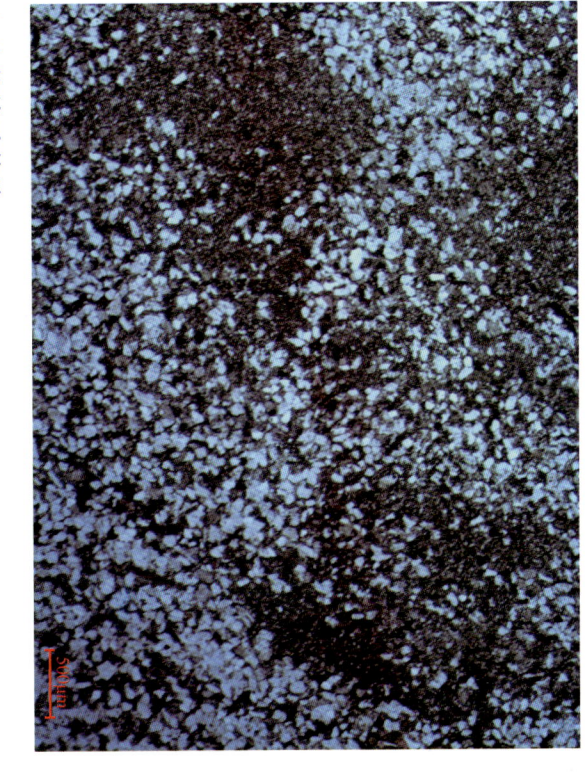

生物扰动使粗细结构孔隙相混，呈斑块状，细粒云质石英砂岩。南江沙滩，∈$_1$b。普通薄片，单偏光，显微照片

▲ 风暴沉积

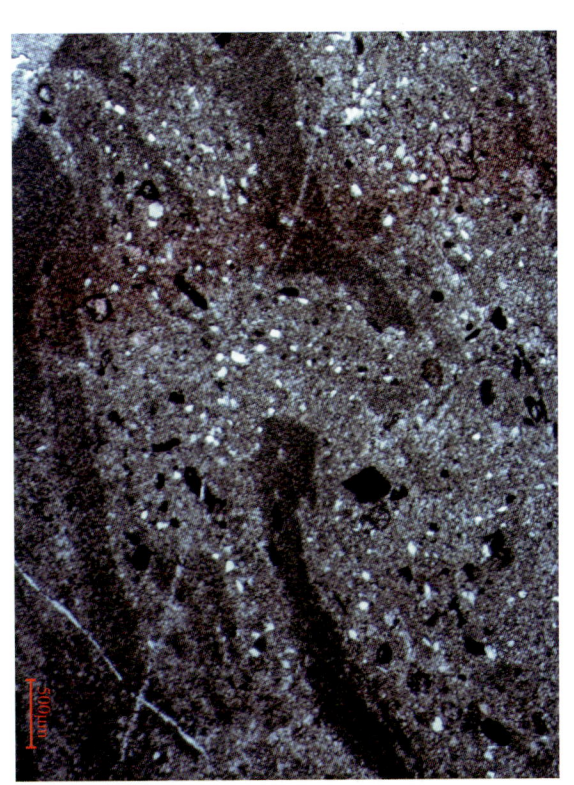

风暴作用形成竹叶状砾屑，砂屑和不均匀陆源碎屑，无分选作用，纹层状粉晶白云岩。南江沙滩，∈$_1$b。普通薄片，单偏光，显微照片

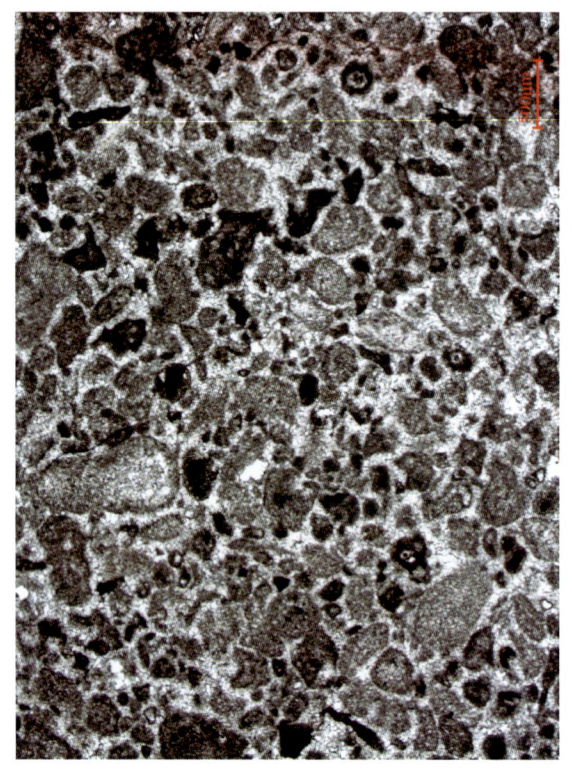

▲ 颗粒结构

粉晶砂屑白云岩。南江沙滩，$\epsilon_1 k$。普通薄片，单偏光，显微照片

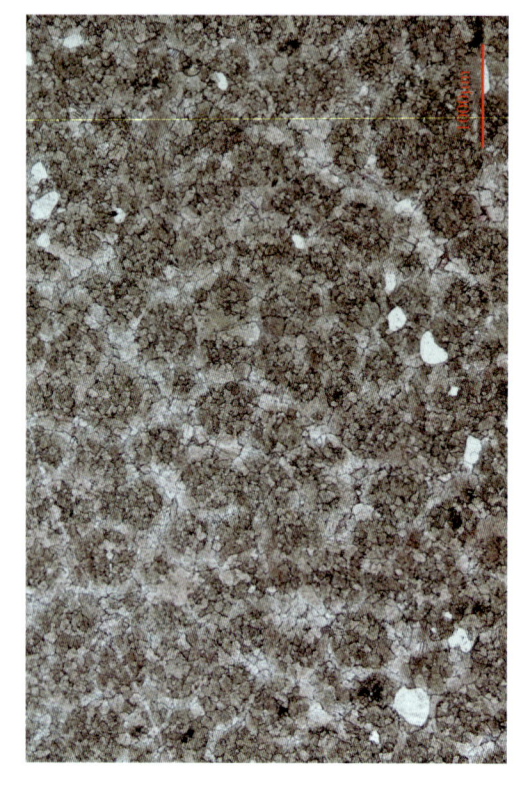

▲ 残余鲕粒结构

大小均匀的鲕粒因云化作用将鲕粒圈层破坏。亮晶残余鲕粒白云岩。南江沙滩，$\epsilon_1 k$。普通薄片，单偏光，显微照片

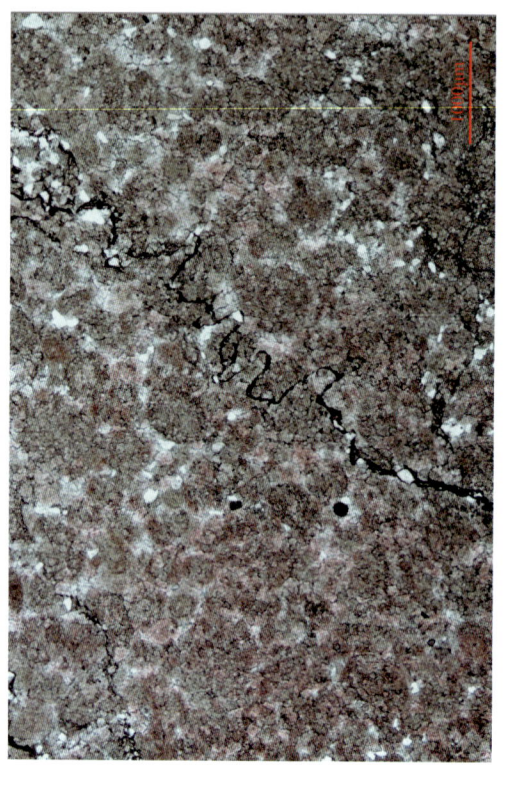

▲ 缝合线

缝内残留泥质、铁质不溶物。亮晶残余砂屑白云岩。南江沙滩，$\epsilon_1 k$。普通薄片，单偏光，显微照片

▲ 微型韵律层

粉晶粉砂质白云岩。南江沙滩，$\epsilon_1 k$。普通薄片，单偏光，显微照片

▲ 压溶作用

压溶作用使鲕粒变形，形成拖拉状、连锁状。局部形成微缝合线。亮晶残余鲕粒白云岩。南江沙滩，$\epsilon_1 k$。普通薄片，单偏光，显微照片

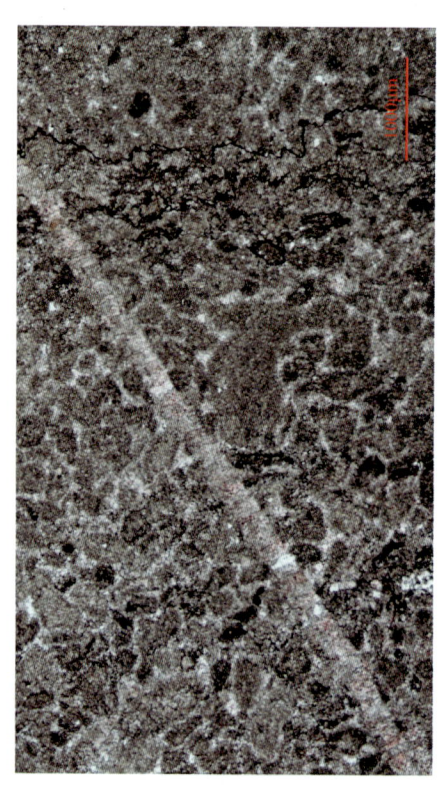

▲ 构造缝

平直构造缝切割岩石，缝内方解石、白云石全充填。南江沙滩，$\epsilon_1 k$。普通薄片，单偏光，显微照片

2.4 中上寒武统洗象池组地质剖面

2.4.1 乐山沙湾洗象池组地质剖面

剖面位于四川省乐山市沙湾区范店乡一线天、大渡河葫芦嘴电站库区旁、峨眉范店子背斜北西翼，距乐山市区49km。

剖面测量长度为830.83m，洗象池组厚度为247.27m。洗象池组底部为泥岩，粉砂质泥岩，石英砂岩，夹角砾岩及泥晶粉晶白云岩，与下伏陡坡寺组紫红色泥岩夹浅灰色粉砂岩整合接触，顶部灰色薄层白云质粉砂岩，白云岩与上覆下奥陶统罗汉坡组的黄灰色泥质灰岩，白云岩夹紫红色泥岩之间为整合接触。

洗象池组以白云岩为主，纵向具韵律性，可划分出三个韵律层，每个韵律层下部含陆源碎屑层较多，顶部多出现颗粒白云岩。

下部韵律层厚度为74.98m，底部（厚度为5.59m）为灰黑色泥岩，粉砂质泥岩，石英砂岩夹角砾岩，向上为厚25.56m的灰色薄层一厚层泥晶一粉晶白云岩夹砂质白云岩，偶夹薄层石英砂岩，见水平层理，浪成交错层理；上部43.83m为灰色中层一厚层砂屑白云岩，鲕粒白云岩夹薄层泥晶白云岩，偶夹砾屑白云岩。砂屑分布不均，风化面呈"肠状"。

中部韵律层厚度为92.5m，中下部含陆源碎屑白云岩厚度为68.43m，为灰色一深灰色薄层一中层泥晶一粉晶白云岩与砂质白云岩互层，局部夹泥质条带；上部24.07m为灰色一深灰色薄层一中层粉晶白云岩夹砂屑白云岩，砾屑白云岩。

上部韵律层厚度为79.79m，下部24.64m为灰色中层泥质一中层泥晶一粉晶白云岩夹紫红色砂屑白云岩，含砂质白云岩和同色泥晶白云岩条带，上部灰色薄层一中层泥晶一粉晶白云岩夹紫红色砂屑白云岩，顶部白云岩粉砂含量复增。

▲ 晶间孔，缝

细晶一粉晶白云岩，偶见晶间溶孔，缝，面孔率为0.1%。南江沙滩，ϵ_{3x}，铸体薄片，单偏光，显微照片

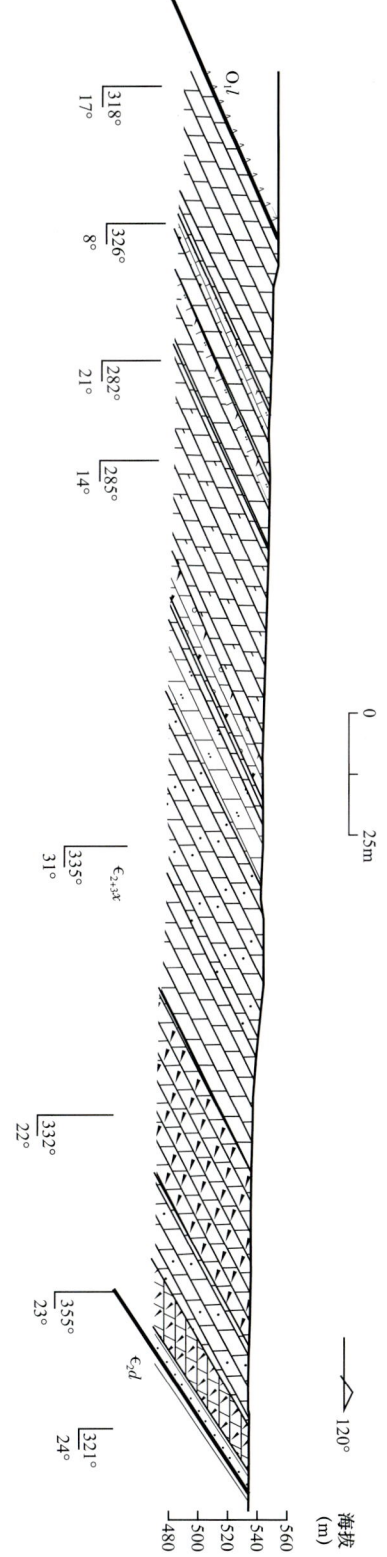

乐山沙湾寒武系洗象池组实测剖面图

地层			厚度(m)	岩性剖面	岩性描述	沉积相		
统	组					微相	亚相	相
下奥陶统	罗汉坡组				灰色、黄灰色薄层状云质灰岩夹白云岩			碳酸盐岩台地
中上寒武统	洗象池组		50		灰色薄层状砂质泥晶—粉晶白云岩。下部可见夹紫红色云质泥岩，粉砂岩，亦可见顺层溶蚀孔洞，孔洞未充填	云坪	局限海台地	
					灰色—黄灰色薄层—中层状含泥砂屑白云岩	颗粒滩		
					灰色—黄灰色薄层—中层状粉晶白云岩夹紫红色云质泥岩，上部紫红色云质泥岩薄层，呈条带状	泥云坪		
			100		灰色—深灰色薄层—中层状细晶砾屑白云岩，纹层发育，层间夹云质泥岩薄层	颗粒滩		
					灰色—褐灰色中层—厚层状粉晶白云岩，局部发育含泥砾屑白云岩，层间夹紫红色云质泥岩薄层，风化面和新鲜面均可见溶蚀孔洞，孔径大小不一，充填物为方解石	云坪		
					灰色—黄灰色薄层—中层状颗粒白云岩，中下部为粉晶，层间夹极薄层云质泥岩。顶部见砾屑、层面见波状起伏，呈层状分布	颗粒滩		
			150		深灰色—黄灰色薄层—厚层泥晶颗粒白云岩—粉晶白云岩，泥晶和粉晶交替出现	砂质云坪		
					褐灰色—黄灰色薄层—中层状泥晶—粉晶颗粒白云岩，下部泥质含量相对较高，纹层发育，呈层状。颗粒见砂屑、砾屑、鲕粒，以砂屑为主，砾屑和颗粒白云岩层面多呈肠状构造	云坪		
			200		灰色薄层—中层状泥晶砂屑白云岩夹砂屑白云岩，下部见薄层泥晶白云岩与紫红色泥岩，颗粒以砂屑为主，局部见溶蚀孔洞半充填—未充填状态	颗粒滩		
					灰色—深灰色薄层—中层状泥晶白云岩，从底到顶构成两个旋回；底部均为一套灰色石英砂屑夹薄层粉质泥岩（厚约0.4m），夹结晶白云岩、石英砾岩，底部为一套灰色泥质粉砂岩；上部发育两个正旋回，下部旋回发育风化刀砍纹及溶蚀孔洞，孔洞呈半充填—未充填状态；中上部为含砂质粉砂岩	云坪		
					灰色—灰黑色泥岩，粉砂质泥岩、石英砾岩，夹结晶白云岩、角砾砂岩及角砾岩，风化面发育白云岩，向上为厚约0.3m的灰色泥质粉砂岩；向上粒径为约0.4m的中粒岩屑砂岩，交错层理发育，呈透镜状	砂泥坪		
中寒武统	陡坡寺组		250		紫红色泥岩夹粉砂岩，顶部略有起伏，见含砾泥质粉砂岩			

乐山沙湾寒武系洗象池组综合柱状图

▶ 交错层理

中粒岩屑石英砂岩中发育的交错层理。乐山沙湾，$\epsilon_{2+3}x$底部。露头照片

▶ 肠状构造

灰色薄层—中层状泥晶白云岩中见波状起伏状层面，呈"肠"状。乐山沙湾，$\epsilon_{2+3}x$。露头照片

▶ 层状构造

薄层状泥晶白云岩夹块状白云岩。乐山沙湾，$\epsilon_{2+3}x$。露头照片

▶ 层状构造

泥晶白云岩夹泥质白云岩。乐山沙湾，$\epsilon_{2+3}x$。露头照片

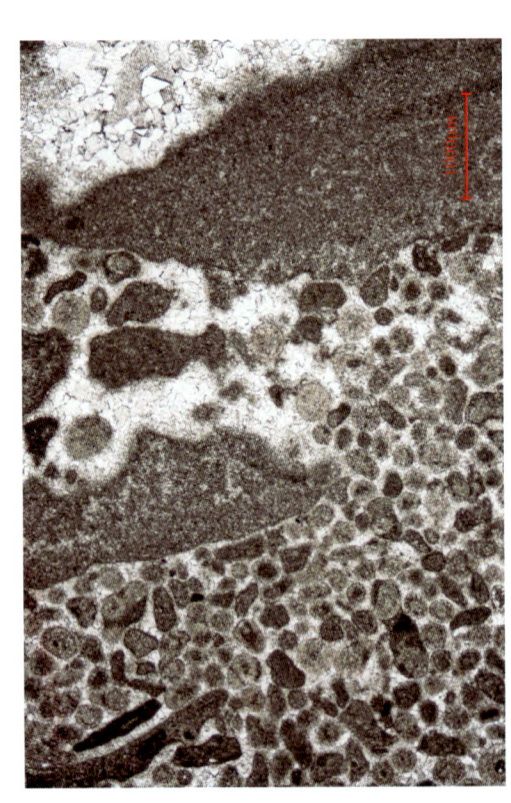

▲ 颗粒结构

砂屑大小不等，粒间有多量陆源粉砂和泥晶白云石，反映混水沉积，泥晶砂屑粉砂质白云岩。乐山沙湾，$\epsilon_{2+3}x$。普通薄片，单偏光，显微照片

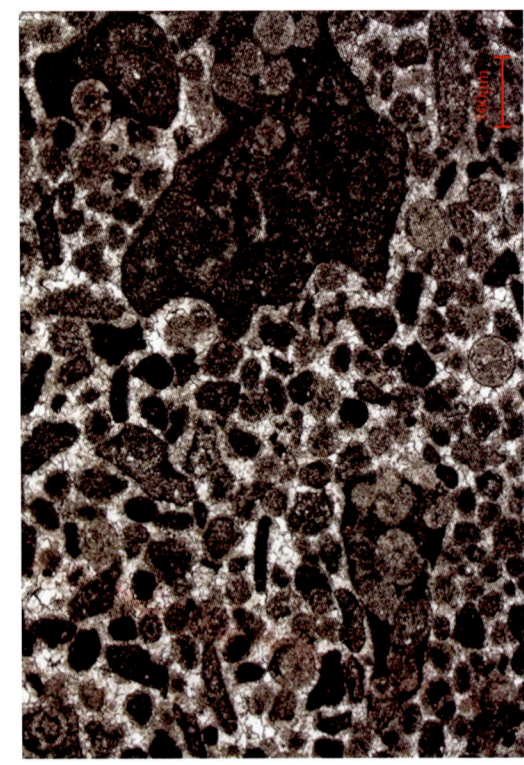

▲ 生物扰动

生物扰动作用使细粒陆屑结构和隐晶泥质混杂，错乱，甚至形成"角砾"，泥质细粒石英砂岩。乐山沙湾，$\epsilon_{2+3}x$。普通薄片，单偏光，显微照片

▲ 生物遗迹构造

生物扰动泥砂杂乱相混，甚至形成略暗色泥质斑块，粉砂质泥岩。乐山沙湾，$\epsilon_{2+3}x$。普通薄片，单偏光，显微照片

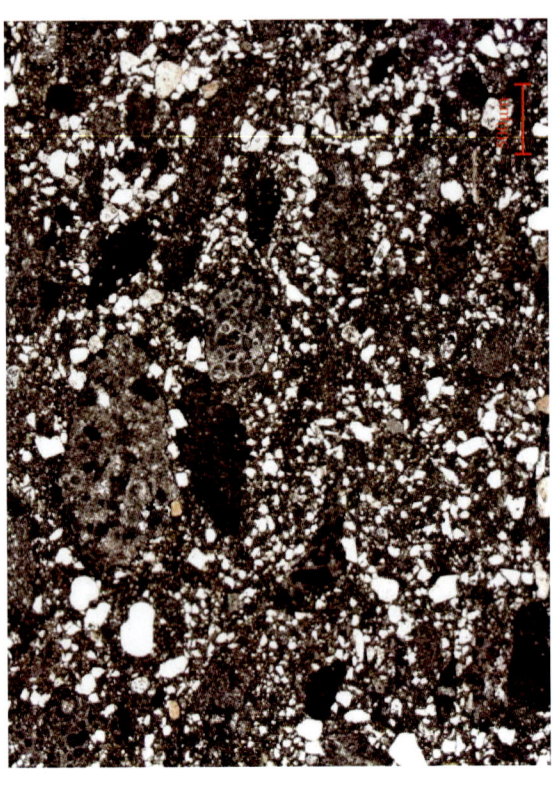

▲ 颗粒结构

砾屑呈不规则长条状、楔状，略具定向性，粒间亮晶胶结，亮晶砂砾屑白云岩。乐山沙湾，$\epsilon_{2+3}x$。普通薄片，单偏光，显微照片

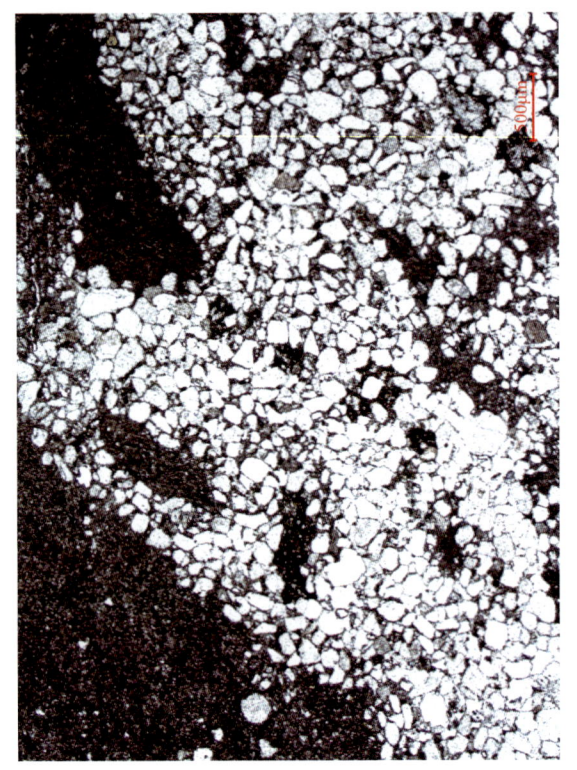

▲ 颗粒结构

颗粒包括砂屑、砾屑和鲕粒，亮晶胶结，亮晶颗粒白云岩。乐山沙湾，$\epsilon_{2+3}x$。普通薄片，单偏光，显微照片

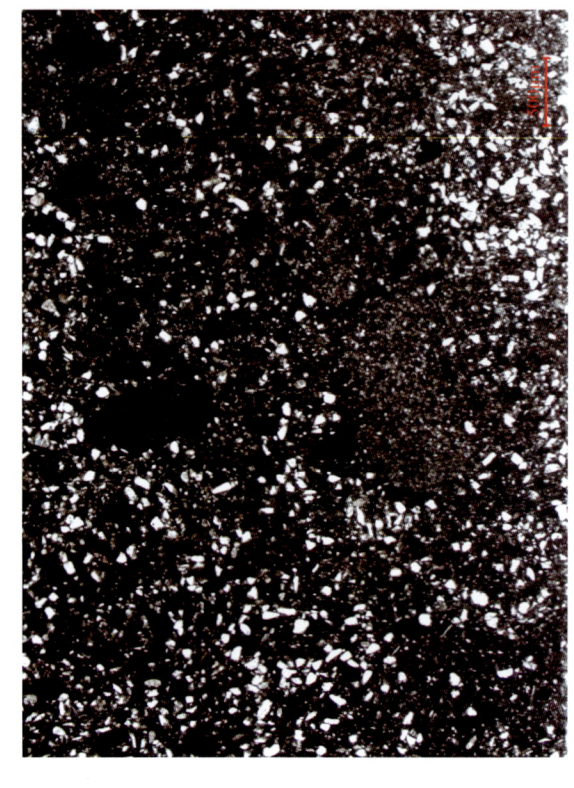

▲ 生物钻孔

生物钻孔斜交层纹，钻孔内充填物与围岩截然不同，泥晶白云岩夹薄层粉晶砂屑砂晶粉白云岩。乐山沙湾，$\epsilon_{2+3}x$。普通薄片，单偏光，显微照片

▼ 混合沉积

先沉积砂砾屑，再注入陆源碎屑，形成混合沉积，砾屑粉晶砂质白云岩。乐山沙湾，$\epsilon_{2-3}x$。普通薄片，单偏光，显微照片

▼ 层纹构造

层纹宽窄不一，局部尖灭，层内富含粉砂（浅色），纹层泥晶白云岩。乐山沙湾，$\epsilon_{2-3}x$。普通薄片，单偏光，显微照片

▼ 晶间溶孔

晶间溶蚀扩大孔非常发育，孔隙连通性好，面孔率为10%，粉晶白云岩。乐山沙湾，$\epsilon_{2-3}x$。铸体薄片，单偏光，显微照片

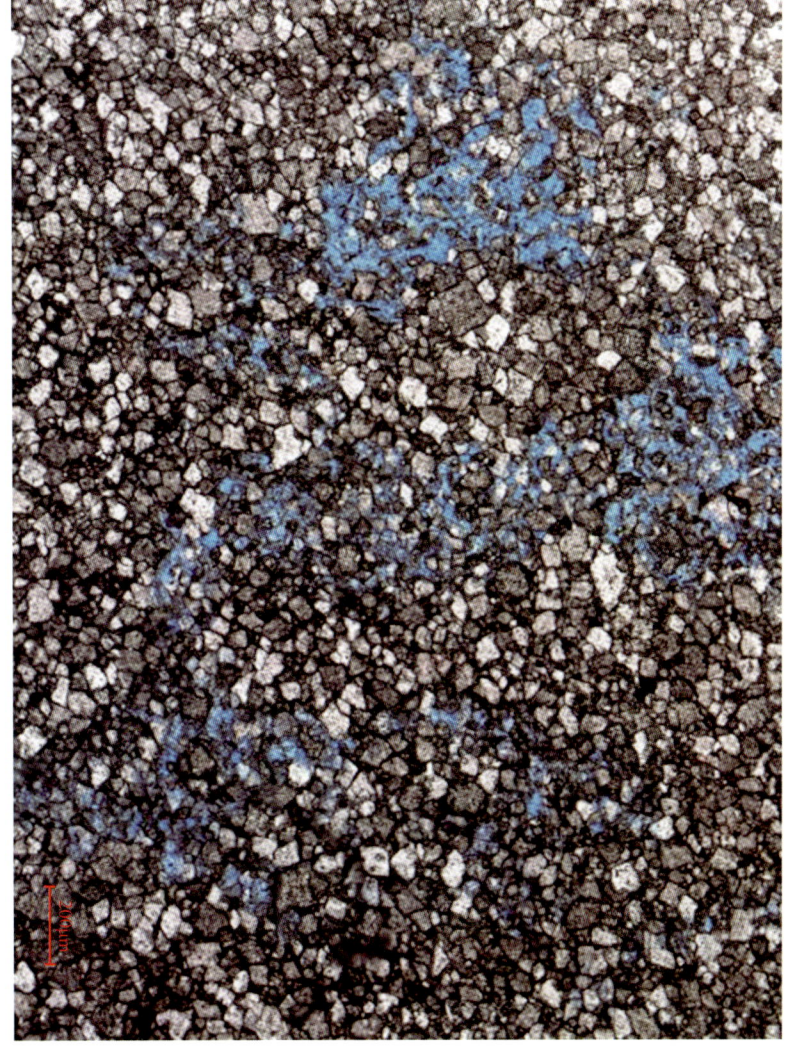 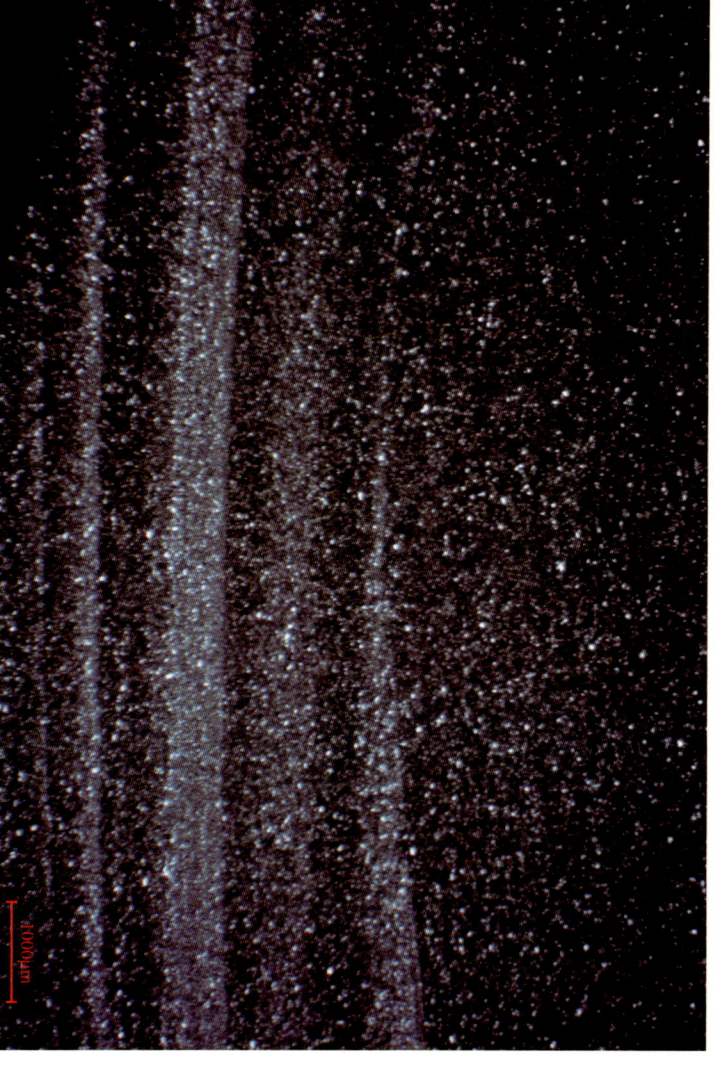 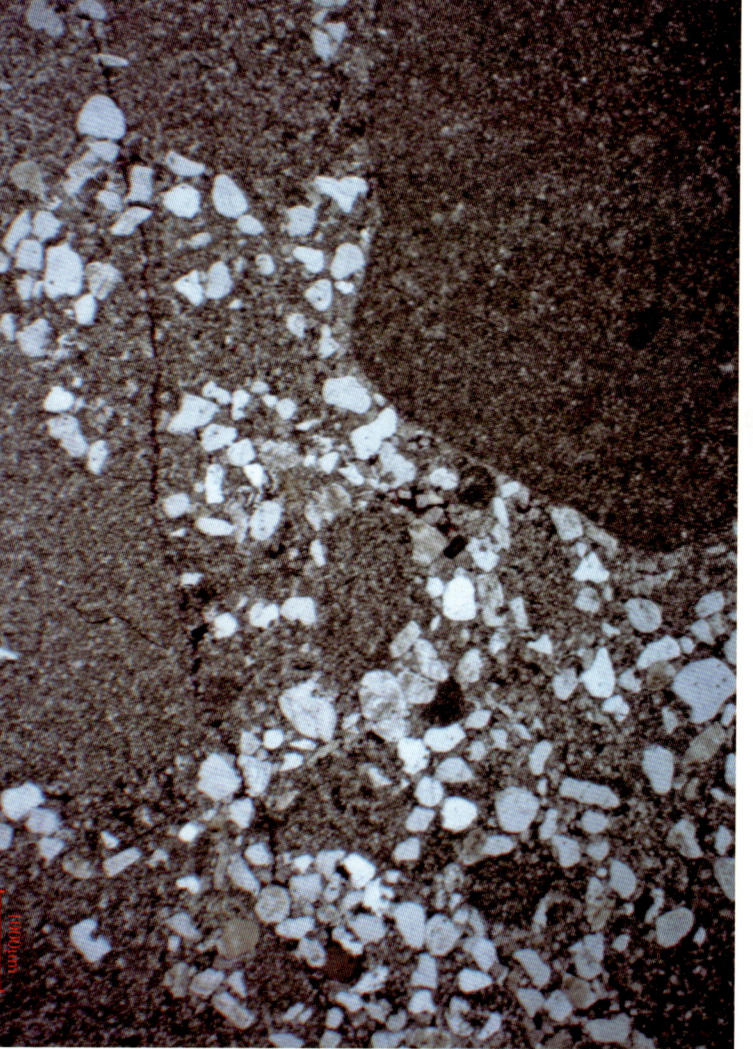

2.4.2 仁怀后山—五马娄山关群剖面

剖面位于贵州省仁怀市五马镇与后山苗族布依族乡交界处，五马镇以南约4.5km，构造位置位于若尔盖背斜北翼。剖面测量长度为909.47m，地层厚度为440.59m，其中娄山关群厚度为439.35m。底部深灰色中层状粉晶砂屑白云岩与下伏中寒武统石冷水组褐黄色薄层—中层状泥质粉晶白云岩与白云质泥岩之间整合接触，顶部浅灰色中层—厚层状粉晶白云岩与上覆下奥陶统桐梓组黄灰色泥条状石灰岩与白云岩平行不整合接触。

全剖面以单一的白云岩组合为特征，下部见薄层泥岩夹层，中部夹薄层泥岩，纵向上组成多个厚度不等的韵律层，韵律层下端多见泥晶、亮晶颗粒白云岩，颗粒以砂屑和鲕粒为主，部分夹砾屑和生物碎屑，偶见生物碎屑，上端多为粉晶—细晶白云岩，部分见角砾状白云岩和含膏盐假晶白云岩及泥质条带，白云岩孔洞发育。多数情况下，一个韵律层下端厚度较大，上端厚度较小。因而，颗粒白云岩在该剖面相对较发育。

自下而上可划分出9个韵律层：

第1个韵律层厚度仅8.71m，下部（厚度为5.81m）为深灰色薄层—中层状泥晶—粉晶砂屑白云岩，其上为0.3m角砾状白云岩，顶端为厚2.6m的灰色中层状微晶白云岩。

第2个韵律层厚度为13.93m，下端（厚度为6.48m）为粉砂质微晶白云岩，泥晶白云岩，含鲕粒、砂屑，中部为亮晶砂屑白云岩夹微晶白云岩，厚度为4.63m，上端为厚2.82m的微晶白云岩，角砾状白云岩，孔洞镜下见石膏结核假像，石膏结核被方解石交代。

第3个韵律层厚度为51.95m，亮晶颗粒白云岩夹微晶白云岩，上部局部含砂质和角砾状白云岩，顶端为厚度7.55m的粉晶白云岩，颗粒以砂屑为主，局部见生物碎屑、砾屑，溶孔发育，多数弱充填，具似层状分布。上端厚度为为粉晶白云岩和角砾状白云岩，见石盐假晶，角砾呈扁平状，孔洞亦较发育，部分被方解石充填。

第4个韵律层厚度为30.69m，下端厚度为23.68m，为灰色中层状亮晶砂屑白云岩夹微晶—粉晶白云岩，溶孔发育，多呈针孔状，亦见白云岩状，洞径约0.5~4.0cm，上部裂缝较破碎，顶部含石夹砂岩；上端厚为7.01m，为灰色中层状粉晶—细晶白云岩夹砂屑白云岩和石盐假晶，角砾砾径为2~4cm，孔洞密集分布，但横向尖灭快，孔洞充填弱，细晶白云岩孔洞发育，孔径以2mm为主，局部可达10mm，垂直层面的裂缝发育，孔洞溶缝中部分充填方解石。

第5个韵律层厚度为6.74m，下端微晶白云岩与砂屑白云岩互层，厚度为4.98m；上端为灰色中层状粉晶白云岩夹薄层（极薄层）褐黄色泥质白云岩，粉晶白云岩孔洞发育，溶缝极发育。

第6个韵律层厚度为45.09m，下端为18.67m，为灰色中层状粉晶白云岩和细晶白云岩，局部溶孔发育；上端厚度为8.88m，灰色中层—厚层状粉晶白云岩，局部见溶洞。

第7个韵律层厚度为26.42m，其中底部（厚度为12.48m）为粉晶白云岩夹微晶白云岩及灰色泥质白云岩夹薄层泥质条带，上部层间呈纹层状构造，层面上见溶孔条带，局部见溶孔。中部（厚度为5.64m）为粉晶白云岩，上部（厚度为9.07m）为粉晶白云岩和细晶白云岩。上端厚度为32.25m，下端厚度为22.87m，亮晶砂屑白云岩夹粉晶白云岩互层，局部孔洞发育；上端厚度为9.38m，深灰色—灰中层状白云岩夹薄层（极薄层）褐黄色泥质白云岩，粉晶白云岩孔洞发育，多为针孔状，亦见少量溶洞，充填弱。

第8个韵律层厚度为104.37m，下端厚度为95.49m，灰色中层—厚层状粉晶—细晶白云岩与同色砂屑白云岩互层，局部夹含角砾状砂屑泥质白云岩；上部为灰色中层—细晶白云岩针孔发育，粉晶—细晶白云岩针孔发育，上端厚度为8.88m，灰色中层—厚层状粉晶白云岩，浅灰色一层溶蚀孔洞，见少量溶蚀孔洞；上端厚度为122.25m，下部（厚度为55.86m）灰色中层状粉晶白云岩，夹黄灰色薄层泥岩，顶底部各夹一层石英砂岩，中上部泥质增多，多呈薄层夹于灰色中厚层状细晶—粉晶白云岩中，近顶部细晶白云岩含硅质，质硬，致密，溶蚀孔洞主要见于晶粒白云岩中，多呈弱充填。

第9个韵律层厚度为138.07m，下端见0.62m砂质白云岩与云质泥岩互层。

该剖面孔洞从底到顶皆有发育，岩类主要为微晶—细晶白云岩、颗粒白云岩。晶间溶孔、粒内溶孔、溶洞及裂缝。晶间孔孔径为0.01~0.2mm，面孔率为0.5%~5.0%，大部分呈未充填—半充填状态，充填物有方解石、白云石、泥质、钙质。晶间溶蚀孔洞的孔径为0.01~10mm，面孔率为0.5%~5.0%，粒内晶间溶孔，储集空间类型主要有晶间孔。

溶孔主要发育砂屑白云中，孔径为 0.01~1.75mm，面孔率为 1.0%~3.0%。裂缝缝宽为 0.01~1mm，裂缝数为 1~6 条。据 125 个样品物性分析，孔隙度为 0.642%~14.4%，平均值为 3.54%，其中，孔隙度不小于 2.0% 的样品数占比为 68.0%，平均孔隙度为 4.55%；渗透率为 0.0032~5168mD，平均值为 47.642mD。

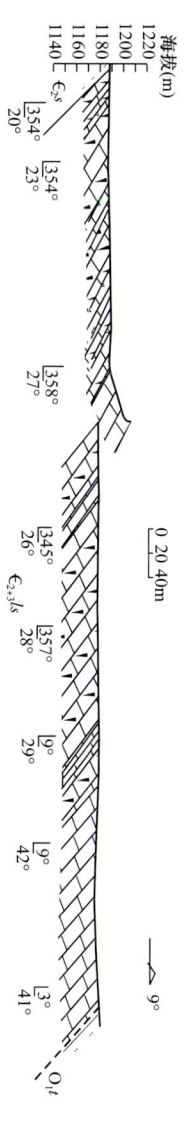

仁怀后山—五马寒武系娄山关群实测剖面图

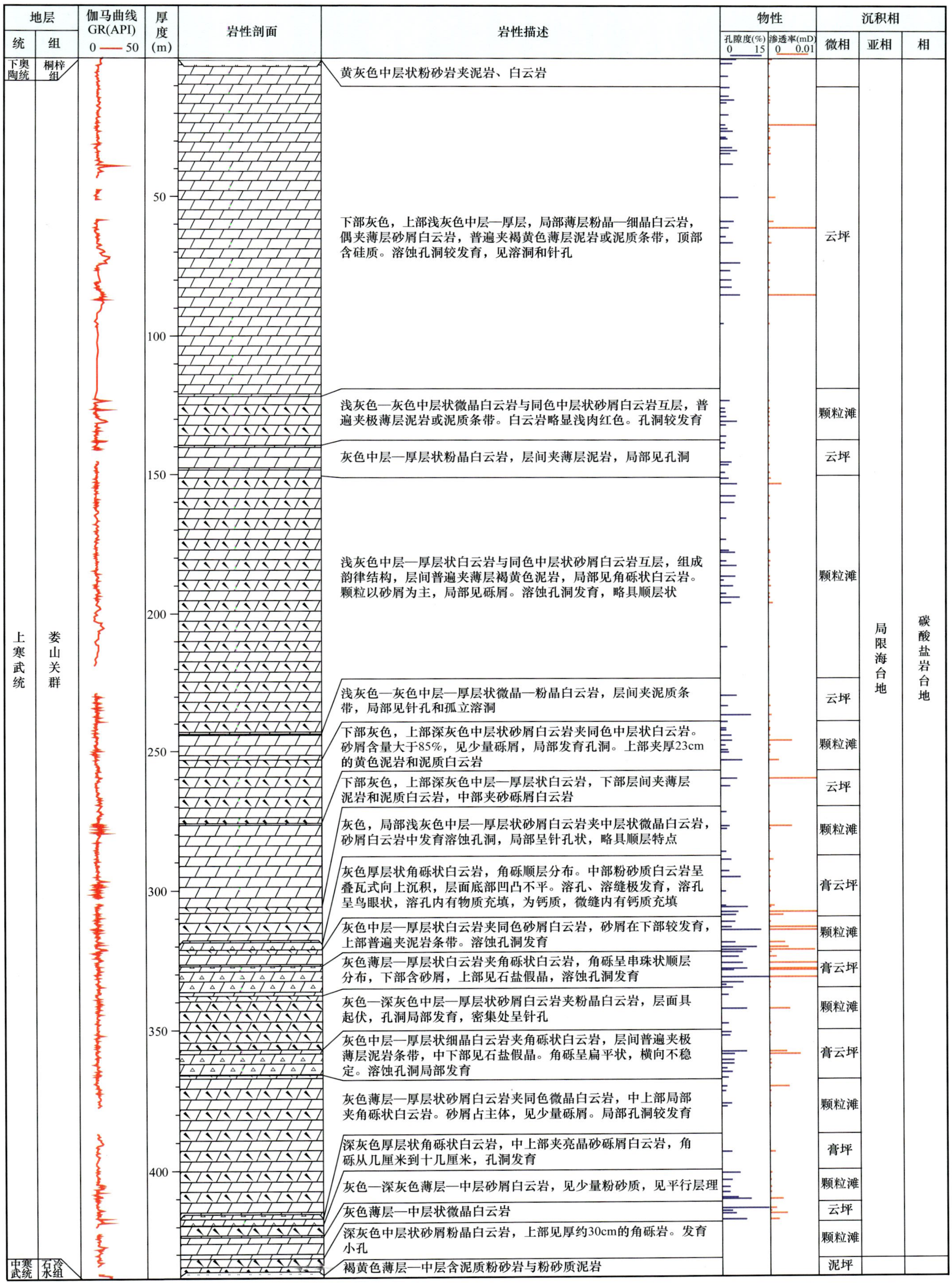

仁怀后山—五马寒武系娄山关群综合柱状图

▼ 洞、溶孔

略具层状分布，面洞率为7.0%，粉晶白云岩，仁怀后山—五马，$\epsilon_{2+3}ls$。露头照片

▼ 溶洞、溶孔

溶蚀孔洞半充填或弱充填，面洞率约为3.0%，粉晶白云岩，仁怀后山—五马，$\epsilon_{2+3}ls$。露头照片

▼ 溶洞、溶孔

呈蜂窝状，见三组裂缝，面缝洞率约为10%，泥粉晶白云岩，仁怀后山—五马，$\epsilon_{2+3}ls$。露头照片

▶ 鸟眼孔

层状分布，鸟眼孔或窗格孔，面孔洞率为5.0%，泥粉晶白云岩。仁怀后山—五马，$\epsilon_{2+3}s$。露头照片

▶ 溶洞、溶孔

孔洞略具成层性，孔壁有铁质浸染，面孔洞率约为7.0%，泥粉晶白云岩。仁怀后山—五马，$\epsilon_{2+3}s$。露头照片

▶ 溶蚀孔洞、溶孔

溶蚀孔洞充填程度低，面孔洞率约为5.0%，泥晶白云岩。仁怀后山—五马，$\epsilon_{2+3}s$。露头照片

▶ 溶洞、溶孔

孔洞呈层状分布，面孔洞率约为5.0%，泥晶白云岩。仁怀后山—五马，$\epsilon_{2+3}s$。露头照片

▲ 石膏结核假象
石膏结核被方解石交代形成石膏结核假象，亮晶砂屑白云岩。仁怀后山一五马，$\epsilon_{2-3}ls$。普通薄片，茜素红染色，单偏光，显微照片

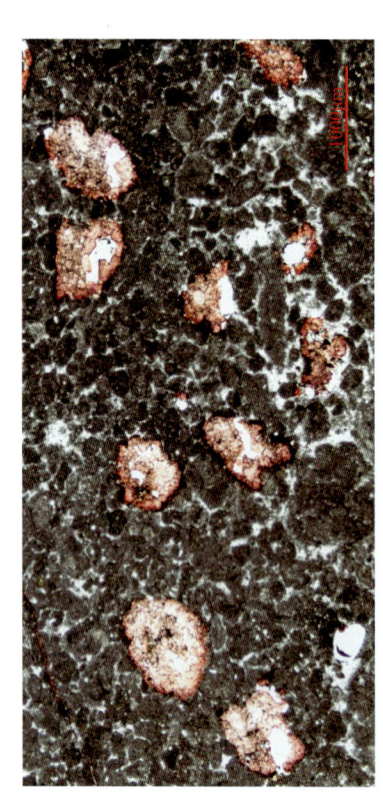

▲ 石膏结核假象
石膏结核被方解石交代形成假象，泥晶砂屑白云岩。仁怀后山一五马，$\epsilon_{2-3}ls$。普通薄片，茜素红染色，单偏光，显微照片

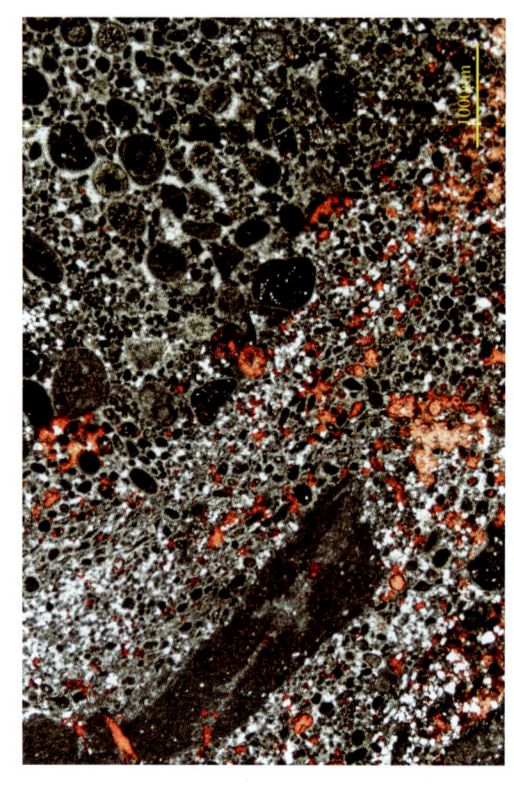

▲ 石膏结核假象
石膏结核被方解石交代形成假象，泥晶砂砾屑白云岩。仁怀后山一五马，$\epsilon_{2-3}ls$。普通薄片，茜素红染色，单偏光，显微照片

▲ 石膏结核假象
石膏结核被方解石交代，具穹层性，纹层状菌藻类白云岩。仁怀后山一五马，$\epsilon_{2-3}ls$。普通薄片，茜素红染色，单偏光，显微照片

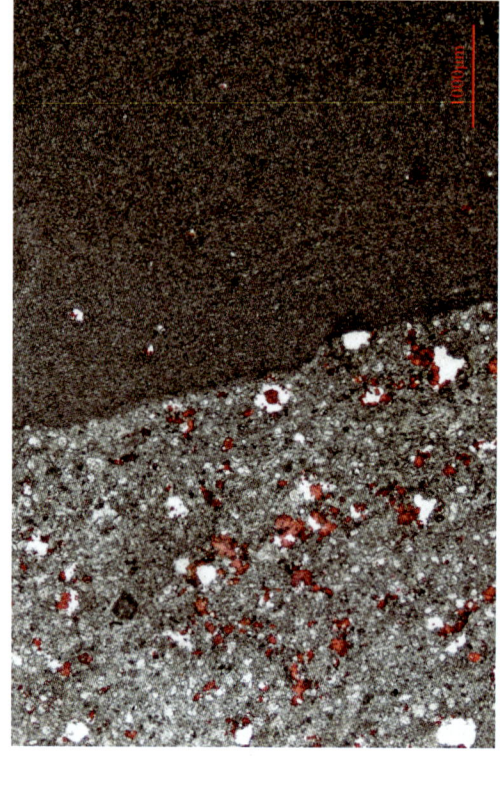

▲ 岩性突变
下部为泥晶白云岩，上部砂屑白云岩，反映沉积水动力由弱到强的突变。仁怀后山一五马，$\epsilon_{2-3}ls$。普通薄片，茜素红染色，单偏光，显微照片

▲ 同生角砾
角砾无分选及磨圆，粗细相混，右中偶见粒模孔，角砾云岩。仁怀后山一五马，$\epsilon_{2-3}ls$。普通薄片，单偏光，显微照片

▶ 结构突变

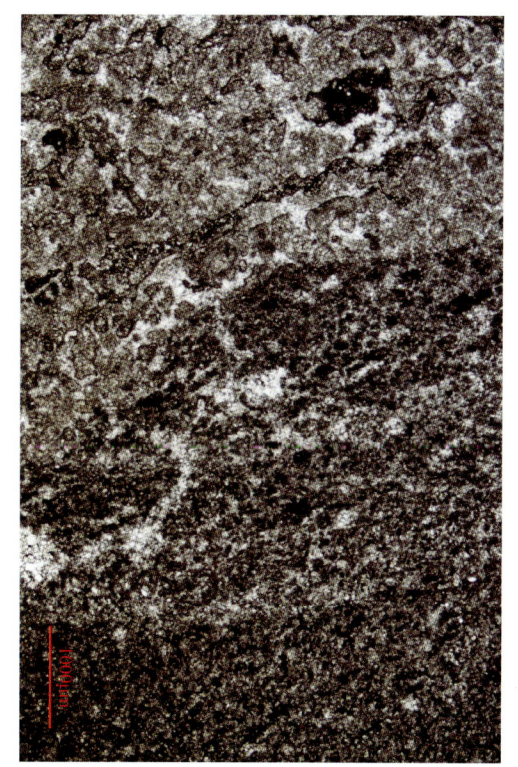

下部为泥晶白云岩，上部亮晶砂屑白云岩，界面略有起伏，反映沉积水动力由安静到动荡的变化。仁怀后山—五马，$\epsilon_{2+3}js$。普通薄片，单偏光，显微照片

▶ 冲刷面

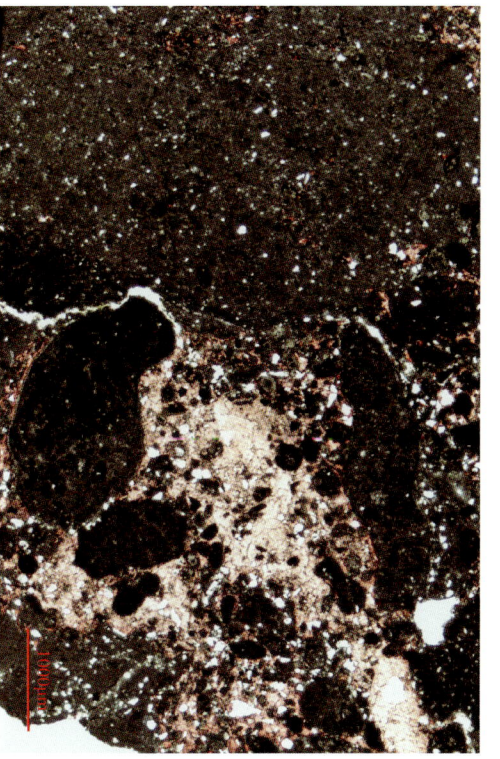

下部泥晶含粉砂白云岩，上部砂屑含粉砂白云岩，伏非冲蚀下伏地层，形成大小悬殊的冲蚀角砾。仁怀后山—五马，$\epsilon_{2+3}js$。普通薄片，茜素红染色，单偏光，显微照片

▶ 条带状层理

由泥晶白云岩和粉砂质白云岩条带交替组成，条带平整规则。仁怀后山—五马，$\epsilon_{2+3}js$。普通薄片，单偏光，显微照片

▶ 冲刷面

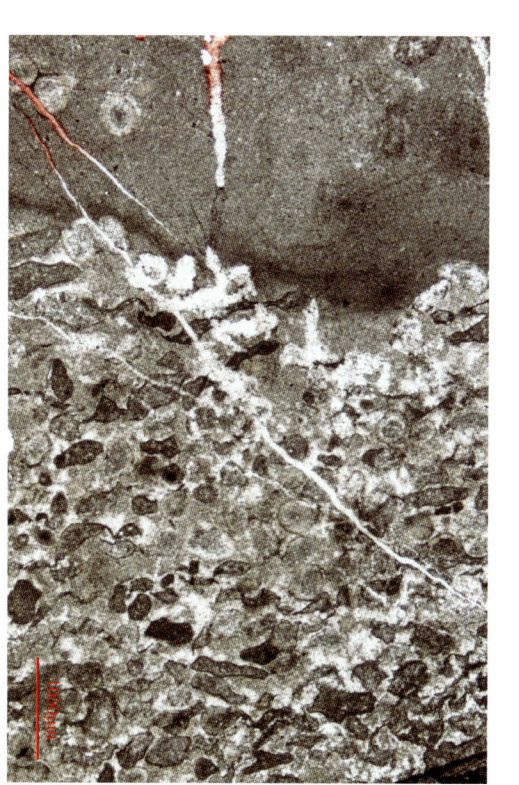

下部为泥晶亮晶砂屑白云岩，上部为亮晶砂屑白云岩，界面起伏并冲蚀下伏岩层。仁怀后山—五马，$\epsilon_{2+3}js$。普通薄片，茜素红局部染色，单偏光，显微照片

▶ 冲刷面

下部为泥晶白云岩，上部为砂屑白云岩，界面起伏变化并冲蚀下伏地层。仁怀后山—五马，$\epsilon_{2+3}js$。普通薄片，单偏光，显微照片

▶ 条纹状层理

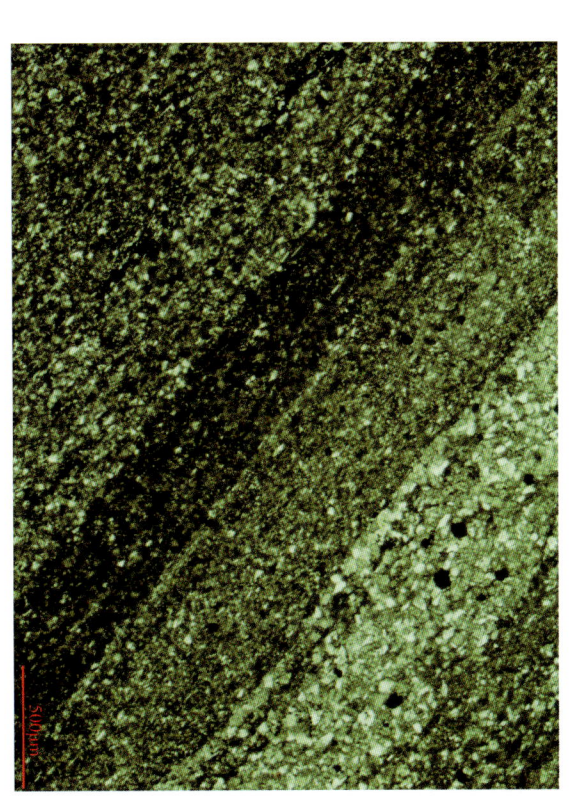

由泥粉晶白云岩和泥砂质白云岩条纹频繁交互变化组成条纹状构造。仁怀后山—五马，$\epsilon_{2+3}js$。普通薄片，单偏光，显微照片

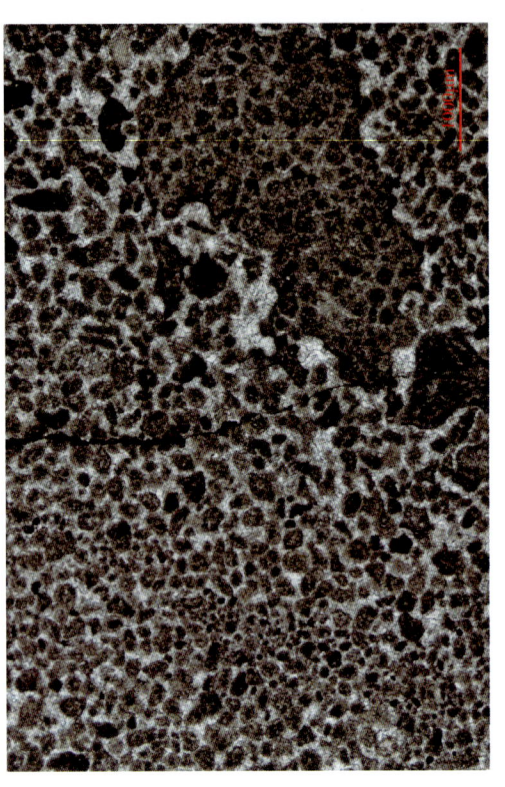

▲ 砂屑表鲕粒结构

砂屑大小混杂，粒间亮晶胶结，亮晶砂屑白云岩。仁怀后山一五马，$\epsilon_{2+3}ls$。普通薄片，单偏光，显微照片

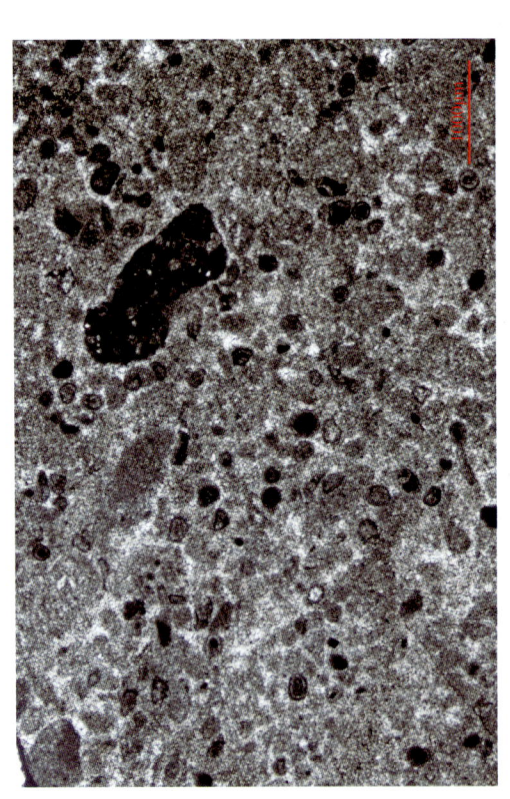

▲ 砂屑结构

颗粒主要为砂屑，次为菌藻类形成的复合团块，亮晶砂砾屑白云岩。仁怀后山一五马，$\epsilon_{2+3}ls$。普通薄片，单偏光，显微照片

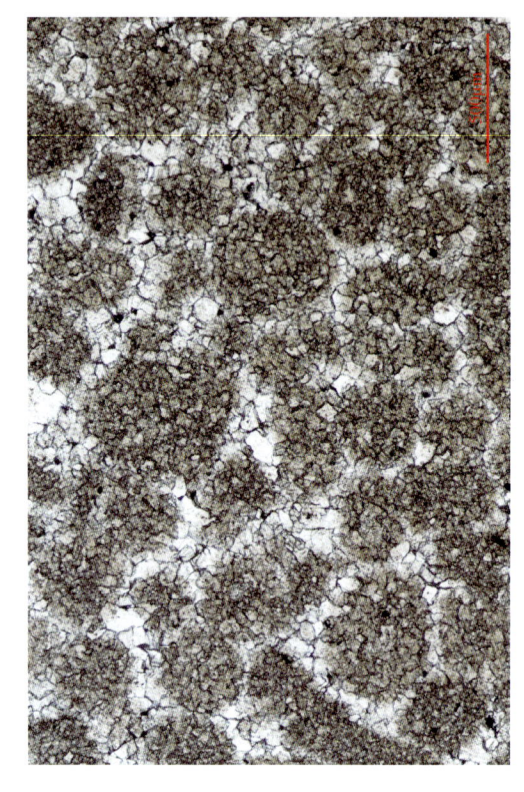

▲ 粘连组构

蓝细菌粘连颗粒，形成粘连组构，空腔较发育，粘连白云岩。仁怀后山一五马，$\epsilon_{2+3}ls$。普通薄片，单偏光，显微照片

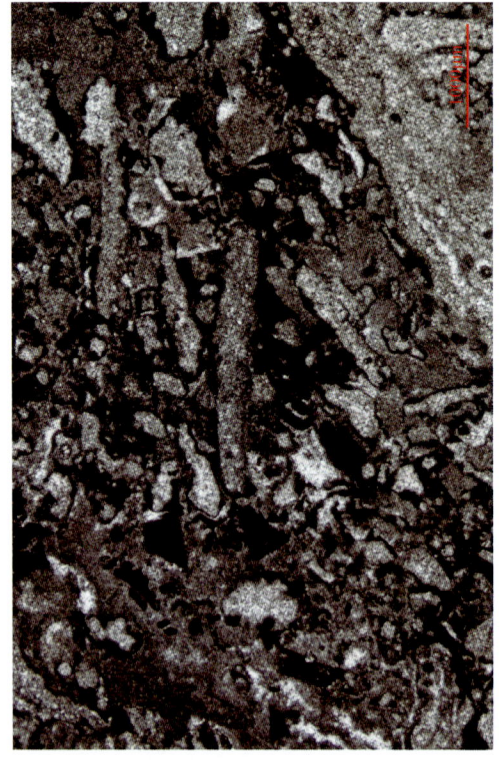

▲ 残余鲕粒结构

鲕粒内已晶粒化，圈层结构破坏，但轮廓清晰，残余鲕粒白云岩。仁怀后山一五马，$\epsilon_{2+3}ls$。普通薄片，单偏光，显微照片

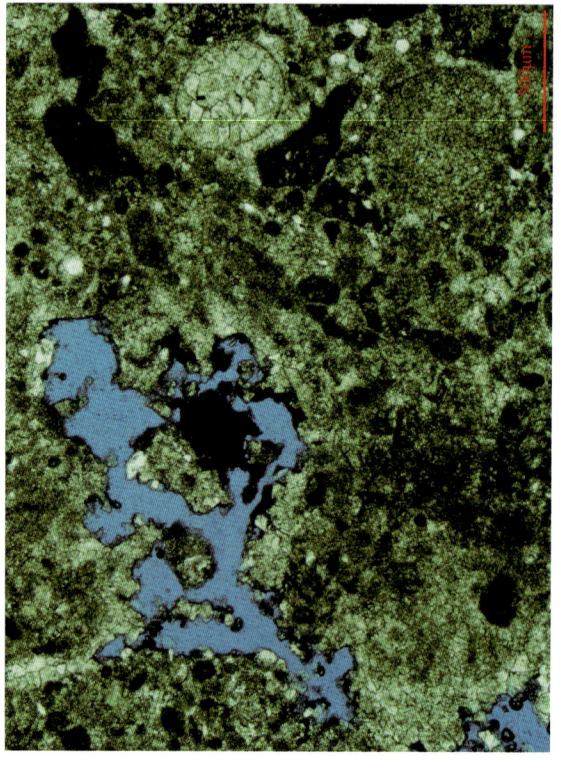

▲ 非选择性溶蚀孔洞

粉屑细小均一分布，含少量石英粉砂，颗粒和基质均被溶蚀，面孔率为10%，粉屑泥晶白云岩。仁怀后山一五马，$\epsilon_{2+3}ls$。铸体薄片，单偏光，显微照片

▲ 粒间溶蚀扩溶孔

发育的粒间溶蚀扩溶孔呈枝枝状连通，面孔率为4%，亮晶砂屑白云岩。仁怀后山一五马，$\epsilon_{2+3}ls$。铸体薄片，单偏光，显微照片

▶ 溶蚀沟渠

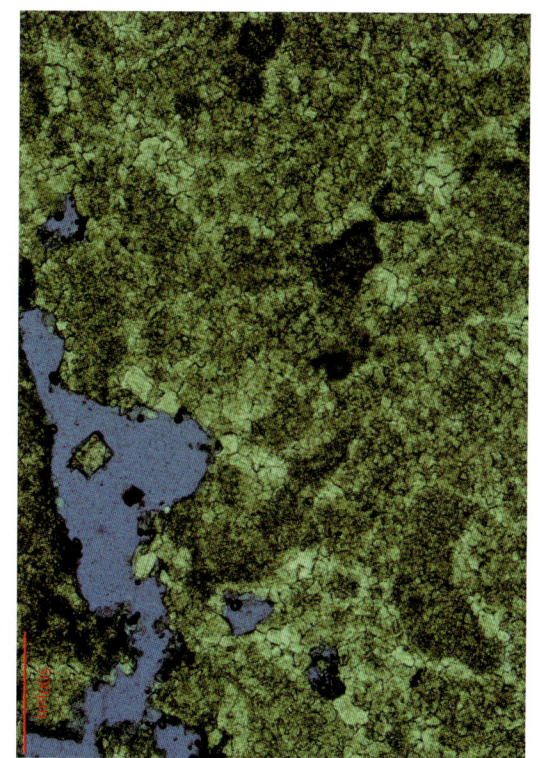

发育的溶蚀沟渠不规则，呈港湾状，面孔率为15%，亮晶砂屑白云岩。仁怀后山—五马，$\epsilon_{2-3}ls$。铸体薄片，单偏光，显微照片

▶ 缝中孔

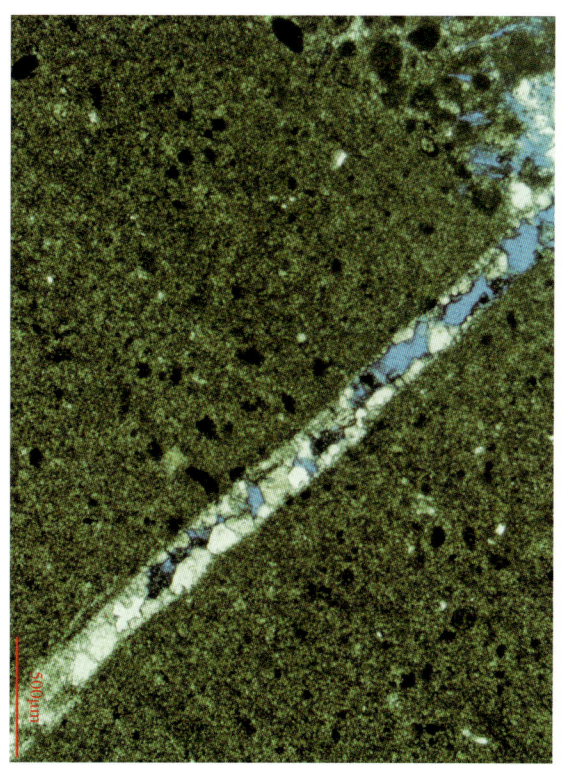

半充填构造裂缝中的残余孔隙，局部见粒间溶孔和溶扩孔（左上），面孔率为2.0%，泥晶砂屑白云岩。仁怀后山—五马，$\epsilon_{2-3}ls$。铸体薄片，单偏光，显微照片

▶ 晶间孔、晶间溶孔

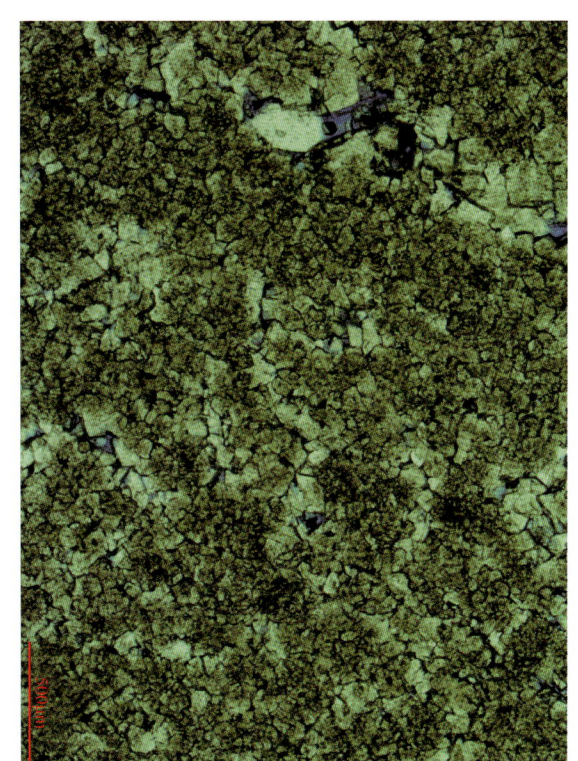

原始为颗粒结构，强白云岩化作用后形成颗粒幻影（暗色），具细晶结构，残余颗粒白云岩。仁怀后山—五马，$\epsilon_{2-3}ls$。铸体薄片，单偏光，显微照片

▶ 粒间溶孔

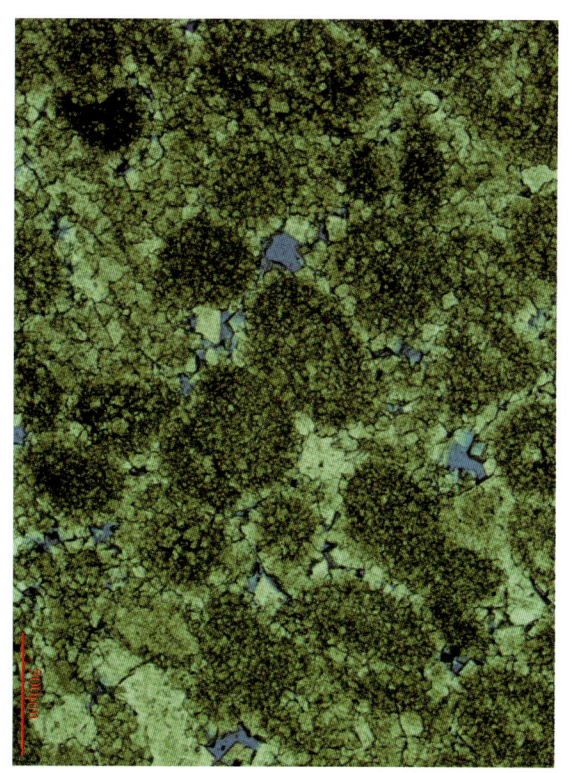

砂屑大小均匀，发育粒间孔和粒间溶孔，粒间充填程度中—强，但分布较均匀，面孔率为3.0%，亮晶砂屑白云岩。仁怀后山—五马，$\epsilon_{2-3}ls$。铸体薄片，单偏光，显微照片

▶ 压溶缝合线

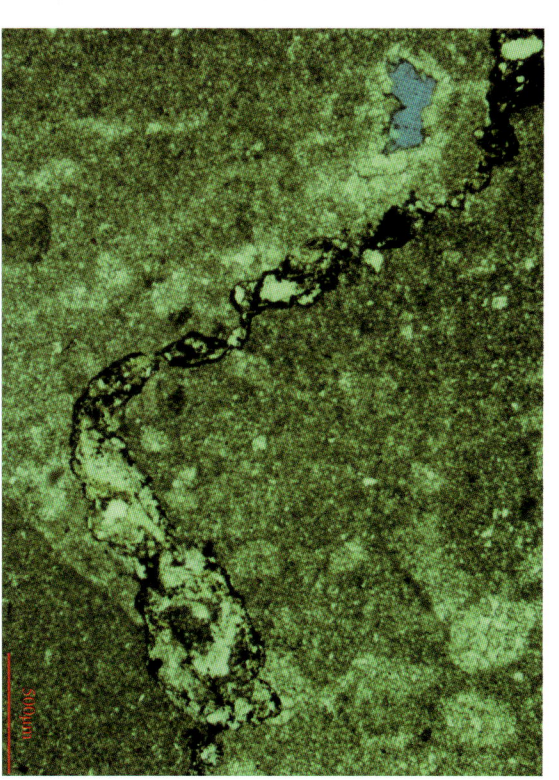

缝合线内见不溶残积物和有机质，泥晶砂屑白云岩。仁怀后山—五马，$\epsilon_{2-3}ls$。铸体薄片，单偏光，显微照片

2.4.3 酉阳龙潭娄山关群剖面

剖面位于重庆市酉阳县龙潭镇江丰村，距酉阳县城39km。构造位置为渝东南隔槽式褶皱带中部，平阳盖向斜的西翼。

剖面测量长度为1452.01m，地层厚度为1074.44m，其中娄山关群厚度为1068.96m。娄山关群底部为厚0.2m的灰色石英砂岩，与下伏中寒武统高台组灰色中厚层粉晶—细晶白云岩（顶部见钙质角砾岩）整合接触；顶部为中厚层含鲕粒含砂屑白云岩，与上覆下奥陶统桐梓组底部微晶灰岩整合接触。露头良好，仅局部覆盖。

剖面具有较明显韵律结构，下部各陆源碎屑，中部为颗粒白云岩，上部较多白色灰岩。单韵律层下端元厚度较大，上端元厚度小。

第1个韵律层（底部）厚度为363.63m，下端（厚度为140.27m）为灰色薄层—中层砂质白云岩，裂缝发育；中部（厚度为103.03m）为灰色薄层、云质灰岩、微晶白云岩，多呈互层状；中上部（厚度为34.43m）为灰色薄层粉晶白云岩夹泥质白云岩；上部（厚度为85.9m）为浅灰色中层—厚层微晶—粉晶白云岩夹角砾状白云岩，角砾大小悬殊，多呈棱角状，分选差，成分为泥岩、石灰岩、白云岩、孔洞较发育。

第2个韵律层厚度为75.51m，下部（厚度为32.87m）为灰色—深灰色中层—厚层泥晶白云岩与粉晶白云岩互层，见水平层理，其上9.35m的厚层—块状粉晶白云岩和细晶白云岩及粉晶白云岩与粉晶白云岩互层，层面起伏较大；上部（厚度为33.29m）为灰色厚层—块状粉晶白云岩夹角砾白云岩，砂屑白云岩，发育蜂窝状孔洞，该层溶蚀孔洞发育，多呈半充填。

第3个韵律层厚度为312.85m，下端为厚306.65m的灰色中层—块状颗粒白云岩夹粉晶白云岩，偶夹石灰岩，顶部为块状颗粒白云岩，局部见鲕粒，中部见不对称浪成波痕。孔洞发育，局部见窗格孔，裂缝欠发育。顶部6.2m下为灰色块状角砾状白云岩，向上渐变为粉晶白云岩，角砾呈棱角状—次棱角状，分选差。该韵律层是本剖面颗粒岩集中分布层段，也是储层最发育层段。

第4韵律层厚度为109.33m，下端元厚度为106.65m，为浅灰色—灰色厚层—块状粉晶白云岩、云质灰岩、颗粒白云岩间互；上端元厚度为2.68m，为薄层—中层状石灰岩与云质灰岩互层，见干裂及瘤状凸起。

第5个韵律层（顶部）厚度为316.97m，下部石灰岩段厚度为76.48m，为浅灰色—灰色中层—厚层状颗粒灰岩、纹层状灰岩、竹叶状灰岩、粉晶灰岩，夹薄层白云岩，见肉红色细晶白云岩。中部为厚180.44m的颗粒白云岩段，为浅灰色中层—厚层颗粒白云岩—块状颗粒白云岩夹细晶白云岩夹薄层白云岩及薄层白云岩夹薄层颗粒白云岩，略具层状分布特征。上部（厚度为60.05m）为灰色中层—厚层微晶—细晶白云岩，顶部白云岩含少量砂质。

储集空间发育于中上部，岩性主要为粉晶白云岩、砂屑白云岩、亮晶含砾屑砂屑含云质灰岩。

粉晶白云岩主要为白云石，含少量泥质和铁质，其中白云石主要呈粉晶、偶见细晶，泥质主要呈粉末状分布，占3%；铁质主要呈粒状，少量，具粉晶结构，含砾屑，砾屑主要发育在粉晶白云岩中，占4%。

砂屑白云岩矿物成分主要为白云石，含少量的泥质，偶见铁质和方解石。其中白云石主要呈粉晶和亮晶，晶粒相对自形，占98%；泥质主要呈白云末状，占1%；方解石偶见呈亮晶充填在溶孔中，占1%。具内碎屑结构，以亮晶含砾屑砂屑含云质灰岩偶见呈微晶方解石，方解石主要由粉晶白云岩构成，含砾屑占57%，含少量的泥质、硅质，偶见铁质颗粒。其中方解石主要呈粉末状，占13%；泥质主要呈泥微晶灰岩、粉晶白云岩构成，砂屑占86%；白云石主要呈粉晶、粉末状，占1%；硅质含砾屑，分布不均，其中颗粒主要由泥微晶灰岩、粉晶白云岩构成，为主砂屑占17%。颗粒之间为亮晶胶结。

储集空隙以晶间溶孔、粒内溶孔为主，晶间溶孔主要发育在粉晶白云岩、砂屑白云岩、砂屑含云质灰岩中，为次要储集空间。

孔径为0.01~0.55mm，面孔率近0.5%，粒内溶孔0.5%，最大仅2.0%，粒内溶孔主要发育在砂屑白云岩，砂内溶孔可见。孔径为0.01~0.25mm，孔隙可见，面孔率为0.5%~1.0%。

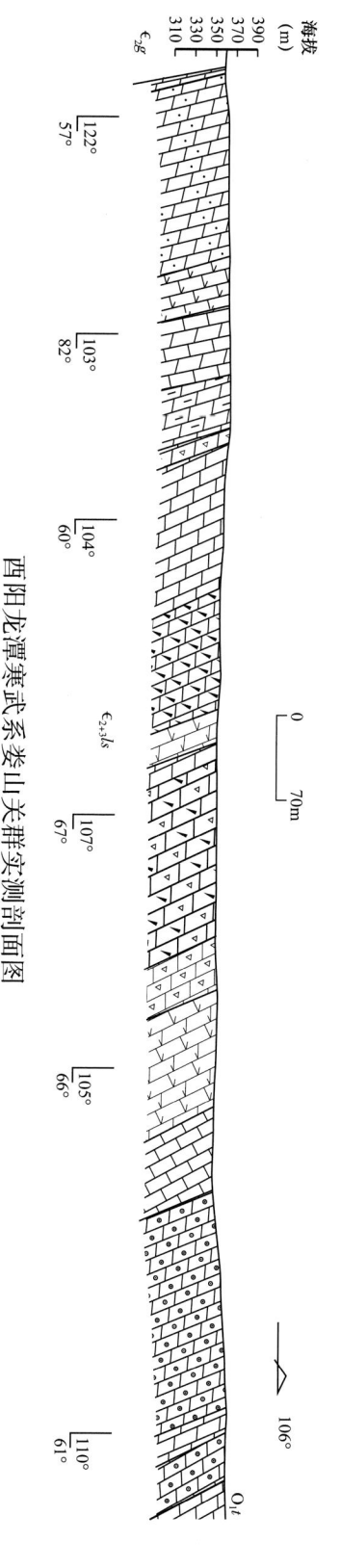

酉阳龙潭寒武系娄山关群综合柱状图

▲ 地质界线

图中人所指处为娄山关群（左）与下奥陶统桐梓组（右）界线。酉阳龙潭。露头照片

▲ 地质界线

娄山关群（$\epsilon_{2+3}ls$）厚层状微细晶白云岩（右）与下奥陶统桐梓组（O_1t）微晶灰岩（左）整合接触（地质锤所在）。酉阳龙潭。露头照片

▲ 构造形变

娄山关群下部强烈的构造作用形成褶皱，地层产状由水平挤压折成近垂直。酉阳龙潭，$\epsilon_{2+3}ls$。露头照片

▶ **层面印痕**

粉晶白云岩中泥质条纹的平面印痕，凹凸不平，多为成因差异压实作用所致。含泥质粉晶白云岩。西阳龙潭，$\epsilon_{2-3}ls$。露头照片

▶ **构造裂缝**

构造作用形成多条裂缝，后期方解石充填。泥晶白云岩。西阳龙潭，$\epsilon_{2-3}ls$。露头照片

▶ **角砾状构造**

娄山关群中上部，角砾呈棱角状，角砾成分为泥晶白云岩，角砾间局部被方解石充填。角砾状白云岩。西阳龙潭，$\epsilon_{2-3}ls$。露头照片

▼ 溶蚀孔洞

粉晶白云岩中溶蚀孔洞发育，方解石半充填—弱充填，孔洞略显成层性。粉晶白云岩，酉阳龙潭，$\epsilon_{2+3}ls$。露头照片

▼ 溶蚀孔洞

粉晶白云岩中溶蚀孔洞发育，方解石半充填—弱充填，深灰色粉晶白云岩，酉阳龙潭，$\epsilon_{2+3}ls$。露头照片

▼ 方解石斑点

粉晶白云岩中发育溶蚀孔洞，被后期方解石全充填，形成孤立的方解石斑点。粉晶白云岩，酉阳龙潭，$\epsilon_{2+3}ls$。露头照片

▲ 裂缝中残余孔洞

多组系构造裂缝将岩层切割破碎成"似角砾"状，后期方解石充填裂缝，局部残余孔洞。粉晶白云岩。西阳龙潭，$\epsilon_{2+3}ls$。露头照片

▲ 裂缝中残余孔洞

多组系构造裂缝将岩层强烈破碎，后期方解石无充填裂缝，局部残余孔洞，红色为浸染色。粉晶白云岩。西阳龙潭，$\epsilon_{2+3}ls$。露头照片

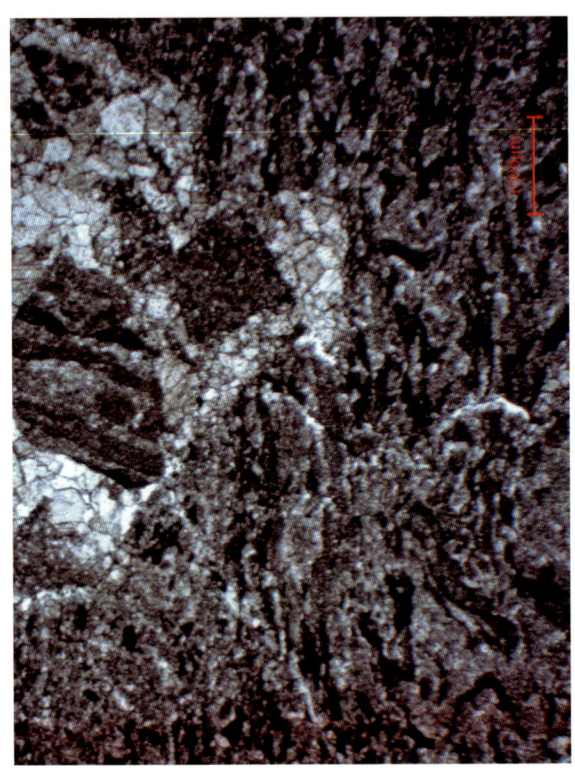

▲ 震积角砾

脱水收缩形成空隙，其间充填震积角砾，角砾与围岩岩性相同，但产状不同（右侧），砾间方解石充填。藻纹层白云岩。酉阳龙潭，$\epsilon_{2+3}ls$。普通薄片，单偏光，显微照片

▲ 富平行纹层构造

粉砂富集带构成平行纹层。纹层状粉晶灰岩。酉阳龙潭，$\epsilon_{2+3}ls$。普通薄片，茜素红局部染色，单偏光，显微照片

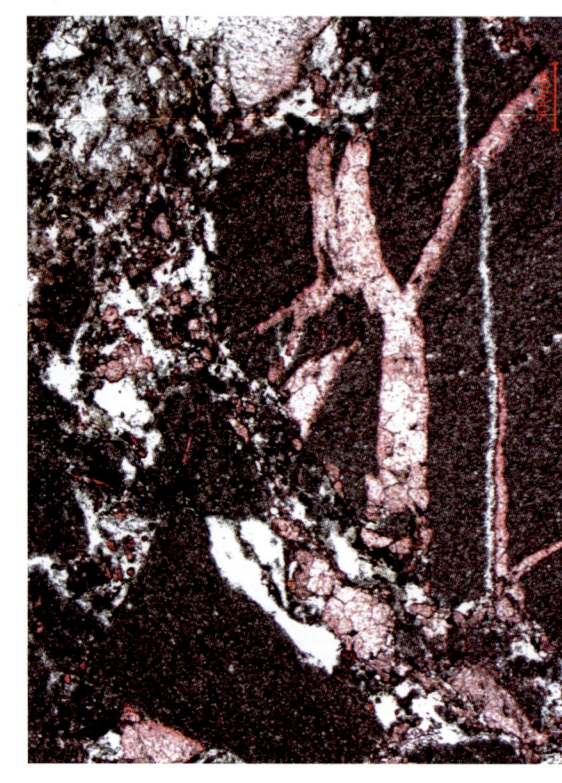

▲ 脱水收缩角砾构造

海水盐度、温度等因素变化，沉积物脱水收缩，形成大小不等的收缩角砾和脱水收缩缝，角砾内为泥晶云质构成，粒间和收缩缝内充填方解石、灰质白云岩。酉阳龙潭，$\epsilon_{2+3}ls$。普通薄片，茜素红染色，单偏光，显微照片

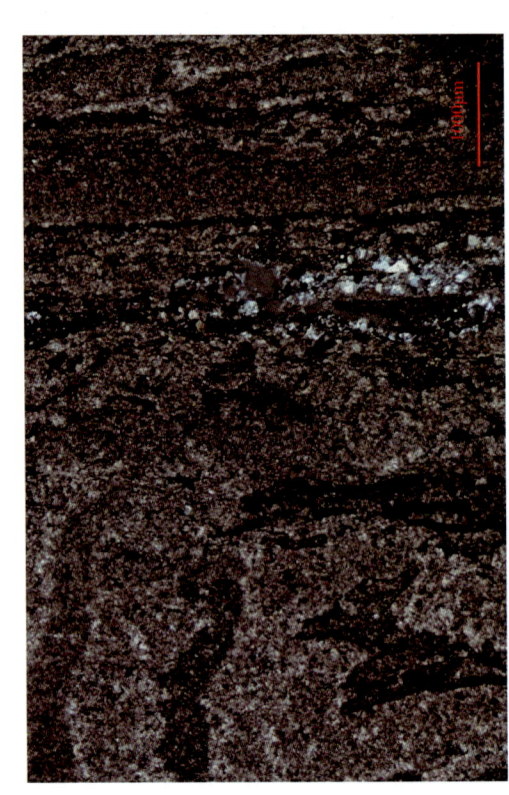

▲ 生物钻孔与潜穴

钻孔呈垂直地层（暗色），潜穴略平行层面（暗色）。泥晶白云岩。酉阳龙潭，$\epsilon_{2+3}ls$。普通薄片，单偏光，显微照片

▲ 断续纹层构造

藻层构成断续平行纹层，下方见一条略平行层面方解石充填溶缝。纹层状白云岩。酉阳龙潭，$\epsilon_{2+3}ls$。普通薄片，茜素红染色，单偏光，显微照片

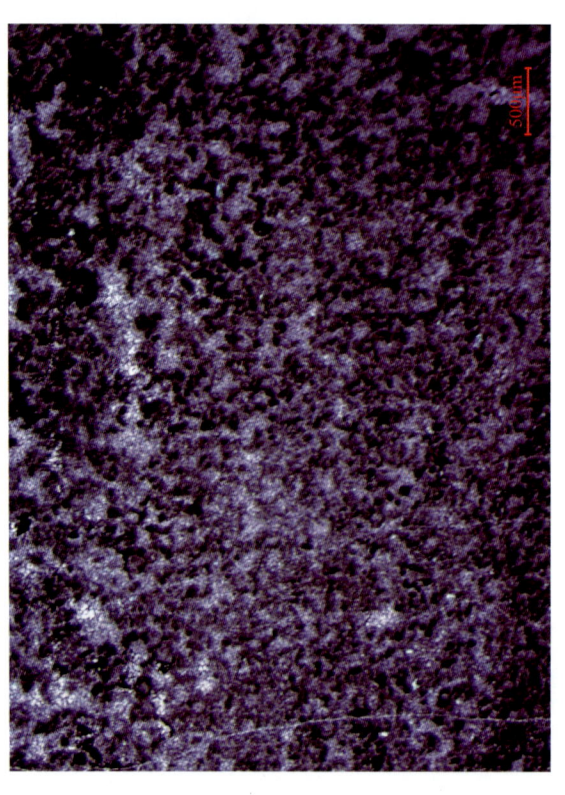

▲ 变形粒结构

颗粒塑性变形成各种形态（暗色），粉晶变形粒灰岩。藻粉屑含量较多。酉阳龙潭，$\epsilon_{2+3}ls$。普通薄片，茜素红染色，单偏光，显微照片

▶ 高成低沉

高能环境下形成鲕粒被搬运到较低能环境下沉积。鲕粒间泥晶质和粉砂无填。泥晶鲕粒灰岩。西阳龙潭，$\epsilon_{2-3}ls$。普通薄片，单偏光，显微照片

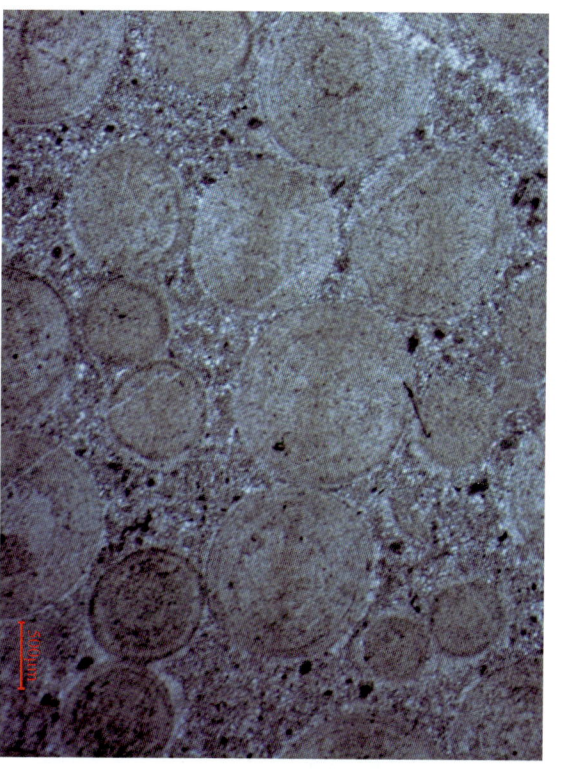

▶ 砂屑结构

砂屑无定形，分选较好。亮晶砂屑白云岩。西阳龙潭，$\epsilon_{2-3}ls$。普通薄片，单偏光，显微照片

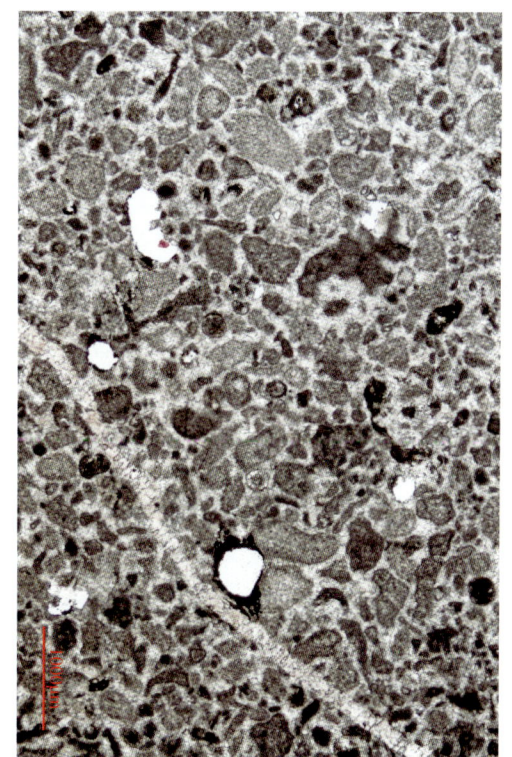

▶ 变形砂屑结构

成岩过程中差异压实使砂屑变形，颗粒呈链锁状，拖拉状，蚯蚓状。亮晶砂屑白云岩。西阳龙潭，$\epsilon_{2-3}ls$。普通薄片，单偏光，显微照片

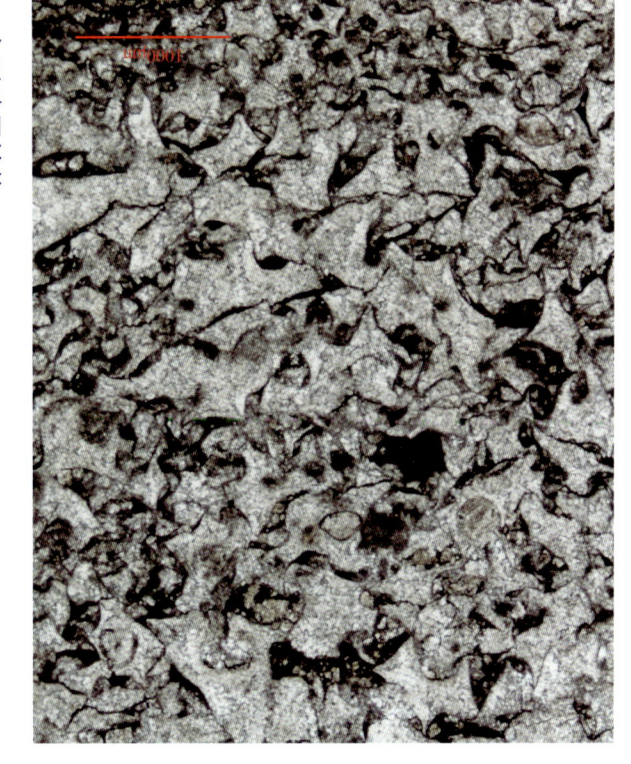

▶ 高成低沉

鲕粒内重结晶，正交偏光镜下具十字消光，鲕间方解石和粉砂，泥晶放射状鲕粒灰岩。西阳龙潭，$\epsilon_{2-3}ls$。普通薄片，正交偏光，显微照片

▶ 构造角砾

角砾为泥晶白云岩，分选性与磨圆度均较差。砾间为亮晶方解石胶结。西阳龙潭，$\epsilon_{2-3}ls$。铸体红染色，普通薄片，单偏光，显微照片

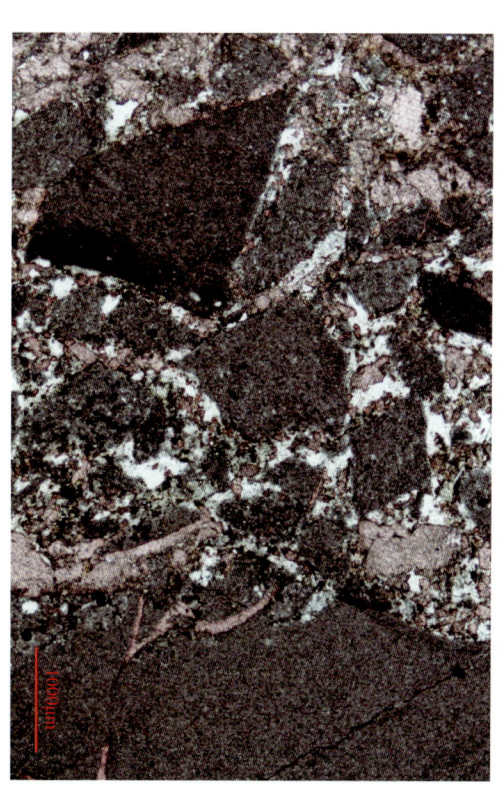

▶ 粒间、粒内溶孔

粒间为晶形白云石，孔径为0.01~0.55mm，面孔率为5.0%。亮晶砂砾屑白云岩。西阳龙潭，$\epsilon_{2-3}ls$。铸体薄片，单偏光，显微照片

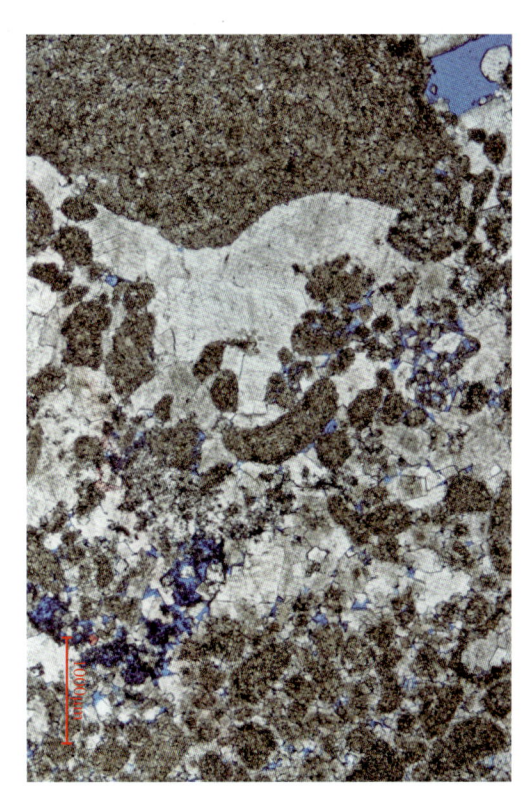

▼ 粒间溶孔、晶间孔

鲕粒同心圆层隐约可见，面孔率为3.0%。亮晶鲕粒砂屑白云岩，酉阳龙潭，$\epsilon_{2+3}ls$。铸体薄片，单偏光，显微照片

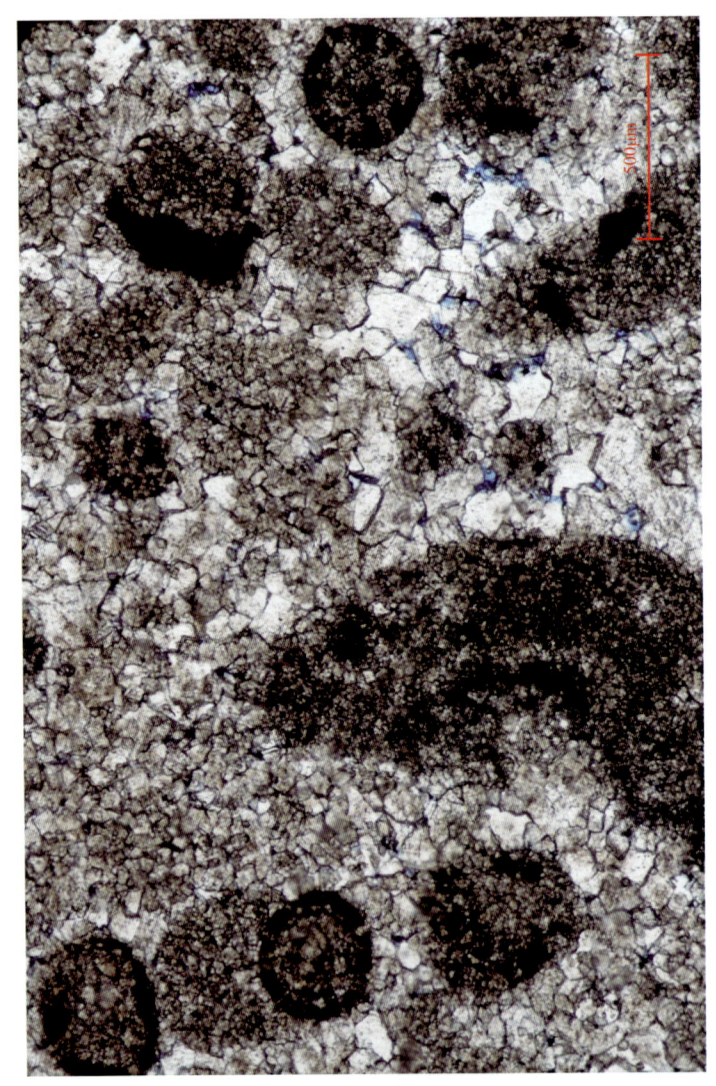

▼ 粒间溶孔、晶间孔

残余砂砾屑白云岩，面孔率为2.5%。酉阳龙潭，$\epsilon_{2+3}ls$。铸体薄片，单偏光，显微照片

▼ 晶间孔

白云石呈半自形—自形晶，细晶，晶间孔面孔率约为3.0%。砂糖状白云岩，酉阳龙潭，$\epsilon_{2+3}ls$。铸体薄片，单偏光，显微照片

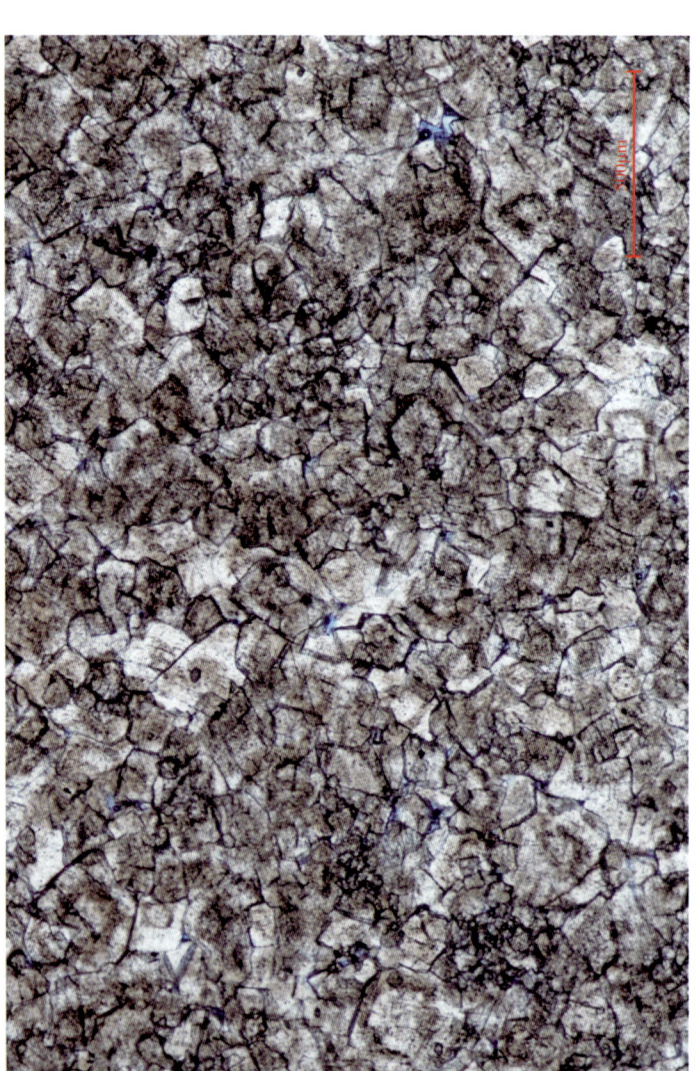

2.4 城口修齐三游洞组剖面

剖面位于重庆市城口县修齐镇杉木河，距城口县东南17km修齐镇301省道旁，交通方便，构造位置为旗杆山向斜东翼。

剖面测量长度为226.59m，地层厚度为136.95m，其中三游洞组厚度为117.82m。底部深灰色薄层状微晶白云岩与上覆下奥陶统杨家坝组的中厚层粉晶白云岩之间界线被掩盖，受构造影响，地层倾角较大，见两条小型断层；三游洞组的青灰色页岩与灰色白云岩呈整合接触。

三游洞组岩性具有两段性：下段（厚度为32.9m）为石灰岩段，上段（厚度为84.92m）为白云岩段。

2.4.4.1 石灰岩段

自下而上白云岩逐渐减少，石灰岩渐增，以中部见厚0.22m的薄层含云质粉砂岩、钙质粉砂岩为界，可分上、下部。

上部为石灰岩组合，下部为石灰岩和白云岩不等厚互层。

下部石灰岩组合（厚度为20.75m）：底部为灰黑色—灰色厚层泥质白云岩，砂砾屑为主，微晶白云岩夹中间夹一层厚1.71m的砾屑白云岩，总厚度为7.47m，微晶白云岩中孔隙较发育。顶部（厚度为6.49m）微晶白云岩，颗粒以砂屑为主，少量粉屑，具顺层分布特点，呈条带状。总厚度为13.28m。

上部石灰岩组合（厚度为11.93m）：灰色—褐灰色薄层—中层状颗粒灰岩与泥晶—微晶灰岩不等厚互层，其中颗粒灰岩厚度为6.92m，颗粒为砂屑、砾屑和鲕粒，溶孔发育，多呈半充填状态。

2.4.4.2 白云岩段

灰色薄层状泥晶—粉晶白云岩，夹薄层颗粒白云岩。

白云岩组成6个厚度不等的（泥粉晶白云岩→颗粒白云岩）韵律层，二者呈渐变关系。颗粒白云岩为主，也见微裂缝在粉晶—微晶白云岩发育，粉晶白云岩含灰岩中有发育，但是大部分孔隙大于2.0%的仅3个，平均孔隙度为3.57%，渗透率小于0.01mD的样品比例为54.54%，渗透率介于0.005~0.01mD的样品比例为18.18%。

晶间孔在泥微晶白云岩中发育，粉晶含灰岩含砂砾屑白云岩与泥晶白云岩中发育。此外，纵向多层分布的颗粒灰岩也见少量孔洞，储层空隙类型主要有晶间孔、粒内溶洞及微裂缝。

储层主要发育在底部白云岩段，岩性为粉状状颗粒白云岩，粉晶含灰粒云岩，微裂缝在粉晶—微晶白云岩发育，孔隙大发育。孔隙度为0.45%~4.47%，平均为1.91%，其中孔隙度大于2.0%的仅3个，平均孔隙度为3.57%，渗透率为0.0026~0.0647mD，平均为0.011mD，渗透率小于0.01mD的样品比例为54.54%，渗透率介于0.005~0.01mD的样品比例为18.18%。11个物性样品分析结果表明，孔隙度为0.45%~4.47%，平均为1.91%。

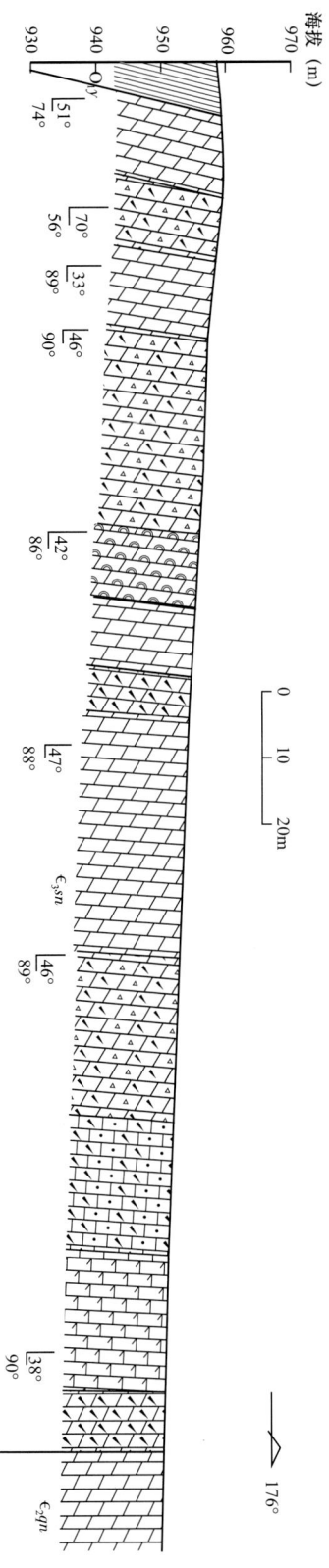

城口修齐寒武系三游洞组实测剖面图

城口修齐寒武系三游洞组综合柱状图

▸ 波痕

波痕略具对称性,脊线基本呈直线且大体平行。泥晶白云岩。城口修齐,$\epsilon_3 sn$。露头照片

▸ 层面印痕

泥晶白云岩夹泥质条带,其剥离面凹凸不平。城口修齐,$\epsilon_3 sn$。露头照片

▲ 条带构造

不均一风化形成土黄色白云岩，与灰色泥晶白云岩构成条带状构造。城口修齐，$\epsilon_3 sn$。露头照片

▲ 竹帘状构造

灰质白云岩夹薄层云质灰岩，差异风化作用形成竹帘状构造，成层性较好。城口修齐，$\epsilon_3 sn$。露头照片

▶ 充填裂缝

泥粉晶白云岩发育大量微细裂缝，方解石全充填，裂缝组系明显，具方向性，但单条裂缝延伸短。城口修齐，$\epsilon_3 sn_2$ 露头照片

▶ 小型断层

泥粉晶白云岩可见三条小型断层，但断距不明显，向上逐渐消失。城口修齐，$\epsilon_3 sn_2$ 露头照片

▲ 小型断层

薄层泥粉晶白云岩发育高角度小型断层，岩层有错断，断面被方解石充填，向上逐渐消失。城口修齐，$\epsilon_3 sn$。露头照片

▲ 断层

下部厚层状白云岩发育两条断层，呈"人"字形，嵌入黑色页岩。城口修齐，$\epsilon_3 sn$。露头照片

92

▶ 断续纹层

泥晶含粉砂泥质灰岩。坡口修齐，€₃sn。普通薄片，单偏光，显微照片

▶ 冲刷构造

下部为泥晶砂屑屑，上部为含粉砂泥晶灰岩，与围岩明显不同，约可见包卷层理。坡口修齐，€₃sn。普通薄片，单偏光，显微照片

▶ 生物钻孔（局部）

钻孔内充填上覆层陆屑和粉晶白云石，与围岩明显不同，粉晶含陆屑白云岩。坡口修齐，€₃sn。普通薄片，单偏光，显微照片

▶ 冲刷构造

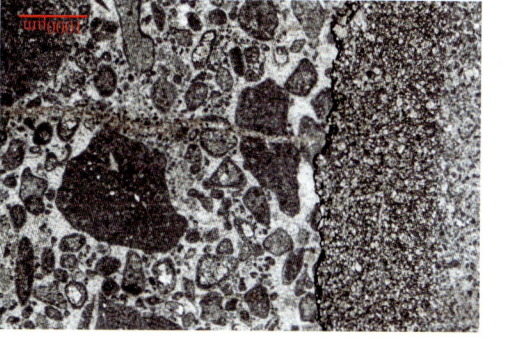

下部砂砾屑灰岩被冲蚀，其上为泥粉晶云岩，界面不规则起状，为沉积水动力骤变所致。坡口修齐，€₃sn。普通薄片，单偏光，显微照片

▶ 脱水收缩缝

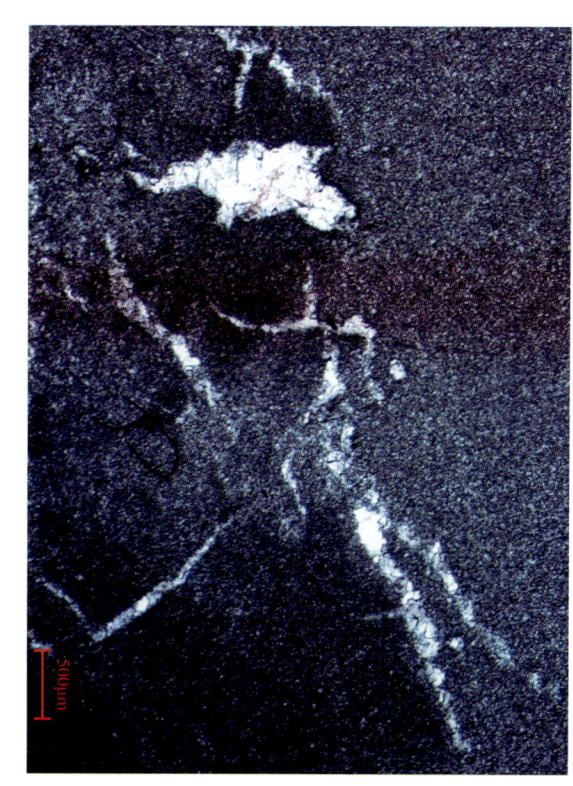

呈"人"字形、"X"形、纺锤形，方解石全充填，变化或渗透影响引起沉积物脱水形成。坡口修齐，€₃sn。普通薄片，单偏光，显微照片

▶ 生物潜穴

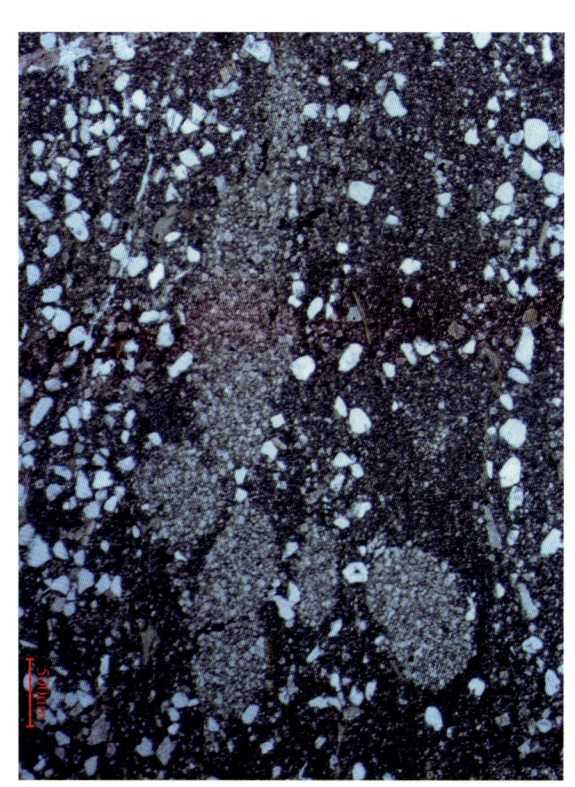

呈椭圆形、圆形，被上覆粉晶白云石充填（浅色斑状），含粉砂质云质泥岩。坡口修齐，€₃sn。普通薄片，单偏光，显微照片

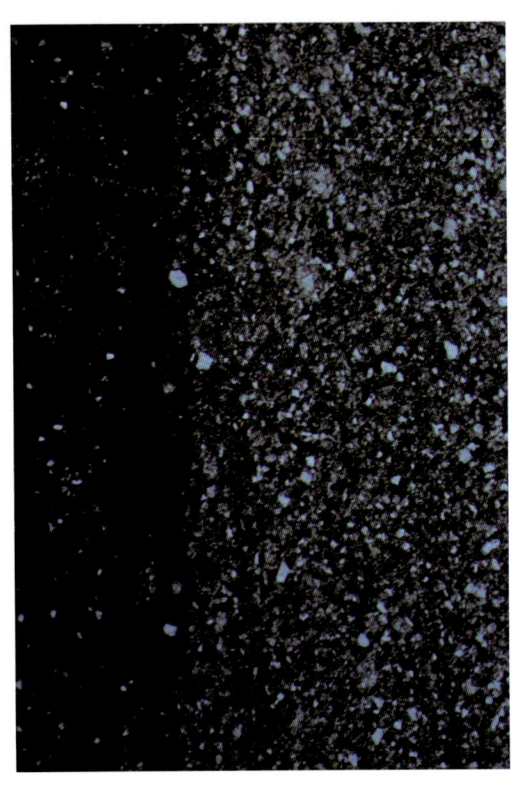

▲ 递变粒序构造

自下而上沉积物由粗砂—粉砂—泥质，砂质泥岩。坡口修齐，$\epsilon_3 sn$。普通薄片，单偏光，显微照片

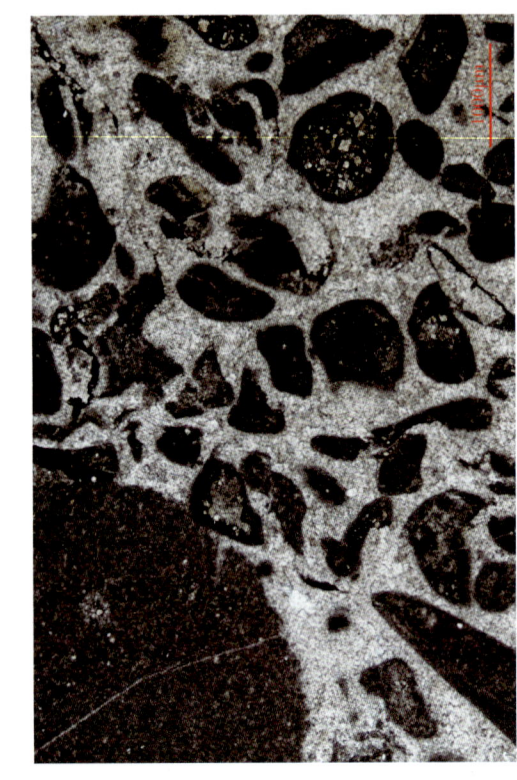

▲ 砂砾屑结构

砾粒大小不一，分选性差，磨圆度较好，粒间由刃状—等晶两个世代方解石胶结，亮晶砂砾屑灰岩。坡口修齐，$\epsilon_3 sn$。普通薄片，单偏光，显微照片

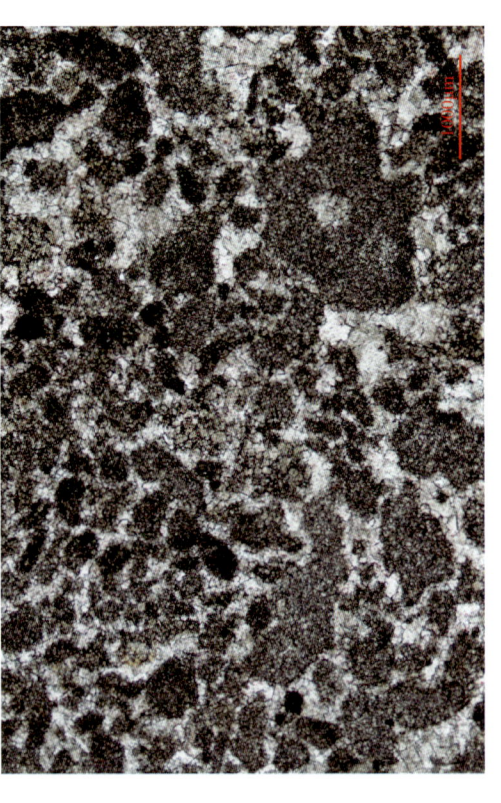

▲ 粘连组构

陆源石英利砂屑被蓝细菌粘结物粘连，粘连白云岩。$\epsilon_3 sn$。普通薄片，茜素红染色，单偏光，显微照片

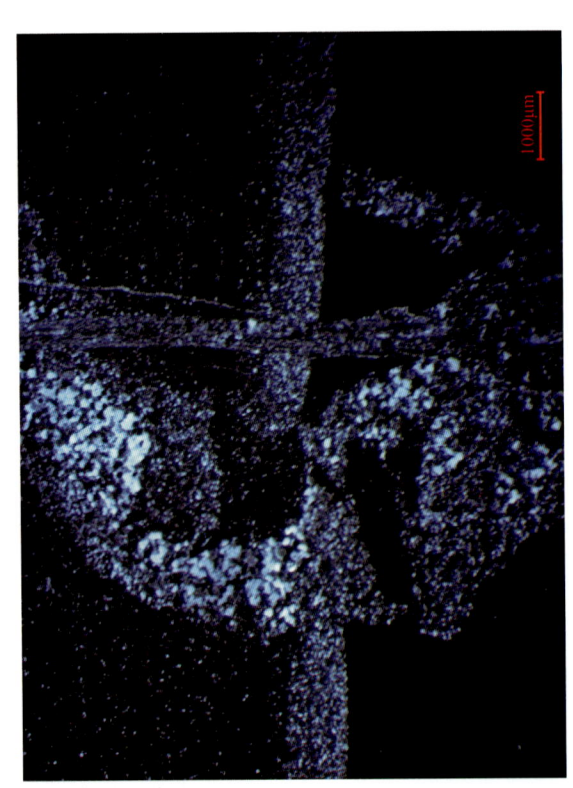

▲ 生物潜穴、钻孔

生物呈"蛇"形轨迹活动，其运动轨迹被粉砂充填，钻孔与层面垂直，潜穴与层面平行，含粉砂质泥岩，$\epsilon_3 sn$。普通薄片，单偏光，显微照片

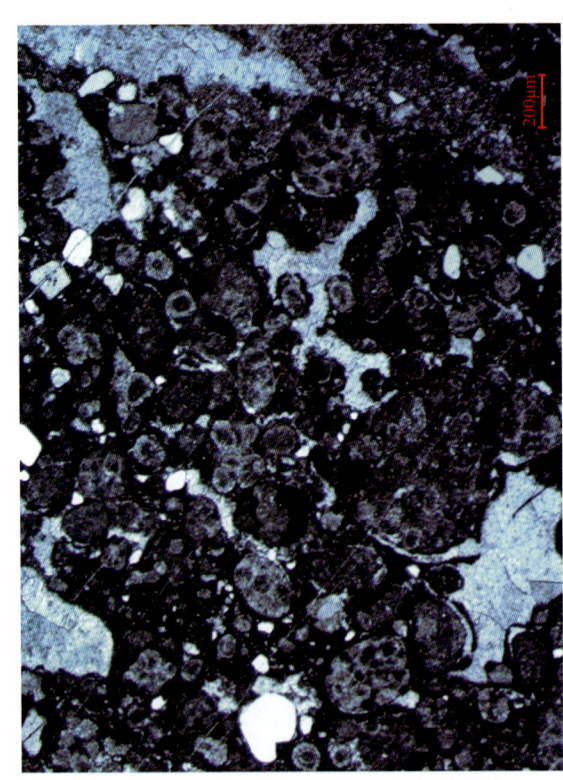

▲ 高成低沉

高能环形成的砂屑被搬运到低能环境造成砂屑被"淹没"到灰泥中，泥晶砂屑灰岩。坡口修齐，$\epsilon_3 sn$。普通薄片，单偏光，显微照片

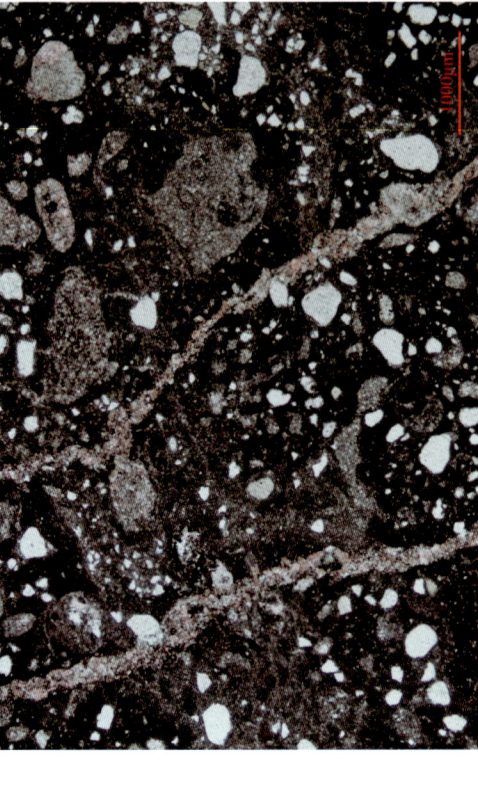

▲ 砂屑结构

粒间由马牙状一晶粒方解石两个世代胶结，亮晶砂白云岩。坡口修齐，$\epsilon_3 sn$。普通薄片，单偏光，显微照片

▶ **变形砂屑结构**

变形砂屑呈蝌蚪状，砂屑内有白云岩化作用，偶见陆源石英，亮晶砂屑灰岩。城口修齐。ϵ_3sn。普通薄片，单偏光，显微照片

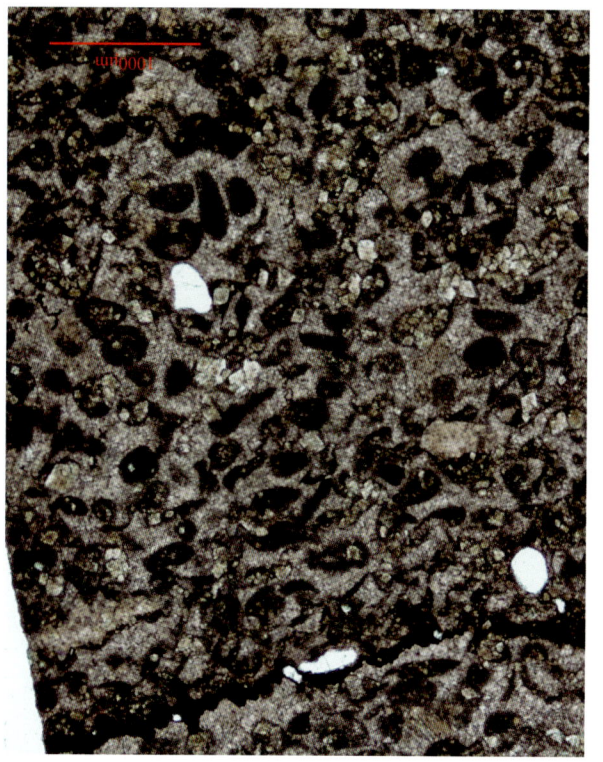

▶ **变形砂屑结构**

砂屑因压实变形拉长，呈蝌蚪状、鱼嘴状、"Z"字形等形状，部分具云化，亮晶砂屑灰岩。城口修齐，ϵ_3sn。普通薄片，单偏光，显微照片

▶ **交代结构**

白云石交代硅质，白云石自形晶，硅质晶间充填碳沥青，细晶硅质白云岩。城口修齐。ϵ_3sn。普通薄片，单偏光，显微照片

▶ **缝合线构造**

缝合线呈锯齿状，缝合柱起伏较大并切割颗粒，孔，粉晶砂屑白云岩。城口修齐，ϵ_3sn。普通薄片，单偏光，显微照片

▶ **构造角砾**

角砾大小不一，棱角状，部分角砾无位移，角砾为粉晶云岩。城口修齐，ϵ_3sn。至少有两组构造裂缝切割，角砾局部染色，茜素红局部染色，普通薄片，单偏光，显微照片

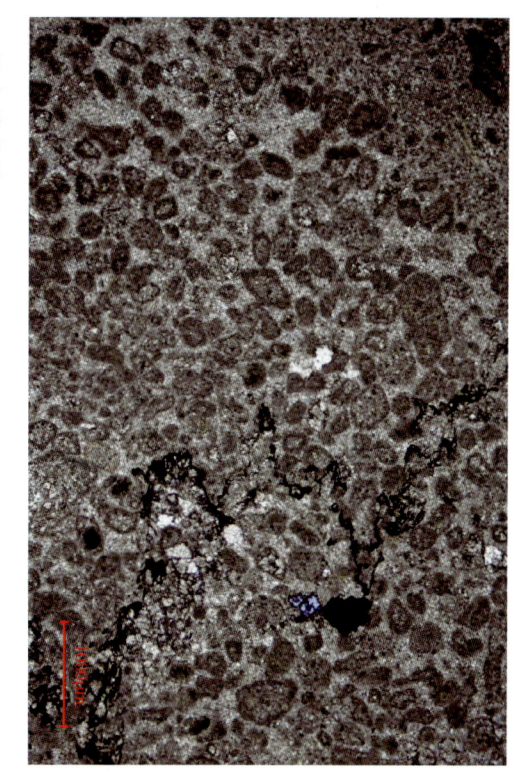

▶ **鸟眼状构造**

鸟眼状孔内充填粉晶白云石，泥晶菌藻类白云岩。城口修齐，ϵ_3sn。普通薄片，单偏光，显微照片

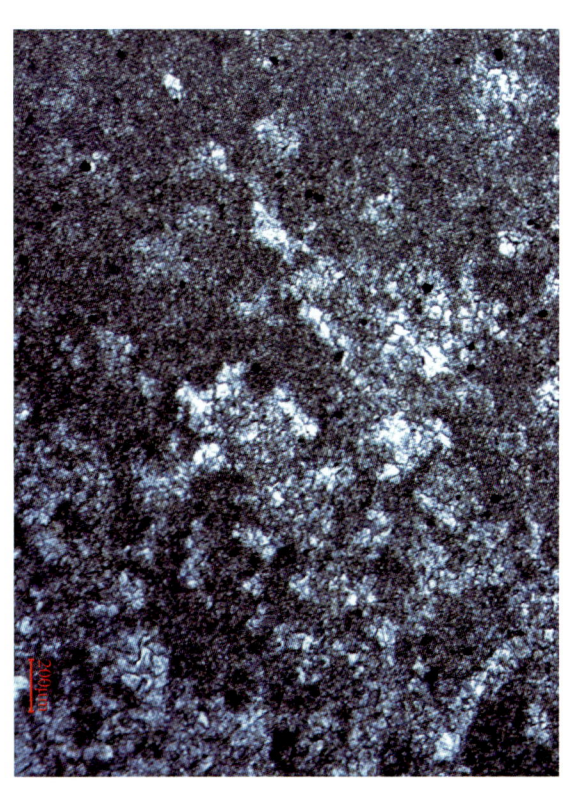

2.4.5 巫溪徐家三游洞组剖面

剖面位于重庆市巫溪县徐家镇—线天、秦岭构造带东部、椰榔梁—猫儿背复向斜北东方向。

剖面测量长度为 430.75m，地层厚度为 285.57m，其中三游洞组厚度为 255.94m。三游洞组底部灰色薄层含砂屑灰岩与下伏中寒武统覃家庙组薄层砂质粉屑灰岩与泥质粉砂岩、细粒石英砂岩互层之间呈整合接触，顶部浅灰色—灰色泥晶白云岩与上覆下奥陶统杨家坝组深灰色亮晶颗粒灰岩之间的接触界线被浮土覆盖。

三游洞组自下而上可分为三个岩性段：下部为石灰岩段，中部为碎屑岩夹碳酸盐岩岩段，上部为白云岩段。

石灰岩段厚度为114.88m。自下而上白云化程度增加，下部为灰色薄层含砂质粉屑灰岩、鲕粒灰岩，夹石英砂岩，厚度为40.69m，见少量孔隙。中上部为灰色、深灰色薄层—中层微晶灰岩，云质灰岩夹粉晶白云岩，局部含鲕粒、砂屑。局部重结晶作用较强，见豹斑状构造，纹层状构造，鸟眼构造。粉晶白云岩及云质云岩灰岩中孔洞相对发育，多数被充填，见少量残余孔。

粉晶灰质岩段厚度为 63.04m。碎屑岩呈杂色、砖红色、灰绿色、黄绿色均可见。页岩、泥岩、粉砂岩夹灰色薄层粉晶灰质白云岩（厚度为 22.48m），亮晶含生屑鲕粒灰岩（厚度为 5.25m）。以中下部一套灰色—灰绿色页岩（厚度为 1.67m）为界，其下为灰色薄层—中层微晶灰质白云岩（厚度为 7.49m），亮晶鲕粒、豆粒灰岩（厚度为 2.34m）。其上为浅灰色—灰色薄层—中层泥晶白云岩、粉晶灰质白云岩，顶部夹颗粒灰岩及角砾状白云岩，颗粒为生物碎屑、砂屑、溶孔、溶缝相对发育。

白云岩段厚度为 78.02m。晶间溶孔、铸模孔为主，晶类主要为粉晶白云岩，微晶灰质白云岩、亮晶鲕粒灰岩、微晶—粉晶灰质白云岩、鲕粒灰岩之中，顶部夹发育于白云岩岩段，岩类主要发育于粉晶白云岩中，露头见少量溶洞和裂缝。晶间溶孔主要发育于微晶—粉晶白云岩之中，为次要储集空间，孔径为 0.2~1.0mm，面孔率近 3.0%。铸模孔主要发育于微晶—粉晶白云岩之中，为次要储集空间。孔径小于 0.5mm，面孔率近 1.0%。

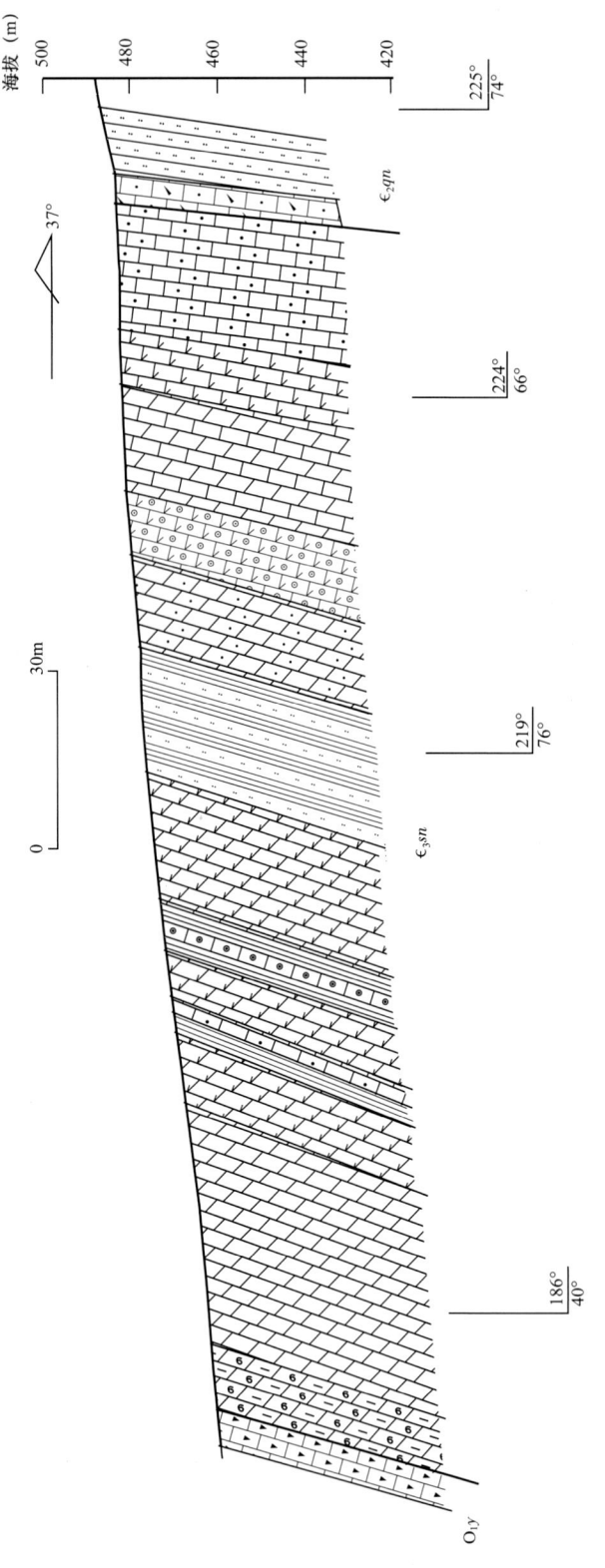

巫溪徐家寨武系三游洞组实测剖面图

地层			厚度(m)	岩性剖面	岩性描述	沉积相		
						相	亚相	沉积相
中寒武统	覃家庙组							
上寒武统	三游洞组				深灰—灰色薄层—中厚层状亮晶鲕粒白云岩,亮晶砂屑生屑灰岩,夹粉晶生屑灰岩及角砾状白云岩,生屑见三叶虫,有孔虫,溶蚀孔相对发育,被方解石半充填	潮坪	局限海台地	
					深灰—灰色薄层—中层状亮晶鲕粒灰岩,条带状构造与鸟眼状构造发育,孔、洞、缝均被方解石充填			
					灰色薄层—中层状亮晶鲕粒—豆粒灰岩,见少量生屑	滩间海		
					灰色薄层微晶粉晶灰岩,上下部为薄层粉晶白云岩,中部为薄层状泥晶灰岩及亮晶—粉晶灰岩,生屑灰岩为主,发育鲕粒较较发育,局部见浮岩未被充填	颗粒滩		碳酸盐台地
					灰—灰绿色页岩夹亮晶含生物碎屑(晚余)鲕粒灰岩不等厚互层,石灰岩中孔、缝发育,均被方解石充填			
					灰—灰绿色页岩与亮晶含生物碎屑(晚余)鲕粒灰岩不等厚互层,石灰岩中孔、缝发育,均被方解石充填			
					砖红色页岩,薄层状钙质粉砂岩			
					灰色薄层—厚层状粉晶白云岩,见少量生屑,泥质条带发育,风化面呈突起状态			
					深灰色厚层微晶粉砂质灰岩,底部发育一套砂质鲕粒灰岩,鸟眼状构造发育,风化面刀砍纹较发育	颗粒滩		
					深灰—浅灰色薄—中层状亮晶灰岩,下部含少量含砂亮晶鲕粒灰岩,中层主要为厚层亮晶白云岩,局部见浴孔未被充填,砂屑中含鲕粒,泥质条带充填	浅水混积陆棚		
					深灰色薄—厚层状亮晶灰岩与薄层泥质粉砂岩互层,风化面呈褐黄色,见褐状构造,裂缝较发育,裂缝被方解石垂直缝合线,为叠锥构造发育	颗粒滩		
					灰—深灰色薄—中层状亮晶白云岩,见裂缝被方解石全充填,局部见浮孔未被充填			
					灰色薄层泥质粉砂岩,上部泥质较多			

巫溪徐家寨武系三游洞组综合柱状图

▲ 压溶缝内面

深灰—灰色薄层—中厚层状亮晶鲕粒砂屑灰岩,颗粒具有顶结晶屑见三叶虫,$\epsilon_3$sr,普通薄片,单偏光,显微照片

▲ 压溶缝

缝内暗色物为压溶残积物,切割砾屑,下方可见长晶粒方解石垂直缝合线,为叠锥构造雏形,灰岩。巫溪徐家寨,$\epsilon_3$sr,普通薄片,单偏光,显微照片

压溶缝

呈喇叭状,底部为不溶残积物(泥质与黄铁矿),其上为方解石充填。泥晶白云岩。巫溪徐家寨,$\epsilon_3$sr,普通薄片,单偏光,显微照片

▲ 结构突变

界面之下为泥晶白云岩，之上为粉晶白云岩，界面处富集粉砂，界面略显平整。巫溪徐家，$\epsilon_3 sn$。普通薄片，单偏光，显微照片

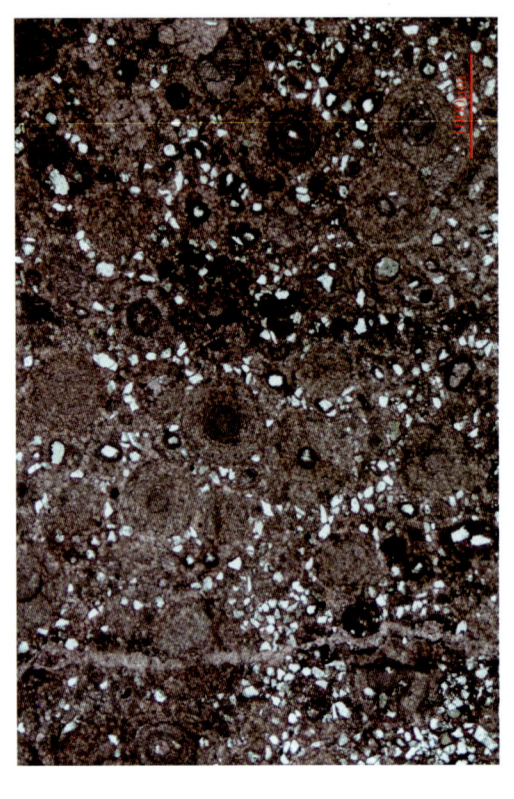

▲ 鲕粒结构

部分鲕内同心圈层被沥青浸染，粒间充填方解石和粉砂。亮晶鲕粒含粉砂质灰岩。巫溪徐家，$\epsilon_3 sn$。普通薄片，单偏光，显微照片

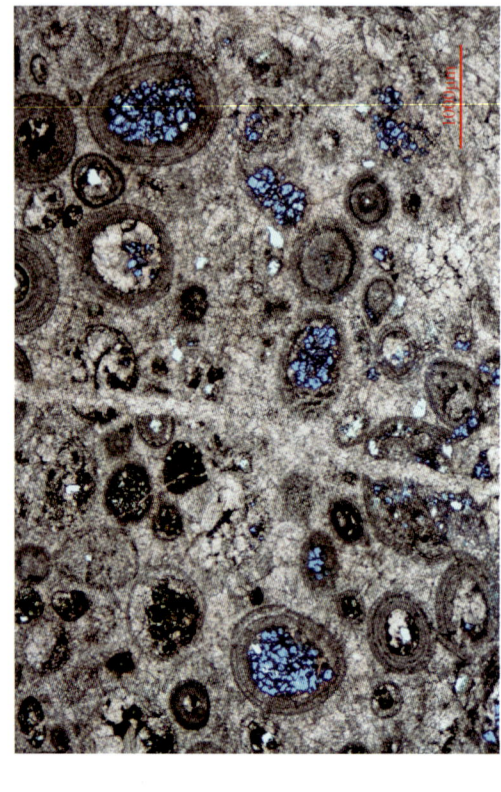

▲ 粒内溶孔

鲕粒内部分被溶蚀，形成粒内溶孔，个别鲕粒内溶孔被白云石半充填，再由沥青浸染。面孔率为2.0%。亮晶鲕粒灰岩。巫溪徐家，$\epsilon_3 sn$。铸体薄片，单偏光，显微照片

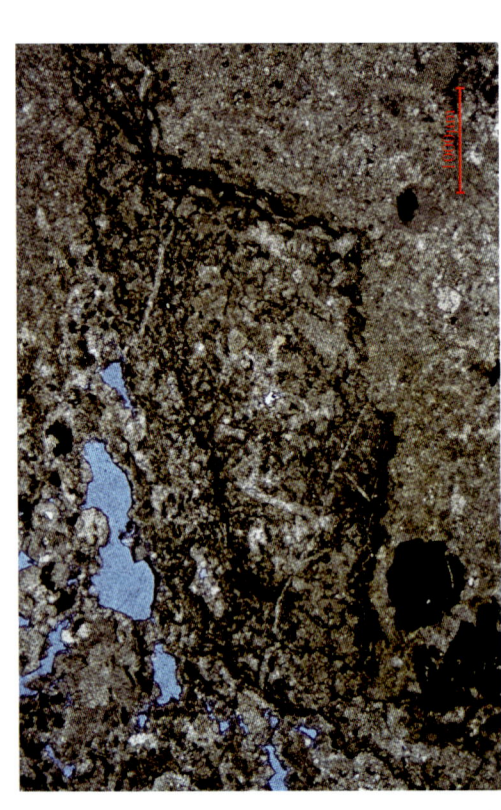

▲ 冲刷构造

冲刷作用使下伏泥晶白云岩被削蚀，形成凹坑，界面之上为砂屑白云岩。发育粒间溶孔，面孔率为2.0%。砂屑白云岩。巫溪徐家，$\epsilon_3 sn$。铸体薄片，单偏光，显微照片

▲ 多组构造裂缝

多组系裂缝相互切割。亮晶砂屑灰岩。巫溪徐家，$\epsilon_3 sn$。普通薄片，单偏光，显微照片

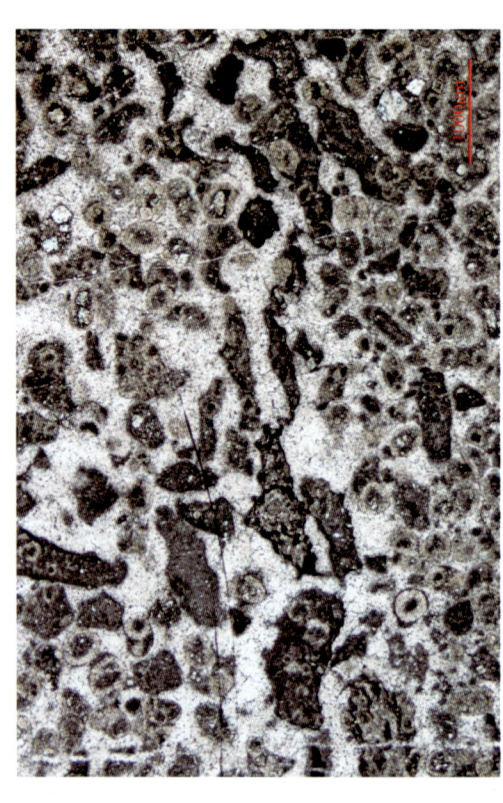

▲ 变形砂屑结构

变形砂屑略具定向性，含少量努亚菌（球形、圆环状）。亮晶砂屑灰岩。巫溪徐家，$\epsilon_3 sn$。普通薄片，单偏光，显微照片

2.4.6 秭归九畹溪三游洞组剖面

剖面应于湖北省宜昌市秭归县九畹溪，现为秭归新县城，构造位置为黄陵背斜西翼。

剖面总长度为 503.8m，总体方位为 223°，地层厚度为 296.87m，其中三游洞组厚 294.70m。三游洞组底部深灰色泥晶含角砾蠢石白云岩与下伏中寒武统覃家庙组构造灰色—中层泥晶白云岩，灰绿色—紫红色页岩组合之间整合接触。顶部见晶粒白云岩—角砾白云岩—颗粒白云岩，亦显多韵律层变化，单韵律层目下而上一般表现为晶粒白云岩—角砾白云岩或颗粒白云岩—角砾白云岩，往往一个较大的韵律层中又可划分出多个小型韵律层。

三游洞组可划分出 5 个较大的韵律层。

第 1 个韵律层（底部）（厚度为 24.87m）。该韵律层底部为厚 2.31m 的灰色中层泥晶—粉晶含泥质白云岩，向上为厚 9.57m 的灰色中厚层泥晶—粉晶白云岩，韵律层上端自下而上为粉晶白云岩夹黄灰色、灰紫色泥岩和云质泥岩，层面凹凸不平，其上为厚 10.4m 的角砾状白云岩夹细一粉晶白云岩，角砾角状，呈棱角状，分选差，产状各异，见溶洞。

第 2 个韵律层（厚度为 53.96m）。该韵律层（厚度 5.42m）为深灰色—灰灰色中层泥晶—细晶白云岩，下部夹细晶白云岩，角砾角状、次棱角状，分选差，产状各异，见溶洞。层含砂砾屑，局部见溶蚀孔洞；上端（厚度 27.31m）为浅灰色—灰色厚层角砾状白云岩与细晶白云岩过渡，上端为灰白色厚层—块状半充填为主，厚 0.7m 的灰黑色泥晶灰岩，层面起伏不平，污手，横向不稳定，与泥晶白云岩呈线状构造。

第 3 个韵律层（厚度为 32.73m）。该韵律层下端见厚 14.23m，为浅灰色—中层泥晶—细晶白云岩，下部夹细晶白云岩，局部夹灰黑色泥晶白云岩透镜体。上部见溶蚀孔洞；上端（厚度为 120.13m）下部见两层砾屑（层），层厚约为 0.05m，砂屑主要为细晶白云岩，发育针孔、溶洞、孔、洞、缝隙发育，多以半充填为主。

第 4 个韵律层（厚度为 18.47m）。该韵律层下端见厚 0.4m 长石石英砂岩，自下而上由泥晶渐变为细晶白云岩，裂缝、孔隙面孔类型为全充填，储集岩性分别为粉晶白云岩，细晶白云岩，储集空间溶孔未被充填，孔隙面孔率近 5.0%。同时，溶缝和裂缝相对发育，半充填孔洞发育。

第 5 个韵律层（顶部）（厚度为 164.67m）。该韵律层以底部见厚 0.4m 长石石英砂岩，石条带为特征。下端（厚度为 44.54m）底部为滩层长石石英砂岩，中上部变为细晶和粉晶白云岩，顶部为鲕粒白云岩，砂屑白云岩，见大量溶蚀孔洞。上端（厚度为 120.13m）下部见两层砾屑（层），层厚约为 0.05m，砂屑主要为粉细晶白云岩，孔隙被方解石和泥质充填，大多数都保留有孔隙。见裂缝、晶间溶孔、晶内溶孔，孔隙面孔率为 3.0%。被方解石和泥铁质部分充填，溶孔中保留较多晶间溶孔，少部分被多期水方解石、晶内溶孔。

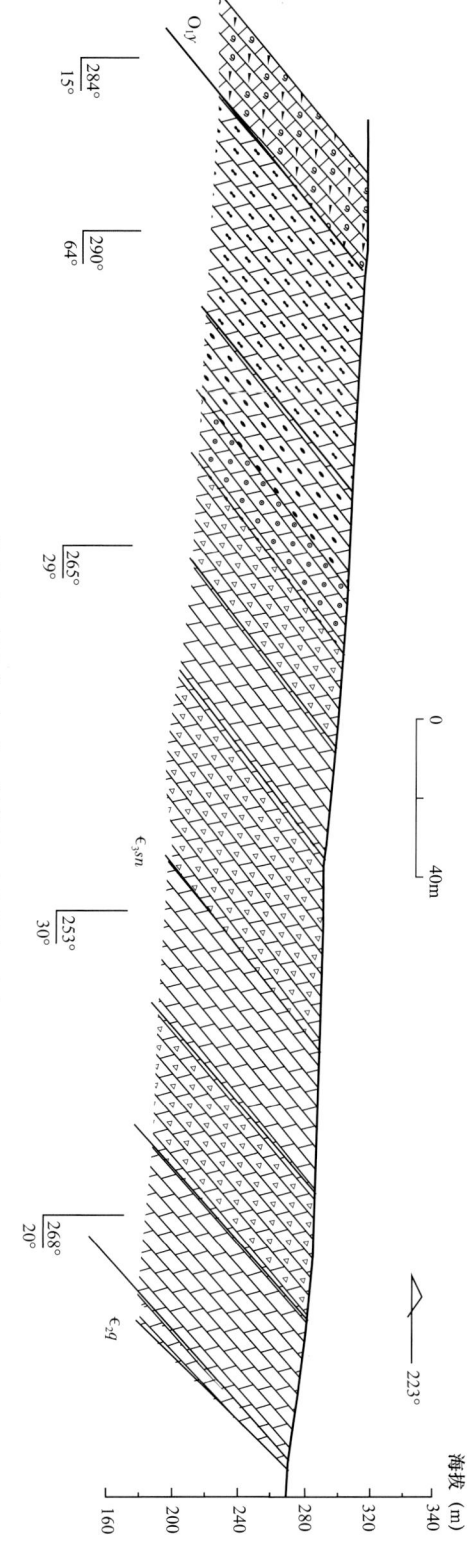

秭归九畹溪寒武系三游洞组实测剖面图

地层			厚度(m)	岩性剖面	岩性描述	沉积相		
统	组					微相	亚相	相
下奥陶统	南津关组				生屑灰岩			
上寒武统	三游洞组		50		灰色中层—厚层状粉细晶白云岩，底部发育两层燧石层，燧石层厚5cm左右。见孔、缝。洞版方解石或白云石充填。条带状构造、缝合线构造发育	云坪	局限海台地	碳酸盐岩台地
			100		灰色厚层—块状泥晶—细晶白云岩，底部发育一套长石石英砂岩，厚约40cm，顶部发育鲕粒白云岩，砾屑白云岩，溶蚀现象发育，见大型溶洞与溶缝。见缝合线构造	颗粒滩		
					浅灰色—灰色厚层—块状颗粒—细晶白云岩，颗粒为砾屑、鲕粒，少量砂屑，溶蚀孔洞发育，呈无填—半填状态。顺层展布，顶面起伏不平			
			150		浅灰色—青灰色厚层—中层状微晶粉—细晶白云岩，底部界面凹凸不平。晶粒向上变细。底部发育一套70cm的细晶白云岩，且被方解石充填，风化面见似蠕虫状构造	菌云坪		
					浅灰色—灰色厚层—深灰色中层状泥晶白云岩，自下向上由泥晶白云岩渐变为角砾状白云岩，组成两个旋回，角砾具其发育，缝发育，溶蚀孔、洞、溶洞，溶孔分解无充填，部分溶蚀见角砾。底界面起伏不平	云坪		
			200		浅灰色—青灰色厚层—中层状粉晶—细晶白云岩，层间夹有极薄层泥页岩色泥，中部发育一套约70cm灰黑色中层状角砾状白云岩，被泥晶白云岩包裹。被泥状泥晶白云岩充填，呈棱角、次棱角，分选差。顶界面见缝合线构造	菌云坪		
					浅灰色—灰色厚层—中层状粉晶白云岩夹角砾状粉晶白云岩。见溶孔及一半充填，充填方解石。下部为灰色—深灰色较大，下部和上部较小，横向上不连续，侧向变为灰色泥质纹层。顶部为灰色中层—厚层状泥粉晶白云岩，层间夹有砂泥质岩，云顶泥岩，见缝合线构造	菌云坪		
			250		底部为厚约1.8cm的含角砾叠层石泥晶白云岩，见溶孔呈一半充填，紫红色薄层状泥岩状—次改状—次改状。从几个毫米到几个厘米，角砾大小不一，夹有黄灰、灰紫色泥岩，云顶泥岩。顶部界面起伏不平	云坪		
中寒武统	覃家庙组				灰灰色—粥灰色中层状泥粉晶白云岩及含角砾泥粉晶白云岩，角砾大小不一，紫红色薄层页岩及水平纹层，黄灰、灰色泥状粉晶白云岩，层间夹云质泥岩。泥岩			

秭归九畹溪寒武系三游洞组综合柱状图

▶ 地质界线

中寒武统草家庙组褐灰色中层状泥晶白云岩、灰绿色页岩（下）与上寒武统三游洞组厚层状含砂质白云岩（中上）分界。称归л腕溪。露头照片

▶ 地质界线

上寒武统三游洞组中厚层白云岩（下）与下奥陶统南津关组灰绿色泥岩（上）和中厚层生屑灰岩分界。称归л腕溪。露头照片

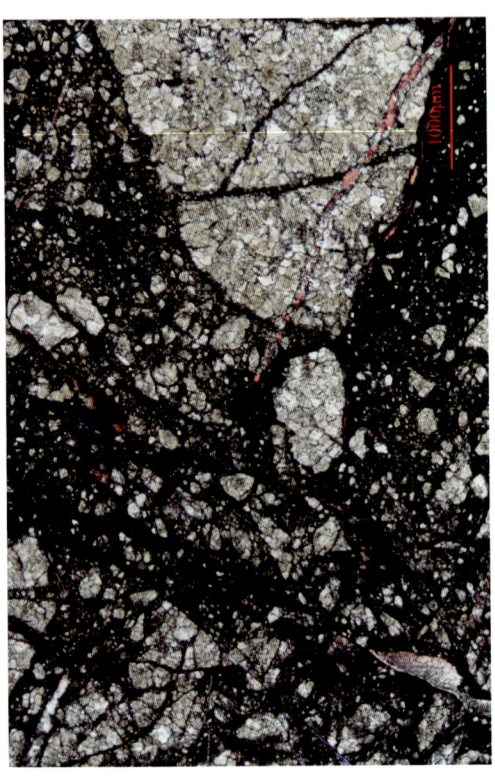

▲ 碎裂垮塌角砾

岩层遭强烈破碎、垮塌，形成悬殊极大的角砾，部分角砾内呈网状碎裂而未离析，为构造动力改造结果。角砾为晶粒白云岩。柘归九腕溪。茜素红染色，单偏光，铸体薄片，显微照片，$\epsilon_3 sn$。

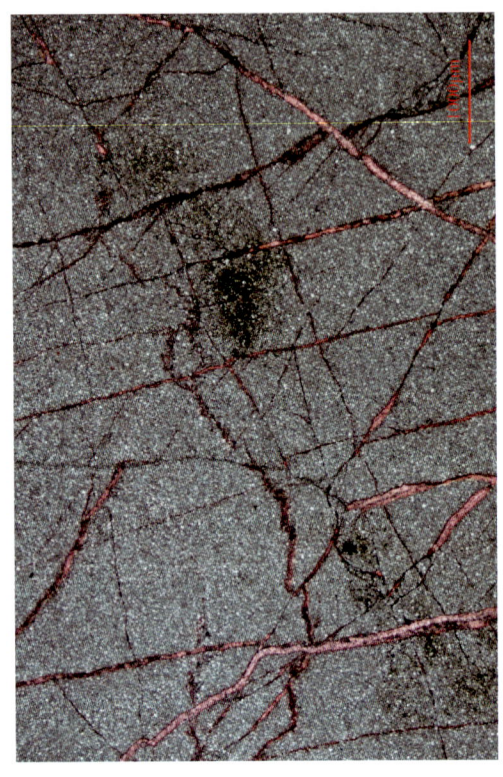

▲ 网状裂缝

三组裂缝相互切割，形成网状。泥晶白云岩。柘归九腕溪，$\epsilon_3 sn$。普通薄片，茜素红染色，单偏光，显微照片

▲ 粒间溶扩孔

粒间溶扩孔局部呈炭渣状，连通性较好，孔内破自形晶白云石半充填，面孔率为3.0%。残余颗粒云岩。柘归九腕溪，$\epsilon_3 sn$。铸体薄片，单偏光，显微照片

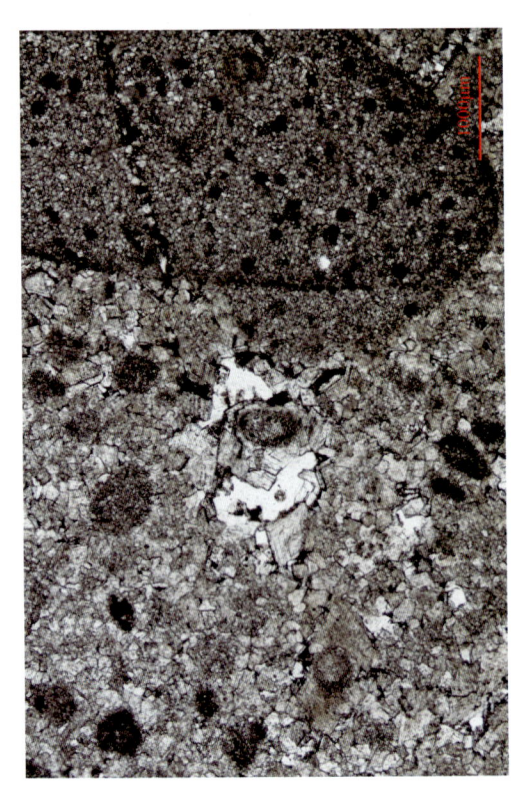

▲ 颗粒结构

颗粒大小差异大，部分砂砾屑呈幻影，见粒间溶孔（中部白色）残余砂屑砾屑白云岩。柘归九腕溪，$\epsilon_3 sn$。普通薄片，单偏光，显微照片

▲ 构造角砾

网状裂缝相互切割，形成角砾状，假角砾间无位移，裂缝被方解石充填。泥晶白云岩。柘归九腕溪，$\epsilon_3 sn$。普通薄片，茜素红染色，单偏光，显微照片

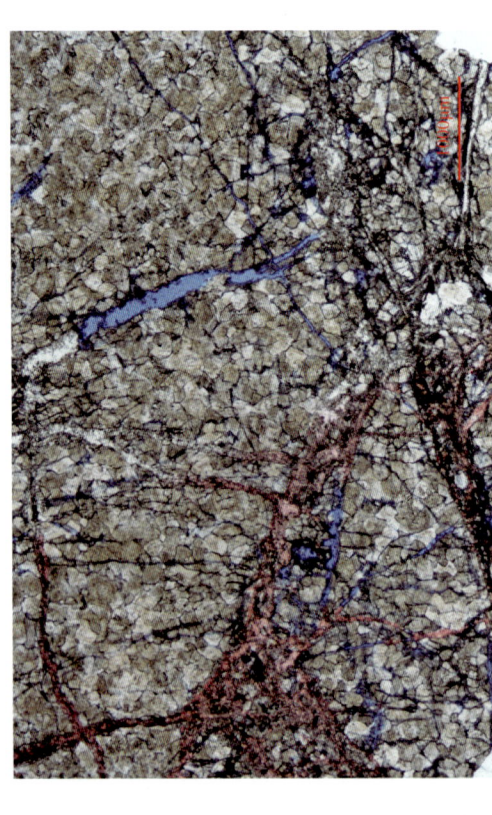

▲ 构造溶蚀缝、晶间孔

不同期次构造缝、溶蚀缝极为发育，呈网状，部分裂缝被方解石充填（左），见大量晶间孔和少量晶间溶孔（右上），面孔率为3.0%。粉晶—细晶云岩。柘归九腕溪，$\epsilon_3 sn$。铸体薄片，茜素红染色，单偏光，显微照片

3 泥盆系—石炭系

3.1 地层概况

3.1.1 泥盆系观雾山组

泥盆系分三统十组，下统平驿铺组（D_1p）、甘溪组（D_1g）、中统养马坝组（D_2y）、金宝石组（D_2j）、观雾山组（D_2g），上统土桥子组（D_3t）、小岭坡组（D_3x）、沙窝子组（D_3s）、茅坝组（D_3m）、长滩子组（D_3c）。

川西地区石炭系分布在龙门山及其以西地区（辜学达等，1996；马永生等，2009），与下志留系及上覆泥盆系或平行不整合接触。

观雾山组由朱森于1942年命名，命名剖面位于四川省江油市西北部观雾山，原指 *Stringocephalus*（鸮头贝）层。万正权（1983）重新厘定其含义为金宝石组之上，土桥子组之下的一套泥晶生屑灰岩层、碳酸盐岩段组成，局部地区在中—上部发育生屑滩，砾屑和壬建坡，厚度0~670m，以唐王寨地区厚度最大，地层尖灭线应于龙门山构造带东侧，并大体与构造平行，呈北东向，向西厚度逐渐增大。观雾山组为开阔海沉积，以碳酸盐岩为主，状为碎屑岩，自下而上由碎屑岩段、

观雾山组与下伏金宝石组和上覆土桥子组均为整合或平行不整合接触。

3.1.2 石炭系

四川盆地石炭系分布于川西龙门山及其以西地区和川东地区（王向东等，2019）。

川西地区石炭系自下而上分总长沟组（C_1z）、黄龙组（C_2hl）、马平组（C_2m）。

总长沟组由朱森和吴景祯等1942年在四川江油马角坝西南约7km处总长沟剖面命名。本图集所指总长沟组为剑阁双鱼石东—绵阳—都江堰龙溪一线。

川西地区黄龙组由李四光、朱森于1930年在江苏镇江马庙西南3km的船山命名，时称黄龙石灰岩，1970年江苏区测队黄龙组，产蜓、珊瑚、腕足类，厚度为80m。

川西地区马平组与下伏总长沟组平行不整合接触，与上覆中二叠统马平组平行不整合接触。

马平组，产蜓、珊瑚及有孔虫，岩性为块状灰岩，下部夹云质灰岩。

川东地区马平组与下伏黄龙组—块状灰岩，具层结构，夹泥质灰岩、钙质页岩，厚度为0~160m。

川东地区黄龙组由丁文江1928年在广西柳州城之白子溢命名，与上覆中二叠统马平组平行不整合接触，下伏石炭统和州组。

川东大部分地区黄龙组仅存黄龙组，川东东部零星分布下石炭统和州组。

和州组由朱森1931年在安徽和县香泉镇之赤儿山命名，1970年江苏区测队称和州组，下部为去白云化灰岩，纵向上可三分：下部为浅灰色生屑灰岩；中部为灰白色白云岩、白云质灰岩、角砾状灰岩，局部为生屑灰岩；上部为浅灰色泥质灰岩、角砾状白云岩、白云岩、角砾状白云岩和石英岩互层。厚度为0~76m。

黄龙组底与志留系、顶与黄龙组均为平行不整合接触。

下石炭统总长沟组为整合或平行不整合接触，与上覆黄龙组平行不整合接触。

103

3.2 油气勘探概况

1977年川东相国寺构造相18井发现了上石炭统黄龙组白云岩，测试产气76.4×10⁴m³/d，此后，开展了以石炭系为目的层系的规模勘探（胡光灿，1997）。先后发现福成寨、张家场、卧龙河、板桥、相东、雷音铺、亭子铺、双龙、大池干、邻北等气藏，成为川东地区天然气主力产层。至2018年底累计探明天然气储量为2511×10⁸m³，累计产出天然气1300×10⁸m³，目前处于深化勘探开发阶段。

川东石炭系黄龙组为局限海湾沉积产物，岩性主要为石灰岩（次生灰岩）、（颗粒）白云岩，膏质白云岩或云质石膏岩，少量碎屑岩。储层主要分布在黄龙组二段，主要岩石类型为颗粒白云岩、细晶—粉晶云岩和角砾白云岩等，储集类型为裂缝—孔隙型。孔隙度为2.0%~12.0%，总体属低孔低渗储层，但裂缝发育对储层渗透性改善有重要贡献，典型代表的五百梯石炭系气藏平均渗透率可达15.47mD，从而形成了一批无阻流量在100×10⁴m³以上的高产气井。

川西地区石炭系盆地未来潜在勘探领域之一。

川西盆地泥盆系观雾山组2016年在双鱼石构造双鱼3井中首获天然气，测试产气11.6×10⁴m³/d，揭开了盆地泥盆系勘探序幕，值得重视。其储层岩性为灰色细晶—中晶生屑白云岩，储层孔隙以溶蚀孔、洞和裂缝为主。孔隙度为0.79%~6.84%，平均为2.06%；渗透率为0.033~8.67mD，平均为0.75mD。有效储层累计厚度为4.1~18.9m，主要分布在观雾山组中上部。

3.3 地质剖面

3.3.1 北川桂溪中泥盆统观雾山组剖面

剖面位于四川省绵阳江油市北川县九皇山猿王洞景区旁，与药王谷景区相邻，205省道旁平通河畔，构造部位为仰天窝向斜东翼（沙窝子），与观雾山组命名剖面位于同一局部构造。距江油市25km。

观雾山组下段主要为石英砂岩与泥岩，粉砂岩互层，向上逐渐过渡为碳酸盐岩，中部和上部以发育生屑灰岩、礁灰岩、礁白云岩、泥灰岩为特征，生物礁骨架生物以层孔虫为主。

剖面测量长度1140m，观雾山组506.75m。

观雾山组碎屑岩段在平通河右岸半山腰出露较好，而中上段在平通河左岸205省道旁及山前（景区一侧），出露较好，因此该剖面分为上（碳酸盐岩段）、下（碎屑岩段及混积岩段）两段分别进行测量。

桂溪剖面观雾山组底不与回春河底部透镜状的回春相石英砂岩下切金宝石组顶部砂质泥岩，金宝石组顶部砂质泥岩（D_2j）上段暴露相陆棚相砂质泥岩整合接触。在距离观测点约500m的九皇山景区盘山公路拐弯处，金宝石组顶部砂质泥岩中发育大量滤豆、观雾山组底部石英砂岩中发育大量槽状交错层理、板状交错层理、楔状交错层理、平行层理及针管迹等沉积构造。观雾山组与上桥子组（D_3l）薄层白云岩合整合接触。

剖面自下而上可将观雾山组分成五个岩性段：碎屑岩段、混积岩段、下白云岩段、石灰岩段、上白云岩段。

3.3.1.1 碎屑岩段

该段厚度为19.45m，主要为灰白色中层—厚层细粒—中粒石英砂岩夹薄层—中层粉砂泥岩或碳质泥岩，与下伏金宝石组上段的碳质泥岩呈平行不整合接触。大部分细粒—中粒石英砂岩呈透镜状，发育槽状交错层理、见含砾状铁质砂岩，为暴露陆棚上的回春河河流沉积，粉—细粒石英砂岩多呈板状液化变形构造，为无障壁海岸的近滨及前滨沉积。在部分粉砂岩薄片下可见明显的液化沉积结构，说明其沉积环境具有一定坡度。

砂岩，厚度为0~12m。

黄龙组在华蓥山构造带和盆地东部边缘有出露，和州组仅在盆地东部边缘零星出露。

104

3.3.1.2 混积岩段

该段厚度为72.75m，主要为灰色薄层—中层细粒石英粉砂岩、石英粉砂岩，泥质粉砂岩、深灰色泥质粉砂岩互层。其中，细粒石英砂岩或含生物碎屑石英砂岩中常发育平行层理及冲洗交错层理，泥质粉砂岩中见含钙质沉积，暗色泥灰岩中水平层理较为发育，为滩间或含陆棚低能环境的产物。

底部（厚度为19.56m）灰黑色泥岩、泥质粉砂岩夹深灰色中层状生物碎屑灰岩，见滩状赤铁矿钙质粉砂岩中水平层理及厚0.1m的生物碎屑灰岩。

下部（厚度为18.41m）灰黑色泥岩及泥质粉砂岩，深灰色中层—厚层状细粒石英砂岩与同色中层状生物碎屑灰岩不等厚互层。其中生物碎屑灰岩共5层，累计厚度4.77m，普遍含介形、苔藓虫等宏体化石，生物碎屑含量为23%~50%，主要发育水平层理，有孔虫、腕足、苔藓虫，局部见单体珊瑚。

中部（厚度为17.54m）灰色—深灰色中层—厚层粉砂岩与深灰色—灰黑色中层状泥质粉砂岩不等厚互层，含灰质、粉砂岩中见发育水平层理、冲刷交错层理、波痕及生物遗迹。

上部（厚度为17.21m）灰色中层—厚层状细粒石英砂岩夹深灰色中层状泥质粉砂岩、砂岩中发育楔状交错层理、丘状交错层理、水平层理及冲刷交错层理，局部见炭化植物碎片。

3.3.1.3 下白云岩段

该段厚度为136.5m，主要为灰色厚层—块状微晶—细晶白云岩及薄层泥晶白云岩及微晶白云岩及粉晶白云岩，局部夹中层—厚层礁灰岩，层孔虫礁白云岩中次生溶孔及溶洞极为发育，部分被次生方解石及石英充填，骨架生物以层孔虫、苔藓虫为主，次为珊瑚，局部夹硅质条带。

下部（厚度为41.9m）为灰色厚层—块状礁灰岩，骨架生物以层孔虫、苔藓虫为主，次为珊瑚，水生溶蚀孔洞发育。距测点50m相同层位见含苔藓角砾岩，角砾不规则，砾径最大可达3cm，集聚珊瑚，其上为厚4.08m的灰色—厚层粉质含生物碎屑泥灰岩，生物碎屑占18%左右，见介壳、海百合茎、针孔，其上为厚4.08m的灰色—厚层粉质含生物碎屑泥灰岩，生物碎屑占18%左右，见介壳、海百合茎、腕足等。

中部（厚度为58.88m）灰色厚层—块状微晶—细晶新变为粉晶，晶粒自下面上由细晶新变为粉晶，其中白云岩厚18.8m，石灰岩厚8.52m，生物礁及生物碎屑泥灰岩含量约为15%~45%，见刺毛珊瑚、层孔虫、双壳类、腕足类。

上部（厚度为27.32m）灰色厚层—块状礁灰岩夹深灰色中层—厚层礁灰岩及泥灰岩，部分为安静环境下的产物。

有孔虫等。白云岩中孔洞较发育，方解石充填网状裂缝和半充填溶蚀孔隙。石灰岩中裂缝发育。

3.3.1.4 石灰岩段

该段厚度为141.5m，主要为灰色中层—厚层泥晶灰岩及薄层泥灰岩。

泥灰岩颜色多呈深灰色，泥灰岩中常含少量粉砂质，水平层理极为发育，为安静环境下的产物。

下部（厚度为62.12m）灰色，局部深灰色中层—厚层状泥灰岩夹同色泥灰岩，粉砂质灰岩含量为17%。灰—深灰色中层泥灰岩含苔藓虫、有孔虫、腕足、海百合茎、介形虫碎片，此外，偶见少量腕足化石，顶部夹少量泥晶生物碎屑灰岩。

中部（厚度为4.49m）为灰色厚层—块状礁灰岩夹生物碎屑灰岩，次为层孔虫，局部具白云岩化作用。孔隙和裂缝均较发育。

3.3.1.5 上白云岩段

该段厚度为135.8m，主要为中层、厚层、块状粉砂岩、块状细晶白云岩夹颗粒白云岩，局部夹少量泥晶生物碎屑见腕足类、双壳类、海百合茎、有孔虫、苔藓虫、原地生物见层孔虫、珊瑚。

岩。粉晶—细晶白云岩中发育大量裂缝，部分裂缝被方解石不同程度地充填。次生溶孔在白云岩中亦较发育，但大多被方解石充填较为严重，仅残余少量晶间孔，溶孔中充填的方解石多为干净、粗大的菱面体晶体，自边缘向中心晶体逐渐增大，为后期大气淡水充填的产物。可划分出四个细晶白云岩→颗粒白云岩韵律层。

底部韵律层厚 22.72m，韵律层下端为灰色薄层—厚层细晶白云岩，厚 17.17m，见少量生物碎屑；上端为厚 5.55m 的灰色块状含残余砂屑白云岩，砂屑粒径为 0.25mm 左右，含量约为 19%，次生溶孔发育。

第 2 个韵律层厚 37.84m，韵律层下端为厚 26.34m 的灰色中层—厚层细晶白云岩，发育溶孔及裂缝；上端为厚 11.5m 的灰色砂屑砾屑白云岩，下部砾屑含量为 20%，最大砾径约为 13mm，见方解石部分充填，孔隙欠发育，上部砂屑含量为 12%，为残余砂屑，孔隙较发育。

第 3 个韵律层厚 48.72m，韵律层下端为灰色厚层—块状细晶白云岩，生屑白云岩，局部侧变为薄层礁灰岩，发育岩溶角砾岩；上端为厚 20.16m 的灰色中层—厚层粉晶—细晶白云岩夹残余砂屑白云岩，厚 15.64m；上顶部韵律层厚 34.78m，韵律层下端为灰色薄层—厚层粉晶—细晶的亮晶生物碎屑灰岩与上杵子组整合接触，生物碎屑含量约为 58%，见珊瑚、腕足类、有孔虫、腹足类、介壳及海百合茎等。

观雾山组经历了回春河流→无障壁海岸→混积陆棚→混积碳酸盐台地缓坡→碳酸盐台地缓坡→碳酸盐台地边缘的沉积建造特征，即自下而上由碎屑岩→混合沉积→碳酸盐岩的演化过程。

碎屑岩段大部分为石英砂岩、粉砂岩较为致密，局部夹少量泥晶—粉晶白云岩，少量次生溶孔发育，仅有少量次生溶孔发育，少量粉砂岩中发育鲕状赤铁矿，铸模孔极为发育，其碳酸盐性颗粒遭受次生溶蚀而成。推测原始岩性为含大量碳酸盐颗粒的粉砂岩。

混积岩段为混积陆棚浅水陆棚亚相，发育陆棚泥、生屑滩、砂质浅滩、滩间、点礁、陆棚砂等微相，该段岩性较致密，基本无储集岩类。

下白云岩段主要发育白云岩储层，露头可见大量次生溶孔、溶洞、孔洞充填物较少。

石灰岩段主要为泥微晶灰岩及泥灰岩，局部夹少量泥晶—粉晶白云岩，主要为碳酸盐岩缓坡的浅水缓坡、深水缓坡及盆地亚相，滩间及生屑滩等微相，该段储层基本不发育。

上白云岩段主要为一套碳酸盐台地的开阔台地和台地边缘相，发育生物礁、生屑滩及礁后潟湖等微相，主要发育白云岩储层，孔洞缝均较发育。

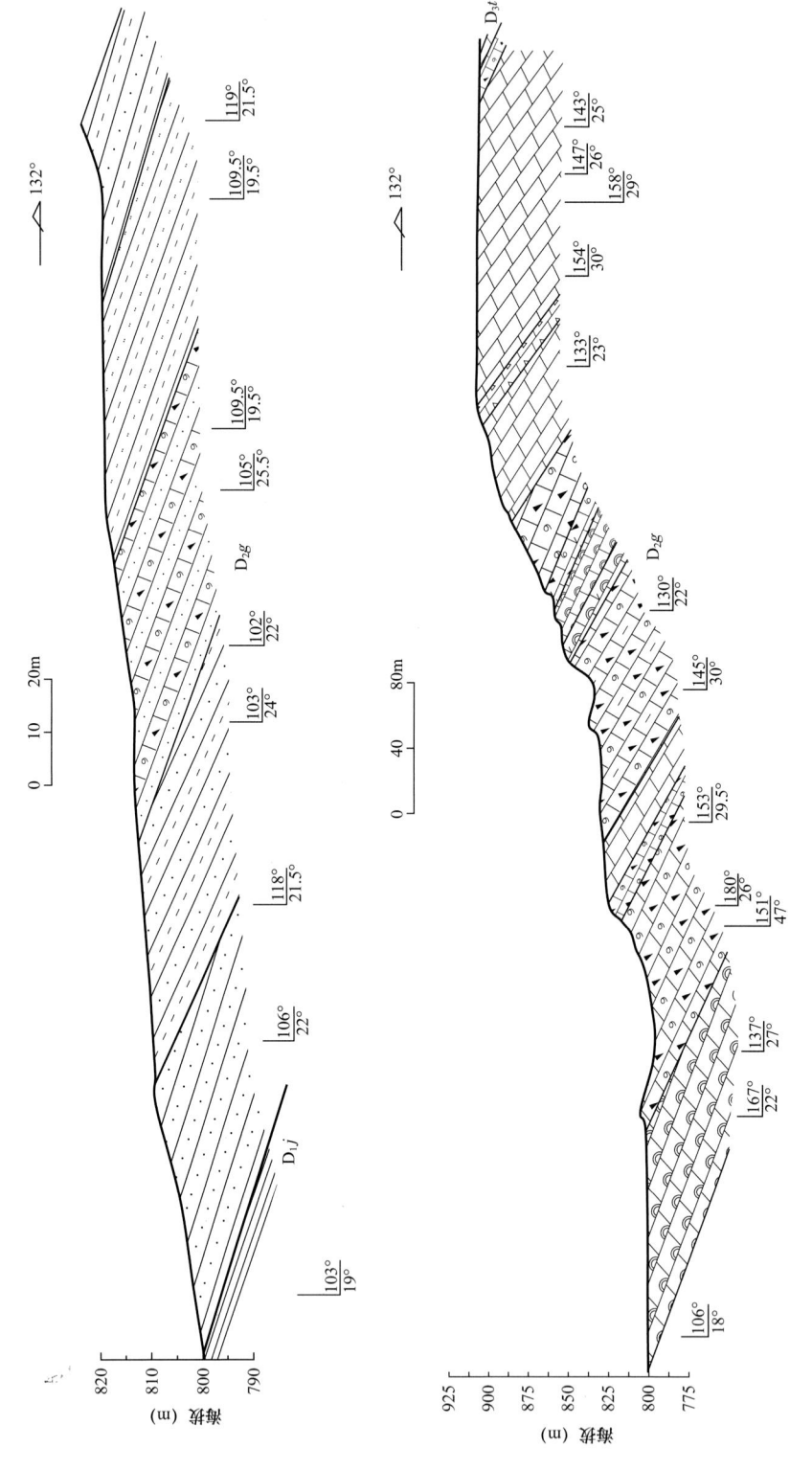

北川桂溪泥盆系观雾山组实测剖面图（上：碎屑岩段，下：碳酸盐岩段）

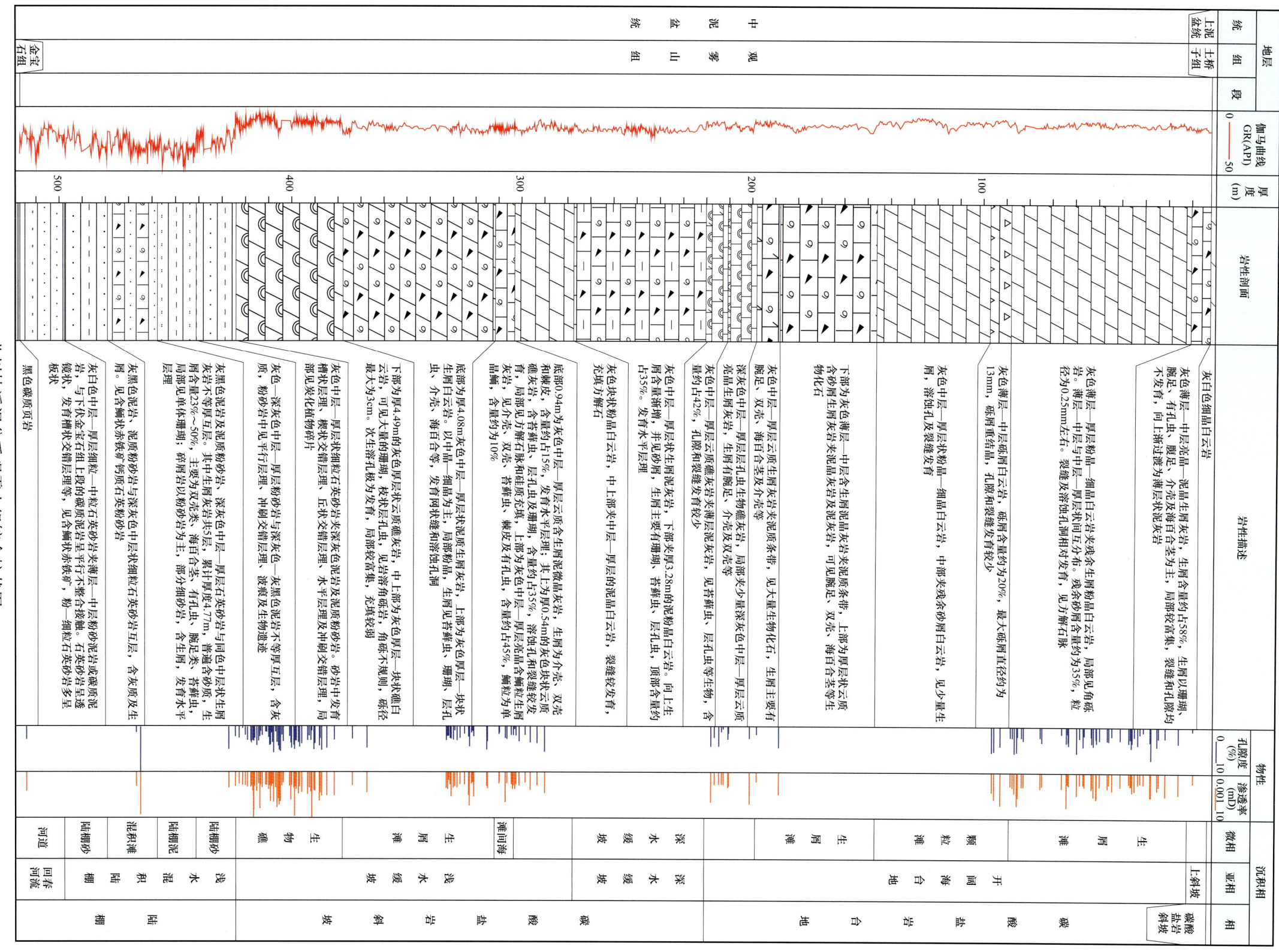

北川桂溪泥盆系观雾山组综合柱状图

▲ 地质界线

金宝石组（D_2j）粉砂质泥岩（下）与观雾山组（D_2g）相透镜状砂岩（上）界线。北川桂溪。露头照片

▲ 地质界线

观雾山组（D_2g）白云岩（左）与土桥子组（D_3t）泥灰岩（右）界线。北川桂溪。露头照片

▲ 层状构造

浅黄灰色薄层—中层石英砂岩夹深灰色碳质泥岩，碳质泥岩单层厚度不超过5cm，回春河流河道及泛滥平原。北川桂溪，D_2g。露头照片

▶ 透镜状构造

观雾山组底部回春河流形成的透镜状河道砂。北川桂溪，D_2g。露头照片

▶ 层状构造

混积陆棚环境形成深灰色生屑灰岩与薄层泥岩互层。北川桂溪，D_2g。露头照片

▲ 枝状层孔虫
厚层—块状礁白云岩。北川桂溪，D_2g。露头照片

▲ 溶蚀孔洞
礁白云岩中的溶孔、溶洞。北川桂溪，D_2g。露头照片

▲ 层孔虫
礁白云岩。北川桂溪，D_2g。露头照片

▲ 层孔虫
礁白云岩。北川桂溪，D_2g。露头照片

▲ 水平纹层

粉砂纹层与泥质纹层频繁交互，形成竹帘状纹层构造，含粉砂泥岩。北川桂溪，D_2g。普通薄片，单偏光，显微照片

▲ 鲕状赤铁矿

鲕状赤铁矿细粒石英砂岩。北川桂溪，D_2g。普通薄片，单偏光，显微照片

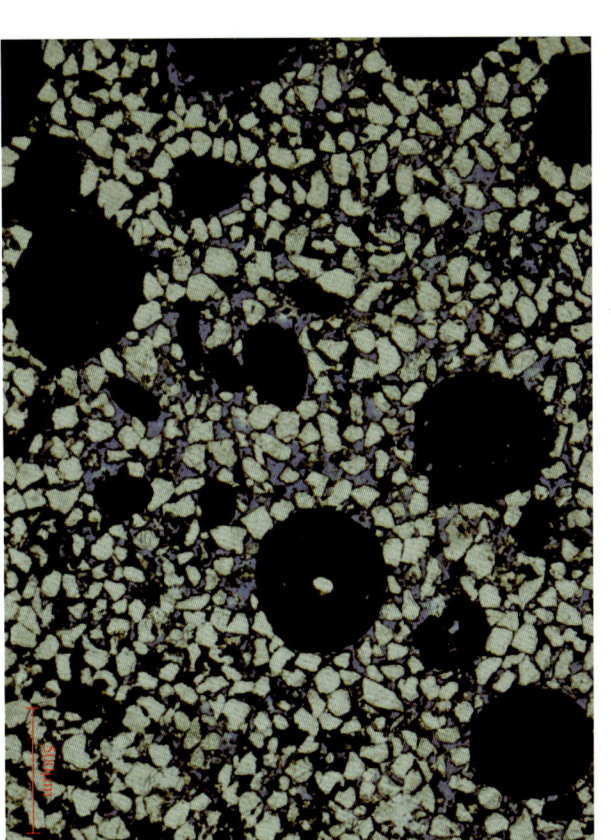

▲ 鲕状赤铁矿

鲕状赤铁矿细粒石英砂岩。北川桂溪，D_2g。普通薄片，单偏光，显微照片

▲ 鲕状赤铁矿

粒间疑为灰质胶结，溶蚀强烈，粒间溶孔发育，面孔率为10%，鲕状赤铁矿细粒石英砂岩。北川桂溪，D_2g。铸体薄片，单偏光，显微照片

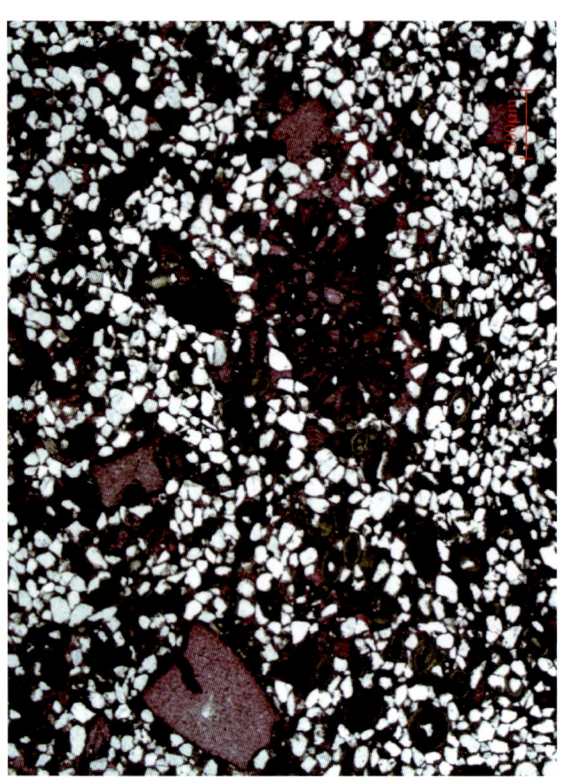

▲ 鲕状赤铁矿

鲕状赤铁矿细粒石英砂岩，部分具绿泥石化。北川桂溪，D_2g。普通薄片，单偏光，显微照片

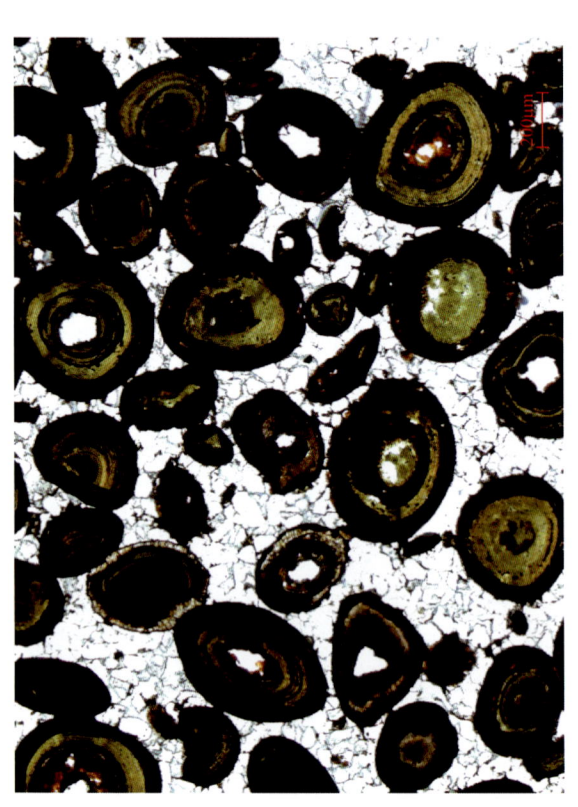

▲ 鲕绿泥石

鲕绿泥石个体较小，圈层明显，还见苔藓虫、棘皮类等生屑和赤铁矿，含鲕绿泥石细粒石英砂岩，北川桂溪，D_2g。普通薄片，茜素红染色，单偏光，显微照片

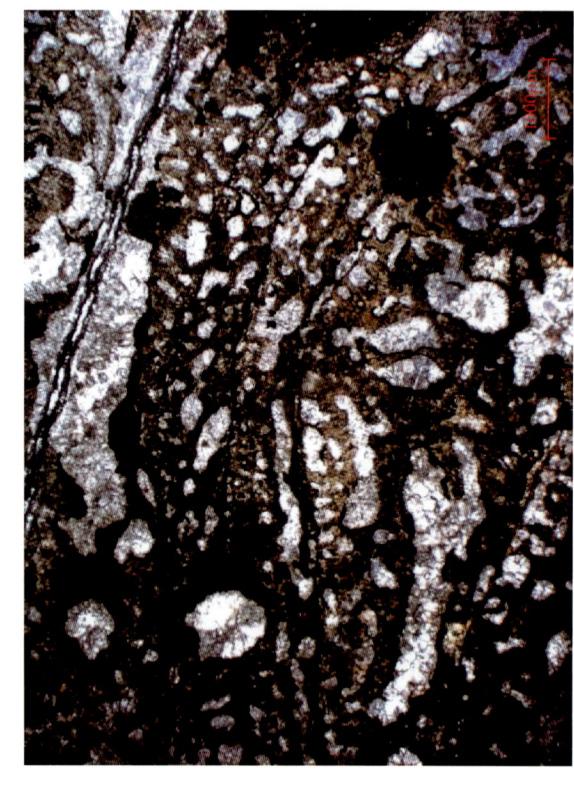

▲ 多种生物

岩石中见单体珊瑚（右）、海百合茎、介形虫（左上）、苔藓虫（左中下）和腹足类（直中）等，含砂生屑灰岩。北川桂溪，D_2g。普通薄片，单偏光，显微照片

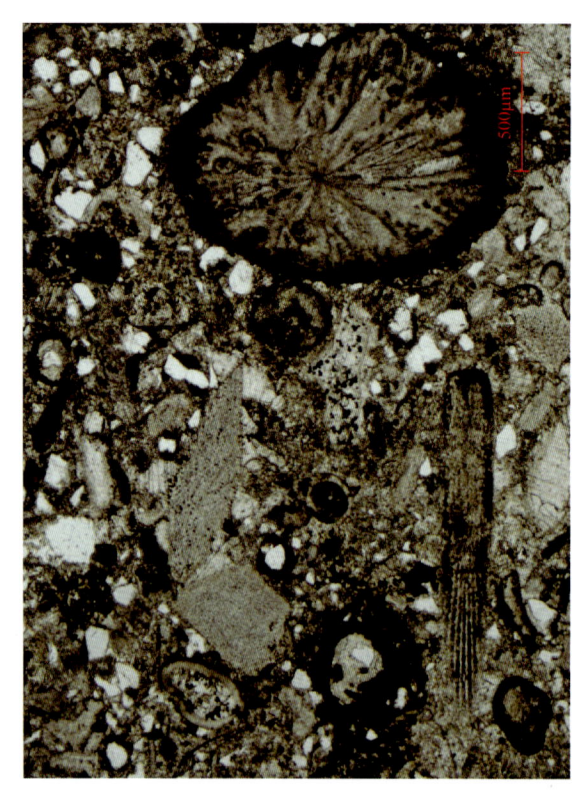

▲ 层孔虫

原地生长的层孔虫群体，构成了生物骨架组构，层孔虫骨架礁灰岩。北川桂溪，D_2g。普通薄片，单偏光，显微照片

▲ 珊瑚

珊瑚骨架礁灰岩。北川桂溪，D_2g。普通薄片，茜素红染色，单偏光，显微照片

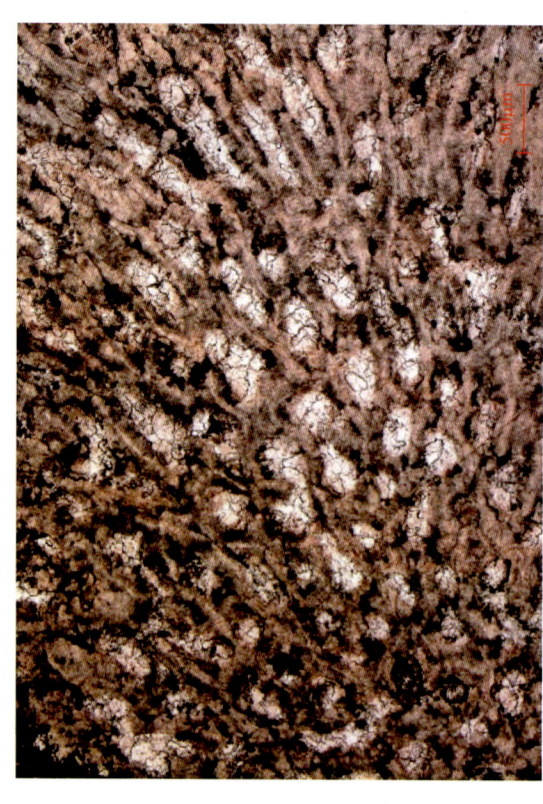

▲ 单体珊瑚（局部）

泥晶生物灰岩。北川桂溪，D_2g。普通薄片，茜素红染色，单偏光，显微照片

▶ 竹节石

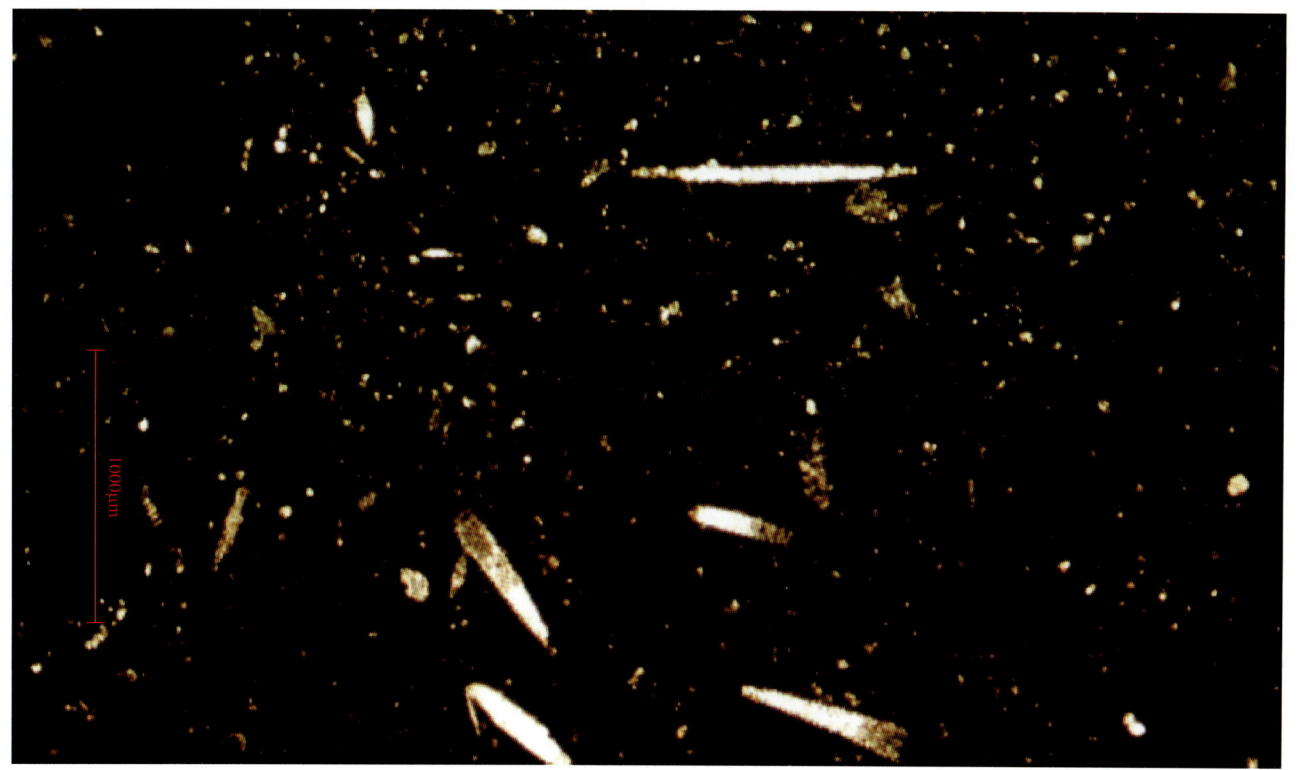

竹节虫为较深水环境中浮游生物，泥晶灰岩。北川桂溪，D_2g。普通薄片，单偏光，显微照片

▶ 生物遗迹

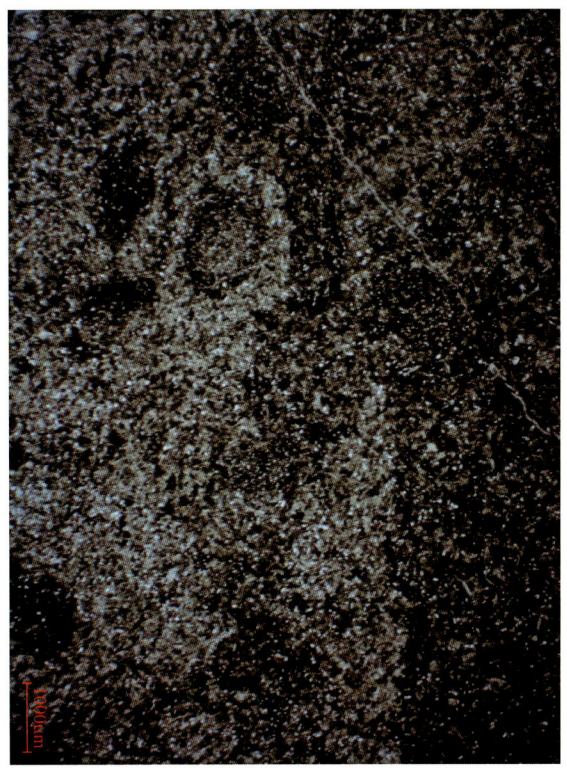

有生物潜穴，呈圆环状；也有生物扰动形成的杂乱斑状，粉晶灰岩。北川桂溪，D_2g。普通薄片，单偏光，显微照片

▶ 生物碎屑

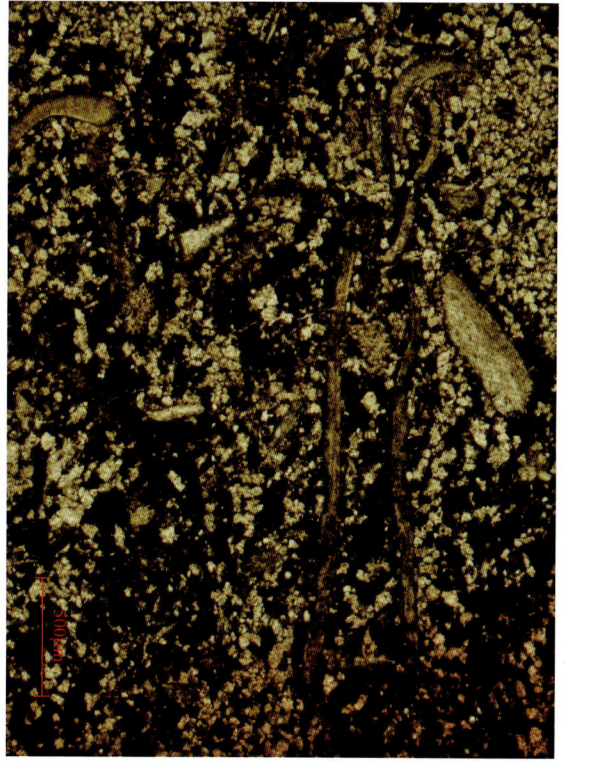

生屑有棘皮类、三叶虫、腕足类，生屑粉晶泥质灰岩。北川桂溪，D_2g。普通薄片，单偏光，显微照片

▶ 生物潜穴

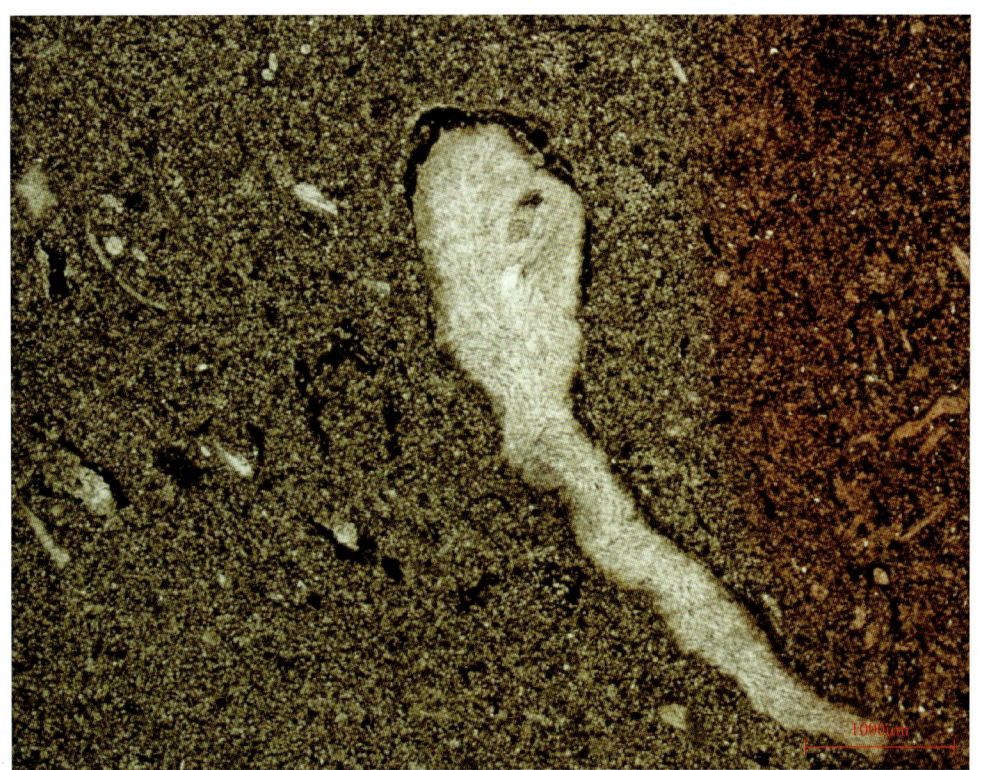

潜穴呈蝌蚪状，泥晶灰岩。北川桂溪，D_2g。普通薄片，单偏光，显微照片，局部带棕红染色

▲ 泥质内碎屑

呈圆形、断绳状、透镜状，为泥质被水动力冲蚀而成的泥质颗粒，极细粒石英砂岩。北川桂溪，D_2g。普通薄片，单偏光，显微照片

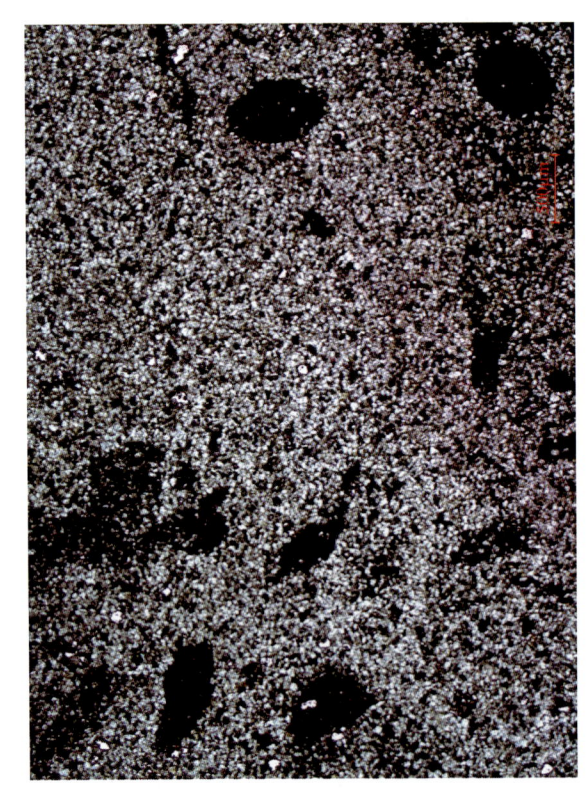

▲ 干缩角砾

脱水收缩缝将岩石切割呈似角砾状，角砾大小不一，干缩角砾白云岩。北川桂溪，D_2g。普通薄片，单偏光，显微照片

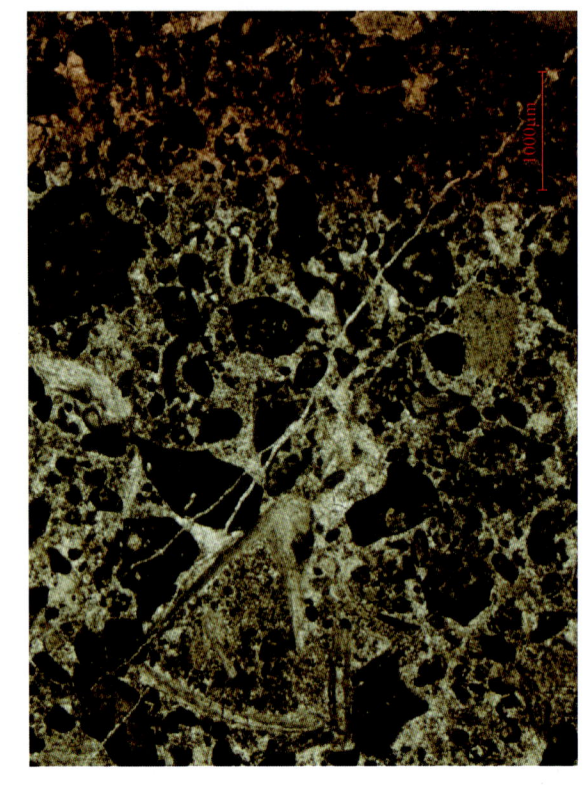

▲ 鲕粒结构

鲕粒堆积紧密，粒间胶结物含量为10%，反映沉积水动力较强，亮晶砂屑鲕粒灰岩。北川桂溪，D_2g。普通薄片，茜素红染色，单偏光，显微照片

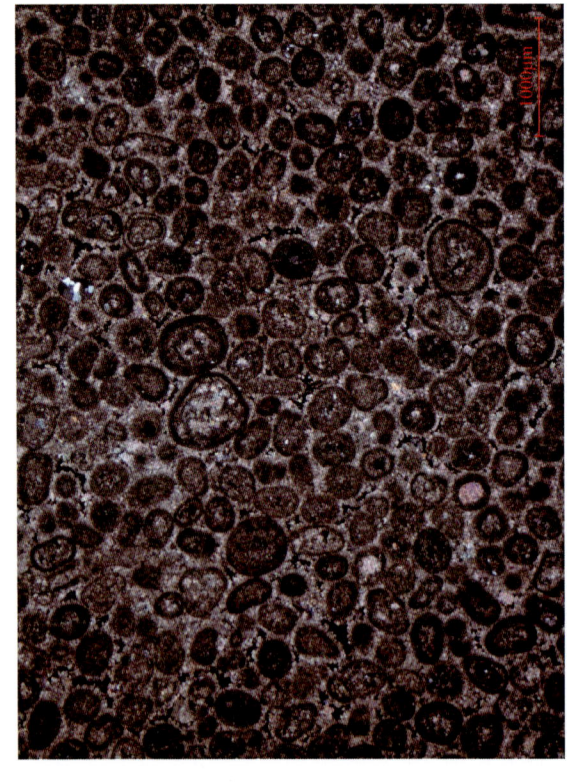

▲ 颗粒结构

生物种类丰富，见腕足类、苔藓虫、三叶虫、瓣鳃类碎片，并含多量砂屑，亮晶生屑砂屑灰岩。北川桂溪，D_2g。普通薄片，单偏光，显微照片

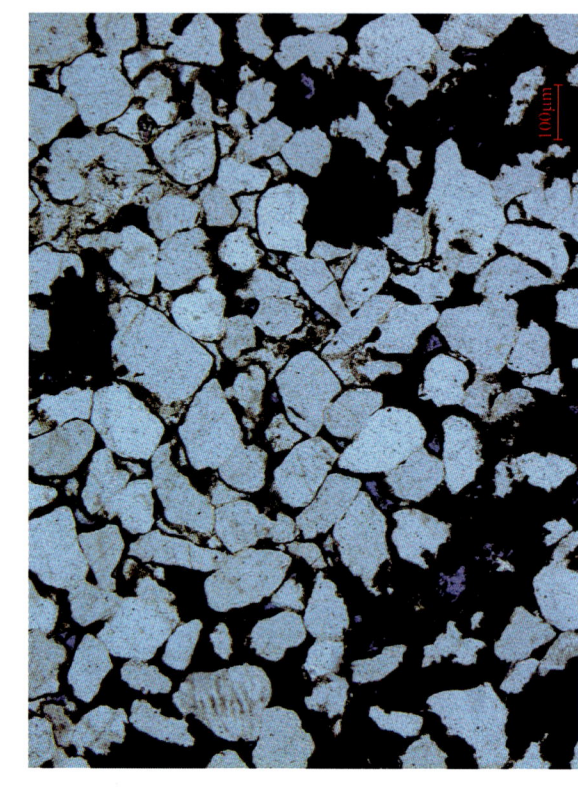

▲ 交代作用

珊瑚体腔内有铁白云石和方解石交代，铁白云石呈菱形自形晶，环边因析出铁质呈黑褐色，方解石连晶，珊瑚胃架唯白云石。北川桂溪，D_2g。普通薄片，茜素红染色，单偏光，显微照片

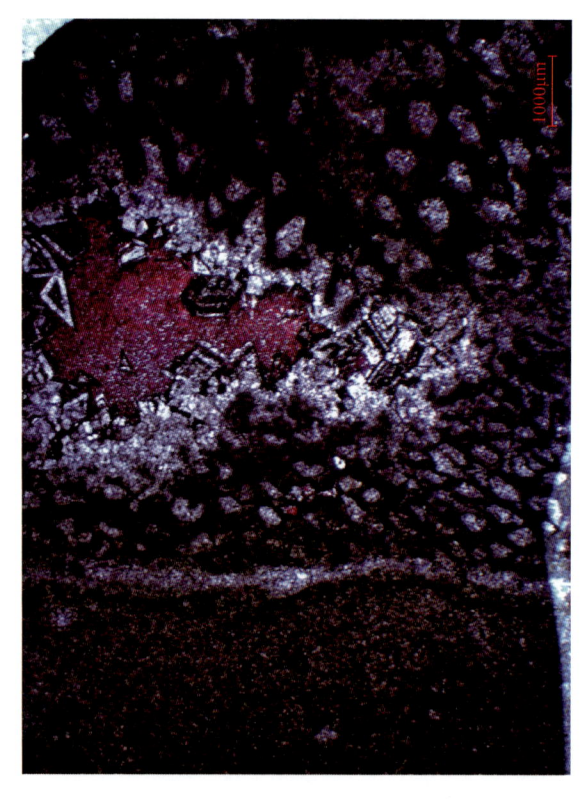

▲ 多世代胶结

石英颗粒间同一世代为铁质薄膜，二世代为硅质充填，褐铁矿细粒石英砂岩。北川桂溪，D_2g。普通薄片，单偏光，显微照片

▶ 蚀变作用

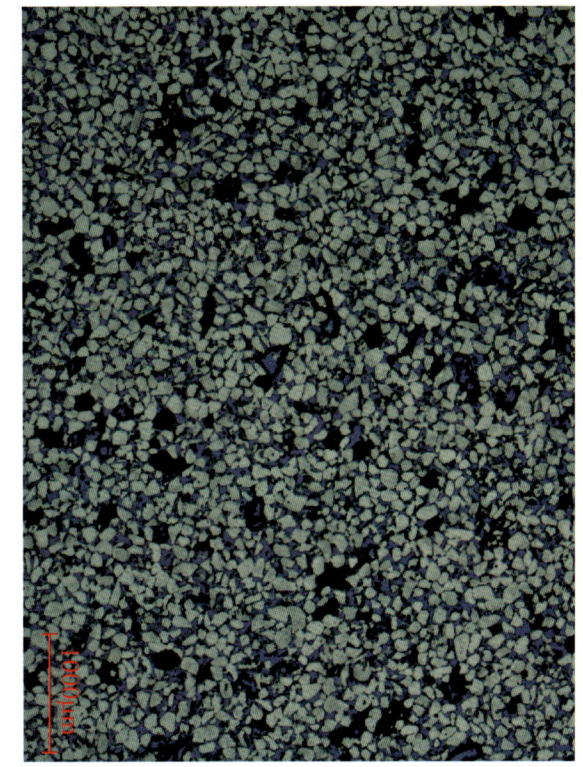

菱铁矿胶结物充填粒间，部分菱铁矿"蚀变"为褐铁矿，菱铁矿质极细粒石英砂岩。北川桂溪，D_2g。普通薄片，单偏光，显微照片

▶ 架间溶孔

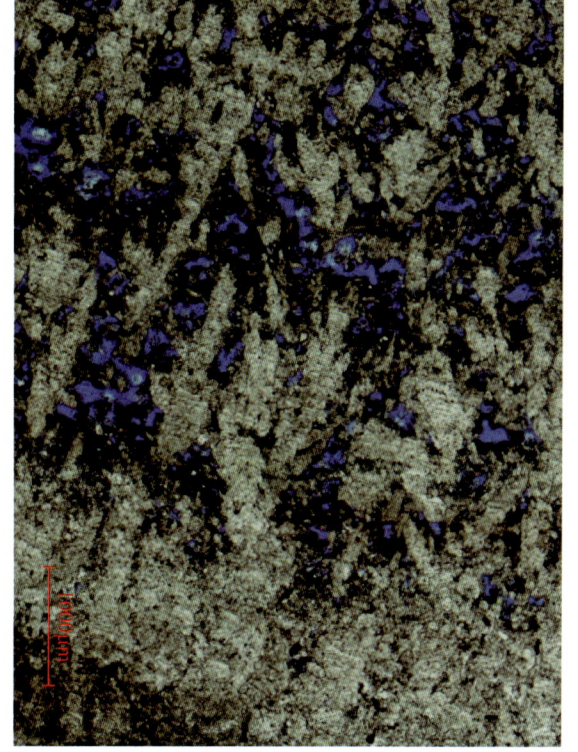

层孔虫骨架组构，骨架间多处被溶蚀，孔隙连通性较好，胶结物疑为孔虫礁灰岩。北川桂溪，D_2g。铸体薄片，单偏光，显微照片

▶ 粒间溶孔

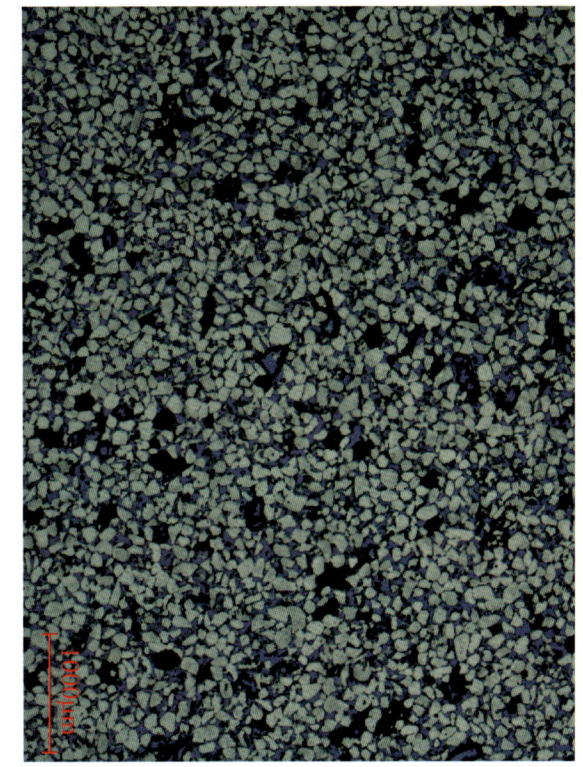

粒间胶结物几乎全被溶蚀，孔隙连通性较好，胶结物疑为方解石，面孔率为12%，细粒石英砂岩。北川桂溪，D_2g。铸体薄片，单偏光，显微照片

▶ 蚀变作用

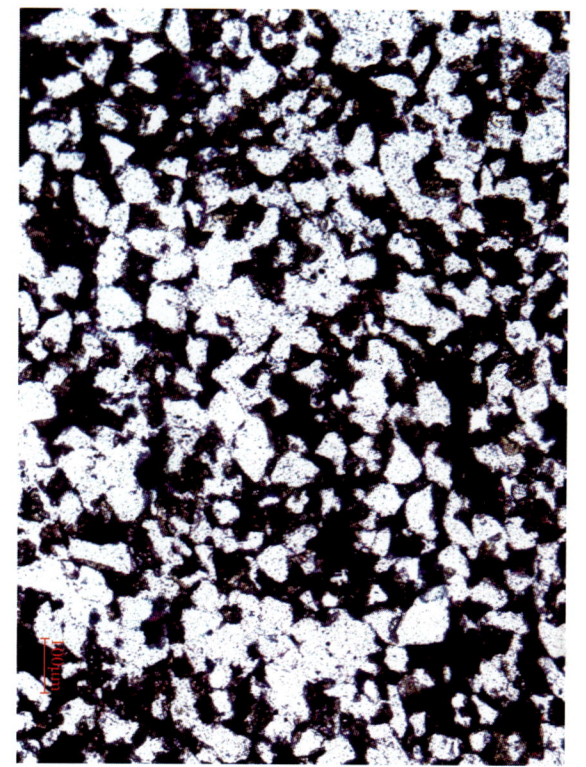

鲕状菱铁矿"蚀变"为褐铁矿，细粒石英砂岩。北川桂溪，D_2g。普通薄片，单偏光，显微照片

▶ 体腔溶孔、溶缝

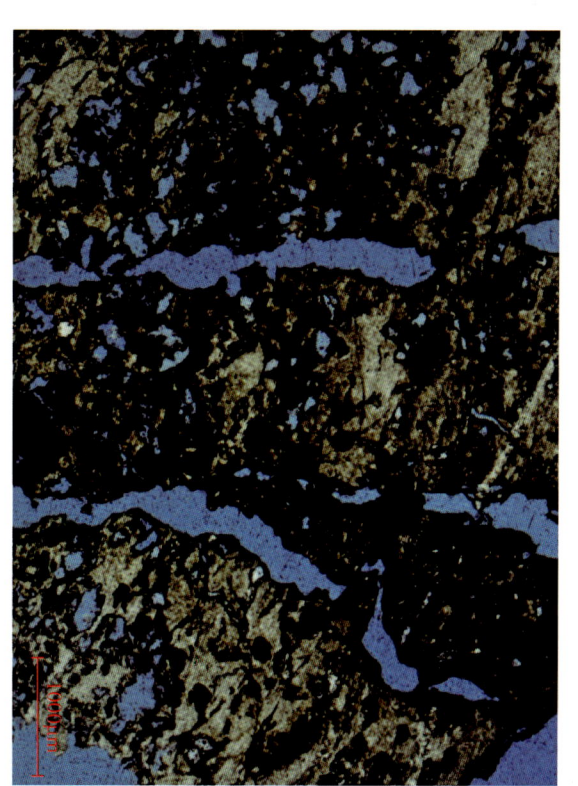

除层孔虫体腔溶孔外，尚见三条较宽的溶缝，层孔虫体腔溶孔和生屑间溶孔，面孔缝率为10%，层孔虫礁灰岩。北川桂溪，D_2g。铸体薄片，单偏光，显微照片

▶ 粒间孔、体腔孔

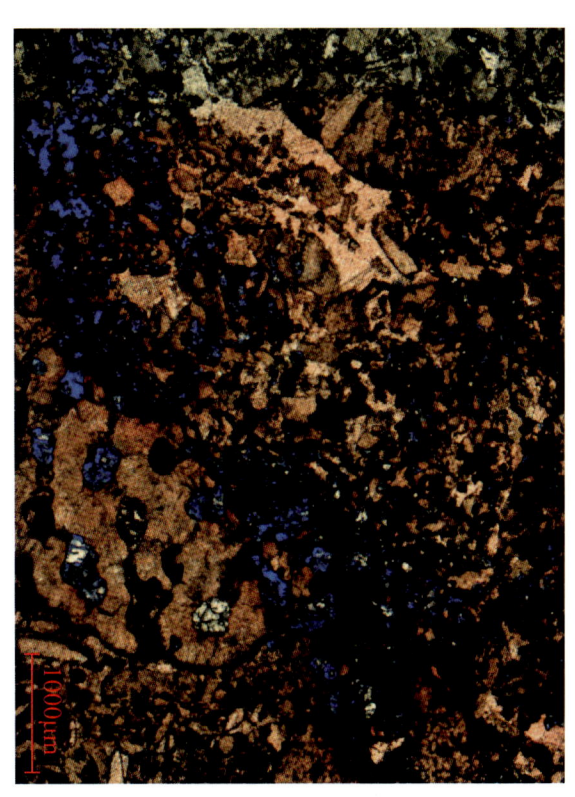

纤维海绵（右下）体腔孔和生屑间溶孔，面孔率为4.0%，亮晶生屑灰岩。北川桂溪，D_2g。铸体薄片，茜素红染色，单偏光，显微照片

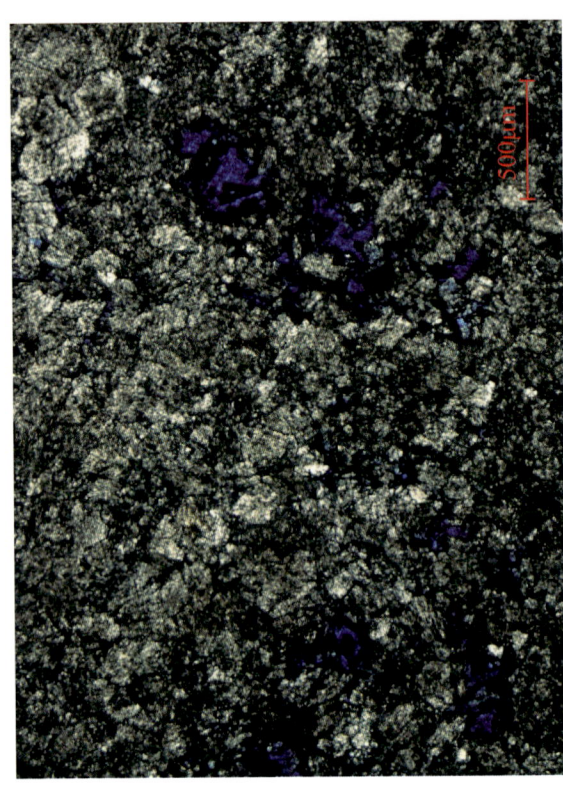

▲ 粒间溶孔

粒间孔局部密集，面孔率为1.0%，亮晶砂屑白云岩，北川桂溪，D_2g。铸体薄片，单偏光，显微照片

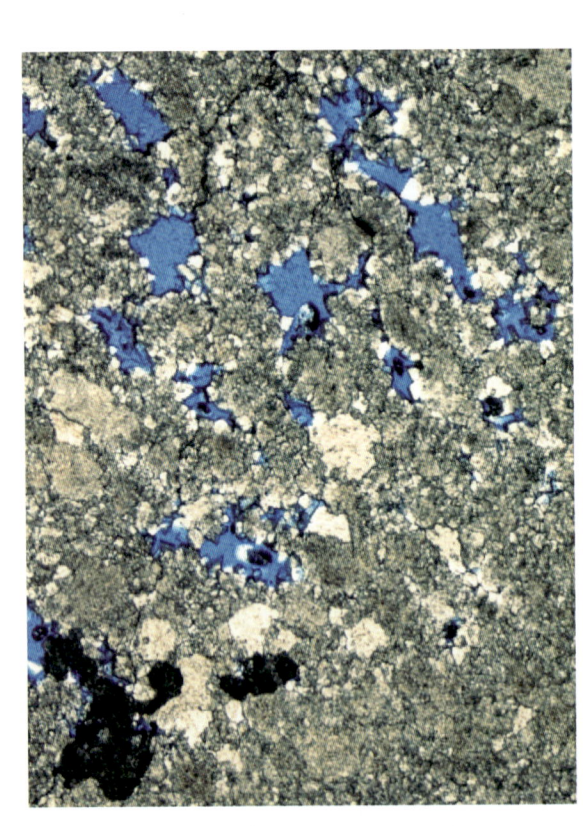

▲ 粒间溶孔

砂屑呈幻影，颗粒间溶蚀孔发育，面孔率为3.0%，残余砂屑白云岩，北川桂溪，D_2g。铸体薄片，单偏光，显微照片

3.3.2 北川通口石炭系剖面

剖面位于四川省江油市含增镇与绵阳市北川县通口镇之间，通口河畔。构造位置为龙门山推覆构造带北段逆断层上盘。

剖面测量长度875m，石炭系厚383.33m。其中，下统总长沟组厚201.8m，上统黄龙组厚143.34m，马平组厚38.19m。

石炭系与下伏中泥盆系观雾山组断层接触，与上覆中二叠统梁山组（P_1l）呈平行不整合接触。石炭系各组之间为整合接触。

3.3.2.1 总长沟组

总长沟组底部以断层与泥盆系观雾山组接触，顶部灰色泥晶生屑灰岩与上覆黄龙组块状细晶白云岩整合接触。

整体表现为灰白色—浅灰褐色微晶—粉晶灰岩夹颗粒灰岩，中部夹灰绿色泥岩。纵向上依次由5个粉晶灰岩→颗粒灰岩变化序列（韵律层）。

底部韵律层厚7.01m，底部为厚1.02m的深灰绿色厚层状微晶灰岩，向上依次为厚2.21m的中层状亮晶鲕粒灰岩，含少量生物碎屑（双壳），再向上为厚3.78m的中层状亮晶生物碎屑灰岩，生物碎屑以有孔虫为主，少量棘皮类、腕足类。含铁质。风化后呈褐红色。

第2个韵律层厚37.92m，韵律层下端（厚度为19.41m）为灰褐色薄层—块状含砂屑粉晶灰岩，砂屑重结晶作用明显；上端（厚度为18.51m）为浅灰褐色中层—块状含砂屑微晶灰岩。

第3个韵律层厚27.17m，韵律层下端为厚15.57m的灰白色厚层—块状粉晶灰岩，中部为厚2.57m的灰绿色泥岩，上部为厚4.5m的灰白色粉晶灰岩夹灰绿色泥岩条带；韵律层上端为厚4.53m的灰白色块状泥晶生物碎屑灰岩，生物碎屑以有孔虫为主，少量棘皮、双壳、腕足。

第4个韵律层厚79.73m，韵律层下端厚39.9m，浅灰褐色中层—厚层粉晶灰岩；上端厚39.83m，自下而上依次为浅灰褐色中层—厚层生物碎屑球粒灰岩（厚度为13.24m），块状灰质角砾岩（厚度为24.32m），中层—厚层亮晶含生物碎屑核形石灰岩（厚度为2.27m）。生物碎屑见有孔虫、棘皮类、双壳类、藻类、介形虫、角砾大小不一，砾径为0.1~1cm，角砾成分为生物碎屑灰岩。下端构造形变较强，岩层近直立，上端岩层产状复缓。

顶部韵律层厚49.97m，韵律层下端为厚45.92m的浅灰褐色厚层—块状微晶—粉晶灰岩；上端为厚4.05m的灰色厚层泥晶生物碎屑灰岩，生物碎屑以有孔虫为主，少量介形虫、双壳类、棘皮类及藻类。

3.3.2.2 黄龙组

顶部、底部皆为白云岩，其余为石灰岩，间夹数层紫红色、灰绿色泥岩。

底部为厚13.48m的灰褐色厚层—块状细晶—中晶白云岩。产有孔虫 *Plectostaffella* spp.、*Eostaffella* spp.、*Bradyina* sp.、*Globoendothyra* sp.、*Pseudoglomospira* sp.、*Palaeotextularia* sp.。

下部厚92.99m，可分两个韵律层：下部韵律层厚36.33m，韵律层下端为灰色厚层—块状颗粒灰岩，上端为厚14.84m的深灰色中层—厚层状颗粒灰岩；上部韵律层厚56.66m，其下端为灰色微晶—粉晶灰岩，局部含铜，上端为厚24.14m的浅灰色厚层状粉晶颗粒灰岩。产 *Fusulinella*、*Profusulinella majiaobaensis*？、*P.timanica*、*P.dagmarae*、*P.ovate*？、*P.deprati* 等。

上部厚26.66m，为浅灰色—褐灰色厚层—块状粉晶灰岩，夹三层灰绿色、紫红色泥岩，自下而上泥岩厚度分别为1.55m、1.45m、0.58m。产 *Profusulinella majiaobaensis*？、*P.timanica*、*P.dagmarae*、*P.ovate*？、*P.deprati* 等。

顶部为厚10.21m的浅灰色厚层—块状细晶白云岩，夹极薄层灰绿色泥岩条带。

3.3.2.3 马平组

灰白色、浅灰色中层—块状粉晶—细晶灰岩，夹三层灰绿色泥岩，自下而上泥岩厚度分别为1.38m、0.25m、4.26m。近顶部见厚1.93m的厚层砾屑灰岩。产 *Eoparafusulina ovatoides*、*Schuagerina cervicalis*、*S.hutienensis* 等。

储层岩类见晶粒白云岩、粉屑白云岩，空隙以晶间溶孔、粒间内溶孔为主。33个孔隙度样品分析，孔隙度为0.69%~7.20%，平均为1.87%，其中孔隙度大于2.0%的样品9个，样品率为27.3%，平均孔隙度为3.17%；32个渗透率样品分析，渗透率为0.0078~2.6622mD，平均为0.1232mD。

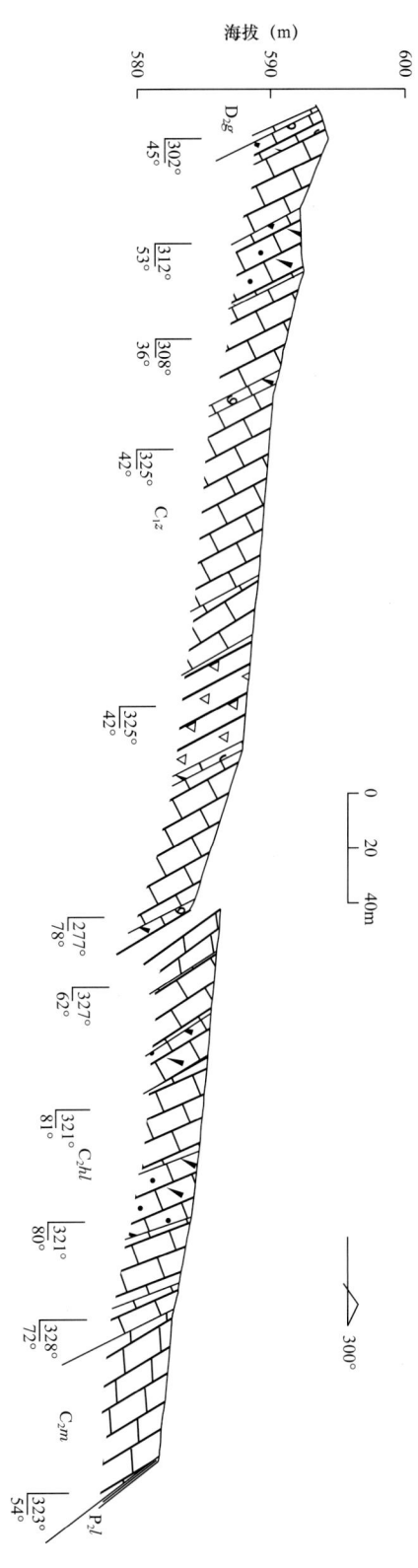

北川通口石炭系实测剖面图

北川通口石灰系综合柱状图

▼ 砾屑结构

砾屑灰岩。北川通口，C_2hl。露头照片

▼ 紫红色泥岩

总长沟组下部，潮坪沉积。北川通口，C_1z。露头照片

▼ 层状构造

马平组下部中厚层状粉晶灰岩。北川通口，C_2m。露头照片

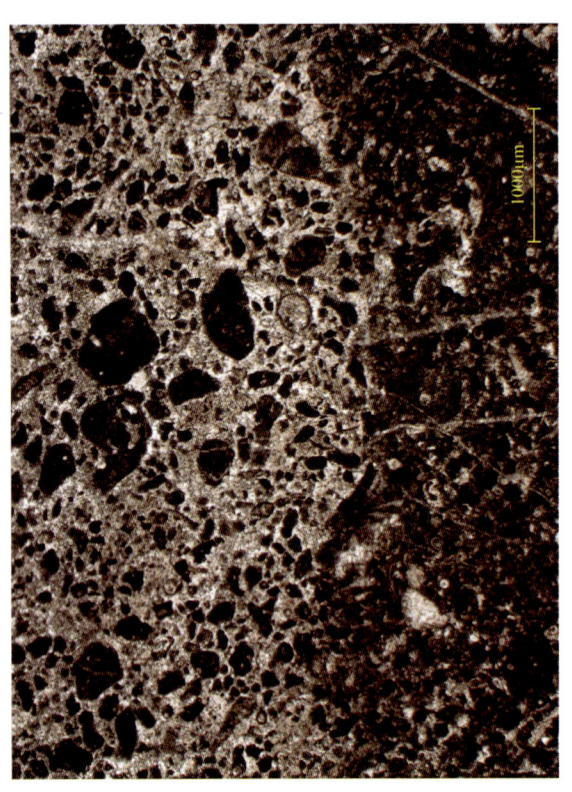
▲ 冲蚀凹坑
水动力冲刷作用造成的冲蚀槽谷，界面之下为泥晶灰岩，界面之上为粉晶砂屑灰岩。北川通口，C₂z。普通薄片，单偏光，显微照片

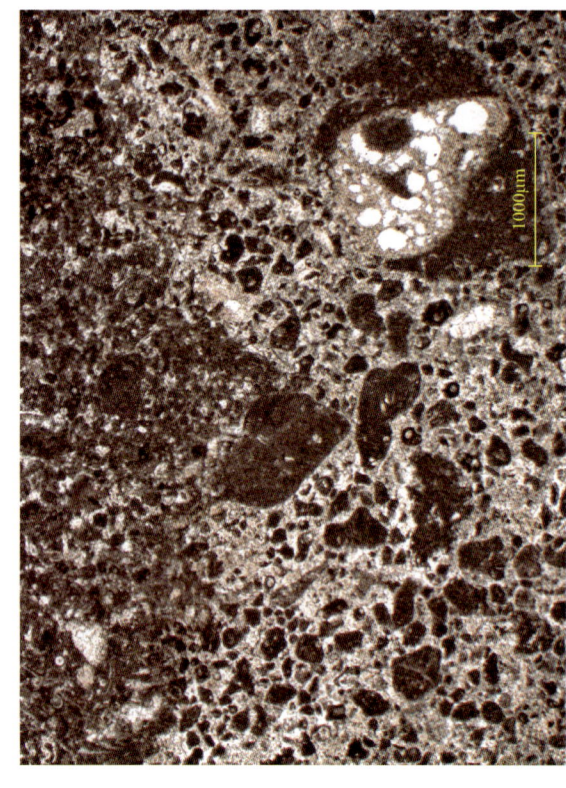
▲ 冲蚀槽谷（局部）
水力冲刷作用形成的钩底状槽谷，其内见具有显微层纹的冲刷角砾。北川通口，C₂z。普通薄片，单偏光，显微照片

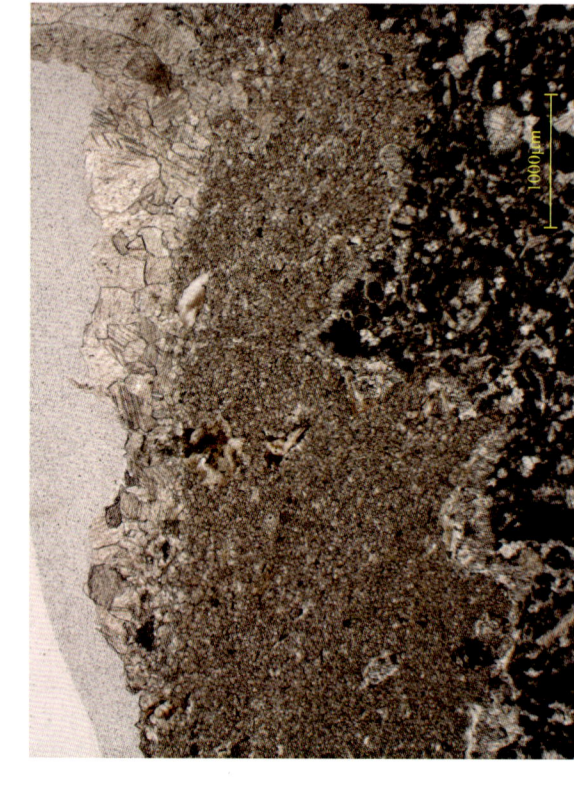
▲ 突变接触
强定向性泥晶生屑含泥质灰岩（生屑结构，见厚壁虫、棘皮类、腕足类和介形虫，富含泥质）与无定向性泥晶生屑灰岩（泥质含量很少）的突变接触。北川通口，C₂m。普通薄片，茜素红染色，单偏光，显微照片

▲ 冲刷槽谷
冲蚀作用形成冲成沟谷状层面，下部是泥晶球团粒结构；冲刷面之上为亮晶砂屑结构，反映水动力突变。北川通口，C₂m。普通薄片，单偏光，显微照片

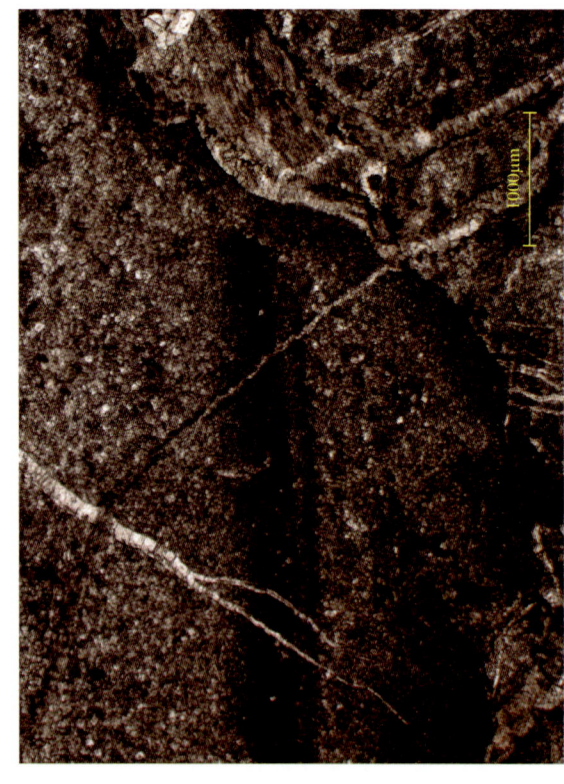
▲ 结构退变
强水动力反映的砂屑与安静水体形成的球团粒混杂，是结构退变的反映。北川通口，C₂m。普通薄片，单偏光，显微照片

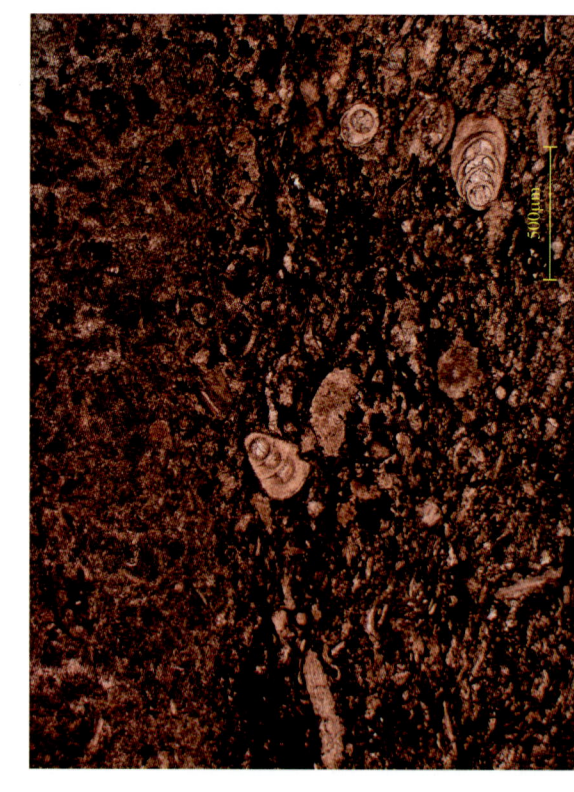
▲ 示底构造
洛洞中渗流粉砂造成的示底构造，下部为渗流粉砂，上部为粗大方解石充填。北川通口，C₂m。普通薄片，单偏光，显微照片

120

▶ 岩溶角砾

岩溶垮塌形成的角砾岩，见熔晶角砾和晶粒白云岩角砾两种成分。北川通口，C_2m。普通薄片，茜素红局部染色，单偏光，显微照片

▶ 颗粒结构

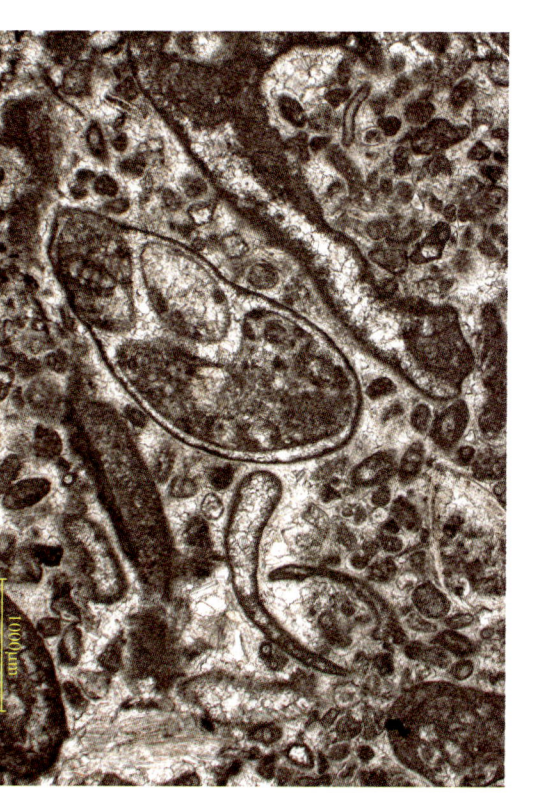

颗粒除少量砂屑外，有粗大的腹足类个体（完壁具泥晶化）、小型腹足类个体（右上）、强烈泥晶化的瓣鳃类，并见粗大的叶状藻、含大量被强烈磨蚀的有孔虫，反映强烈的动荡沉积水体。亮晶颗粒灰岩。北川通口，C_1z。普通薄片，单偏光，显微照片

▶ 鲕粒结构

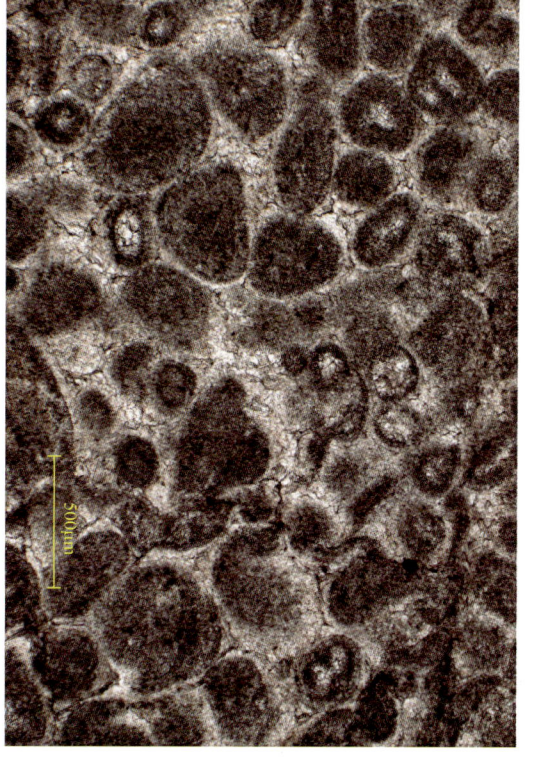

水动力作用强，鲕粒堆积紧密，鲕间胶结物形成"Y"字形的贴面接触，第一世代为纤状海底方解石胶结，第二世代为粗晶方解石胶结。亮晶鲕粒灰岩。北川通口，C_3m。普通薄片，单偏光，显微照片

▶ 变形砂屑

砂屑受到早期的压实作用，产生拉长、拖拉状变形，粉晶砂屑灰岩。北川通口，C_3m。普通薄片，单偏光，显微照片

▶ 砂屑结构

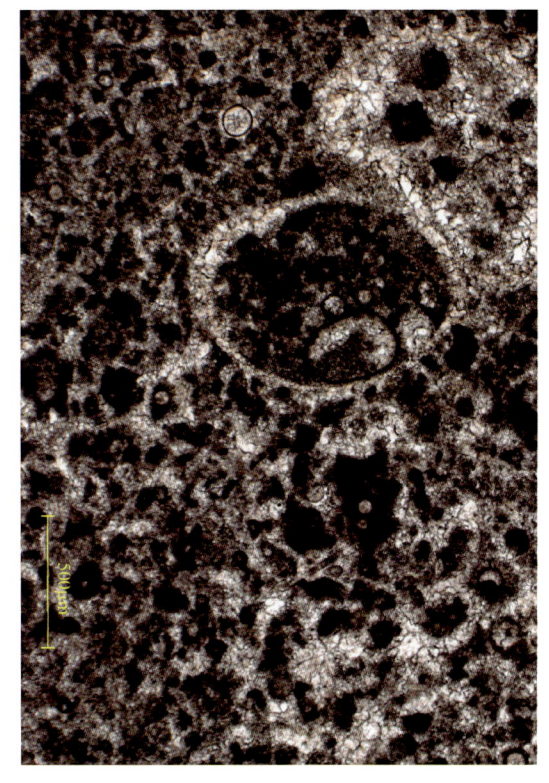

砂屑大小不等，形态各异，粒间由亮晶方解石胶结，生物含量少，见腹足类个体，完晶砂屑灰岩。北川通口，C_3m。普通薄片，单偏光，显微照片

▶ 虫砂结构

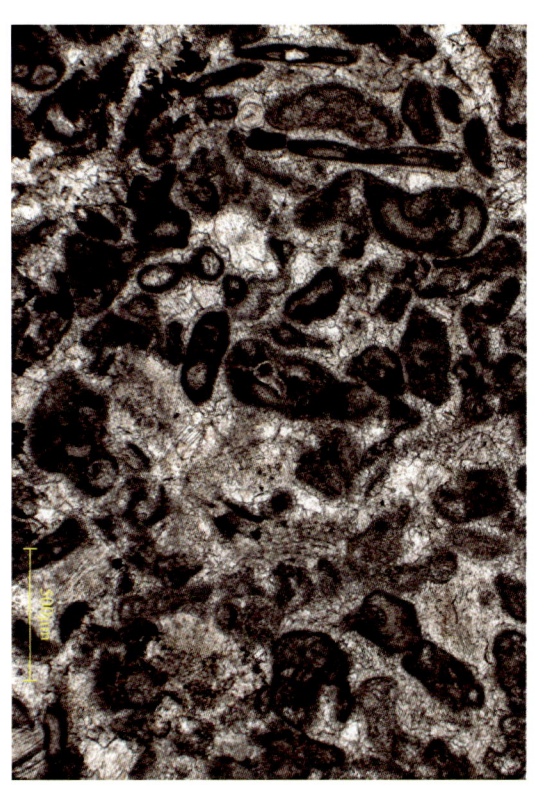

有孔虫砂结构，有孔虫经淘洗磨蚀成了"砂粒"故分选性好，磨圆度高，内部略显房室，完晶有孔虫灰岩。北川通口，C_3m。普通薄片，单偏光，显微照片

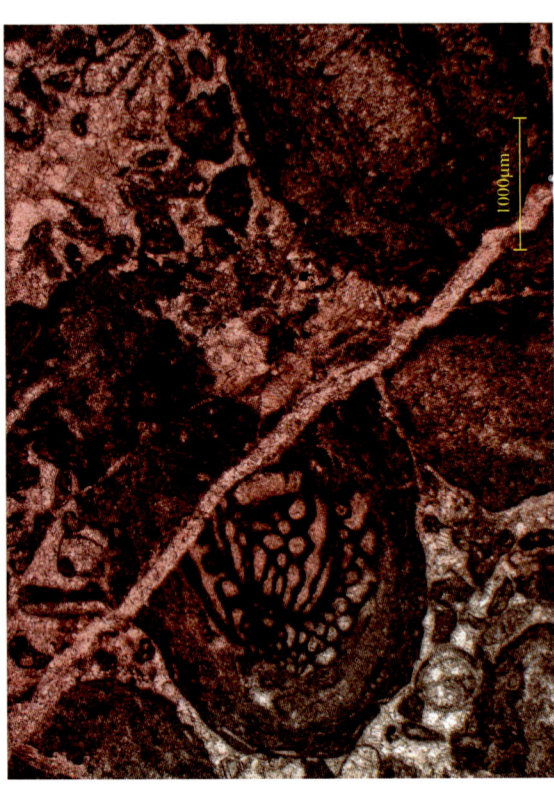
▲ 颗粒结构
砂屑、砾屑和鲕粒三种颗粒混合堆积，但以鲕粒占绝大多数。亮晶颗粒灰岩。北川通口，C_3m。普通薄片，单偏光，显微照片

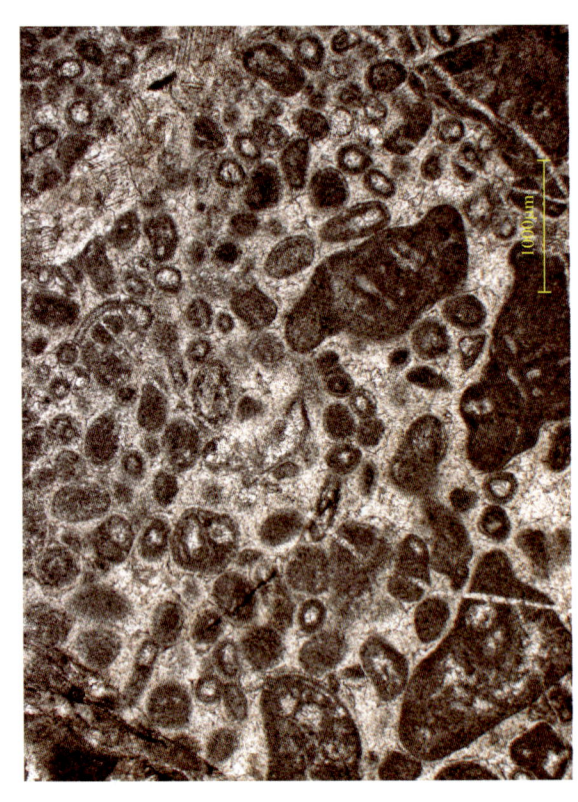
▲ 核形石
以螺类（原小纺锤螺）作核心形成核形石，个体较大，同心圈不连续形成的菌藻类组成。北川通口，C_3m。普通薄片，茜素红染色，单偏光，显微照片

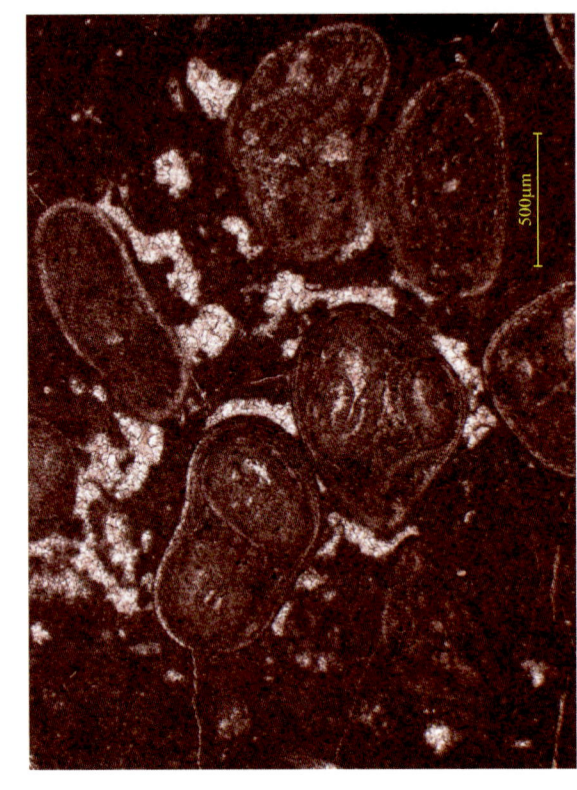
▲ 核形石
核形石粗大，同心层由菌藻类组成，欠规则，此外，尚见虫砂、棘屑类、瓣鳃类。亮晶颗粒灰岩。北川通口，C_3m。普通薄片，单偏光，显微照片

▲ 高成低沉
高能量生成的鲕粒，被搬运到低能量的沉积环境造成鲕粒被"淹没"到灰泥中的现象。复合鲕粒泥晶灰岩。北川通口，C_3m。普通薄片，茜素红染色，单偏光，显微照片

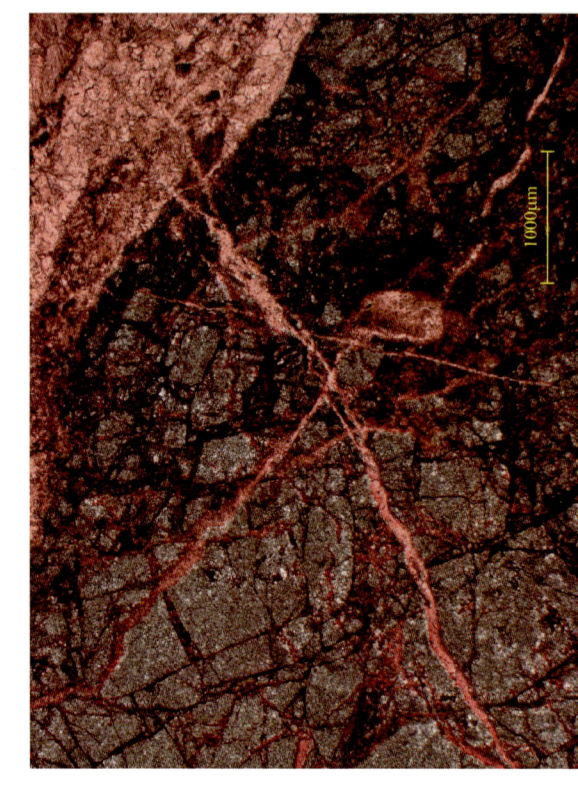
▲ 构造角砾岩
方解石充填裂缝，角砾为粉晶-细晶白云岩。北川通口，$C_2h l$。普通薄片，茜素红染色，单偏光，显微照片

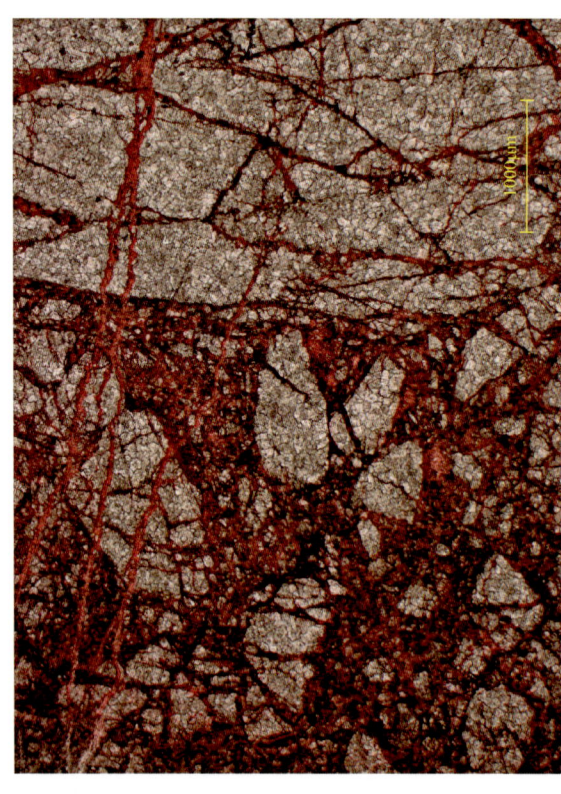
▲ 构造角砾岩
构造动力作用使泥晶白云石破碎成角砾，角砾大多无位移，角砾间方解石充填。北川通口，$C_2h l$。普通薄片，茜素红染色，单偏光，显微照片

▶ 构造角砾岩

网状裂缝相互切割,细晶白云岩破碎成角砾状,角砾间无位移。北川通口,C_2hl。普通薄片,茜素红染色,单偏光,显微照片

▶ 渗流粉砂

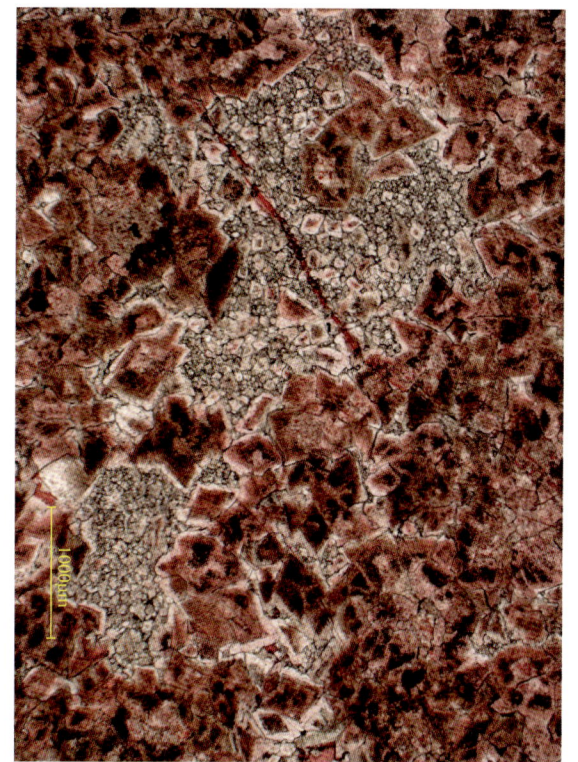

小型晶洞中为白云石的渗流粉砂充填,去云化作用强烈,形成白云石假晶,次生细晶灰岩。北川通口,C_3m。普通薄片,茜素红染色,单偏光,显微照片

▶ 溶斑

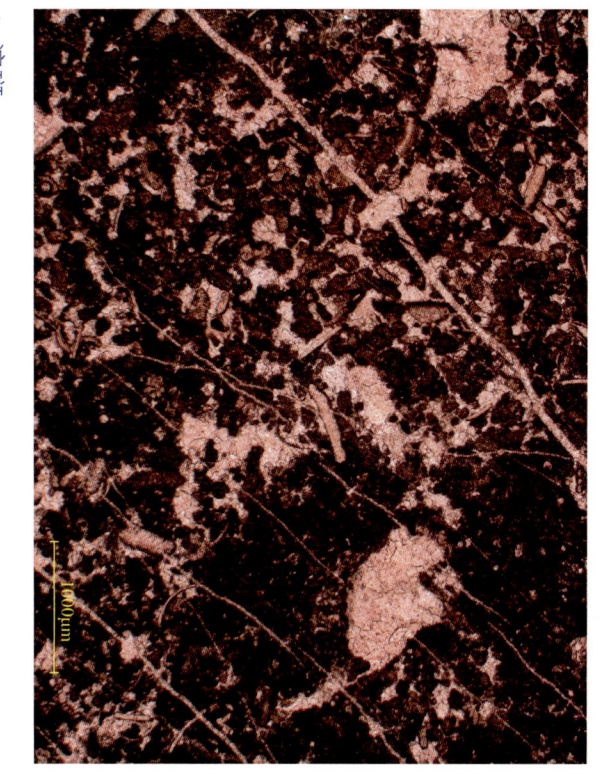

粒间溶蚀孔洞多为解方石全充填,形成溶斑,泥晶颗粒灰岩。北川通口,C_3m。普通薄片,茜素红染色,单偏光,显微照片

▶ 三世代胶结

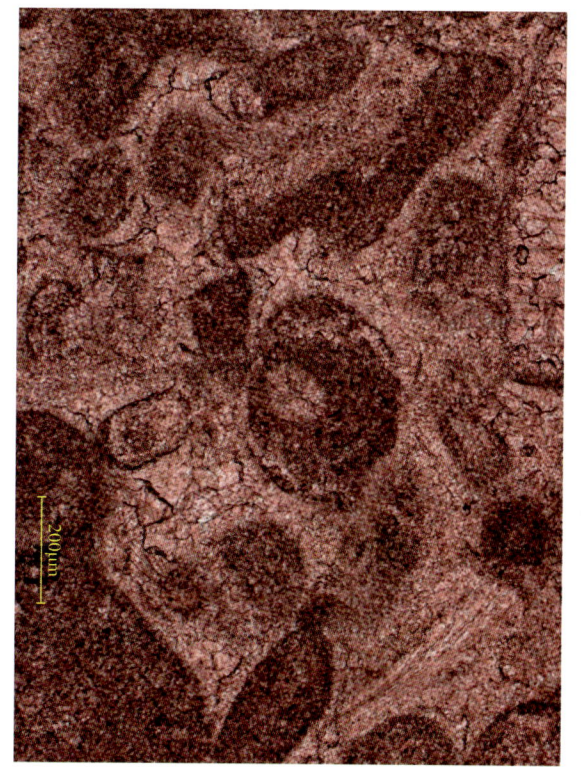

海底纤状—淡水细小晶粒—粗大晶粒三个世代胶结,右下为粗大砾屑,亮晶砂砾屑灰岩。北川通口,C_1z。普通薄片,茜素红染色,单偏光,显微照片

▶ 鸟眼构造

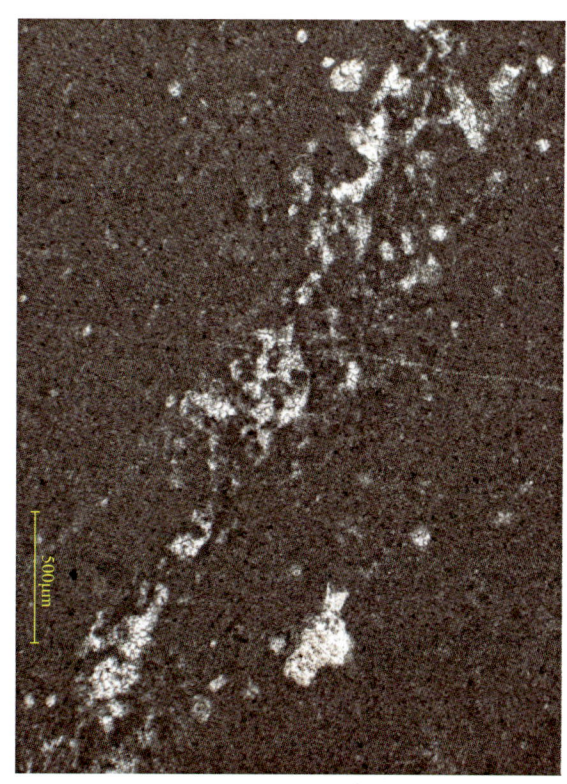

略有成行成排的趋势,鸟眼孔内被方解石充填,泥晶灰岩。北川通口,C_3m。普通薄片,单偏光,显微照片

3.3.3 青川建峰上石炭统马平组剖面

剖面位于四川省青川县建峰镇葛底坝，距剑阁县城 27km，与东侧矿山梁背斜相望，构造位置为碾子背斜东翼，与东侧矿山梁背斜相望。

剖面测量长度为 66.4m，马平组厚度为 48.72m。底与泥盆系观雾山组、顶与二叠系梁山组均呈平行不整合接触。

底部为泥岩和白云岩，自下而上分别为土黄色泥岩（厚 0.2m）、灰白色局部灰红色块状含泥白云岩（厚 0.88m）、浅灰褐色块状中晶—粗晶白云岩（厚 3.16m）。

中上部为灰白色—浅灰色厚层—块状晶粒灰岩和颗粒灰岩，可划分出两个由晶粒灰岩→颗粒灰岩韵律层：下部韵律层厚 19.72m，韵律层下端为灰白色厚层—块状粉晶—细晶灰岩，厚 11.97m，重结晶作用较强；上端为厚 7.75m 的灰白色块状粉晶泥晶生物碎屑灰岩，生物碎屑以有孔虫为主，含少量藻类、腕足类及棘皮类，高角度裂缝及垂直裂缝发育，方解石充填，最大缝宽 0.4cm。

上部韵律层厚 29m，韵律层下端厚 15.03m，浅灰色中层—块状微晶—粉晶灰岩，间夹极薄层灰绿色泥岩条带；上端厚 13.97m，浅灰色中层—块状颗粒灰岩，自下而上分别为泥晶生屑藻灰岩（厚 1.1m），亮晶生物碎屑灰岩（厚 2.03m），生物碎屑主要为有孔虫和棘皮，少量双壳、腕足类和苔藓虫，缝合线构造发育，被泥质和硅质充填，裂缝被方解石半充填。

储层主要发育浅滩—生物碎屑灰岩微相，储集空间主要为溶孔及裂缝，但储层物性总体欠佳。白云岩仅厚 3.16m，颗粒灰岩累计厚 21.72m，其中亮晶颗粒灰岩累计厚 10.84m。4 个物性样分析结果表明，大于 2.0%、孔隙度为 1.06%~2.45%，平均为 1.83%；渗透率为 0.008~0.104mD，平均为 0.039mD。

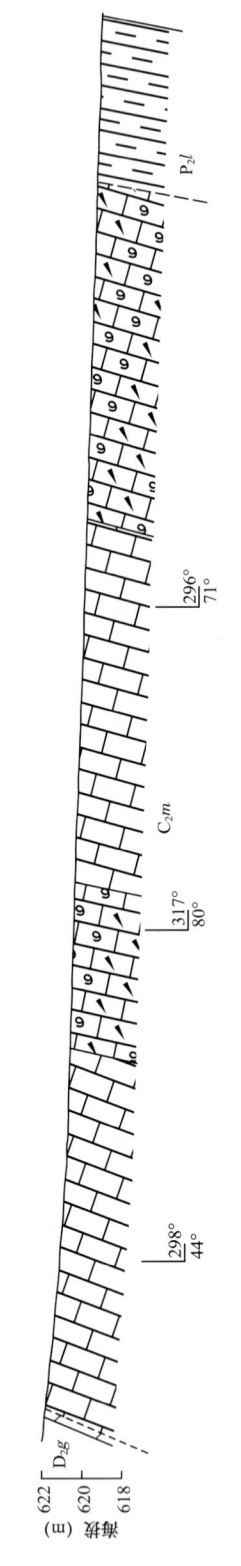

青川建峰上石炭统马平组实测剖面图

青川建峰上石炭统马平组综合柱状图

▶ 石炭系露头剖面全貌

青川建峰，C_2m。露头照片

▶ 地质界线

地质锤左侧为泥盆系观雾山组，右侧为石炭系马平组，其间平行不整合接触。青川建峰，C_2m。露头照片

▶ 地质界线

沟左侧为马平组，右侧为中二叠统，平行不整合接触。青川建峰，C_2m。露头照片

▲ 缝合线构造
缝合线呈锯齿状，黑色为压溶残积物。青川建峰，C_2m。露头照片

▲ 蓝灰色泥岩
块状细晶灰岩中夹薄层蓝灰色泥岩。青川建峰，C_2m。露头照片

▲ 裂缝
细晶灰岩中见多条方解石充填裂缝。青川建峰，C_2m。露头照片

▶ 原小纺锤蜓
亮晶生屑灰岩。青川建峰，C_2m。普通薄片，茜素红染色，单偏光，显微照片
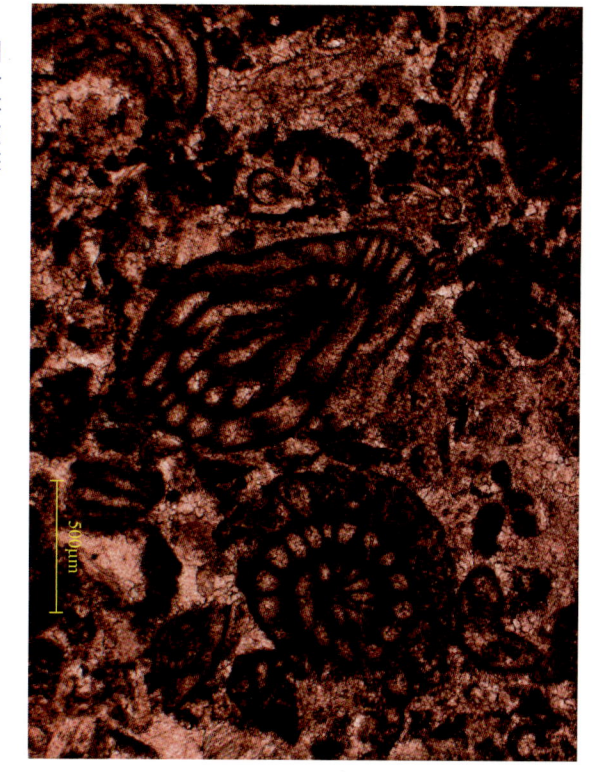

▶ 布拉迪虫
亮晶生屑灰岩。青川建峰，C_2m。普通薄片，单偏光，显微照片
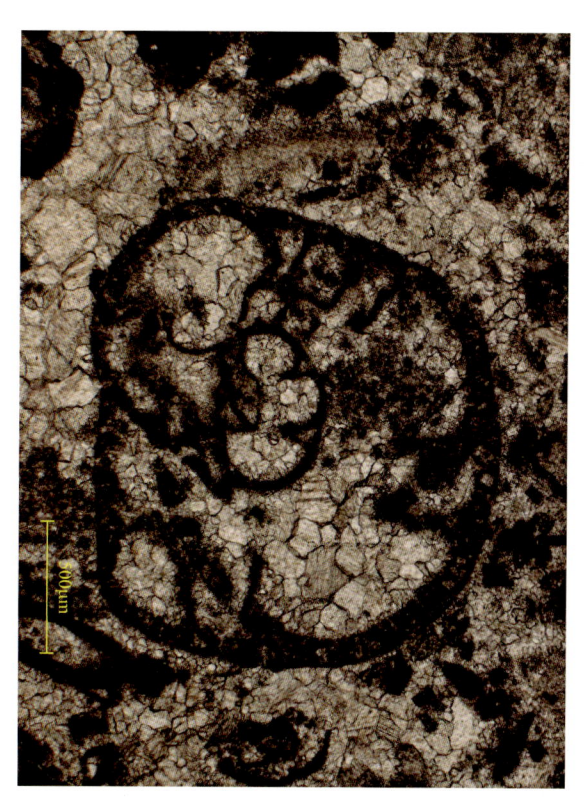

▶ 原小纺锤蜓
泥晶生物灰岩。青川建峰，C_2m。普通薄片，茜素红染色，单偏光，显微照片
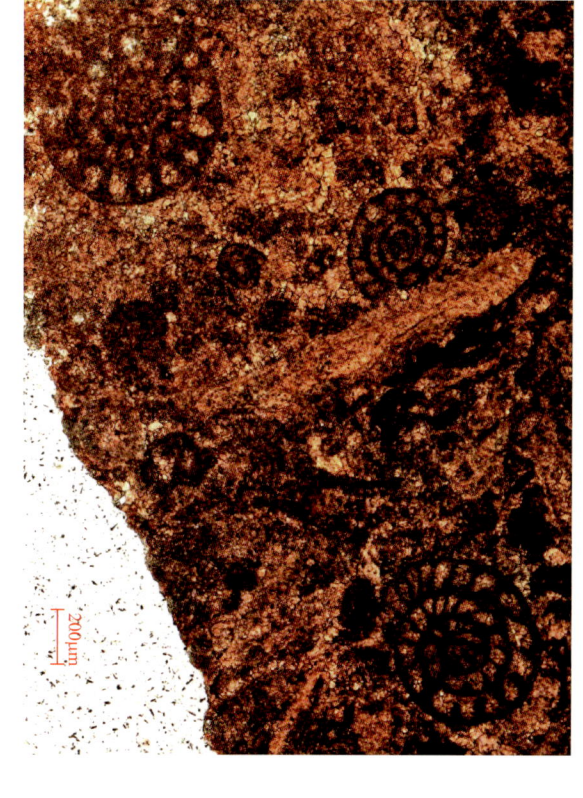

▶ 腹足类
形态保存完整，泥晶生屑灰岩。青川建峰，C_2m。普通薄片，单偏光，显微照片
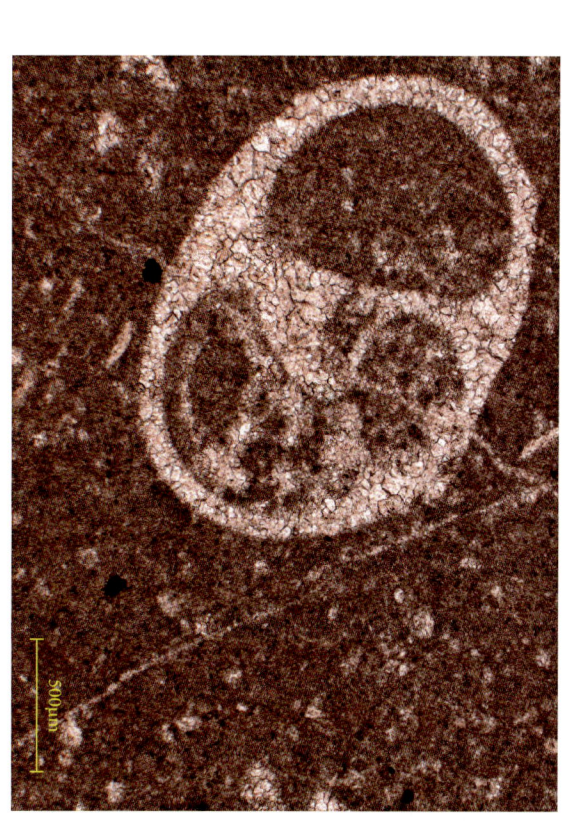

▶ 腹足类
泥晶生屑灰岩。青川建峰，C_2m。普通薄片，单偏光，显微照片
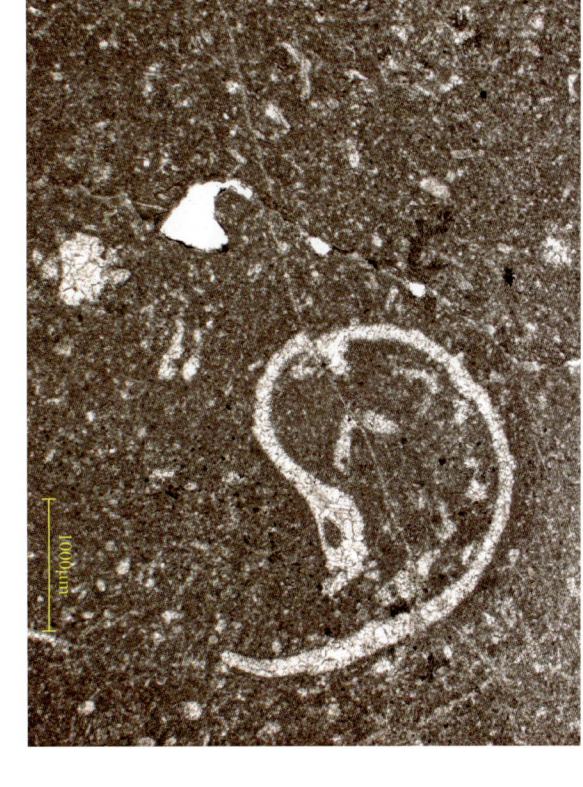

▶ 德薇拉藻
绿藻门中的德薇拉藻，纵切面呈长条状，横切面呈圆环状。青川建峰，C_2m。普通薄片，茜素红染色，单偏光，显微照片
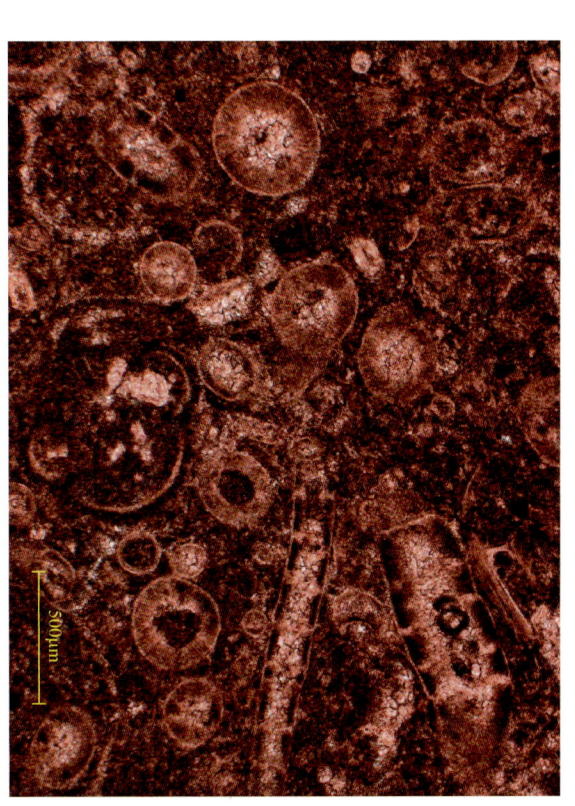

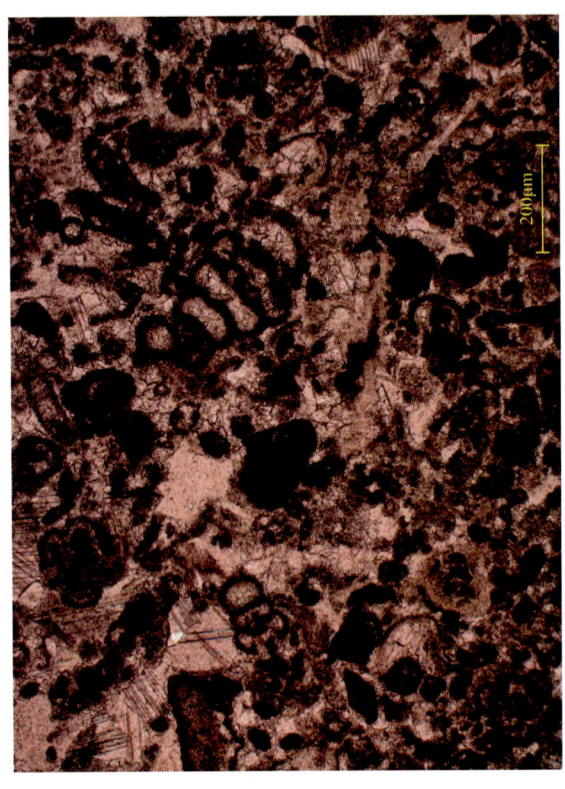

▲ 德薇拉藻、小原纺锤蜓

德薇拉藻（中）、小原纺锤蜓（右上）、泥晶生物灰岩。青川建峰，C_2m。普通薄片，茜素红局部染色，单偏光，显微照片

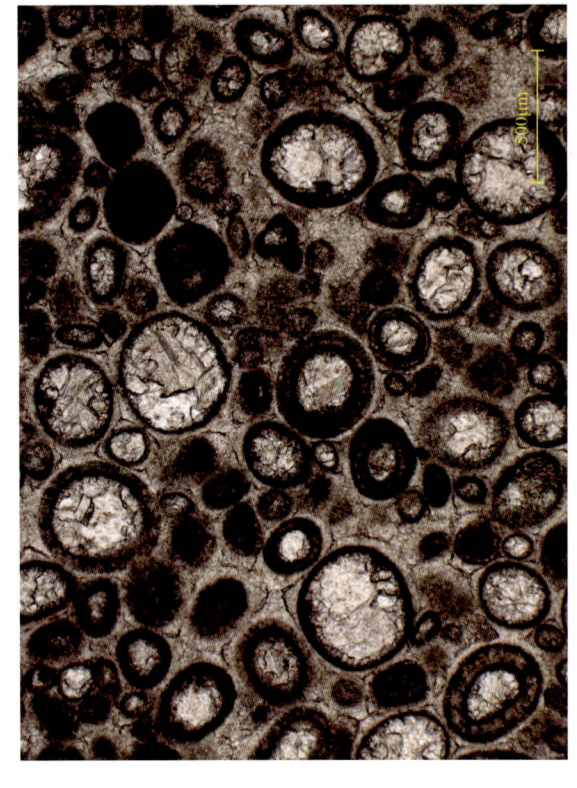

▲ 颗粒结构

亮晶颗粒灰岩，水动力较强，将有孔虫、棘皮、瓣鳃等生屑边缘磨蚀成"砂屑"状。青川建峰，C_2m。普通薄片，茜素红染色，单偏光，显微照片

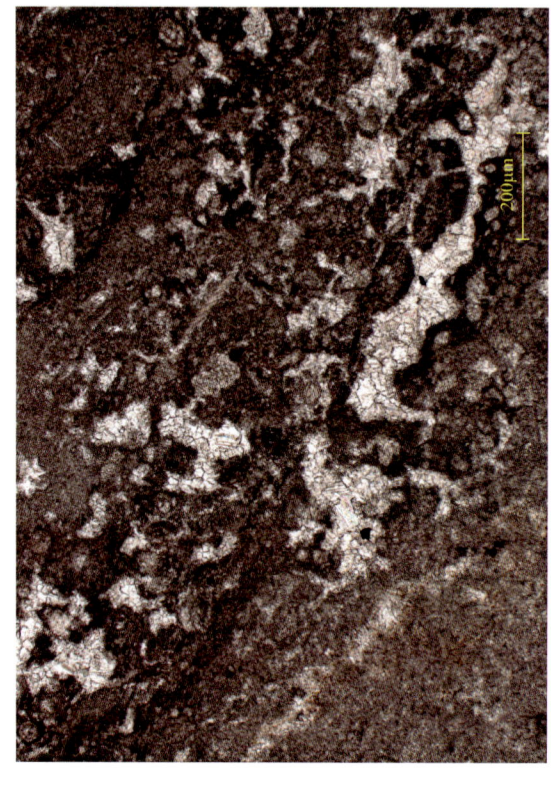

▲ 结构突变

砂屑、泥晶球粒结构与亮晶砂屑结构截然不同，分为两个微层，内含古串珠虫（右上）、布拉迪虫（左中）、古球虫、腕足类、掺刺（右中上）等生屑，亮晶生屑砂屑灰岩。青川建峰，C_2m。普通薄片，茜素红染色，单偏光，显微照片

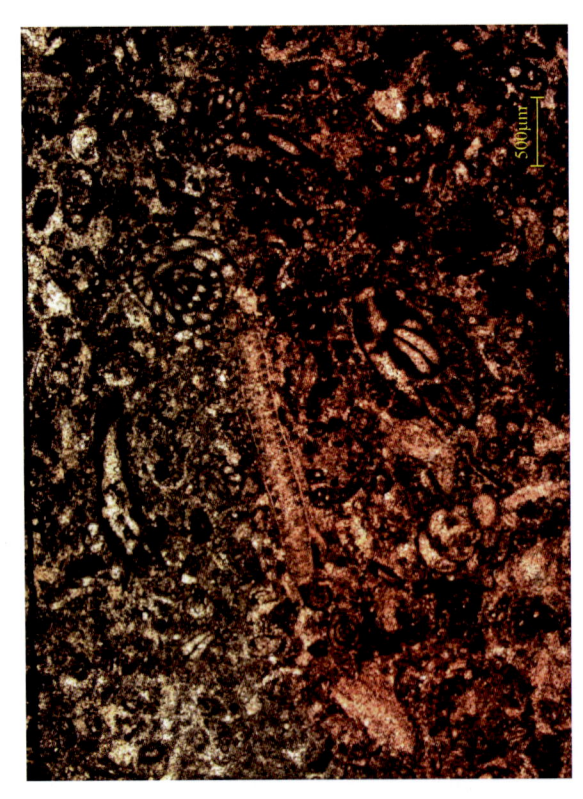

▲ 虫砂结构

有孔虫、蜓类占颗粒总量的25%，砂屑占38%，亮晶颗粒灰岩。青川建峰，C_2m。普通薄片，茜素红染色，单偏光，显微照片

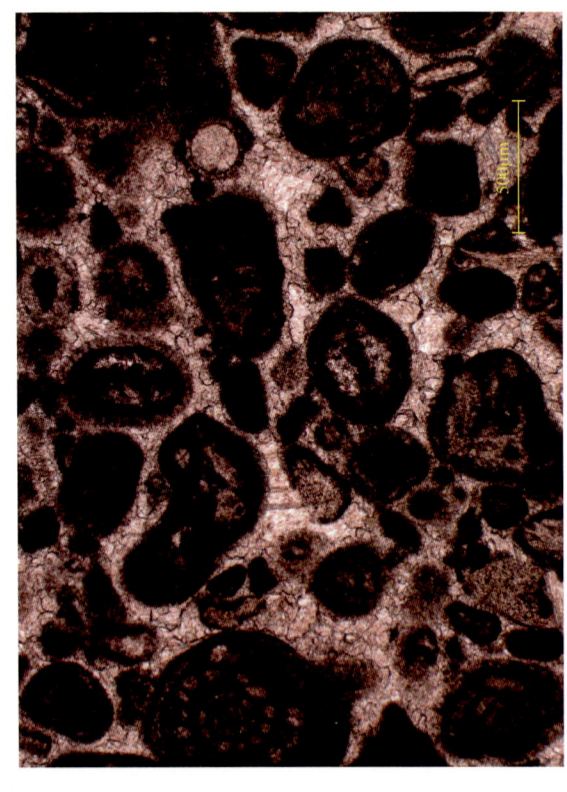

▲ 鲕粒结构

鲕粒堆积紧密，胶结物呈"Y"字形的贴面接触，部分鲕粒被溶蚀后，方解石充填，形成多晶鲕粒，亮晶鲕粒灰岩。青川建峰，C_2m。普通薄片，单偏光，显微照片

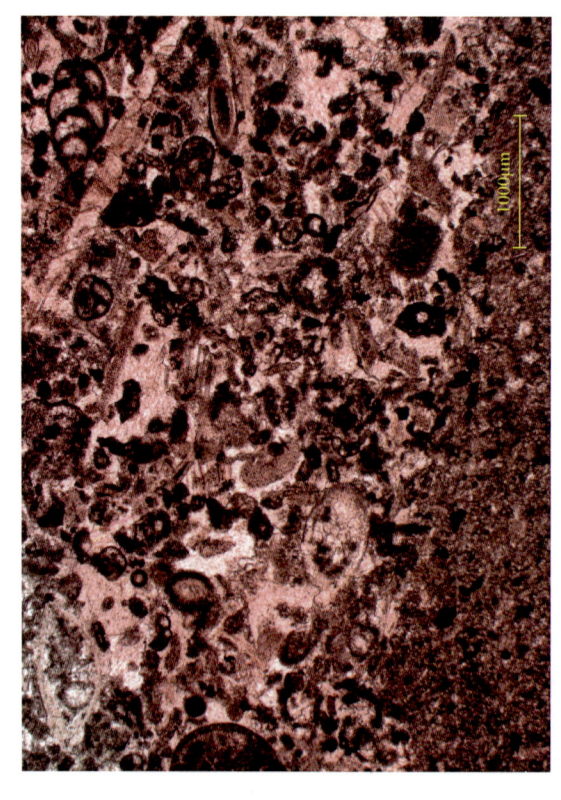

▲ 鸟眼构造

成行的枝丫状，鸟眼孔内被亮晶方解石全充填。青川建峰，C_2m。普通薄片，单偏光，显微照片

3.3.4 华蓥山仙鹤洞上石炭统黄龙组剖面

剖面距华蓥市区36km，距广安市区53km。构造位置为华蓥山复式背斜东翼次级背斜高点。剖面仅有黄龙组保存，黄龙组界于上下两个侵蚀面之间（加里东运动和云南运动）。测量长度30.3m，上石炭统黄龙组厚21.29m。底与中志留统韩家店组（S₂h），顶与中二叠统梁山组（P₂l）均为平行不整合接触关系。纵向上组成4个韵律层序列。

底部韵律层厚2.15m，韵律层下端为厚1.61m的灰色中层状细晶含残余砂屑白云岩夹薄层页岩，白云岩中见变形纹层；上端为厚0.54m的灰色中层状细晶—粉晶含残余砂屑白云岩，砾径为0.1~7.0mm，呈棱角状—颗粒状白云岩→颗粒白云岩→角砾岩（角砾状白云岩）韵律性变化序列。

第2个韵律层厚7.74m，韵律层下端为厚0.34m的灰色中层状细晶—粉晶含残余砂屑白云岩，砾间充填白云石和泥质。上端为厚7.4m的灰色厚层状角砾岩，岩层破碎，角砾呈漏斗状溶洞，顶部见漏斗状溶洞，中部见泥晶细晶白云岩，充填方解石，沥青，岩层见大小不一的方解石及沥青。见7条高角度裂缝，缝宽为0.3~0.6cm，方解石充填，局部见少量溶孔，白云石充填，发育水平层理；厚小为3.0~5.0cm，局部未充填。砾径为0.5~4.0cm，砾间充填白云石和泥质，分选差，大小混杂，砾径为0.5~4.0cm，砾间充填白云石和泥质，分选差，砾石成分包括泥晶白云岩，局部见溶孔、白云石及沥青。

第3个韵律层厚9.27m，韵律层下端自下而上分别为厚0.43m的灰色厚层粉晶白云岩，方解石斑晶发育，斑晶大小为0.85m的灰色厚层残余砂屑生物碎屑白云岩，生物碎屑以腕足类，介壳，有孔虫为主，少量棘皮，腹足；上端为厚0.85m的灰色厚层状角砾岩，二世代充填沥青、白云石共同产出。腹足和双壳生物碎屑，针孔，溶洞发育，充填方解石，沥青，岩层见大小不一的方解石。

顶部韵律层厚2.13m，韵律层下端自下而上分别为厚0.43m的灰色厚层粉晶微晶白云岩，发育水平层理；厚1.63m的灰色厚层残余砂屑生物碎屑白云岩，上端为厚5.96m的灰色厚层—块状角砾岩，底部和顶部均见溶洞，洞径分别为1.3m，0.8m，溶洞内为半充填，砾径为0.3~2.0cm，角砾为泥晶白云岩，砾石与石英共同产出。

储层岩类见晶粒白云岩，角砾状白云岩，空隙主要为晶间，粒间，粒内溶蚀孔，角砾间溶孔等。7个物性样品分析表明，孔隙度为5.31%~11.96%，平均为7.49%；渗透率为0.036~7.146mD，平均为1.507mD。

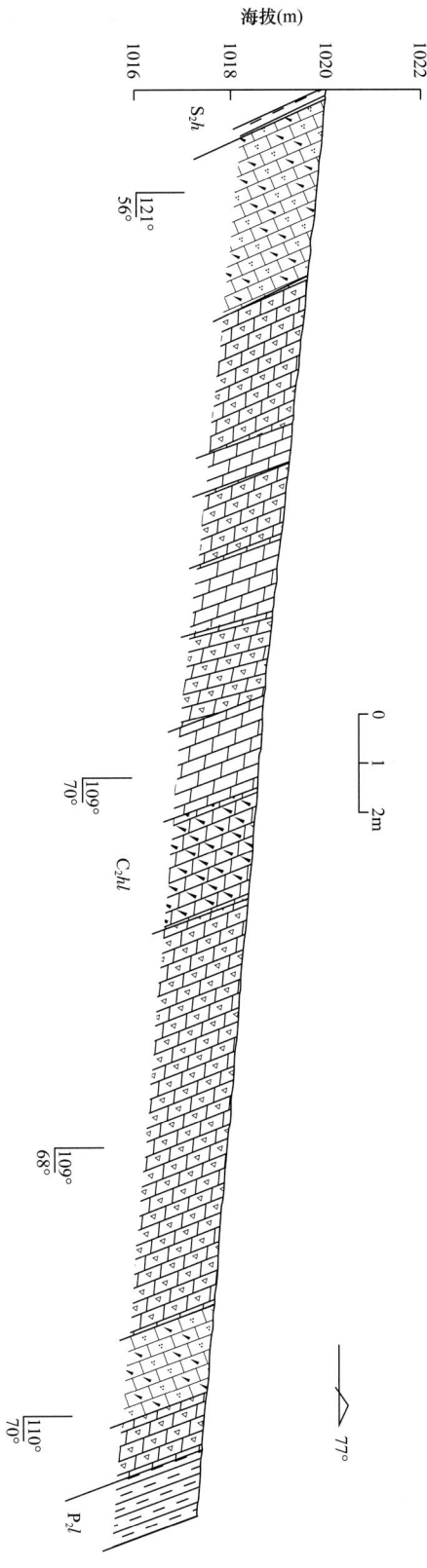

华蓥山仙鹤洞上石炭统黄龙组实测剖面图

华蓥山仙鹤洞上石炭统黄龙组实测剖面图

岩溶角砾

岩溶云质角砾岩。华蓥山仙鹤洞，C_2hl。露头照片

▶ 岩溶角砾

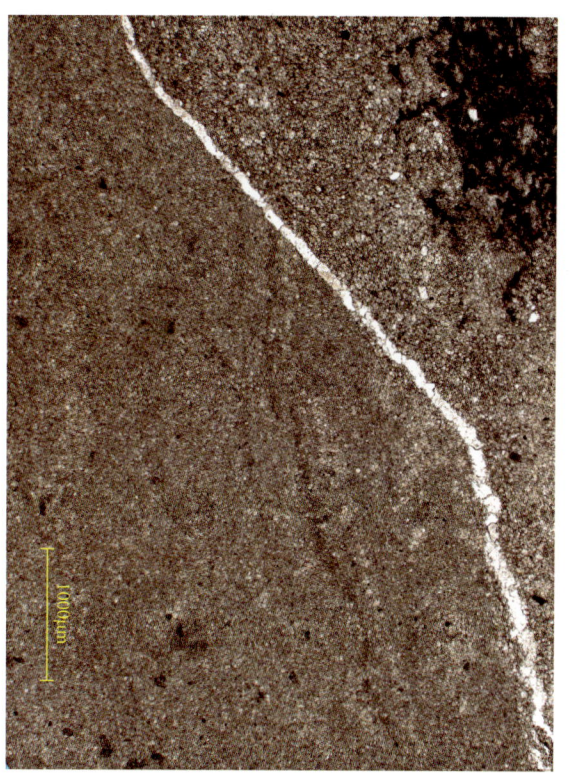

岩溶云质有泥角砾岩。华蓥山仙鹤洞，C_2h_1。露头照片

▶ 冲刷界面

下伏微纹层泥晶白云岩被冲蚀，界面之上为粉晶白云岩。华蓥山仙鹤洞，C_2h_1。普通薄片，单偏光，显微照片

▶ 岩溶角砾

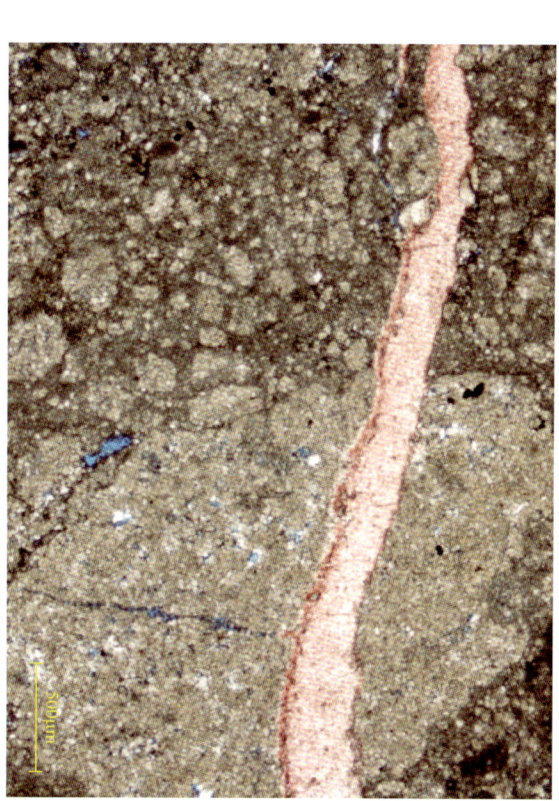

岩溶作用形成岩溶角砾岩，砾间见少量溶孔。华蓥山仙鹤洞，C_2h_1。铸体薄片，茜素红染色，单偏光，显微照片

▶ 岩溶角砾

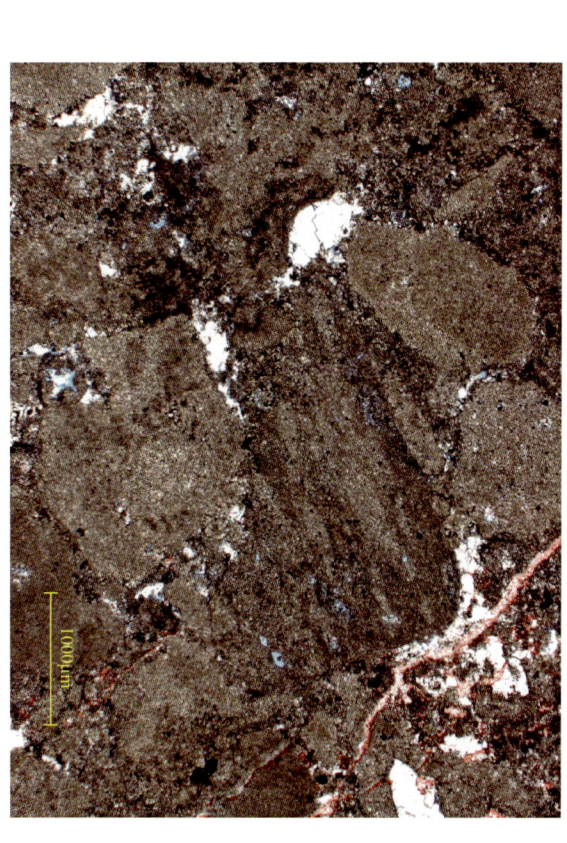

角砾内既有泥角砾晶结构，又有泥粉晶、粗粉晶结构，不同结构角砾相混。华蓥山仙鹤洞，C_2h_1。普通薄片，单偏光，显微照片

▶ 岩溶角砾

角砾杂乱堆积，角砾内结构不同，砾内见少量溶孔，面孔率约为1.0%。华蓥山仙鹤洞，C_2h_1。铸体薄片，茜素红染色，单偏光，显微照片

131

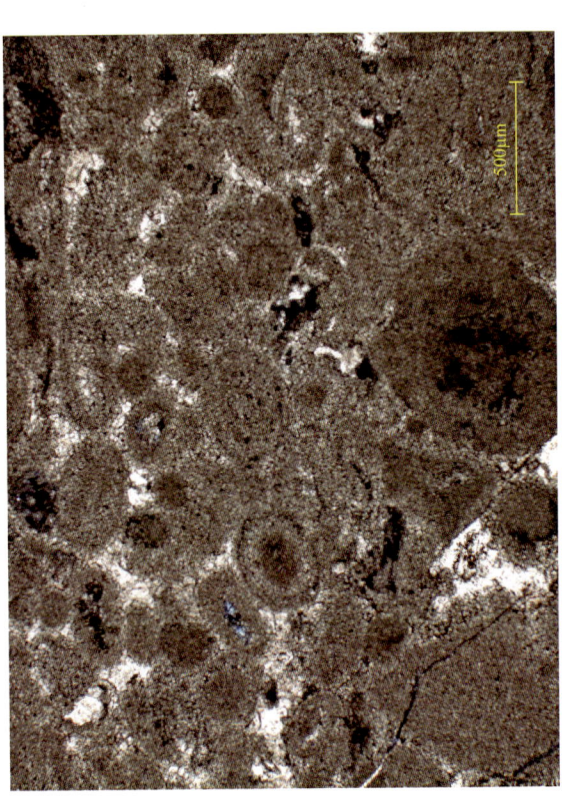
▲ 干化角砾
沉积层因干化、收缩、裂开，角砾成分和结构相同，见方解石和石英交代，干化灰云质角砾岩。华蓥山仙鹤洞，茜素红染色，单偏光，普通薄片，显微照片

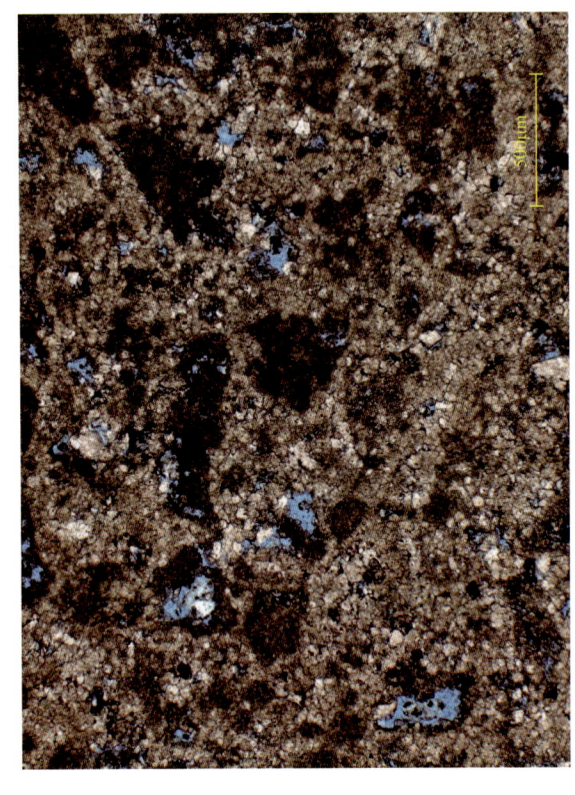
▲ 粒间、粒内溶孔
粒间溶孔普遍，粒内溶孔偶见，面孔率为2.0%，残余颗粒白云岩。华蓥山仙鹤洞，C_2hl，铸体薄片，单偏光，显微照片

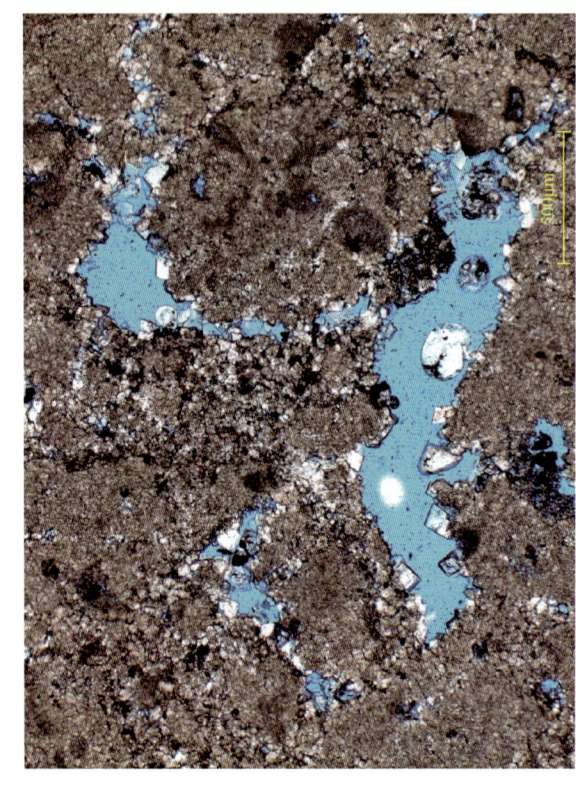
▲ 鲕内、鲕间溶孔
以残余鲕内溶孔居多，个别近于鲕模孔（左上），面孔率为5.0%，残余鲕粒白云岩。华蓥山仙鹤洞，C_2hl，铸体薄片，单偏光，显微照片

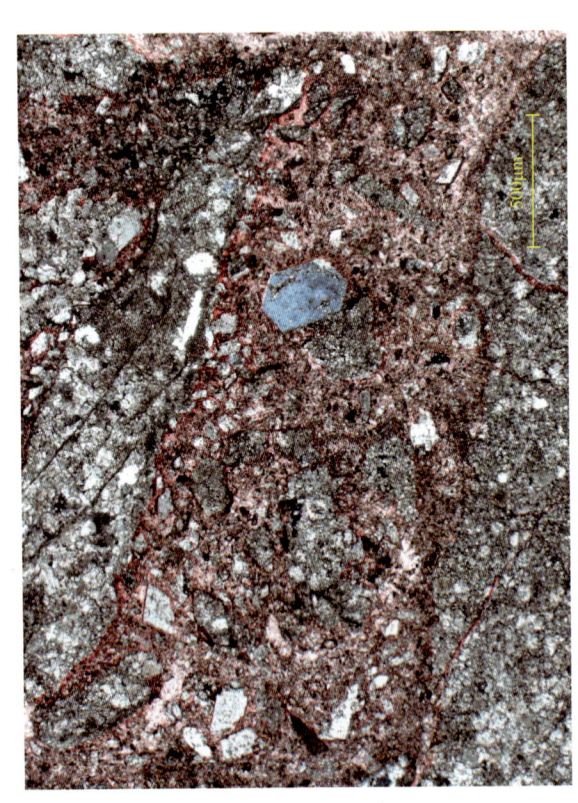
▲ 残余鲕粒
呈幻影，见少量粒内及粒间溶孔，残余鲕粒白云岩。华蓥山仙鹤洞，C_2hl，铸体薄片，单偏光，显微照片

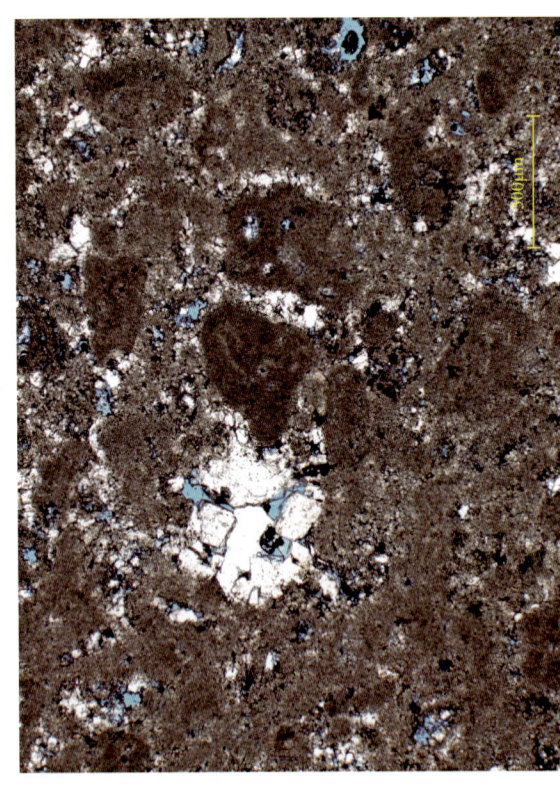
▲ 粒内、粒间溶孔
溶孔分布较均匀，面孔率约为2.0%，粗粉晶砂屑白云岩。华蓥山仙鹤洞，C_2hl，铸体薄片，单偏光，显微照片

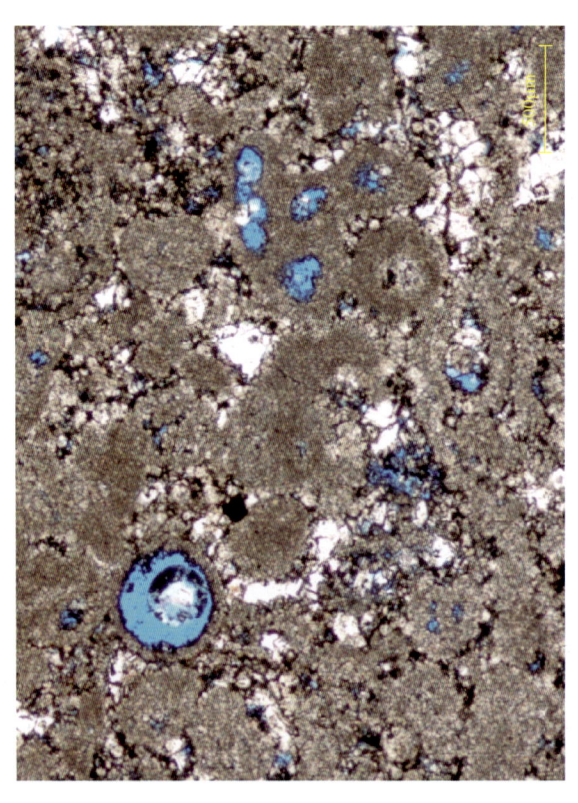
▲ 粒间溶扩孔
非选择性溶蚀，先由粒间溶蚀，进而溶蚀粒内，形成粗大的溶蚀孔洞，面孔率为5.0%，残余砂屑具幻影。华蓥山仙鹤洞，C_2hl，铸体薄片，单偏光，显微照片

3.3.5 华蓥山新兴煤矿上石炭统黄龙组剖面

剖面位于华蓥市东郊，距市政府仅 3.9km，构造位置位于华蓥山复式背斜主背斜轴部北倾没端，北邻华蓥山天池。

剖面测量总长度为 19.5m，黄龙组厚度为 15.71m。底部与志留系韩家店组，顶部与中二叠统梁山组均呈平行不整合接触关系。

剖面结构可划分出 4 个颗粒白云岩→角砾岩韵律性变化序列。

第 1 个韵律层厚 4.01m，韵律层下端为浅灰色厚层块状亮晶砂屑白云岩，具网状镶嵌角砾结构，胶结物为细晶白云石和少量方解石，见方解石斑晶和裂缝；上端为厚 2.13m 的灰色厚层块状角砾岩，角砾为粉晶白云岩，砾径为 0.3～1.0cm，分选中等，棱角状，水平缝和高角度缝合线发育，全充填。

第 2 个韵律层厚 3.61m，韵律层下端为厚层完晶白云岩，刀砍纹明显，角砾状，角砾为粉晶白云岩，砾径 2.46m 的灰色—深灰色块状角砾岩，发育高角度裂缝和缝合线，缝宽为 3.0～7.0cm，方解石全充填，局部见泥质充填层面见 0.8m×2.0m 的溶洞。

第 3 个韵律层厚 6.72m，韵律层下端为厚 2.46m 的灰色—块状微晶残余砂屑白云岩，上端为厚 4.26m 的灰色—深灰色块状角砾岩，岩层见方解石斑晶和少量裂缝，裂缝中充填方解石。角砾支撑，角砾为粉晶白云岩，砾径为 1.0～2.0cm，发育高角度裂缝，缝宽为 0.1～1.5cm，方解石全充填，上端为厚 0.2～2.5cm，分选中等，棱角状，填隙物为粉晶—粗晶白云石、泥质、铁质。

顶部韵律层厚 1.37m，受云南运动影响，仅存韵律层下端，为灰色厚层状粉晶白云岩，顶部刀砍纹明显，局部见水平及高角度裂缝，缝宽为 0.1～0.3cm，方解石全充填，上端缺失。

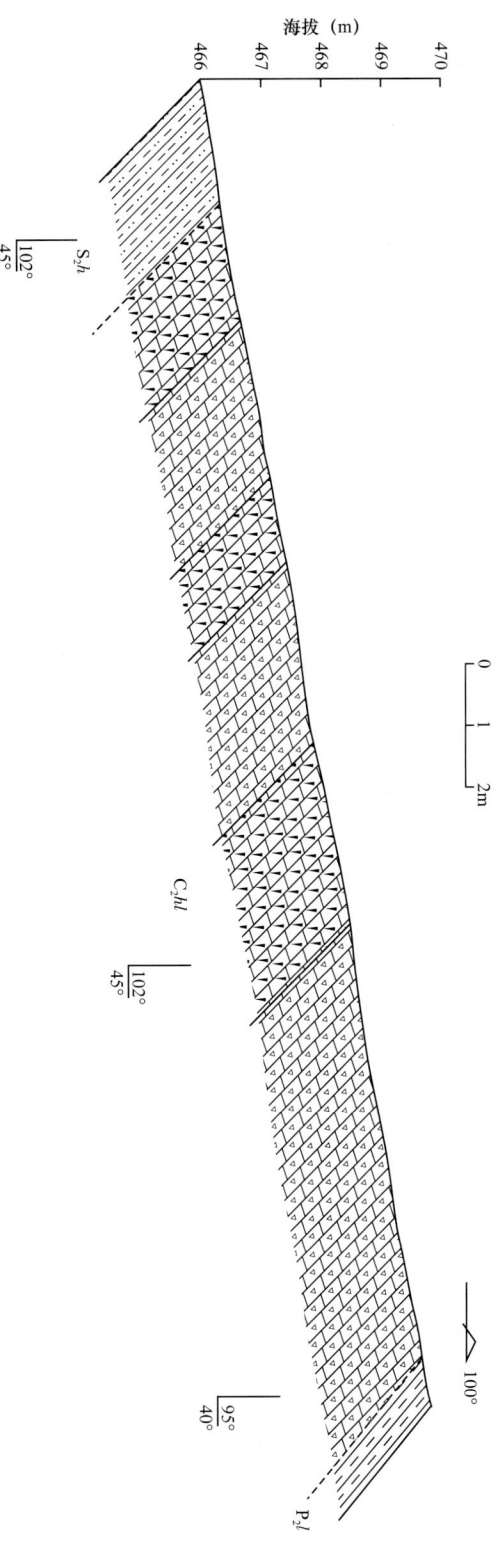

华蓥山新兴煤矿上石炭统黄龙组实测剖面图

晶间溶孔	
孔隙壁附着少量碳沥青，溶孔疏密不均，面孔率为 3.5%，粗粉晶白云岩，华蓥山仙鹤洞，C_2hl，铸体薄片，单偏光，显微照片	

地层			伽马曲线 GR(API) 0—50	岩性剖面	厚度 (m)	岩性描述	沉积相		
统	组						微相	亚相	相
中二叠统	梁山组					黑色碳质页岩	潮下静水泥		
上石炭统	黄龙组				2 4 6 8 10 12 14 16	浅灰—灰色厚层状角砾状白云岩，角砾支撑结构，角砾为粉晶白云岩，大小为0.2~0.7cm，填隙物为微晶—中晶白云岩和少量泥质，底部为铝土质泥岩 灰—灰色厚层一块状微晶残余砂屑白云岩，发育高角度裂缝，缝宽为0.1~1.5cm，被方解石和少量白云石胶结充填，局部见白云晶，大小为1~2cm 灰色一深灰色块状角砾状白云岩，角砾为粉晶白云岩，大小为0.3~1.5cm，砾间为粉晶白云岩，发育高角度裂缝和缝合线，缝宽为3~7cm，方解石和少量白云石充填 灰色厚层状残晶砂屑白云岩 见少量裂缝 灰色块状角砾状白云岩，具网脉锯齿状岩溶角砾结构，角砾为粉晶白云岩，大小为0.3~1cm，分选中等，呈棱角状，水平与高角度裂缝发育，方解石和白云石充填 浅灰色厚层状残晶砂屑白云岩，胶结物主要为细晶—中晶白云石和少量方解石充填，见方解石晶和裂缝，裂缝被方解石充填	潮下静水泥 颗粒滩 潮下静水泥 颗粒滩 潮下静水泥 颗粒滩	半局限海湾	陆棚海湾
中志留统	韩家店组					灰绿色泥岩，粉砂质泥岩，顶部为厚0.2m的铝土质泥岩			

华蓥山新兴煤矿上石炭统黄龙组综合柱状图

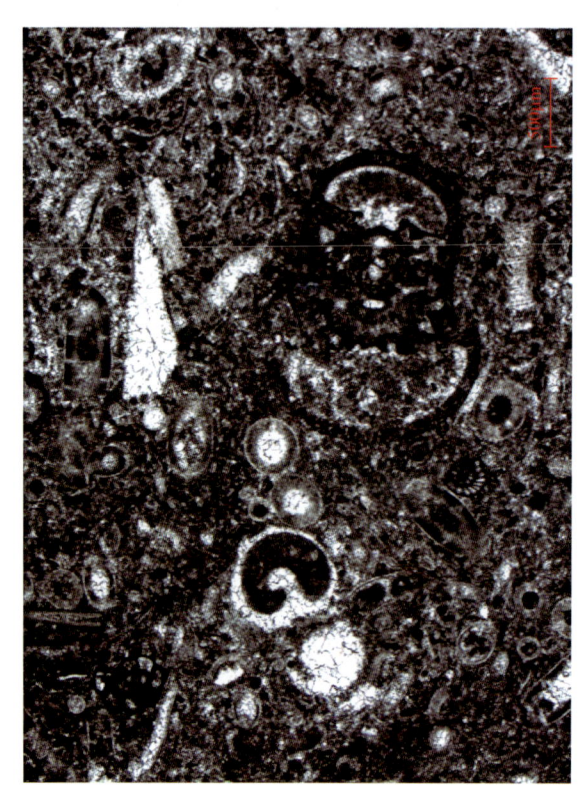

▲ 布拉迪虫和德薇拉藻

布拉迪虫（右下）、德薇拉藻（左中、中下），尚见腹足类（左中下）、瓣鳃类（中上）等生屑，泥晶生屑白云岩。华蓥山新兴煤矿，C_2hl。普通薄片，单偏光，显微照片

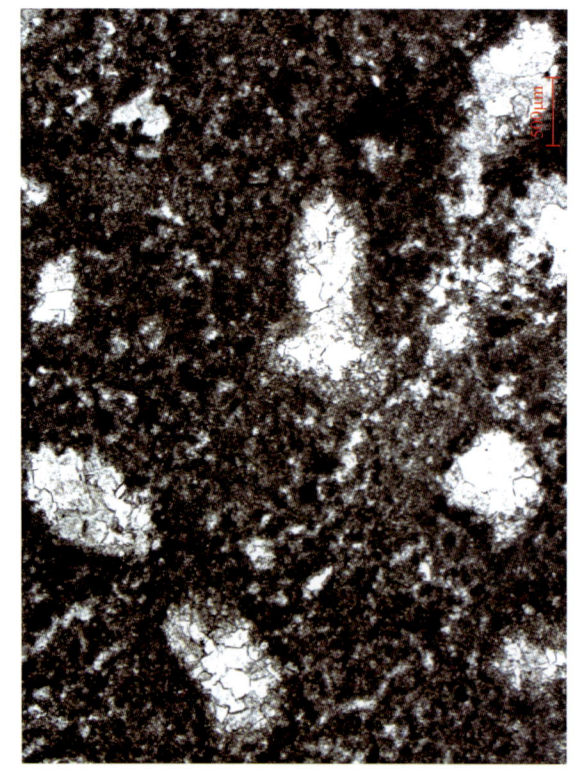

▲ 裸松藻、菌藻球粒

由于成岩改造，颗粒结构不清，但少数依稀可见裸松藻锯齿状的外部形态（左上），细小的球粒为蓝细菌造成的模糊微粒，菌藻云岩。华蓥山新兴煤矿，C_2hl。普通薄片，单偏光，显微照片

▶ 同生角砾

由水动力冲击振形成沉积物碎屑，角砾未经磨蚀和分选，大小不等，砾间为泥粉晶杂基和偶见陆屑填分，是机械组分而非化学组分，同生灰质角砾岩。华蓥山新兴煤矿，C_2hl，普通薄片，单偏光，显微照片

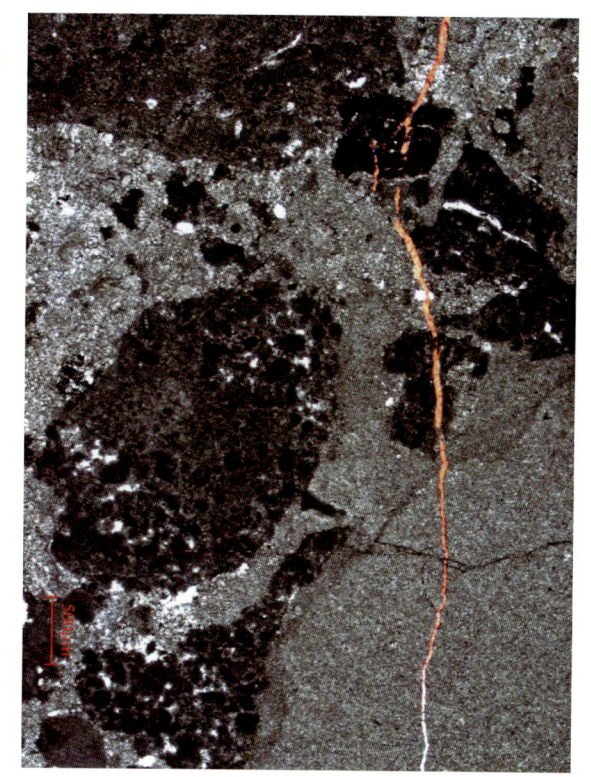

▶ 同生云化角砾

同生云化作用后形成，角砾内有菌藻类痕迹，粉晶白云石，个别角砾间粗方解石胶结，岩溶灰云质角砾岩。华蓥山新兴煤矿，C_2hl，普通薄片，茜素红染色，单偏光，显微照片

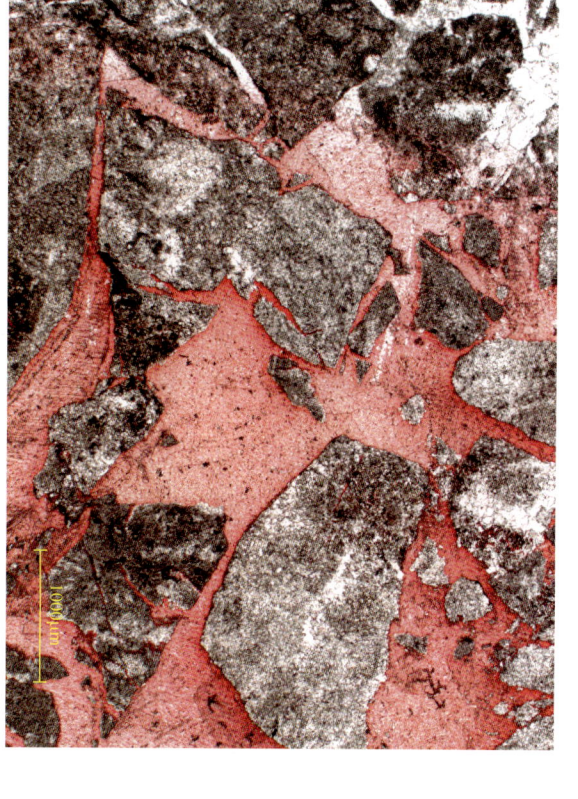

▶ 岩溶角砾

强烈岩溶作用形成垮塌角砾，又被灰质胶结，角砾未经磨蚀和分选，大小不等，砾间为粗晶方解石。华蓥山新兴煤矿，C_2hl，普通薄片，茜素红染色，单偏光，显微照片

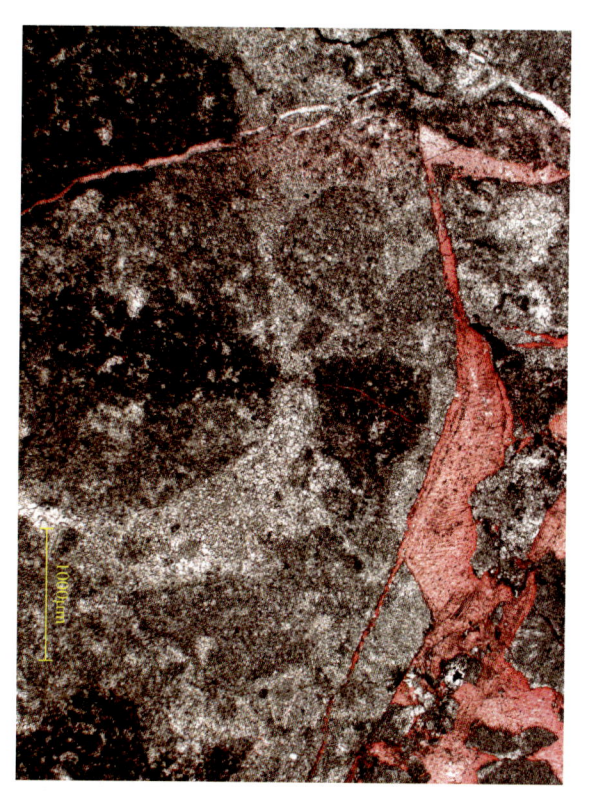

▶ 岩溶角砾

角砾大小不一，具棱角，邻近角砾内为泥晶白云石，可互相拼接，砾内有小缝仅限于角砾内，说明先碎裂后岩溶，砾间为粗大方解石胶结，岩溶灰云质角砾岩。华蓥山新兴煤矿，C_2hl，普通薄片，单偏光，显微照片

3.3.6 丰都南天湖上石炭统黄龙组剖面

剖面位于重庆市丰都县东南部南天湖镇狗子水村，沿203省道距丰都县城48km，构造上位于七曜山背斜南段北西翼。

剖面测量长度为62.3m，黄龙组厚为29.58m，底部与中志留统韩家店组灰绿色泥岩，顶部与中二叠统梁山组碳质页岩均呈平行不整合接触关系。

黄龙组由角砾岩和石灰岩组成，其中角砾岩中的角砾亦为石灰岩。

下段为角砾岩夹不等厚层状含铁质角砾岩，厚13.2m，组成角砾岩→石灰岩→角砾岩，砾径最大者达2.0cm，角砾为泥晶—细晶灰岩，大小混杂，砾间为粗晶方解石作用强烈，多数达粗晶结构，底部见残余生屑和少量陆源粉砂；中部为灰色块状不等晶灰岩，厚7.28m，重结晶作用强烈，部分为细晶，为灰色中层—厚层状含铁质角砾岩，厚3.24m，呈方解石脉；上部角砾岩层厚2.68m，为灰色厚层状，角砾成分较杂，局部见薄层陆源角砾岩和高角度充填裂缝，呈方解石脉。

见残余颗粒灰岩，晶粒（细晶—粗晶）灰岩，生物碎屑灰岩（生物碎屑为有孔虫、棘皮类等），砾径变化大，最大砾径可达9.0cm，发育高角度裂缝，岩层较破碎。

上段为灰色中层—厚层状泥晶—亮晶颗粒灰岩，厚16.38m，自下而上由亮晶结构渐变为泥晶结构。其中下部为亮晶颗粒灰岩，厚8.1m，见砂屑，生物碎屑，生物碎屑主要为有孔虫、双壳类和腕足类等，微裂缝较发育，呈网状分布，方解石充填。上部为泥晶颗粒灰岩，颗粒类型主要为鲕粒，砂屑，生物碎屑，生物碎屑主要见钙球，棘皮类和珊瑚等。部分鲕粒因压实作用被拉长变形。局部见生物扰动构造。

储层主要分布在高能滩相中亮晶鲕粒生物碎屑（砂屑）灰岩中，少量见于角砾状灰岩中，空隙为溶蚀孔隙。6个物性样品测试孔隙度 0.9%~4.94%，平均为 2.62%，其中孔隙度大于 2.0% 的样品有 4 个，平均孔隙度为 3.25%；渗透率为 0.0269~0.2932mD，平均为 0.0759mD。

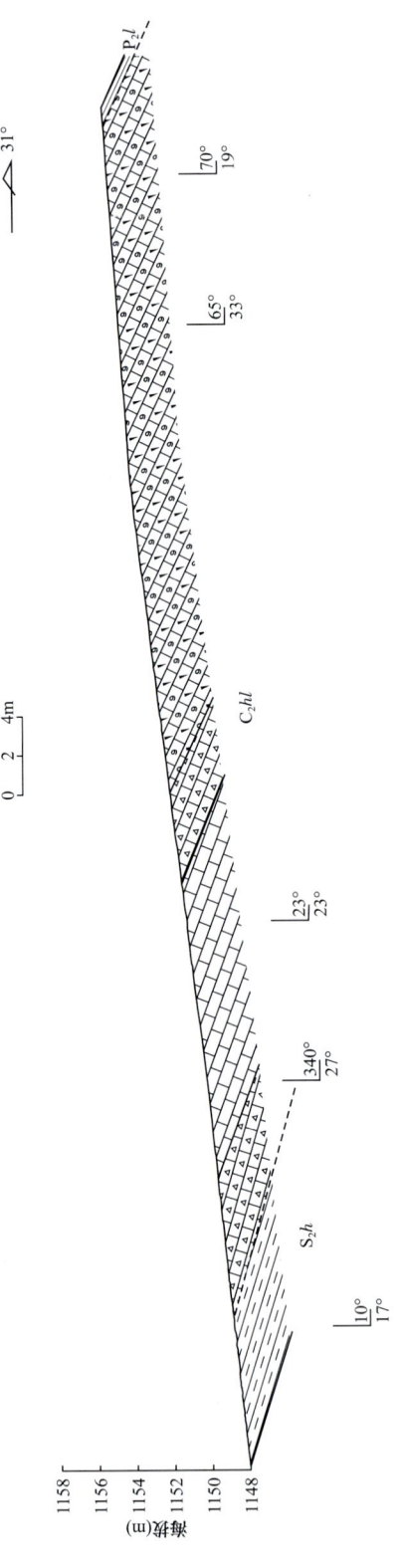

丰都南天湖上石炭统黄龙组实测剖面图

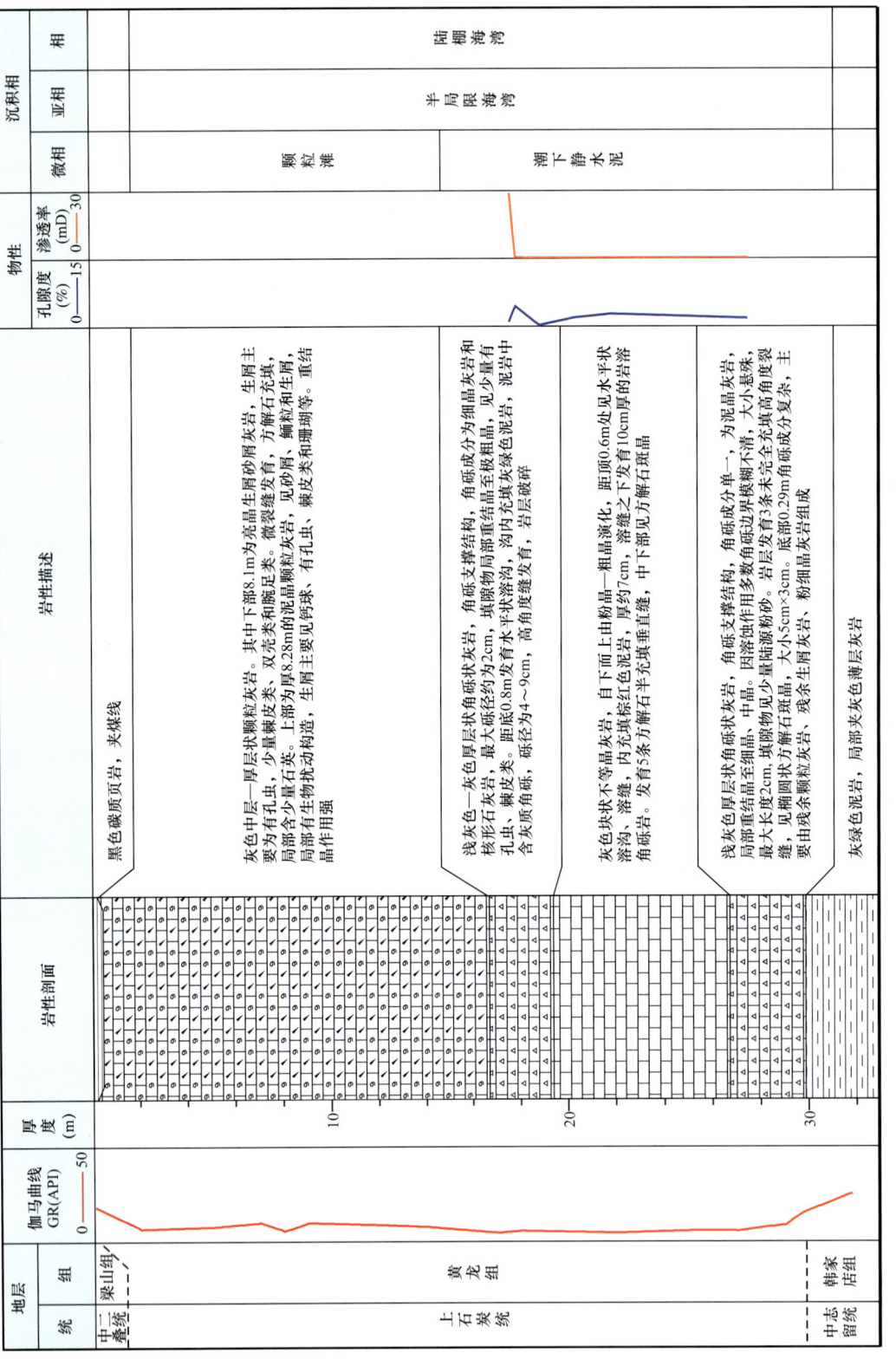

丰都南天湖上石炭统黄龙组综合柱状图

▶ 地质界线

石炭系黄龙组石灰岩与下伏志留系韩家店组泥岩呈平行不整合接触。丰都南天湖。露头照片

▶ 石炭系露头剖面全貌

丰都南天湖，C_2hl。露头照片

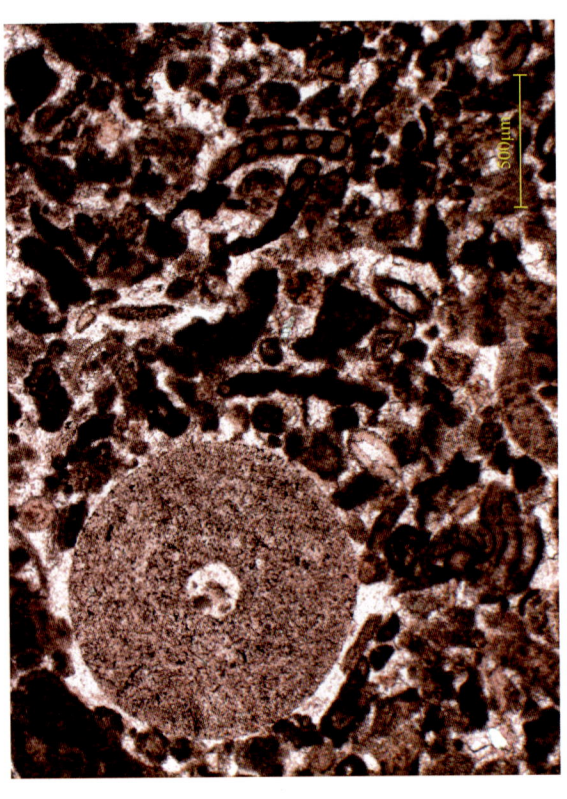

▲ 生物碎屑
见棘皮类、瓣鳃类、腕足类、梯状虫、生屑砂屑灰岩。丰都南天湖，C_2hl。普通薄片，单偏光，显微照片

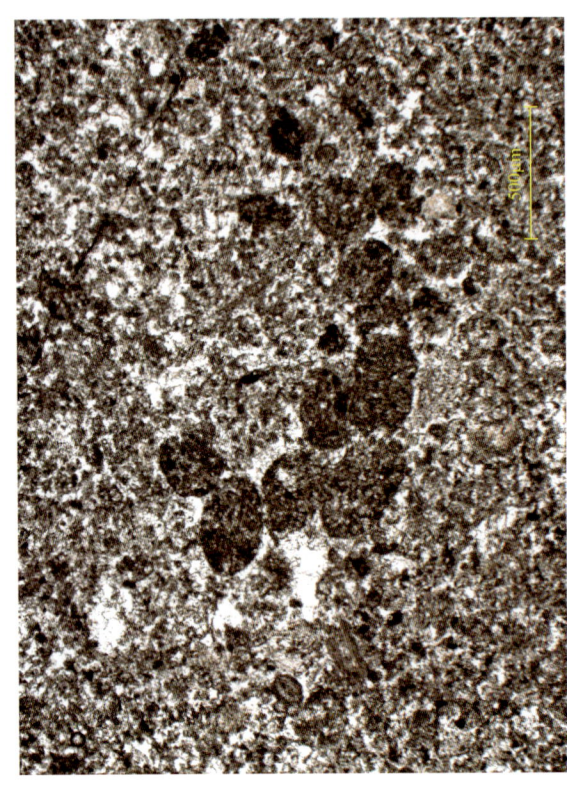

▲ 生物扰动构造
泥晶、亮晶混杂，颗粒密集而不均匀，泥晶生屑灰岩。丰都南天湖，C_2hl。普通薄片，单偏光，显微照片

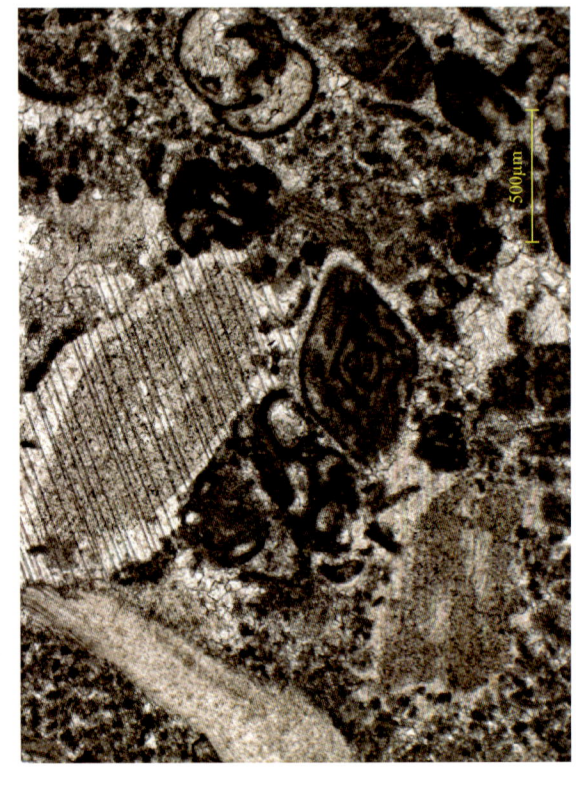

▲ 砂砾屑结构
砂屑和砾屑磨圆度较高，但粒径悬殊，部分粒内可见生物碎片，亮晶砂砾屑灰岩。丰都南天湖，C_2hl。普通薄片，单偏光，显微照片

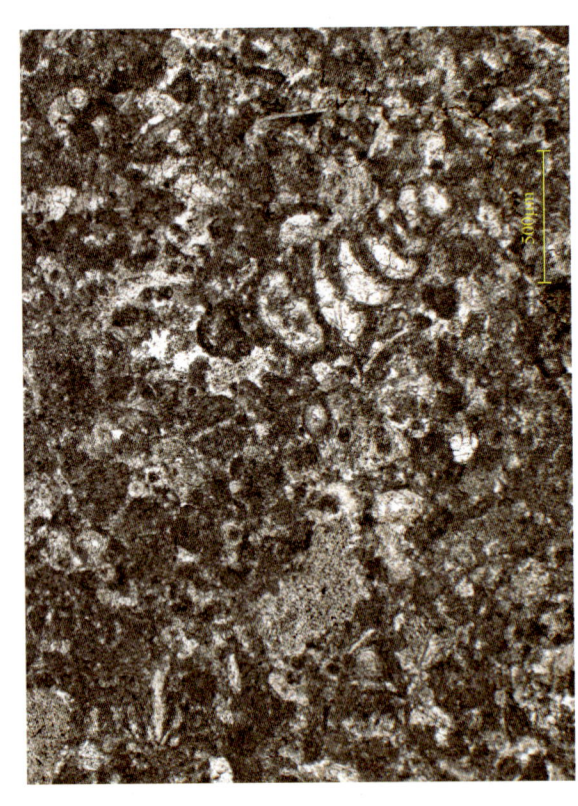

▲ 生物碎屑
除有孔虫外，高含棘皮类（海胆刺）、角节房虫（右中）、德薇拉藻（中下），生屑砂屑灰岩。丰都南天湖，C_2hl。普通薄片，茜素红染色，单偏光，显微照片

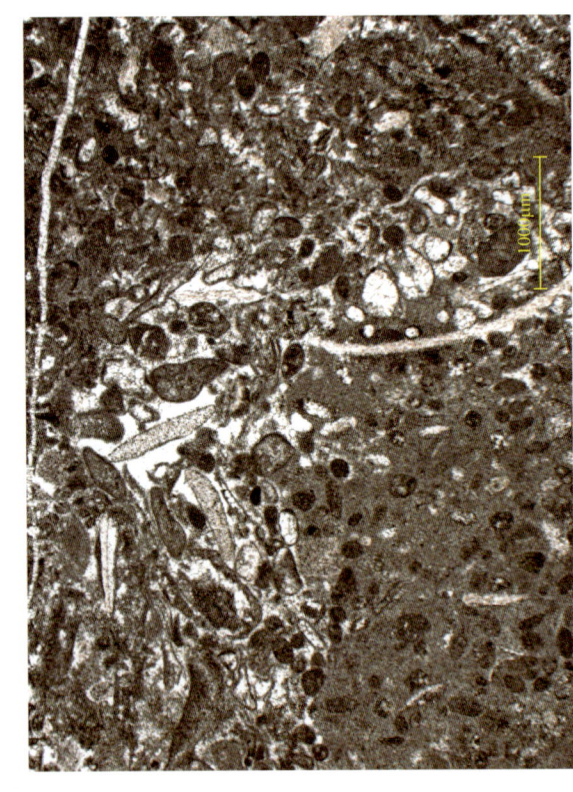

▲ 粪粒聚集
粪粒即生物排泄物，呈椭圆状、土堆状、串连状、盘状堆积，为安静环境下的产物，粉晶粉屑球粒灰岩。丰都南天湖，C_2hl。普通薄片，单偏光，显微照片

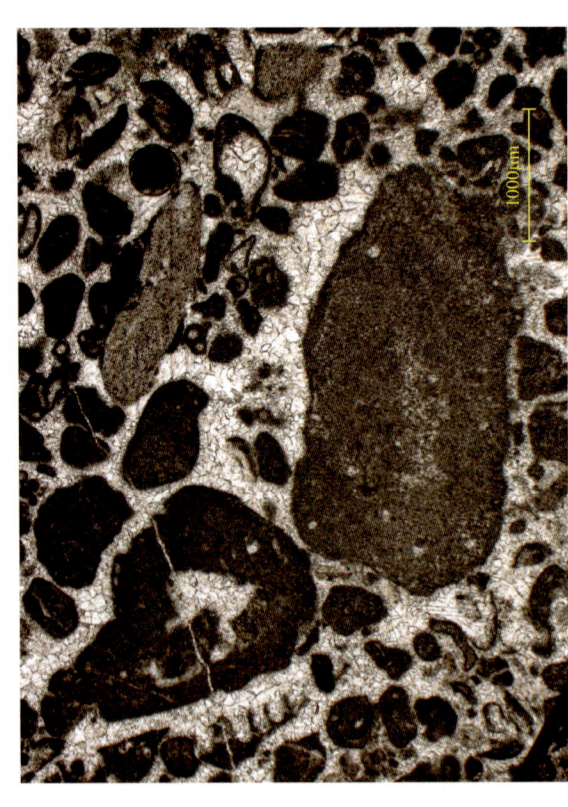

▲ 颗粒结构
含多种生物，见小纺锤蜓（中下）、棘皮类、筛串虫（中上）、腕足类（左上）等，亮晶生屑灰岩。丰都南天湖，C_2hl。普通薄片，单偏光，显微照片

▶ 去云化作用

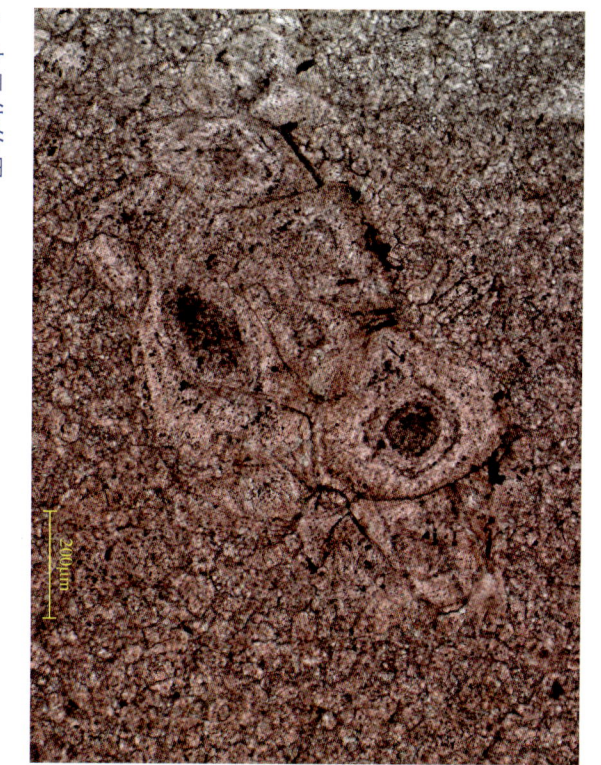

原为白云岩，具有环带状的菱面体白云石全部转变为方解石，形成白云石假晶。不等晶次生灰岩。丰都南天湖，C_2h。普通薄片，茜素红染色，单偏光，显微照片

▶ 共轴生长

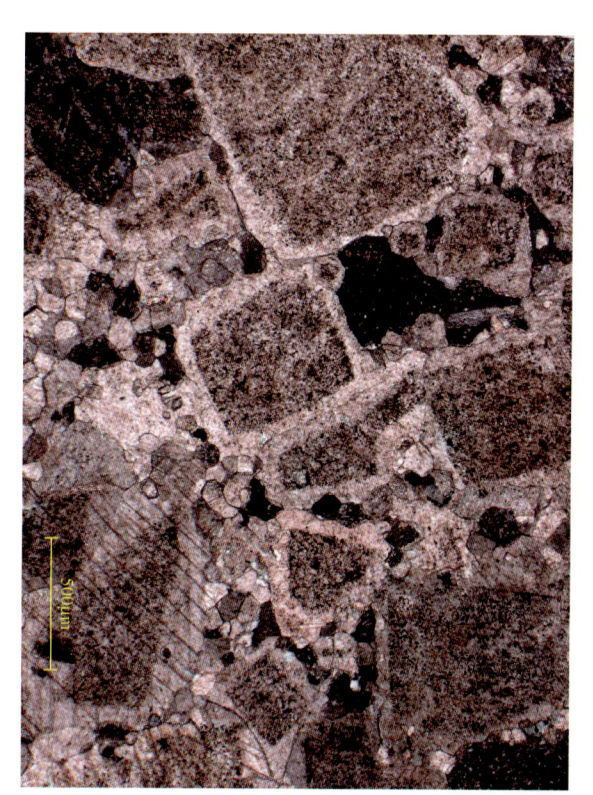

颗粒原为棘皮类生屑，因棘皮类为方解石单晶，极易发生颗粒共轴生长形成浅色环边，左下方单晶中仍可见棘皮类茎孔。粗粉晶棘屑灰岩。丰都南天湖，C_2h。普通薄片，茜素红染色，正交偏光，显微照片

4 二叠系

4.1 地层概况

2000年，第三届全国地层会议决定将二叠系由原两分（上统、下统）变为三分（下统、中统和上统）。四川盆地下二叠统仅在龙门山北段有零散分布，厚度仅十余米，盆地内缺失（李国辉等，2005）；中统和上统在盆地内广泛分布（覃建雄，1999），中统分梁山组（P_2l）、栖霞组（P_2q）、茅口组（P_2m）；上统为吴家坪组（P_3w）或龙潭组（P_3l）、长兴组（P_3ch）或大隆组（P_3d）。

四川盆地中二叠统顶底界均与上下地层平行不整合接触，上二叠统与三叠系为整合接触关系。

二叠系岩类具有多样性，中统以碳酸盐岩为主，上统见火山岩、陆相碎屑岩、海陆过渡相含煤岩系、浅海相石灰岩、白云岩、生物灰岩、礁灰岩（白云岩）、以及深水（半深水）相硅质页岩、硅质岩。

二叠系除在四川盆地边缘及外围区出露，盆地内出露区分布在大巴山前缘构造带和华蓥山构造带。

4.1.1 中统（阳新统）

梁山组由赵亚曾、黄汝清于1931年在陕西南郑县梁山命名，为一套黏土岩、碳质页岩、泥质粉砂岩、夹煤线（层）。四川盆地梁山组底与石炭系平行不整合接触，顶与栖霞组整合接触。岩性为灰绿色铝土泥岩夹黑色页岩、泥质粉砂岩、碳质页岩，夹煤线（层），含黄铁矿、菱铁矿，产动植物化石。厚度一般为3~23m，最大厚度达42m。

栖霞组为一套灰色、深灰色灰岩、生屑灰岩、云质灰岩和白云岩，生物繁盛，产珊瑚 Hayasakaia、Wentzellophyllum、Polythecalis、Tetraperinus；䗴 Misellina、Nankinella、Pisolina 及有孔虫、腕足类、藻类等，厚度为100~200m。根据生产需求，又分为两段：栖一段泥质含量相对较高，颜色相对较深，由石灰岩、生屑灰岩、含泥质灰岩组成，局部为白云岩（魏国齐等，2010），盆地内的厚度较稳定，顶与栖霞组整合接触，为区域性对比标准层，且 Cryptospirifer（隐石燕）仅产于该层。厚度为50~70m，川西地区和川东地区厚度相对较大。川中及川蜀南地区泥质含量较低，为生屑灰岩，云质灰岩及白云岩，厚度为55~70m，地层分布格局与栖一段大体相似，川西及川东地区厚度相对较小，而川中及川蜀南地区厚度相对较小，盆地内白云岩主要分布在栖二段。

茅口组为深灰色、灰色泥质生屑灰岩、生屑灰岩、云质灰岩及白云岩，以下部眼球状泥质生屑灰岩与栖霞组分界（苏旺等，2015；宋晓波等，2016），盆地内分布稳定，为区域性对比标准层，且产 Ipciphyllum–Iranophyllum 组合特征。同时，茅口组上部出现大量燧石结核（条带），其中茅一段、茅二段、茅三段、茅四段。茅口组自上而下可分为茅一段、茅二段、茅三段、茅四段，茅一段为含泥质生屑灰岩，茅二段为生屑灰岩，茅三段为生珊瑚以 Ipciphyllum–Iranophyllum 组合为特征。同时，茅口组上部出现大量燧石结核（条带）。盆地内茅口组厚度为200~300m。茅口组自上而下可分为茅一段、茅二段、茅三段、茅四段，茅一段为含泥质生屑灰岩，茅二段为生屑灰岩，茅三段为生屑灰岩、云质灰岩及白云岩，茅四段仅在川西南地区和川出3个亚段（分别以a、b、c命名）。茅一段、茅二段、茅三段、茅四段，茅二a亚段以新。

盆地北部地区茅口组上部（茅二a亚段以新）因相变化出现硅质页岩、硅质岩等深水相（金若谷，1987；赵俊兴等，2008）。

受东吴运动影响，茅口组上部普遍存在不同程度剥蚀，盆地内大部分地区剥蚀至茅三段，茅四段仅在川西南地区残存。

4.1.2 上统（乐平统）

四川盆地上二叠统绘岩相分异较大，吴家坪阶岩石地层单元有峨眉山玄武岩组、龙潭组、吴家坪组、长兴阶岩石地层盆地内中二叠统厚度为300~600m，吴家坪阶岩石地层单元有峨眉山玄武岩组、龙潭组、吴家坪组，长兴阶岩石地层盆地内大部分地区一般厚300~400m，乐山、绵阳等地厚度相对较大，前者可达600m，后者最大厚度500m。

四川盆地于1956年在圣灯山构造隆10井中二叠统首次发现工业气流（四川油气区石油地质志编写组，1989），主要储产层为栖霞组、茅口组缝洞型，20世纪60年代以来，成为蜀南地区的主力产层之一；到20世纪末，天然气探明储量为945.08×10⁸m³。

1983年在川东地区石宝寨1井首次发现长兴组生物礁气藏，测试产气37.2×10⁴m³。其后，在板东、双龙、张家场、铁山钻探生物礁气藏，单个气藏的储量规模小于50×10⁸m³，多数气藏储量在3×10⁸~5×10⁸m³之间。1995年，西南油气田公司提出晚二叠世生物礁分布的受控于"开江—梁平海槽"台缘带的新认识，2006年龙岗1井长兴组生物礁礁盖气藏测试获日产50.3×10⁴m³高产工业气流，元坝1井在长兴组生物礁测试获气65.3×10⁴m³，发现了元坝气田。同年，川东北地区一磨溪八角场地区发现长兴组生物礁气藏，埋藏最深的生物礁大气田——元坝气田。此后，在七里北、大天池、黄龙场、云安场等钻获一批生物礁气藏，从而开辟了在四川盆地寻找台缘生物礁气藏的新领域。目前，中国石油探区在长兴组探明储量854.21×10⁸m³。

1992年和2018年分别获气25.61×10⁴m³和22.5×10⁴m³，发现火山岩气藏。

2003年矿山梁构造1井，中二叠统茅口组测试获气126.77×10⁴m³/d，发育孔隙型储层，先后在南充、高石梯一磨溪及八角场地区获得新发现。

2011年钻探YSL1井，对盲威组第7号煤层进行压裂试气，天然气资源类型既有常规天然气1000m³，该井日产气量稳定在1500m³达5年多，单井累产370×10⁴m³。2016年提交川南煤层气田，煤层气地质储量49.1km²，煤层气地质储量93.84×10⁸m³，成为中国南方第一个实现商业开采的煤层气田。

目前，四川盆地中一上二叠统各组均发现天然气，2012年1月日产气量突破1000m³，该井日产气1500m³达5年多，单井累产370×10⁴m³。中二叠统沉积相为半局限海—开阔海沉积（冯纯江等，1988；黄先平等，2004；郝毅等，2020），储层既有沉积相（碳酸盐岩、煤），也有下生上储型，前者主要勘探对象，后者为白云岩，在川东地区主要岩性为石灰岩，是蜀南和川东北地区主要勘探对象，后者为白云岩，在川西北地区有缝洞型和孔隙型两种，构造型。

4.2 油气勘探概况

单元有沙湾组、长兴组，大隆组。见沙湾组/吴家坪组（盆地中北部）、长兴组/吴家坪组、峨眉山玄武岩组（"开江—梁平海槽"内）、长兴组/龙潭组（盆地中部及南部），盆地内其他地区厚度变化大；次为川西南地区，为150~550m，厚度较大的区域位于川东北地区，分布于盆地西南部，川东达州—梁平地带见零散分布（马新华等，2019）。见溢流相玄武岩，峨眉山玄武岩组厚度最大达400m，主要为峨眉山玄武岩喷发，蜀南地区厚度最小，一般为150~200m，盆地内上二叠统厚度一般为200~300m。

大隆组为深灰色硅质岩、硅质薄层状硅质岩、硅质页岩、灰质页岩及菱铁矿。该组产植物化石、腕足类、瓣鳃类、有孔虫等。

长兴组主要有石灰岩、生物（屑）灰岩、含燧石灰岩、泥灰岩、白云岩、泥岩，发育礁灰岩、有孔虫、珊瑚、海绵、腕足类、瓣鳃类、菊石、放射虫等深水生物，分布于局部地区，厚度普遍不足百米。

龙潭组为暗紫色、紫红色含玄武岩屑砂岩、粉砂质泥岩、灰质页岩及菱铁矿。该组产植物化石，分布于盆地中部，南部地区。

吴家坪组为一套生物灰岩、楼石灰岩、底部常有数米厚的泥页岩夹煤，分布于盆地中北部，沉积厚度变化较大，川西北地区15.4~36.1m，川东北地区一般厚度为100~150m，最大厚度为220m（硐西3井）。该组产植物化石、沙湾组为一套含玄武岩岩屑碎屑岩，火山碎屑熔岩、火山碎屑岩、泥质粉砂岩、细砂岩、泥岩、灰质页岩及菱铁矿，呈薄互层状。该组分布于龙潭组为一套含煤岩系，岩石组合为黑色页岩、泥粉砂岩、粉砂岩、煤、石灰岩。

火山碎屑熔岩、爆发相的玄武岩、火山碎屑熔岩、火山碎屑及沉凝灰岩，侵入相的辉绿岩等地层。

峨眉山玄武岩组主要分布于川东达州—梁平地带见零散分布，蜀南地区厚度最小，一般为150~200m，盆地内其他地区厚度一般为200~300m。

川中地区获得勘探发现（张健等，2018；向娟等，2011）。缝洞型储层岩性为致密的石灰岩、灰质角砾岩，储集空间主要是溶孔和裂缝，其分布和规模受控于东吴期表生岩溶和喜马拉雅期构造作用形成的构造裂缝。勘探表明，缝洞系统规模差异性大，自流井构造茅口组最大的缝洞系统天然气探明储量达 59.61×10^8 m^3，付家庙构造茅口组单一个缝洞系统探明储量 42.26×10^8 m^3，卧龙河构造茅口组单个缝洞系统探明储量 53.14×10^8 m^3，而小者仅 0.02×10^8 m^3；一个局部构造任发育多个缝洞系统，如纳溪构造中二叠统茅口组单个缝洞系统完钻井 50 口，获气井 24 口，共组成了 21 个互不连通的缝洞系统，天然气储量最大的纳 6 井（斜井）系统为 4.36×10^8 m^3，最小的纳 45 井系统仅为 0.07×10^8 m^3。孔隙型储层以双鱼石栖霞组气藏为代表，储层岩性为生屑白云岩和少量白云质灰岩，发育晶间孔、晶间溶孔、粒间（内）溶孔、溶洞和构造裂缝（孟宪武，2015；李国华，2003），岩心统计洞密度约为 27 个/m；全直径岩样孔隙度为 2.05%~13.38%，平均为 4.0%；渗透率为 0.0328~27.2mD，平均为 2.26mD；储层单层厚度为 1.7~31.4m，累计厚度为 16.1~38.3m，主要发育在栖霞组中上部（傅饶，2015；李珂，2016）。

长兴组沉积相在盆地西南向东北方向依次为滨岸沼泽相和开阔海台地相，其中台地相内部发育"蓬溪—武胜台凹"和"开江—梁平海槽"，环台凹发育生屑滩相、云质灰岩，此外，亦见台内点礁（滩）、生屑滩和生物礁是主要的储集相。其中生物礁储层见石灰岩、云质灰岩、灰质白云岩和白云岩。储层品质和发育程度与白云岩化程度和沉积微相有关（强子同等，1992；王一刚等，1998），统计表明，石灰岩孔隙度最大值为 3.51%，最小值为 0.34%，平均为 1.56%；渗透率最大值为 1.15mD，最小值小于 0.0001mD，平均为 0.04mD。白云岩孔隙度最大值为 11.1%，最小值为 1.37%，平均为 4.94%；渗透率最大值为 30mD，最小值小于 0.0026mD，平均为 2.78mD。生物礁不同微相储层物性差异性明显，礁盖滩相物性最好，平均孔隙度可达 4.7%，次为礁间滩，孔隙度和渗透率为 3.3%~3.4%，礁顶潮坪相虽然发育有白云岩，但多为泥晶晶结构，岩性致密，储集物性稍好外，基本上为致密岩层（范嘉松和吴亚生，2002）。

火山岩以周公 1 井为代表的玄武岩储层总体致密，物性差（何松林，2016；田景春等，2017），平均孔隙度仅为 1.39%。其中，气孔状玄武岩孔隙度最高，平均为 5.41%。以永探 1 井为代表的火山碎屑岩和火山碎屑熔岩为主的玄武岩储层物性较好，孔隙度为 8.66%~16.48%，平均为 13.76%；渗透率为 0.604~4.43mD，平均为 2.4463mD。储层厚度可达 100.3m，平均孔隙度为 12.5%。

川南煤层气田煤层为高煤阶无烟煤，煤层一中厚层状，薄层一中厚层状，煤层段厚度为 19~42m。主力产层厚度介于 4.7~13.05m，平均厚度为 7.1m。煤层含气量为 10.94~18.66m^3/t，平均为 15.59m^3/t。孔隙度为 4.88%~5.96%，平均为 5.34%；渗透率为 0.02~0.18mD，平均渗透率为 0.09mD。煤层临界解吸压力为 2.89~5.92MPa，平均为 4.60MPa。

除煤层气为源储一体外，中二叠统中天然气藏中天然气既有来自本身泥质灰岩生成的天然气，局部地区有来自下伏志留系罗惹坪组及下二叠统梁山组及下二叠统栖霞组生成的天然气；长兴组生物礁气藏天然气来自上二叠统吴家坪组和大隆组泥页岩。双鱼石地区茅口组竹竿河气藏天然气来自中二叠统和寒武系烃源岩。

4.3 地质剖面

4.3.1 旺苍双汇二叠系剖面

剖面位于四川省广元市旺苍县双汇镇与正源乡之间公路旁、东河畔，距旺苍县城正北 22km，构造上位于米仓山凸起西南缘。

剖面测量长度 724.5m，二叠系厚度为 472.83m。地层为中二叠统栖霞组、茅口组，上二叠统吴家坪组、大隆组。缺中二叠统梁山组及下伏志留系罗惹坪组（S$_1$l）间。茅口组与吴家坪组间均为平行不整合接触，大隆组与上覆三叠系飞仙关组为整合接触。

4.3.1.1 中统

1）栖霞组，厚 95.19m

自下而上分栖一段（厚 61.51m）和栖二段（厚 33.68m）。

2）茅口组（厚296.36m）

茅一段（厚63.43m），岩性为深灰—灰黑色中厚层—块状灰色泥岩，生物碎屑分布黑色块状泥岩，略具眼球状构造，眼皮状为泥岩，眼球状具构造，发育溶洞及溶孔，局部密集，方解石不同程度充填，底部见泥质较多，略具定向性，普遍见豹斑构造，发育溶洞及溶孔。普遍见豹斑构造、鲜虫、腕足类、棘皮类、藻类。

茅二段（厚71.34m），为灰色—深灰色厚层—块状灰岩，局部见缕石结核或缕石条带（纹层）。晶洞溶孔较发育。

茅三段（厚59.64m），深灰色厚层—块状含缕石结核（条带）含生物碎屑泥微晶灰岩，亮晶生物碎屑，见团块状灰岩，个体差异较大，长轴与层面平行，缕石中水见生物碎屑，种类繁多。顶部9.32m为黑色薄层硅质岩，单层厚10~15cm，硅质岩层中见石灰岩透镜体，透镜体个体自下而上增大，最大者为10cm×100cm。硅质岩层间夹极薄层泥岩。

茅四段（厚101.95m），深灰色—灰色厚层—块状泥晶微晶生物碎屑灰岩，局部见少量泥质夹层），薄层状。

下部可划分出4个韵律层分布。

第1个韵律层厚1.78m，韵律层下端为厚1.33m的褐灰色微晶褐灰色微晶灰岩—细晶硅质生物碎屑白云岩，生物碎屑主要为有孔虫、介形虫、腕足类、瓣鳃类、棘皮类、藻类。上部（厚36.35m）以硅质岩（钙质）泥岩为主，夹硅质（钙质）泥岩和粒间溶孔。

第2个韵律层厚1.44m，韵律层下端为厚0.38m的黑色—褐灰色薄层—褐灰色含钙质含硅质岩，微晶生物碎屑含灰岩变化的韵律层，韵律层厚度自下而上增大。主要为介形虫、上部为厚1.06m的一薄层微晶灰岩，层间见黑色缕石结核和黄灰色砂少量生物碎屑。见生物碎屑。

第3个韵律层厚4.49m，韵律层下端为厚0.63m的深灰色薄层微晶硅质岩和硅质岩，上部为厚3.86m的深灰色中层状微晶—细晶灰岩夹同色厚层生物碎屑微晶灰岩，局部夹含生屑泥质灰岩，见不规则状缕石结核。第4个韵律层厚8.79m，韵律层下端为厚1.96m的深灰色中层夹薄层硅质灰岩和硅质岩，上端为厚6.83m的深灰色中层夹厚层状粉晶—泥晶灰岩，略显水平层理，含不规则黑色缕石结核，上部深灰—灰黑色极薄层硅质（钙质）泥岩，局部见微晶含生物碎屑钙质泥质灰岩。见生物碎屑。

4.3.1.2 上统

1）吴家坪组（厚52.85m）

底部韵律层厚1.3m的黄灰色—灰绿色泥岩（王坡页岩）。下部（厚16.5m）微晶灰岩，夹黑色泥岩，底部为1.3m的黄灰色—灰绿色泥岩，生物碎屑不等厚互层，生物碎屑主要为有孔虫、介形虫、腕足类、瓣鳃类、棘皮类、藻类。上部（厚35.05m）以硅质（钙质）泥岩和粒晶生物碎屑灰岩为主。见少量生物碎屑。

下部见于亮晶生物碎屑略含粒等厚互层，豹斑见黄铁矿晶斑或晶粒，岩石致密，层面平直。储层硅质岩与页岩略含粒等厚互层，豹斑见黄铁矿晶斑或晶粒，岩石致密，层面平直。其中孔隙度大于2.0%的样品率为37.93%，平均孔隙度为3.73%，渗透率为0.0042~0.0581mD，平均为0.01163mD。

2）大隆组（厚4.23m）

深灰色—灰黑色薄层状含硅质薄层钙质页岩，局部夹含生屑泥质白云岩，见水平层理及硅化生屑。下部硅质岩见于亮晶生物碎屑略含粒等厚互层，局部见黄铁矿晶斑或晶粒，以生物碎屑灰岩，岩石致密，层面平直。

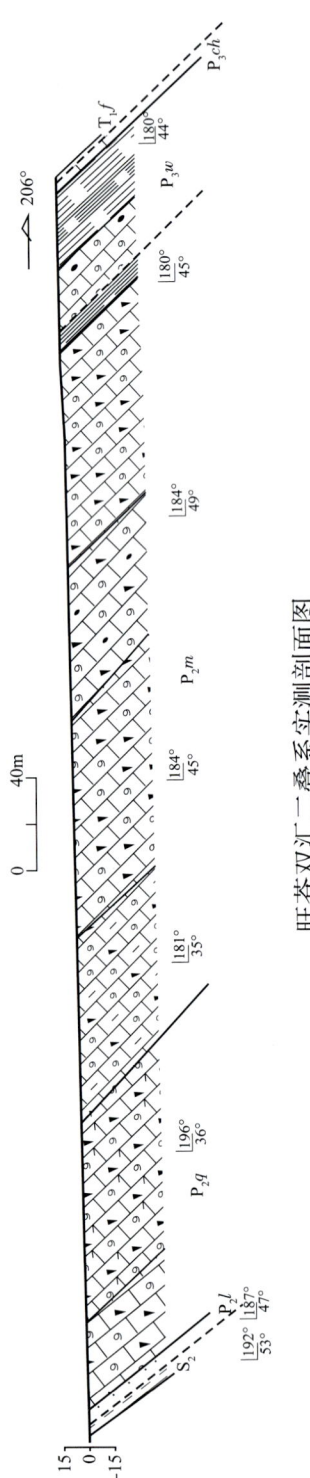

▶ 地质界线

中二叠统栖霞组石灰岩（左）与志留系罗惹坪组砂岩（右）平行不整合接触界线。旺苍双汇。露头照片

▶ 地质界线

上二叠统大隆组硅质岩（右）与三叠系飞仙关组泥灰岩（左）整合接触界线。旺苍双汇。露头照片

▲ 层状构造
大隆组薄层状灰岩。旺苍双汇，P_3d。露头照片

▲ 层状构造
吴家坪组薄层状硅质岩。旺苍双汇，P_3w。露头照片

▲ 假筒蜓与绿藻

除假筒蜓（中右），绿藻（左下）外，尚见腹足类（右中下），筛串虫（右下）等。泥晶生屑灰岩。旺苍双汇，P_2m。普通薄片，单偏光，显微照片

▲ 希瓦格蜓

希瓦格蜓保存较完整，尚见多量瓣鳃类、腕足类、绿藻碎片，泥晶生屑灰岩。旺苍双汇，P_2m。普通薄片，单偏光，显微照片

▲ 筛串虫

泥晶生屑灰岩。旺苍双汇，P_2q。普通薄片，单偏光，显微照片

147

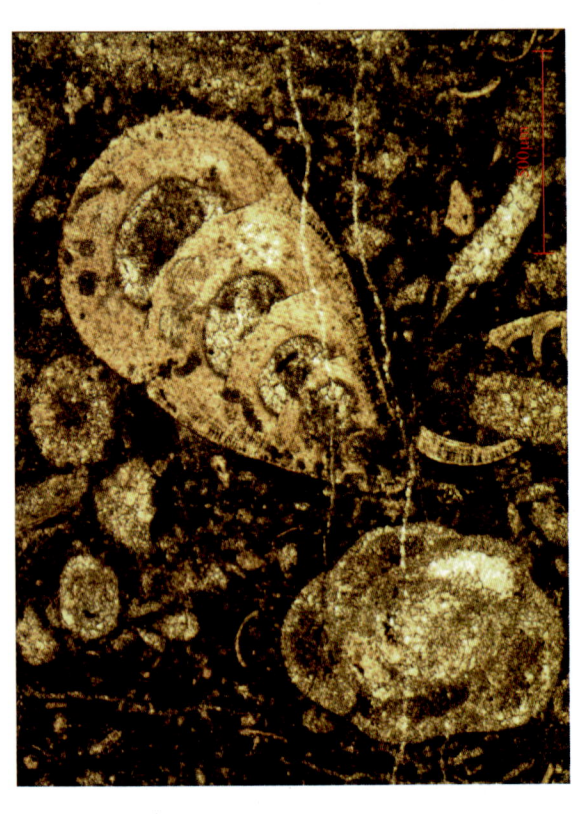
▲ 巴东虫，二叠钙藻
泥晶生屑灰岩。旺苍双汇，P_2m_2。普通薄片，单偏光，显微照片

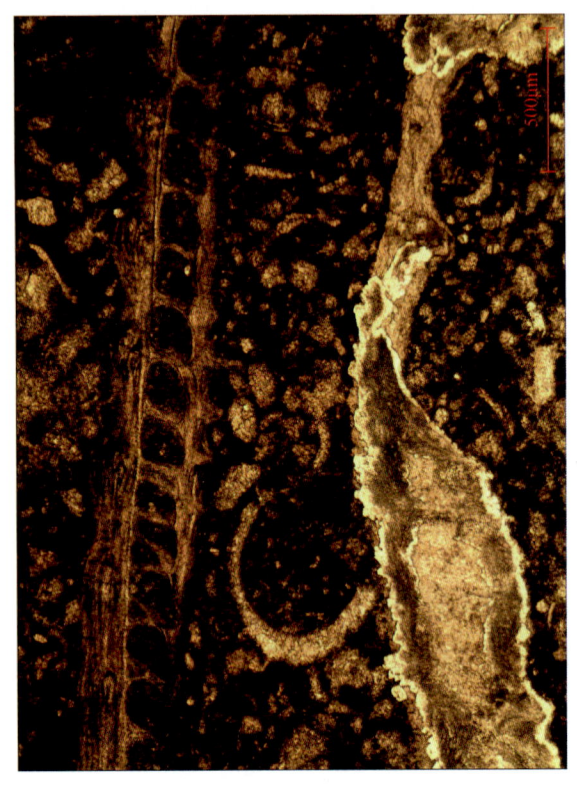
▲ 苔藓虫，腕足类，二叠钙藻
腕足类边缘被硅质交代（下），泥晶生屑灰岩。旺苍双汇，P_2m_3。普通薄片，单偏光，显微照片

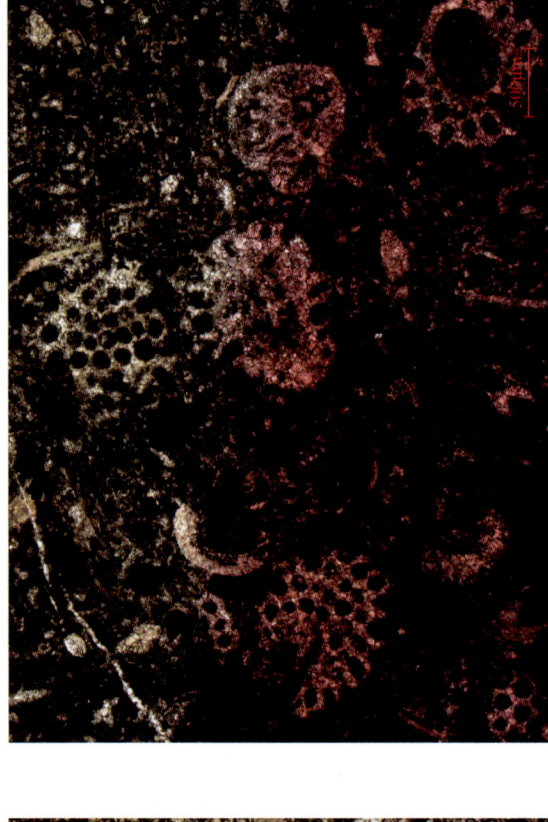
▲ 米齐藻
泥晶米齐藻灰岩。旺苍双汇，P_2m。普通薄片，茜素红局部染色，单偏光，显微照片

▲ 介形虫
介形虫长轴具定向性，含大量二叠钙藻碎片，生屑泥晶粉晶泥质灰岩。旺苍双汇，P_2m。普通薄片，茜素红染色，单偏光，显微照片

▲ 厚壁虫
粉晶生屑云质灰岩。旺苍双汇，P_2m。普通薄片，单偏光，显微照片

▲ 节房虫，梯状虫
泥晶生屑灰岩。旺苍双汇，P_2q。普通薄片，单偏光，显微照片

▶ 生物扰动构造

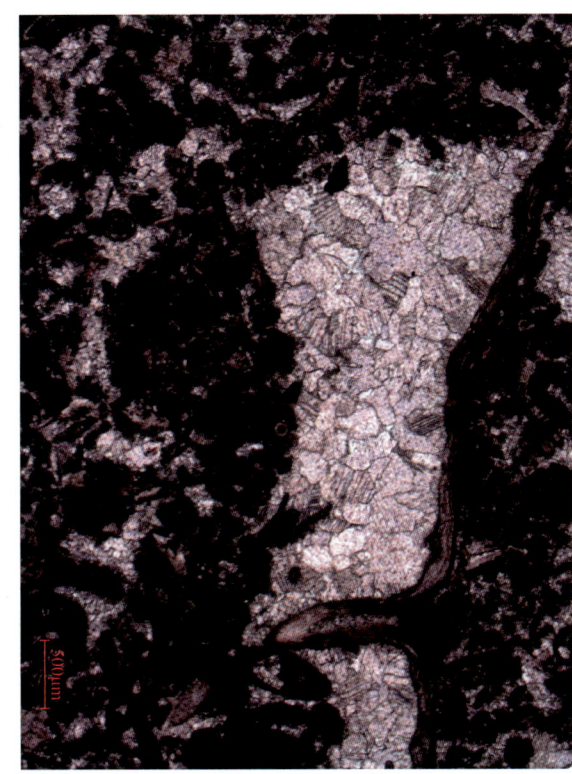

左上因生物扰动，绿藻碎片长轴呈圆形逆时针排列，生物扰动造成岩石结构不均匀。泥晶生屑灰岩，旺苍双汇，P_2m。普通薄片，青素红染色，单偏光，显微照片

▶ 砂屑结构

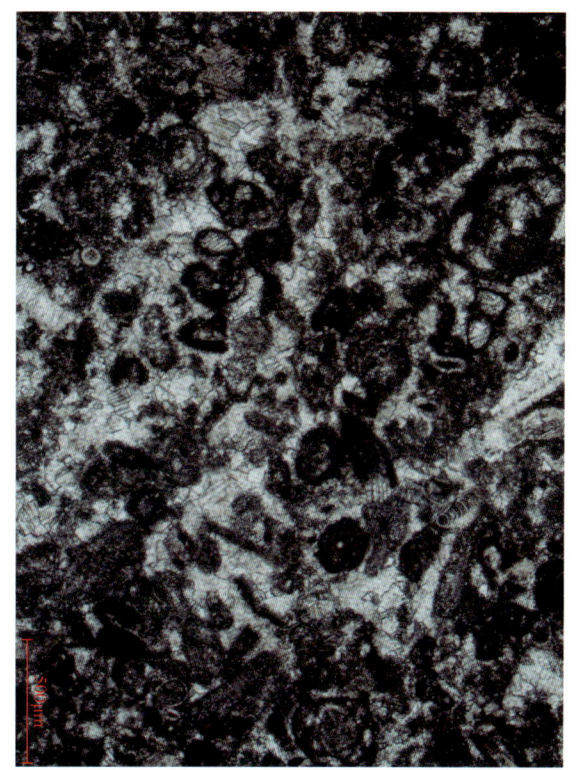

完晶砂屑灰岩。旺苍双汇，P_2m。普通薄片，单偏光，显微照片

▶ 生物扰动构造

生物扰动作用造成颗粒间粗大方解石的充填，含大量绿藻类（粗枝藻）（右下），泥晶绿藻灰岩，非见棘瓣虫（左中下），蜓类（右中），筛串虫（左中下），旺苍双汇，P_2m。普通薄片，单偏光，显微照片

▶ 遮蔽孔

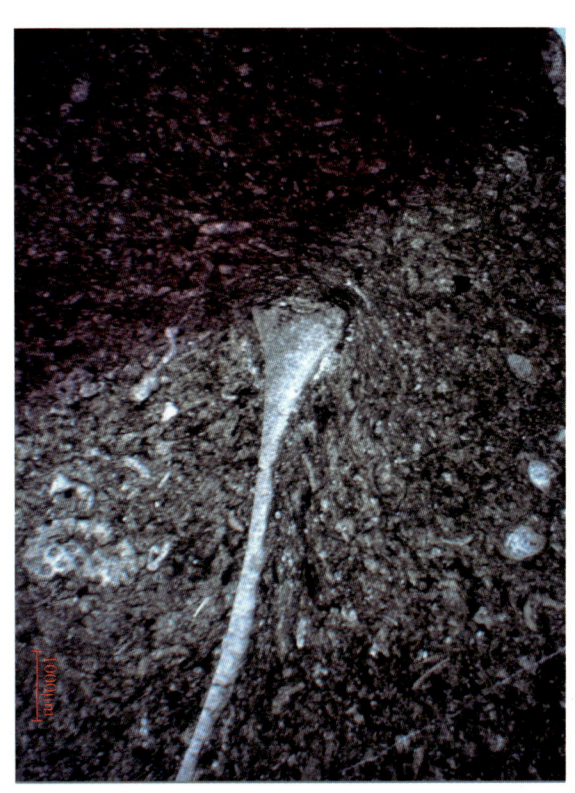

生物（腕足）遮蔽孔被方解石充填，生物骨架礁灰岩。旺苍双汇，P_2q。普通薄片，青素红染色，单偏光，显微照片

▶ 示底构造

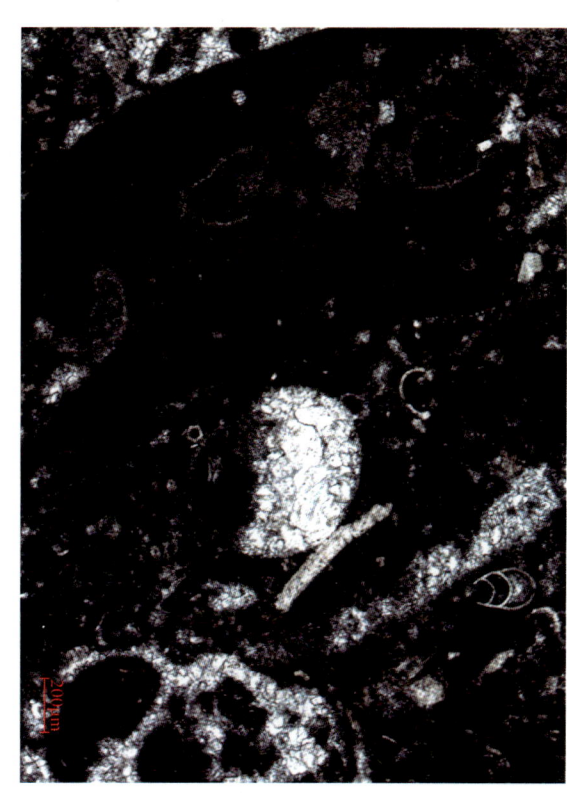

腹足内有示底构造，生物骨架礁灰岩。旺苍双汇，P_2q。普通薄片，单偏光，显微照片

▶ 穿刺构造

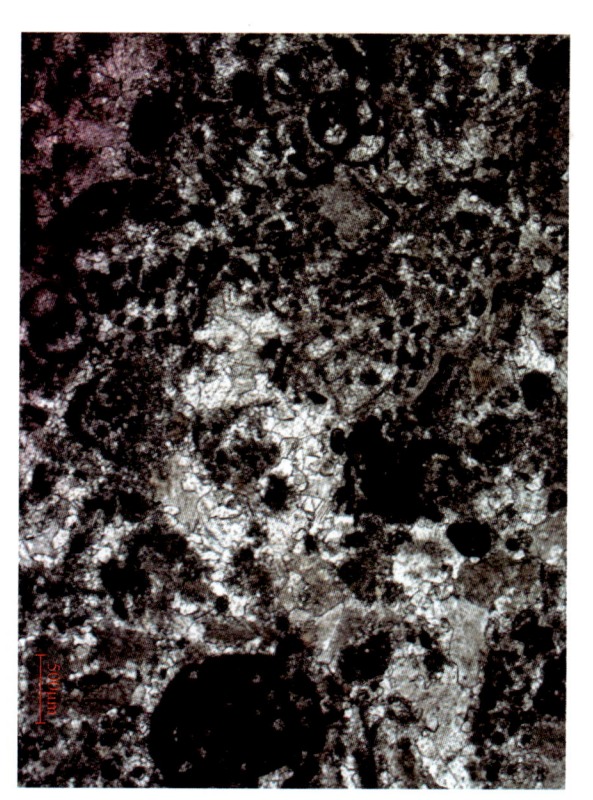

因压实作用软细沉积物被硬完的腕足类顶拱造成穹隆状，泥晶生屑灰岩，P_2m。普通薄片，青素红局部染色，单偏光，显微照片

149

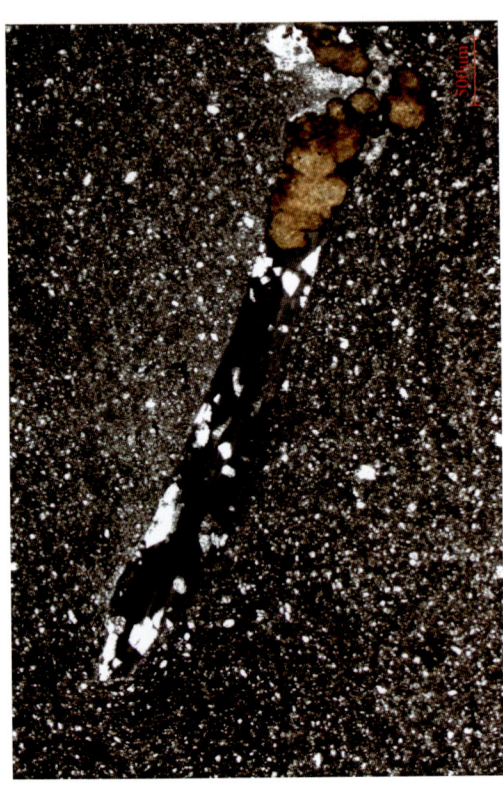

▲ 选择性交代作用

滑石和石英交代腕足类碎片，仅在生屑壳壁内进行交代，选择性强，滑石一般为低温热液成因，石英具自形晶，粉晶灰岩。旺苍双汇，P_2m。普通薄片，单偏光，显微照片

▲ 溶孔

溶蚀作用强烈，形成炭渣状，溶孔连通性好，面孔率为8.0%，泥晶生屑灰岩。旺苍双汇，P_2m_1。铸体薄片，单偏光，显微照片

▲ 晶间溶孔

面孔率为0.6%，粉晶白云岩。旺苍双汇，P_2m_3。铸体薄片，单偏光，显微照片

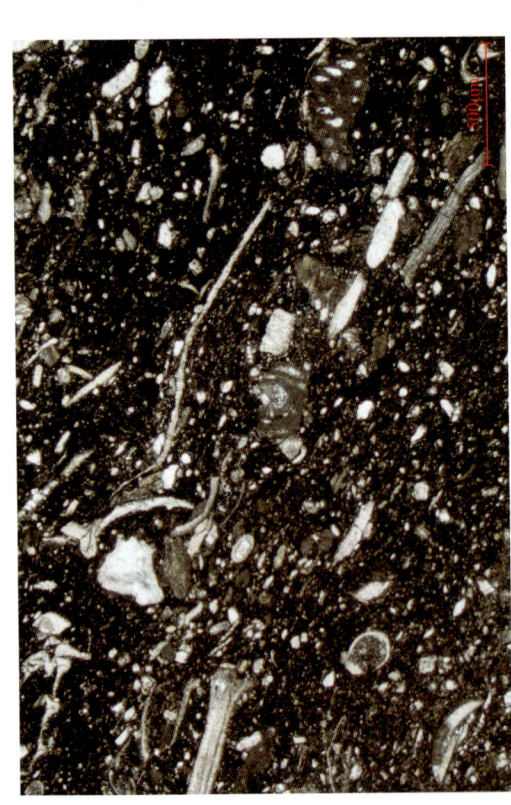

▲ 定向构造

压实作用使细粒沉积物和生屑呈定向排列，含生物碎屑微晶灰岩。旺苍双汇，P_2m。普通薄片，单偏光，显微照片

▲ 晶粒结构

细晶—中晶白云岩。旺苍双汇，P_2m。普通薄片，单偏光，显微照片

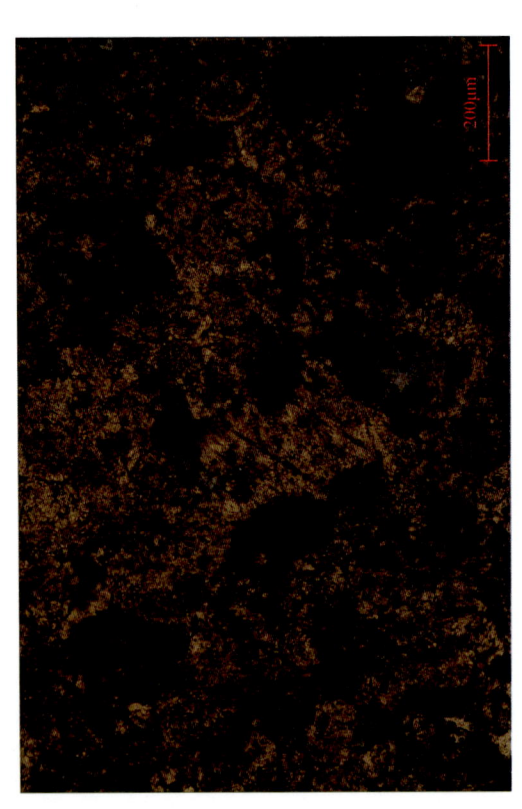

▲ 溶孔

分布较均匀，面孔率为3.0%，粘结灰岩。旺苍双汇，P_2m_1。铸体薄片，单偏光，显微照片

▶ 体腔孔

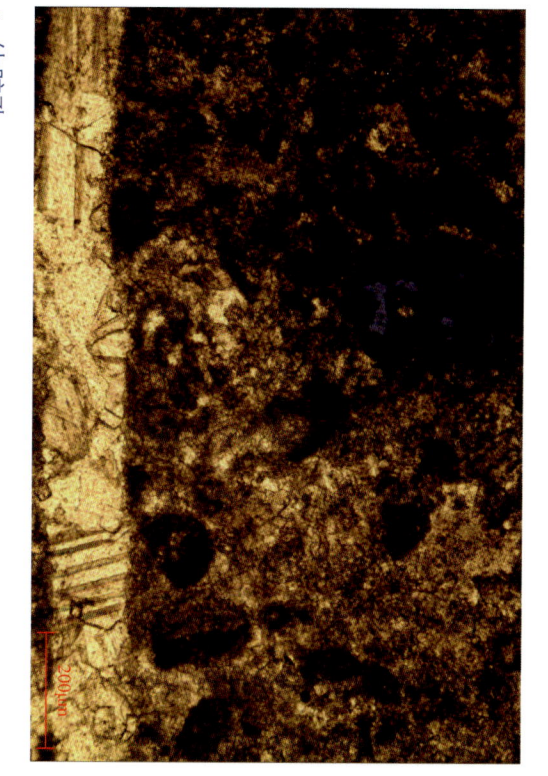

孔内壁充填沥青。生屑泥晶灰岩，面孔率为0.8%。旺仓双汇，P_2m_1。铸体薄片，单偏光，显微照片

▶ 体腔孔和粒间溶孔

充填沥青，面孔率为2.0%。生屑碎屑灰岩，旺仓双汇，P_2q。铸体薄片，单偏光，显微照片

▶ 晶间溶孔

溶孔呈串珠状，面孔率为4.5%。细晶白云岩，旺仓双汇，P_2m_1。铸体薄片，单偏光，显微照片

▶ 碳沥青浸染

蟑类旋壁被碳沥青浸染。生物碎屑灰岩，旺仓双汇，P_2q。普通薄片，单偏光，显微照片

▶ 碳沥青浸染

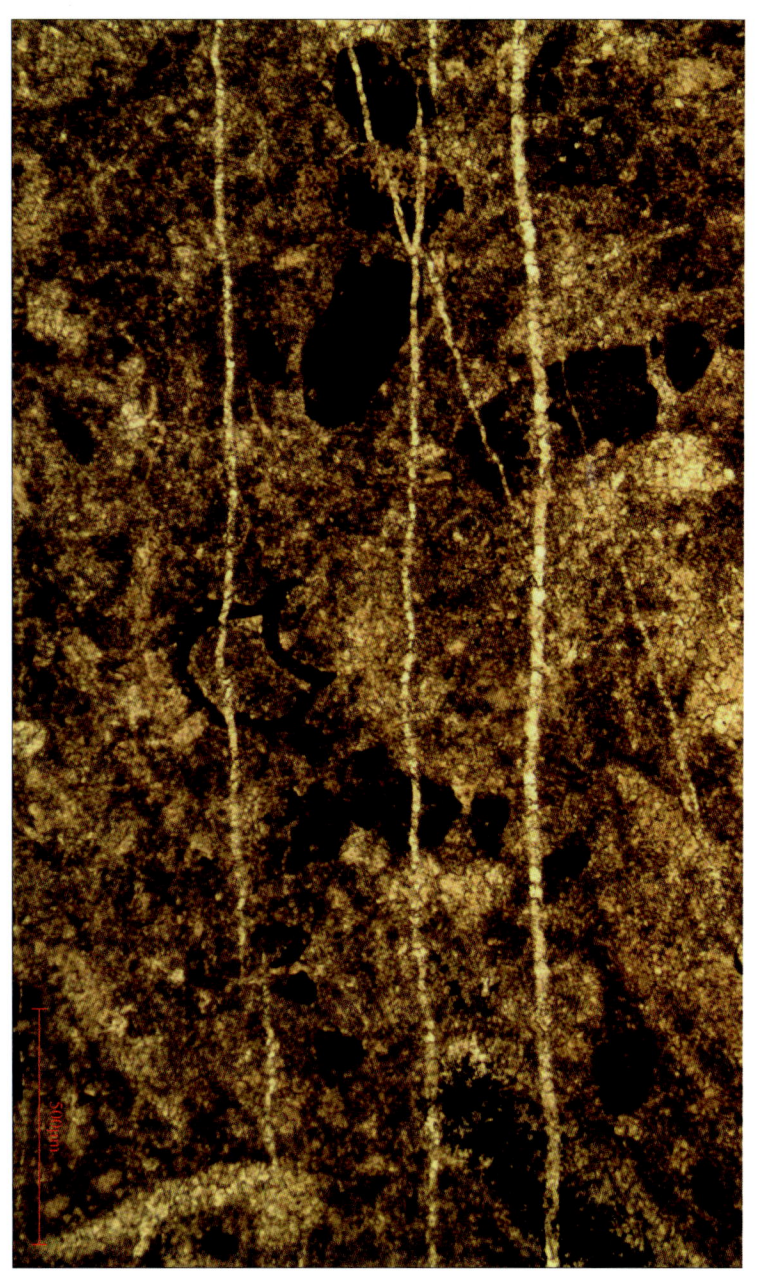

多量生屑被碳沥青浸染，粉晶生物碎屑灰岩。旺仓双汇，P_2q。普通薄片，单偏光，显微照片

4.3.2 剑阁上寺二叠系剖面

剖面位于四川省广元市剑阁县上寺乡猫儿塘下寺河畔，距剑阁县城 15km，构造位置为矿山梁背斜南端。二叠系厚度为 488.5m，二叠系中广义梁山组、栖霞组、茅口组、上二叠统吴家坪组、大隆组，缺失下二叠统。与下伏石炭系白色石灰岩平行不整合接触，与上覆飞仙关组灰色薄板状泥灰岩整合接触。剖面测量长度为 423.15m，发育中二叠统梁山组、栖霞组、茅口组，上二叠统吴家坪组、大隆组，缺失下二叠统。与下伏石炭系白色石灰岩平行不整合接触，与上覆飞仙关组灰色薄板状泥灰岩整合接触。中统与上统间为平行不整合接触。

4.3.2.1 中统

1）梁山组（厚 2.42m）

浅灰色—浅黄灰色泥岩夹微晶生物碎屑灰岩，见腕足类、介形虫等生物碎屑，页理发育。

2）栖霞组（厚 101.91m），自下而上分为栖一段、栖二段

栖一段（厚 39.29m）。灰色中层—厚层状微晶生物碎屑灰岩，灰色—深灰色局部褐灰色中层—厚层状微晶灰岩，生物碎屑灰岩，含泥质生物碎屑灰岩夹微晶白云岩产于底部。白云岩产于底部，厚 7.06m，下部 22.29m 为灰色薄层—厚层状微晶生物碎屑灰岩夹微晶白云岩夹微晶白云岩，局部云化，生物碎屑丰富，见有孔虫、珊瑚、绿藻、海百合茎、腕足类、腹足类遗迹化石。裂缝发育。上部 9.94m 为灰色—深灰色薄层—块状含泥质生物碎屑灰岩，见水平层理、泥质多沿层面分布，风化面呈纹层状构造，裂缝欠发育。

栖二段厚 62.62m。以灰白色中层—块状微晶—细晶白云岩为主，亮晶生物碎屑岩，藻粘结云质灰岩，砂屑云质灰岩，生物碎屑灰岩，藻粘结灰岩。普遍见豹斑状构造，白云岩见刀砍纹构造、砂糖状结构，溶蚀孔洞发育，见窗格孔、针孔、晶洞。生屑见腕足、有孔虫、介形虫等。

3）茅口组（厚 292.02m），自下而上分为茅一段、茅二段、茅三段

茅一段厚 95.7m。下部（厚 20.17m）灰色中层—厚层状局部块状微晶生物碎屑灰岩，夹薄层泥岩和泥质灰岩，见水平层理，局部微波状层理。溶蚀孔洞及裂缝均较发育。生物碎屑及化石丰富，见海绵、海百合茎、腕足类、介形虫、有孔虫等。中部（厚 31.58m）灰色—深灰色中层—块状含微晶—粉晶生物碎屑灰岩，局部含泥岩薄层，顶部见厚 3.61m 的云质灰岩互层。见蜓类、海绵、海百合茎等生屑。上部（厚 39.63m）灰色—深灰色薄层—厚层含楼石结核微晶生物碎屑灰岩眼球状构造发育为典型特征，自下而上颜色渐深，眼球构造中眼皮为泥岩或泥灰岩，眼球为粗结构生物碎屑灰岩。生物碎屑灰岩溶蚀孔洞较发育。生物碎屑可见腕足类、海绵、珊瑚、棘皮类等。

茅二段厚 129.95m。下部（厚 18.41m）灰色—深灰色薄层—厚层微晶—粉晶生物碎屑灰岩含楼石结核灰岩，微晶砂屑灰岩夹楼石结核（条带），近顶部见厚 4.41m 的微晶生物碎屑微晶白云岩与微晶白云岩互层。层面见泥岩纹层。楼石结核个体较大，呈串珠状，大小悬殊，最大可达 10cm×30cm。生物碎屑见腕足、有孔虫、棘皮、海百合茎等，顺层分布。偶见云体化石。顶部厚 10.93m，为硅质岩。泥岩和硅质岩灰岩。其中，下部为厚 4.51m 的灰色—深灰色钙质硅质岩和硅质岩，中夹含钙硅质岩和硅质岩，偶夹薄层黑色硅质岩。上部为厚 11.47m 的灰色薄层微晶含生物碎屑灰岩夹薄层泥岩含硅质岩；上部为厚 4.98m ± 土黄色薄层硅质岩。

茅三段厚 66.37m。灰色厚层—块状微晶生物碎屑灰岩与微晶含楼石结核微晶生物碎屑灰岩夹薄层微晶硅质岩。顶部含硅质岩和硅质岩。泥灰岩和硅质岩。中部为厚 1.44m 的灰黑色—灰黄色薄层含钙质黑色硅质岩。见方解石脉；中部为厚 1.44m 的灰黑色薄层泥岩含硅质岩，质地松软，自下而上泥岩渐减而硅质岩渐增。

4.3.2.2 上统

1）吴家坪组（厚 17.31m）

底部为厚 2.89m 的灰黑色微晶生物碎屑灰岩夹灰黑色钙质泥岩，夹浅灰色钙质泥岩，见棘皮类。层间多夹灰色—黄灰色薄层泥岩，生物碎屑主要发育在藻粘结层微晶生物碎屑灰岩夹黑色钙质泥岩。偶夹薄层黑色硅质岩。上部为厚 2.95m 的深灰色薄层生物碎屑灰岩夹黑色钙质泥岩。偶夹薄层黑色硅质岩。上部为厚 2.95m 的灰色薄层微晶含生物碎屑灰岩夹浅灰色薄层泥岩，层间多夹灰色—黄灰色薄层泥岩，风化面呈叶片状，含生物碎屑及化石。顶部 2.61m 掩盖。

2）大隆组（厚 9.49m）

灰色—深灰色薄层微晶生物碎屑灰岩夹浅灰色薄层—黄灰色薄层泥岩，层间多夹灰色—黄灰色薄层泥岩，风化面呈叶片状，含生物碎屑及化石。顶部 2.61m 掩盖。

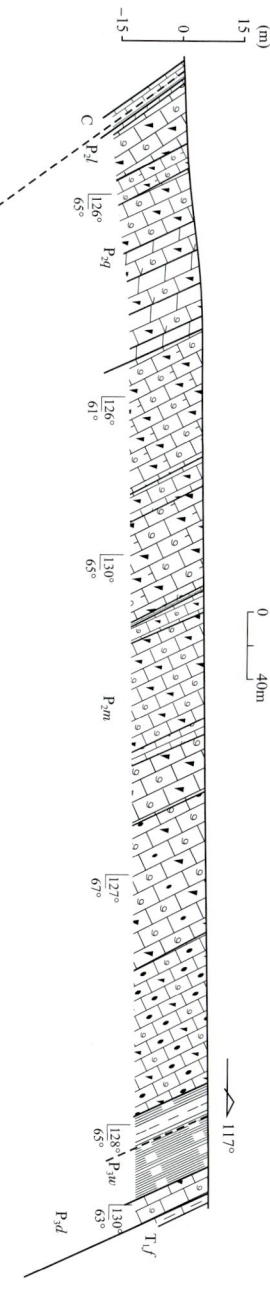

▲ 豹斑状构造

局部云化，土黄色为白云岩，灰色为生屑灰岩。生屑白云质灰岩。剑阁上寺，P_2q。露头照片

▲ 燧石结核

生物碎屑灰岩。剑阁上寺，P_2m。露头照片

▲ 豹斑状构造

生物碎屑云质灰岩。剑阁上寺，P_2q。露头照片

▶ 生物碎屑

生物碎屑灰岩。剑阁上寺，P_2q。露头照片

▶ 眼球状构造

生物碎屑泥质灰岩，眼皮为泥岩，眼球为泥晶生屑灰岩。剑阁上寺，P_2m。露头照片

▶ 团块状构造

团块与团块间显示粗细结构差异，生屑灰岩。剑阁上寺，P_2m。露头照片

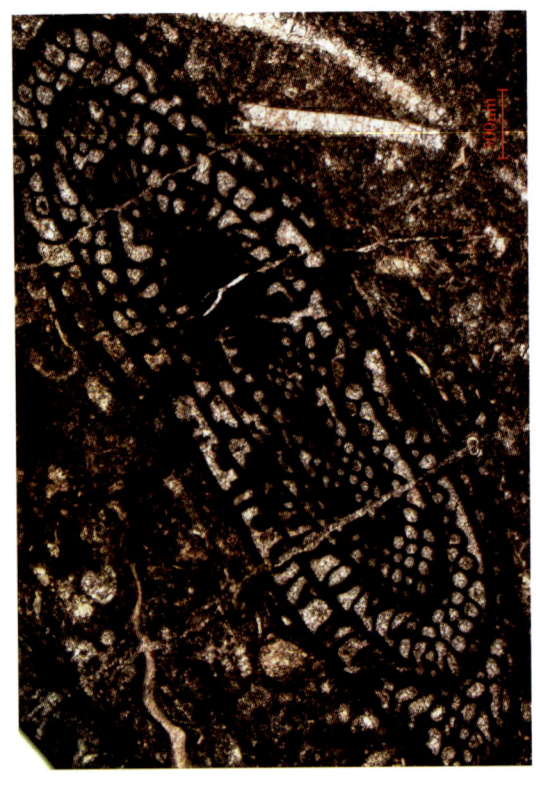
▲ 巴东虫 除巴东虫外,生物极其破碎,非水动力作用,而是因菌藻类对壳壁的蚀毁引起壳壁崩解。生屑泥晶灰岩。剑阁上寺,P₂m。铸体薄片,单偏光,显微照片

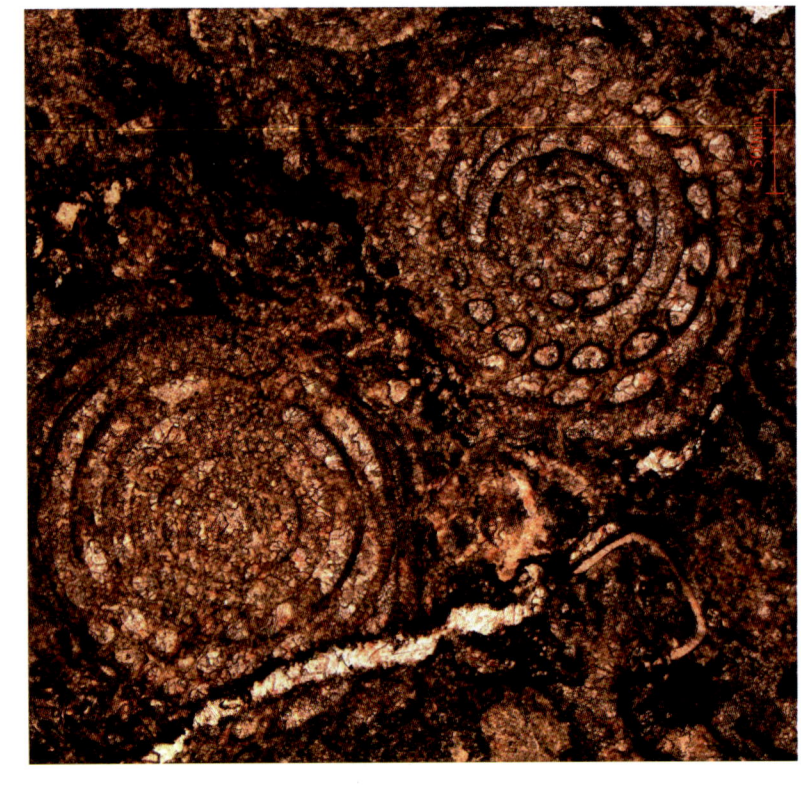
▲ 球瓣虫 泥晶生屑灰岩。剑阁上寺,P₂m。普通薄片,茜素红染色,单偏光,显微照片

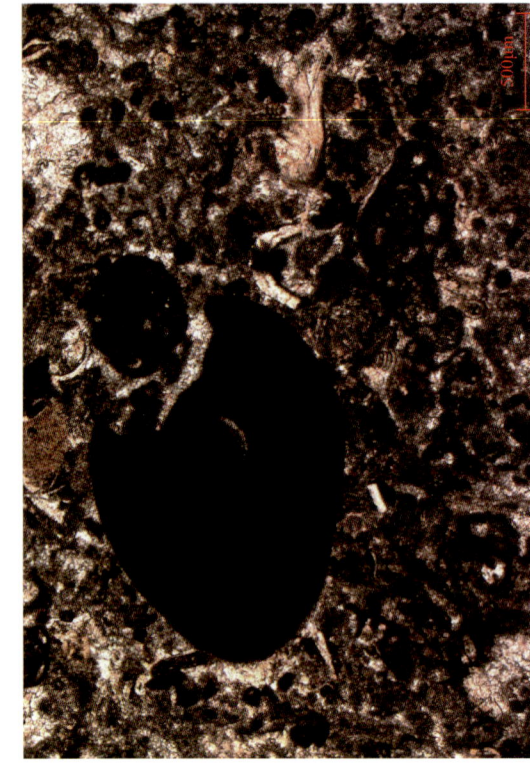
▲ 珊瑚 泥晶生屑灰岩。剑阁上寺,P₂m。普通薄片,茜素红染色,单偏光,显微照片

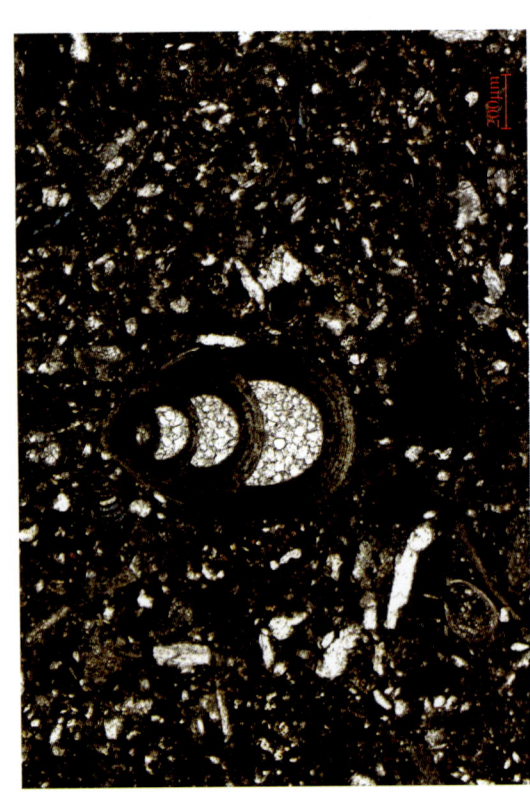
▲ 希瓦格蜓 泥晶生屑灰岩。剑阁上寺,P₂m。普通薄片,单偏光,显微照片

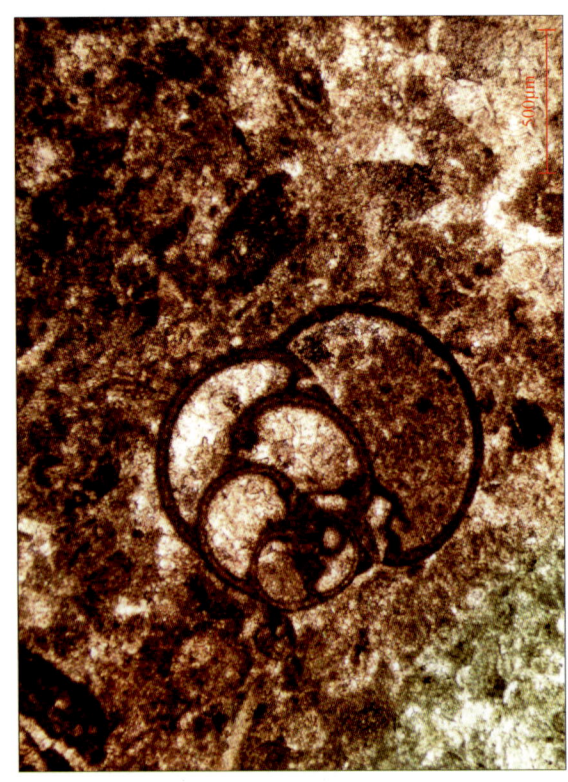
▲ 南京蜓 泥晶生屑灰岩。剑阁上寺,P₂q。普通薄片,茜素红染色,单偏光,显微照片

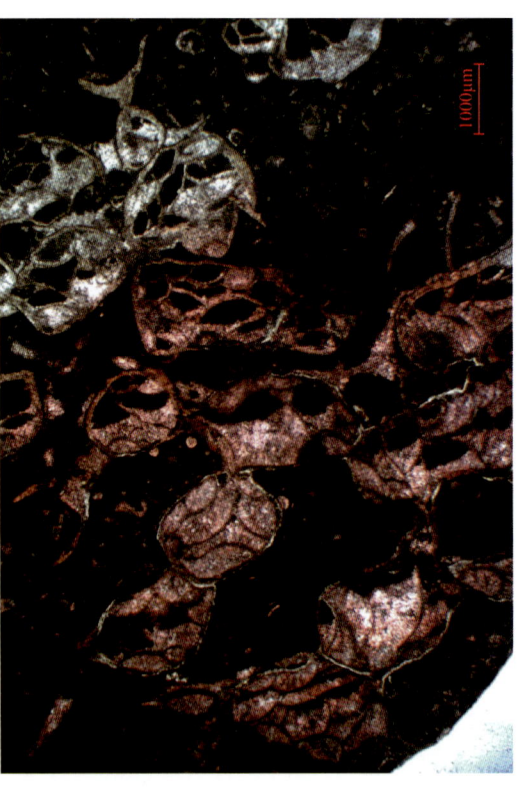
▲ 管壳藻 亮晶生屑灰岩。剑阁上寺,P₂q。普通薄片,单偏光,显微照片

▶ 筒格达藻

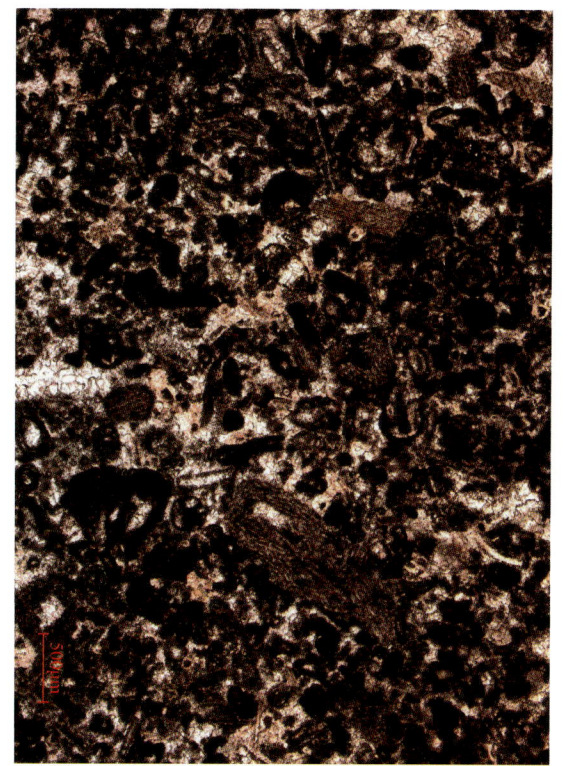

亮晶生屑灰岩。剑阁上寺，P_2q。普通薄片，茜素红染色，单偏光，显微照片

▶ 生物碎屑

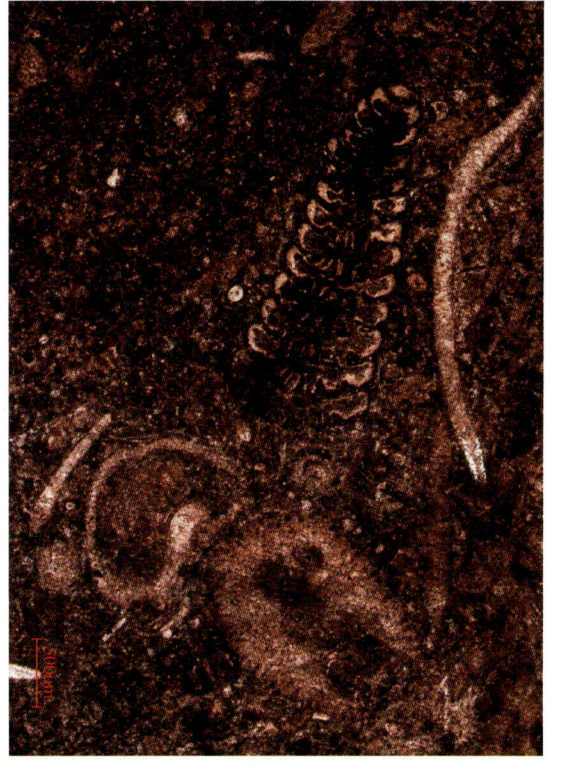

见筛串虫、瓣鳃类、腹足类、三叶虫、钙藻、棘皮类、泥晶生屑灰岩。剑阁上寺，P_2m。普通薄片，茜素红染色，单偏光，显微照片

▶ 腹足类示底构造

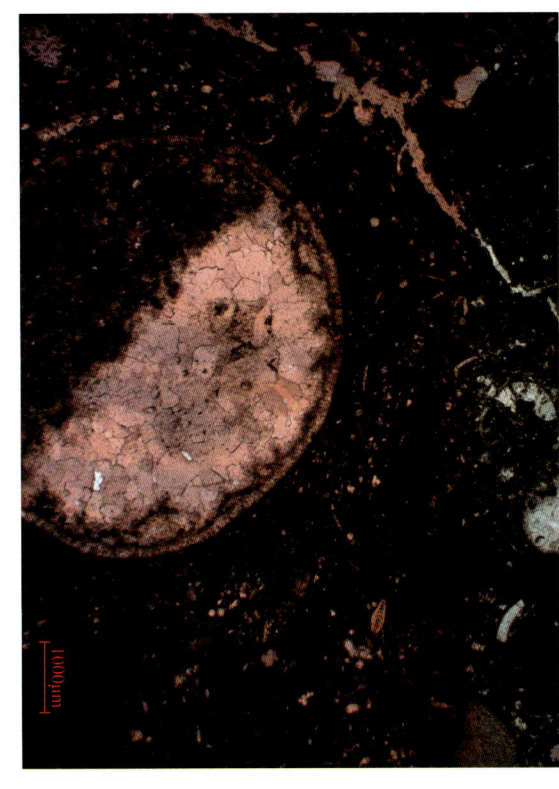

发生在腹足类体腔内的示底构造是指示地层新老关系及其产状的"指示路标"，亦称"地质花瓣"，生屑泥晶灰岩。剑阁上寺，P_2m。普通薄片，茜素红染色，单偏光，显微照片

▶ 窗格苔藓虫根瘤

窗格苔藓虫根瘤在茅口组多见，可作为辅助标准化石。泥晶生屑灰岩。剑阁上寺，P_2m。普通薄片，单偏光，显微照片

▶ 放射虫

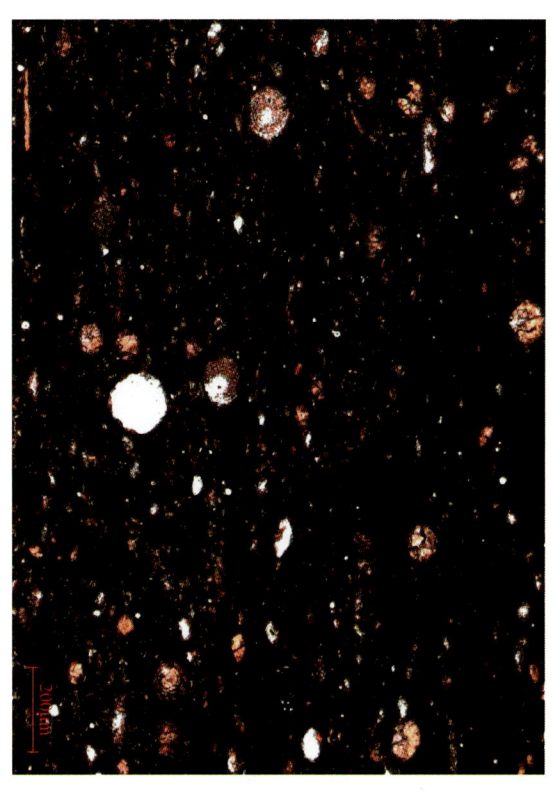

原为硅质壳体（中下），后被方解石交代，放射虫泥晶灰岩。剑阁上寺，P_3w。普通薄片，茜素红染色，单偏光，显微照片

▶ 豹斑状构

局部云化，生屑云质灰岩。剑阁上寺，P_2q。普通薄片，单偏光，显微照片

157

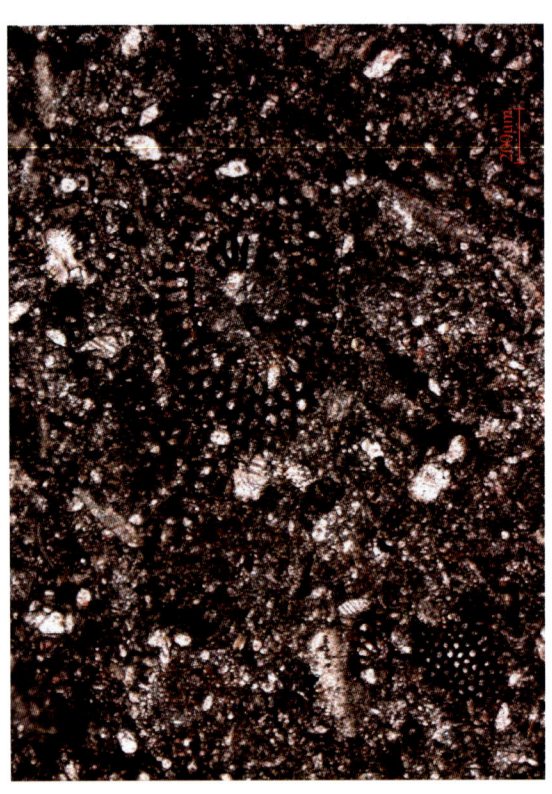

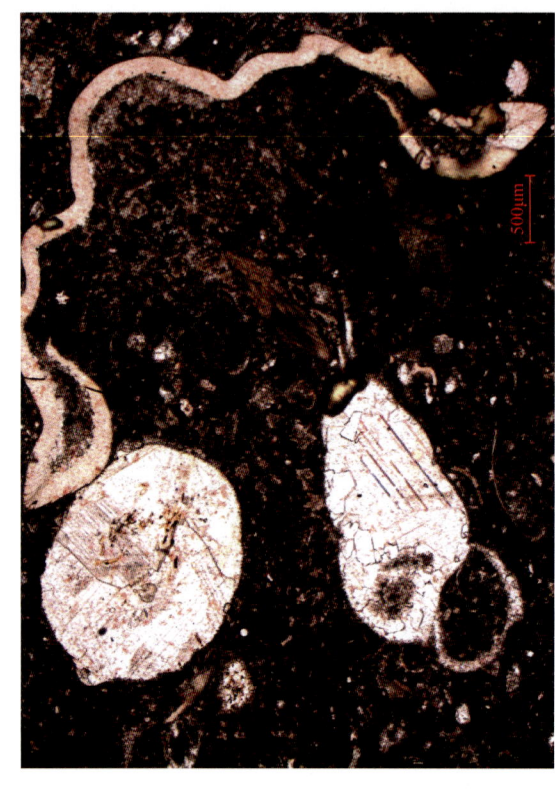

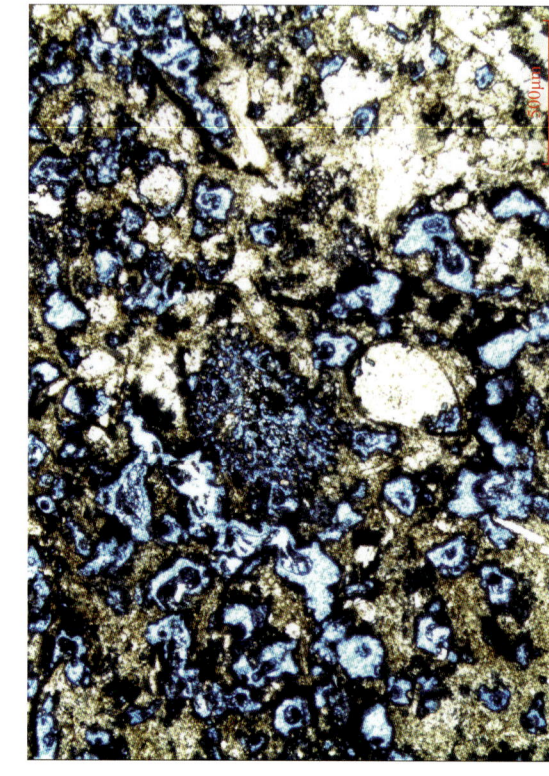

▲ 铁质浸染作用

生屑被铁质浸染呈铁锈红色，泥晶蠕类生屑灰岩。剑阁上寺，P_2m。普通薄片，单偏光，显微照片

▲ 多世代充填

腹足类（左）壳壁内被两个世代方解石充填，右侧半环波状壳皮为三叶虫头鞍，泥晶生屑灰岩。剑阁上寺，P_2m。茜素红染色，单偏光，显微照片

▲ 藻屑粒模孔

原始结构疑为绿藻碎屑结构，经强烈溶蚀后形成大量绿藻屑粒模孔，呈炭渣状、蜂窝状，孔隙内壁充填沥青，面孔率为20.0%。残余绿藻灰岩。剑阁上寺，P_2m。铸体薄片，单偏光，显微照片

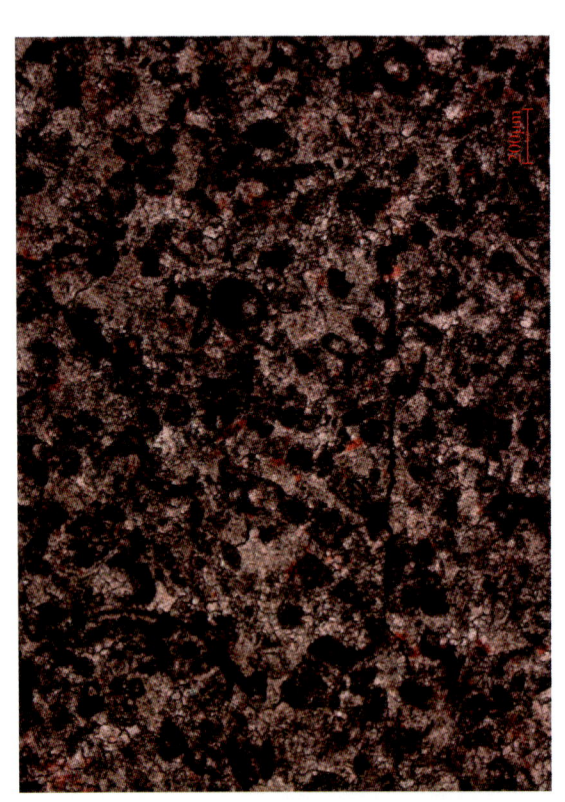

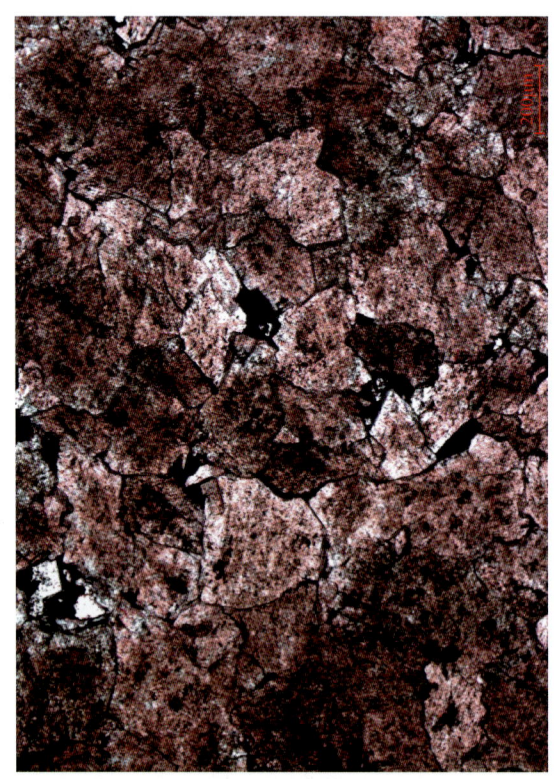

▲ 虫砂构造

有孔虫在水动能较强环境下，经磨蚀形成似砂状颗粒，亮晶有孔虫砂屑灰岩。剑阁上寺，P_3d。普通薄片，茜素红染色，单偏光，显微照片

▲ 去云化作用

保留了白云石半自形—自形菱形晶，去云化中晶灰岩。剑阁上寺，P_2m。普通薄片，茜素红染色，单偏光，显微照片

▲ 晶间溶孔、晶间孔

细晶结构，孔隙内壁充填沥青，面孔率为3.0%，砂糖状白云岩。剑阁上寺，P_2d。铸体薄片，单偏光，显微照片

▶ 粒模孔、壳模孔

一种为绿藻屑粒模孔，一种为䗴类壳模孔。面孔率为4.0%。残余生屑灰岩。剑阁上寺，P_2m。铸体薄片，单偏光，显微照片

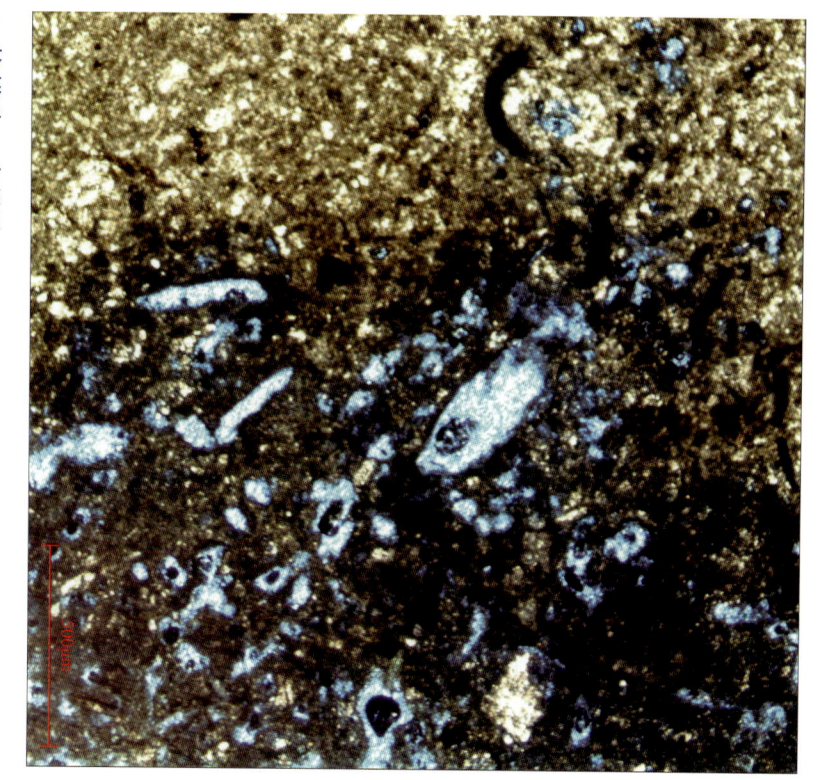

▶ 蜓内体腔溶孔

面孔率为1.5%。泥晶生屑灰岩。剑阁上寺，P_2q_1。铸体薄片，单偏光，显微照片

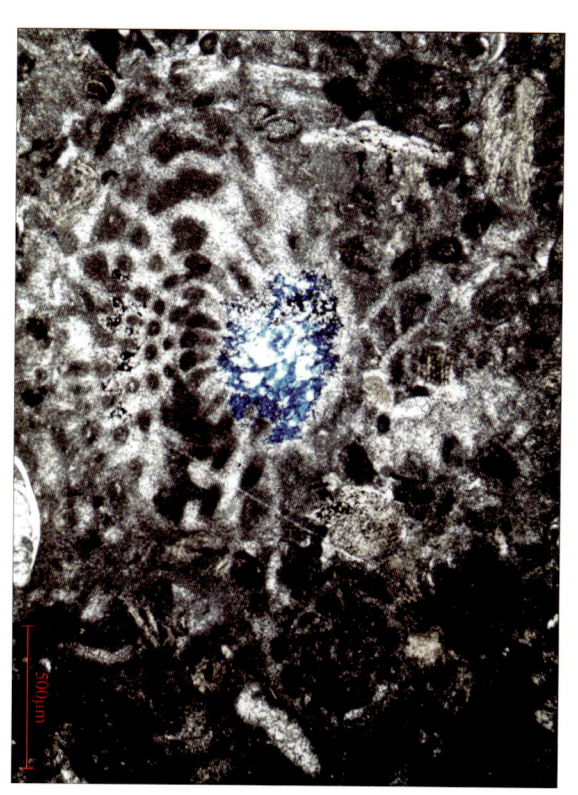

▶ 串珠状溶孔

沿缝合线扩大溶蚀，内壁充填沥青。面孔率为1.5%。生屑泥晶灰岩。剑阁上寺，P_2q_2。铸体薄片，单偏光，显微照片

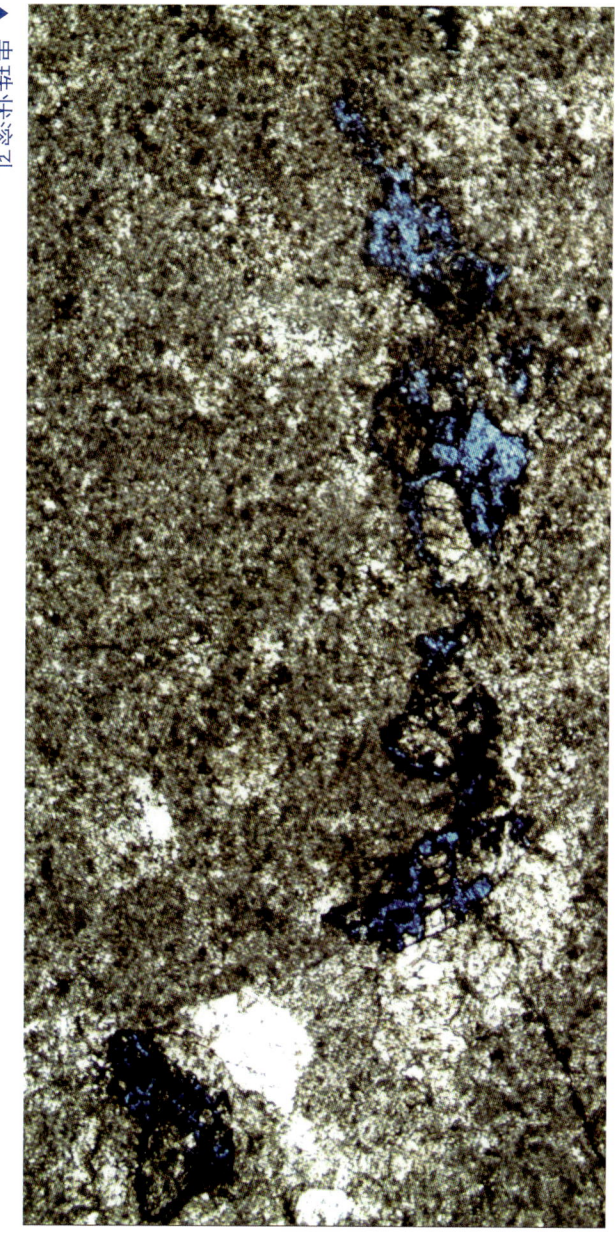

▶ 构造缝、溶蚀缝

构造缝较规整，溶蚀缝则不规则，延伸短，面缝率为0.5%。生屑泥晶灰岩。剑阁上寺，P_2m。铸体薄片，单偏光，显微照片

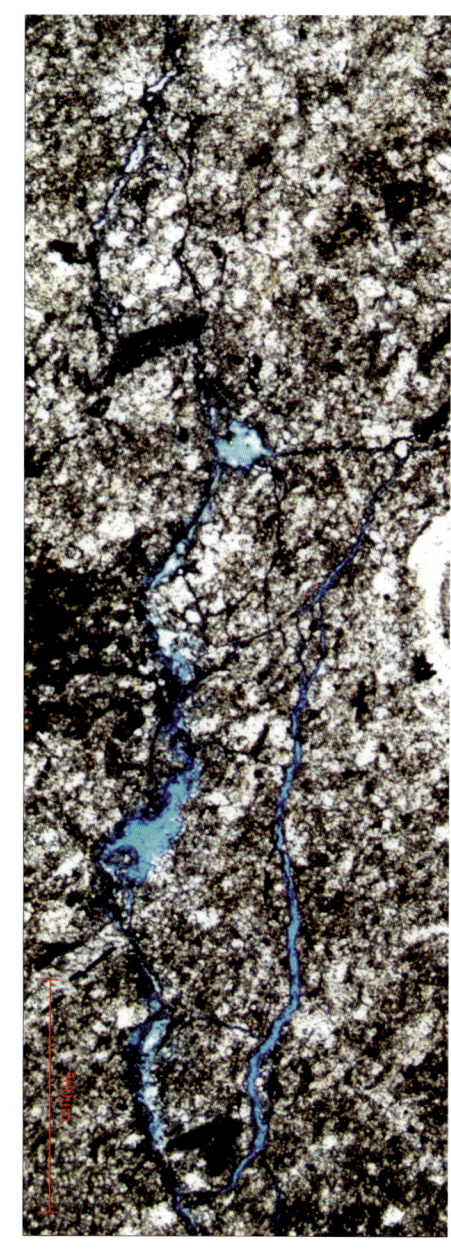

▼ 贴粒缝

面缝率为0.3%，生屑泥晶灰岩。剑阁上寺，P_2m_1。铸体薄片，单偏光，显微照片

▼ 缝中缝

两组十字交叉二期次构造张开缝，面缝率为1.0%，泥晶生屑灰岩。剑阁上寺，P_2q_1。铸体薄片，单偏光，显微照片

▼ 构造溶蚀缝

两期次构造缝，左侧垂直构造缝内方解石全充填，中部两条构造溶蚀缝内沥青半充填，面缝率为1.0%，泥晶生屑灰岩。剑阁上寺，P_2q_1。铸体薄片，茜素红染色，单偏光，显微照片

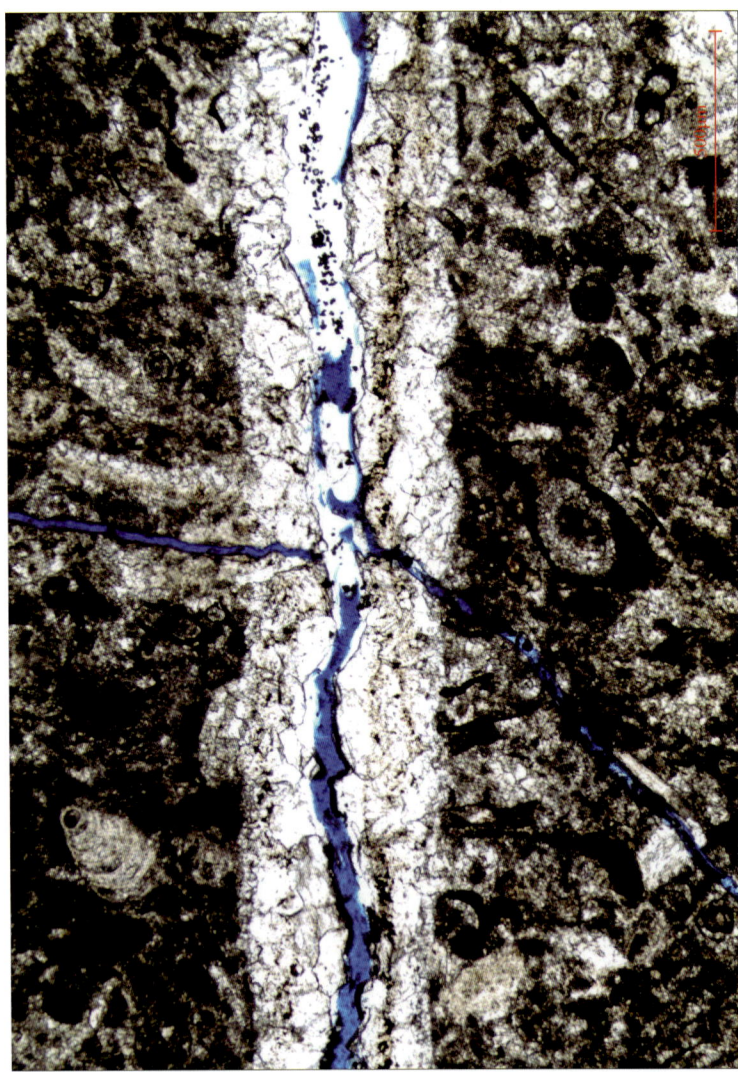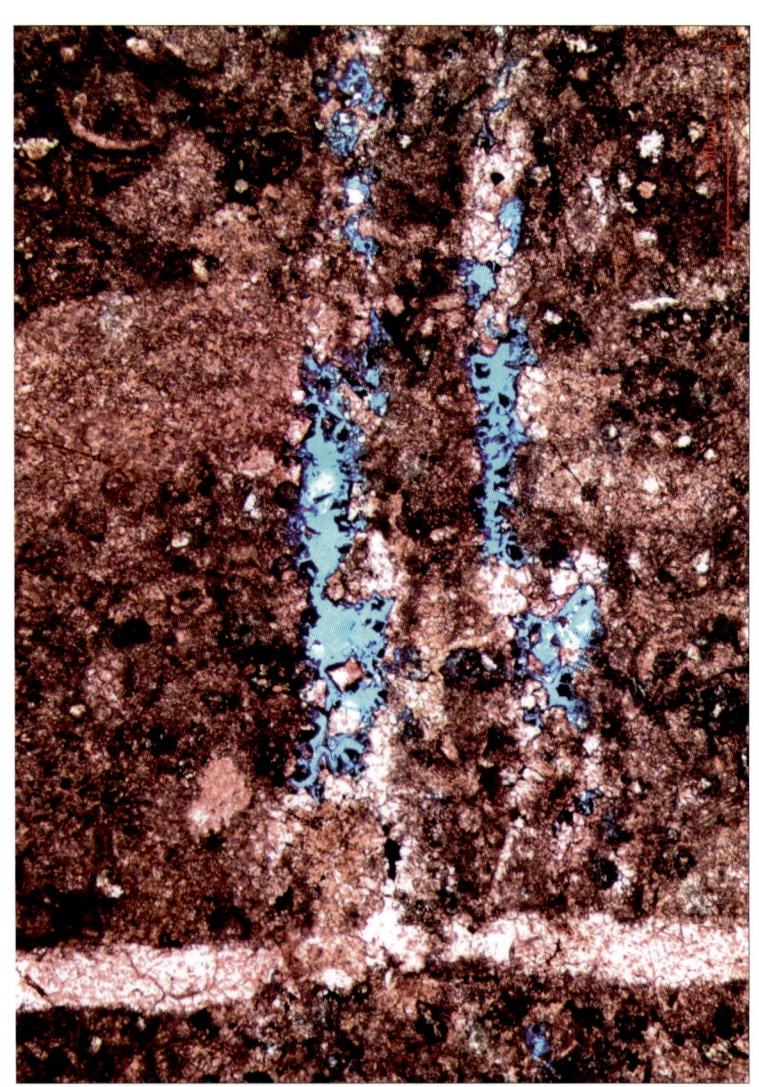

4.3.3 广元朝天西北乡二叠系剖面

剖面位于四川省广元市朝天区西北乡龙凤村于河沟公路旁,距广元市区22km。剖面测量长度为525m,二叠系厚度为408.37m。中统、上统齐全,缺失下统。底与下伏中泥盆统观雾山组平行不整合接触,顶与上覆下三叠统飞仙关组灰色薄层夹中层泥质灰岩整合接触。茅口组与吴家坪组间为平行不整合接触。

4.3.3.1 中统

1）梁山组,厚1.12m

未出露,为已封闭的废弃小型煤矿矿洞。

2）栖霞组,厚66.48m,自下而上分为栖一段、栖二段

栖一段厚20.51m,底部(厚4.12m)灰色中薄层微晶生物碎屑含云质灰岩,生物碎屑主要见腕足类、有孔虫、海百合茎、介形虫、䗴等,见水平层理和少量溶蚀孔洞及瓣鳃类、棘皮类、苔藓虫,节理发育,可见少量晶洞溶孔。下部为厚6.11m的深灰色中薄层微晶生物碎屑及瓣鳃类、棘皮类、苔藓虫。上部为厚10.28m的灰色块状亮晶砂屑灰岩和亮晶生物碎屑灰岩,有孔虫、海百合茎、介形虫、䗴,见水平层理和少量溶蚀孔洞及瓣鳃类、棘皮类、苔藓虫。

栖二段厚45.97m,自下而上浅灰色厚层—块状亮晶生物碎屑含云质灰岩,底部为厚5.24m的块状白云岩,见刀砍纹,砂糖状构造,发育溶蚀孔洞;其上为云质灰岩,见豹斑状构造,刀砍纹,晶洞及溶孔发育,生物碎屑为有孔虫、瓣鳃类、棘皮类、腕足。

3）茅口组,厚211.79m,自下而上分为茅一段、茅二段、茅三段

茅一段厚84.21m,下部为厚17.09m的深灰色中层—块状微晶生物碎屑灰岩,泥质生物碎屑含量较多,生物碎屑为有孔虫、腕足类、瓣鳃类、棘皮类,可见小型晶洞溶孔。中部为厚19.89m的深灰色块状含楼石结核亮晶生物碎屑灰岩,双壳类化石及珊瑚,层理和节理面见眼球状构造,孔洞较少。中部为厚47.23m的灰色—深灰色厚层—块状微晶生物碎屑灰岩,生物碎屑为有孔虫、海百合茎、介形虫、腕足类、瓣鳃类、藻类。黑色楼石结核较多发。生屑含泥质灰岩见水平层理,亦见层间泥质条带,微晶生物碎屑灰岩见小型溶蚀孔洞,生物碎屑灰岩中破裂面上见碳沥青浸染。顶部厚8.44m的黑色—深灰色含楼石结核微晶生物碎屑灰岩夹同色硅质页岩,硅质岩单层厚5～20cm,见水平层理,硅质灰岩中介壳局部富集成层,主要由腕足及双壳组成,与中下扬子区域孤峰组沉积类型相似。顶面见风化壳。

茅二段厚58.29m,中下部为厚30.09m的深灰色中层—块状微晶含楼石生物碎屑灰岩,时见块状构造,楼石呈薄层状顺层分布。生物碎屑为有孔虫、腕足类、介形虫、瓣鳃类、偶见小型珊瑚及腕足化石。上部厚28.2m的灰色中层状生物碎屑灰岩(王坡页岩),中部为厚14.25m的灰色块状含黑色楼石结核亮晶生物碎屑灰岩,顺层面串珠状分布,沿层面见大小各异,生物碎屑见水平层理,见保存较好的珊瑚及腕足化石,岩石呈薄层间分布。

茅三段厚60.85m,上部(厚14.91m)和下部(厚15.81m)均为灰色—深灰色厚层—块状灰色生物碎屑灰岩,生屑核局部密集,顺层分布。中部为厚30.13m的灰色厚层—块状硅质灰岩,见小型晶洞溶孔。上部为厚39.61m的灰色—深灰色含楼石结核微晶生物碎屑灰岩夹同色硅质页岩,硅质灰岩中介壳极其丰富,呈不规则状,个体较大,风化后呈土黄状。孔洞不发育,见腕足、瓣鳃类、苔藓虫、腕足类、介形虫等。顶面见风化壳。

4.3.3.2 上统

1）吴家坪组(厚95.49m)

下部黑色薄层硅质岩与灰黑色薄层含硅质泥质灰岩不等厚互层,硅质岩单层厚度为5～20cm,见少量生物碎屑(腕足、双壳),底部夹薄层钙质泥岩。

2）大隆组(厚21.73m)

下部为厚13.92m的黑色薄层硅质岩与同色薄层硅质泥岩互层,层间不夹薄层钙质泥岩。上部为厚6.35m的灰黑色硅质灰岩与薄层硅质

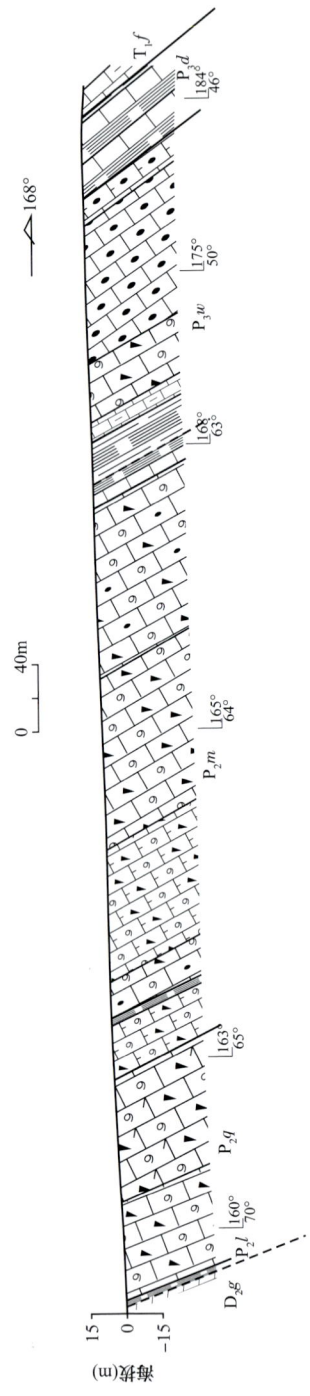

广元朝天西北乡二叠系综合柱状图

▲ 豹斑状构造

白云石化程度不均匀，形成斑状（稍暗色团块），形状不规则。白云质灰岩。广元朝天西北乡，P_2q。露头照片

▲ 层状构造

大隆组顶部薄层状生屑硅质灰岩。广元朝天西北乡，P_3d_0。露头照片

▲ 层状构造

中层状含生物碎屑灰岩与薄层状泥灰岩互层。广元朝天西北乡，P_2q_1。露头照片

▲ 蜓
泥晶生屑灰岩。广元朝天西北乡，P_2m。普通薄片，单偏光，显微照片

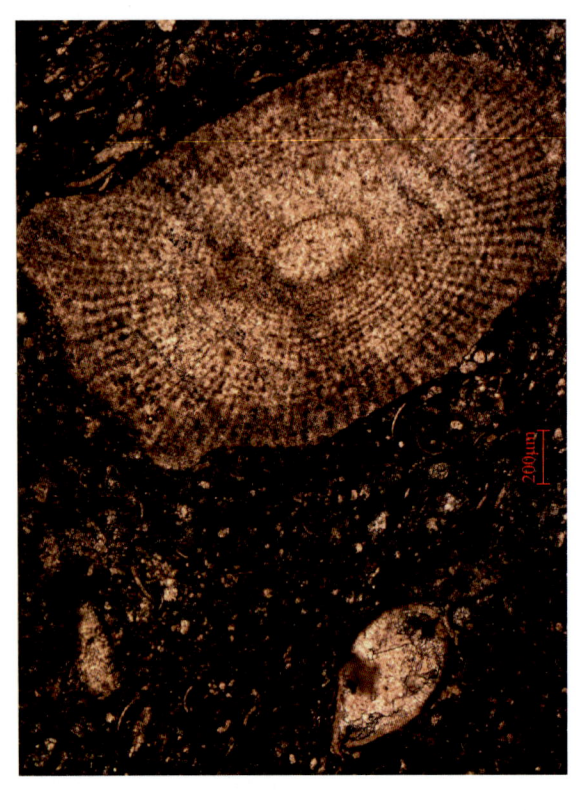
▲ 海胆刺、介形虫
泥晶生屑灰岩。广元朝天西北乡，P_2m。普通薄片，茜素红染色，单偏光，显微照片

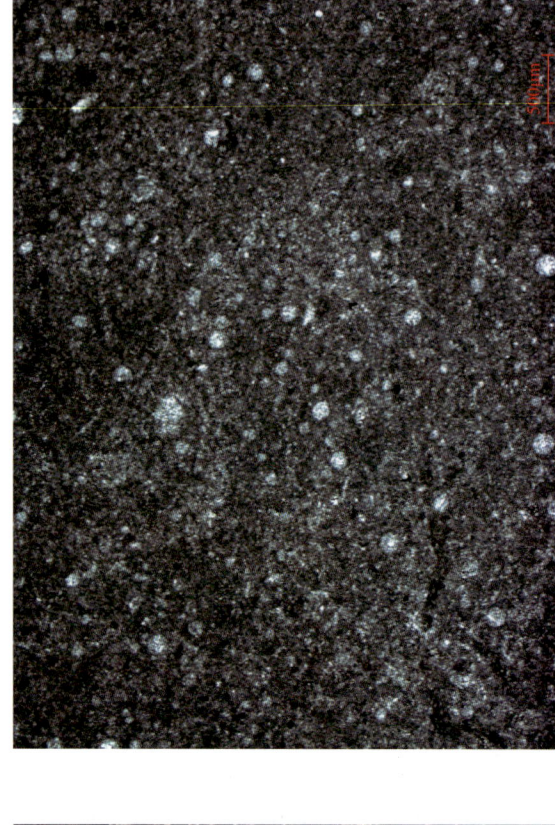
▲ 放射虫
放射虫泥晶灰岩。广元朝天西北乡，P_3d。普通薄片，单偏光，显微照片

▲ 假筒蜓
泥晶生屑灰岩。广元朝天西北乡，P_2m。普通薄片，茜素红染色，单偏光，显微照片

▲ 巴东虫
泥晶生屑灰岩。广元朝天西北乡，P_2m。普通薄片，茜素红染色，单偏光，显微照片

▲ 蜓、绿藻
泥晶生屑灰岩。广元朝天西北乡，P_3d。普通薄片，茜素红局部染色，单偏光，显微照片

▶ **冲刷构造**

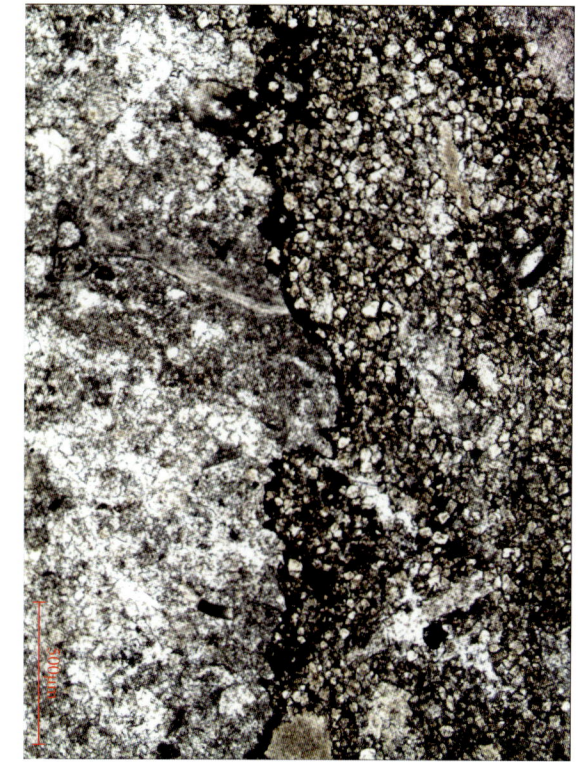

下部为泥晶生屑灰岩，上部为细晶生屑灰岩，界面起伏。广元朝天西北乡，P_3d。普通薄片，单偏光，显微照片

▶ **虫砂构造**

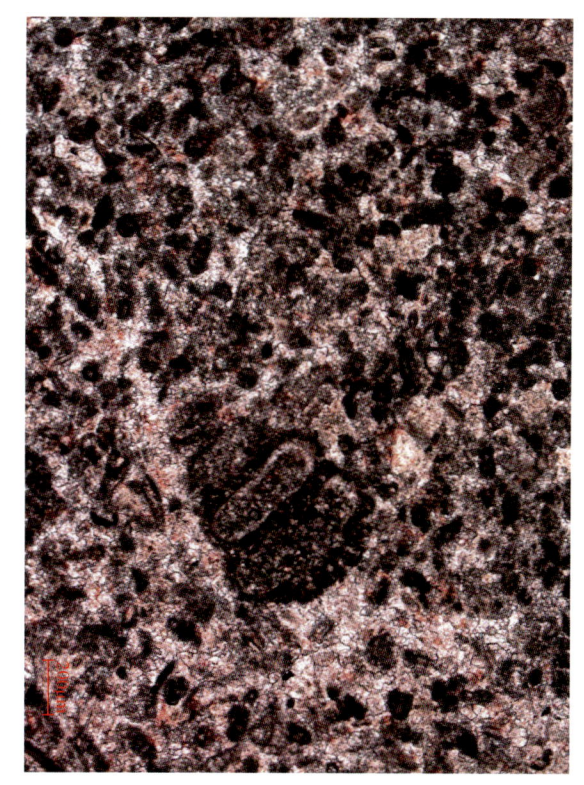

有孔虫被磨蚀形成似砂状，亮晶有孔虫砂屑灰岩。广元朝天西北乡，P_2m。普通薄片，茜素红染色，单偏光，显微照片

▶ **生物扰动**

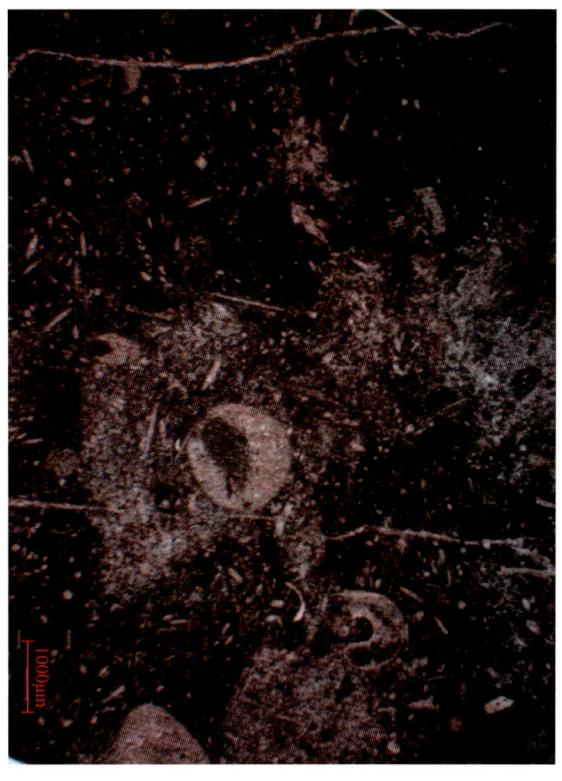

被上覆生屑灰岩覆盖形成不协调的"生屑"斑块状，生屑泥晶灰岩。广元朝天西北乡，P_2m。普通薄片，茜素红染色，单偏光，显微照片

▶ **生物扰动**

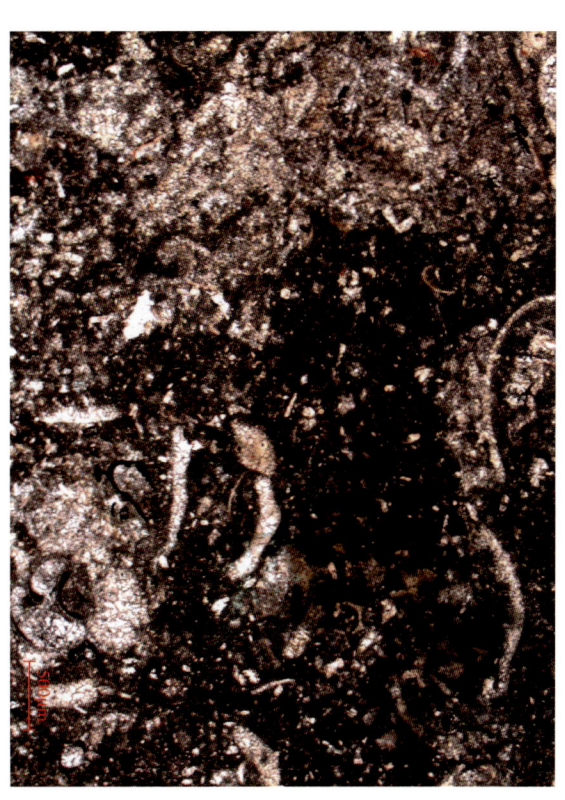

生物扰动处形成漩涡状"泥质"斑块，使晶结构杂乱，泥晶生屑灰岩。广元朝天西北乡，P_2q。普通薄片，单偏光，显微照片

▶ **生物遗迹**

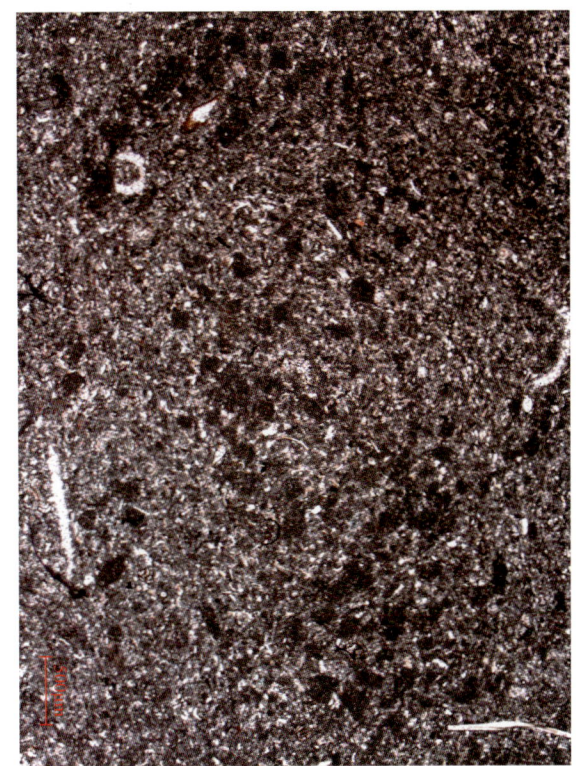

呈圆形"泥质球粒"状，生屑泥晶灰岩。广元朝天西北乡，P_2m。普通薄片，茜素红染色，单偏光，显微照片

▶ **生物扰动**

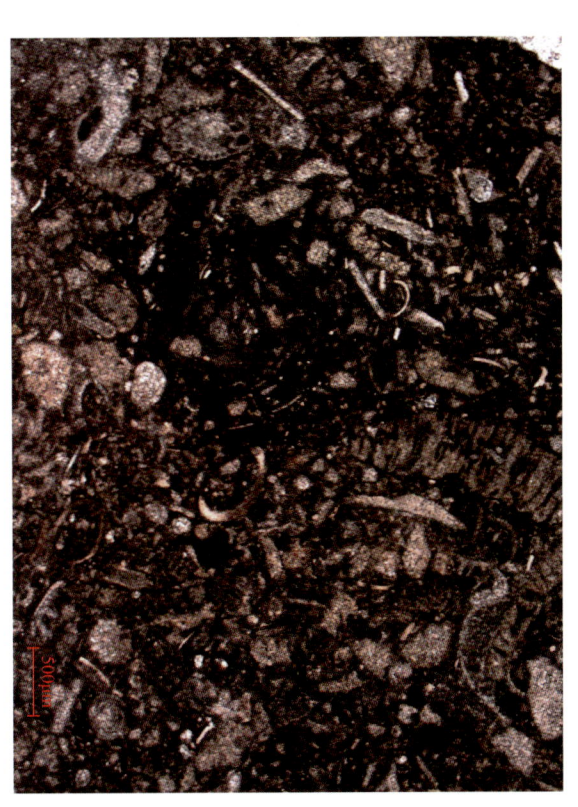

生物扰动处形成漩涡状"泥斑"，泥晶生屑灰岩。广元朝天西北乡，P_2m。普通薄片，茜素红染色，单偏光，显微照片

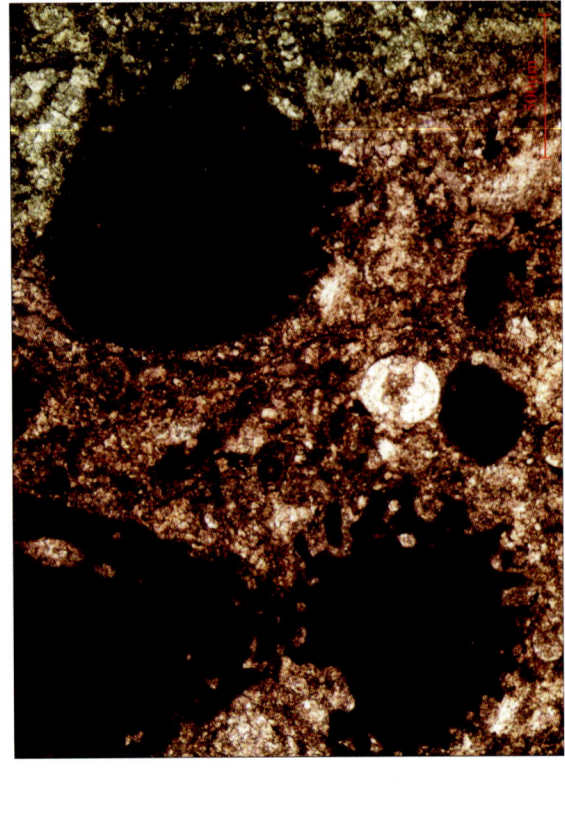

▲ 沥青充填

螺类体腔孔充填沥青，亮晶生物碎屑灰岩。广元朝天西北乡，P_2q_2。普通薄片，茜素红染色，单偏光，显微照片

▲ 沥青浸染

生物碎屑细晶白云岩。广元朝天西北乡，P_3d。普通薄片，单偏光，显微照片

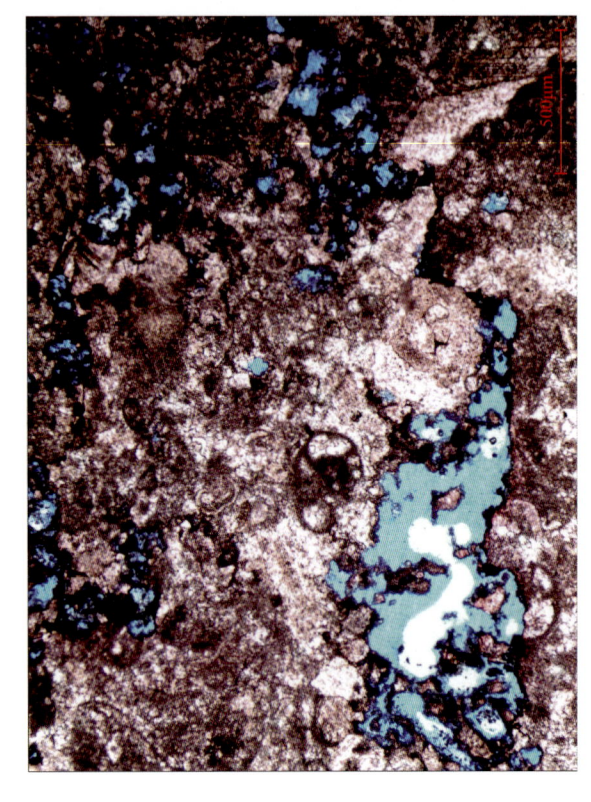

▲ 粒内、粒间溶扩孔

面孔率为7.0%，泥晶生屑灰岩。广元朝天西北乡，P_2q_2。铸体薄片，茜素红染色，单偏光，显微照片

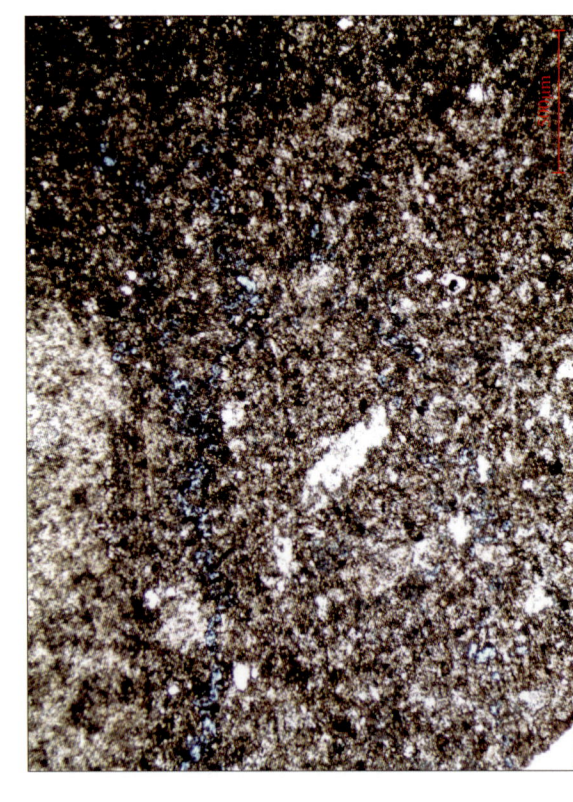

▲ 溶蚀孔、缝

普遍见沥青半充填，面孔缝率为2.0%，泥晶生屑灰岩。广元朝天西北乡，P_2m_3。铸体薄片，单偏光，显微照片

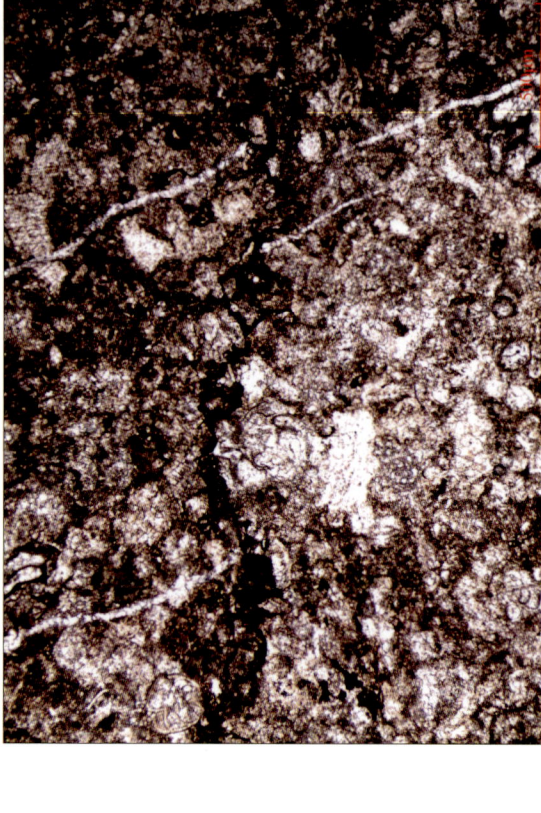

▲ 缝合线构造

缝合线内为泥质等不溶残渣，亮晶生屑灰岩。广元朝天西北乡，P_2m。普通薄片，单偏光，显微照片

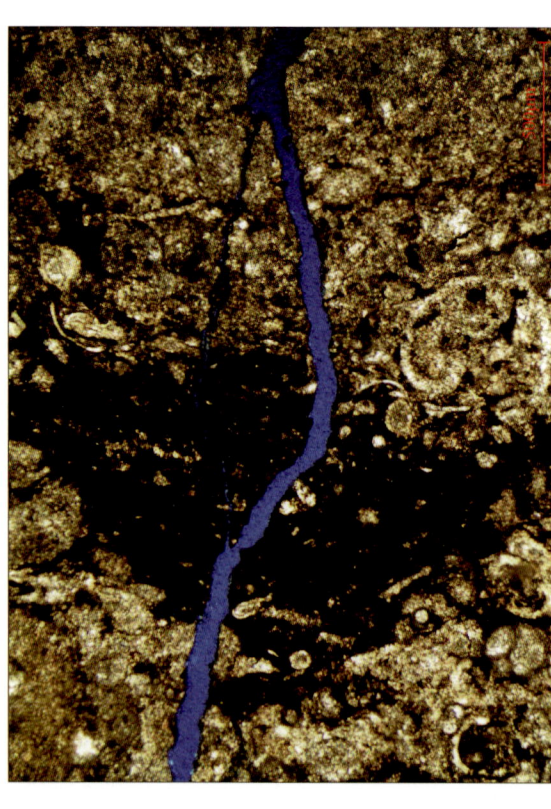

▲ 构造裂缝

面孔缝率为0.8%，泥晶生屑灰岩。广元朝天西北乡，P_2q_1。铸体薄片，单偏光，显微照片

4.3.4 天全思经二叠系剖面

剖面位于四川省雅安市天全县思经镇山阡村李子院，处天全县西南部，距天全县城18km，剖面测量总长度为1221m，二叠系厚度为652.14m。

该剖面代表盆地西南部上二叠统峨眉山玄武岩组的峨眉山玄武岩组和陆相沉积的沙湾组。存在中统、上统，缺失下统。中二叠统梁山组黑色—灰色泥岩夹含石英细砂岩平行不整合接触，上二叠统沙湾组顶部浅灰绿色—灰色中层—厚层石英砂岩与下三叠统飞仙关组紫红色薄层砂岩、粉砂岩夹泥岩整合接触。中统和上统之间为平行不整合接触。

4.3.4.1 中统

1) 梁山组（厚11.02m）

黑色泥岩夹微晶生物碎屑含石英砂质灰岩。

2) 栖霞组（厚166.89m）

自下面上分为栖一段、栖二段。

栖一段厚76.05m，灰色—深灰色微晶生物碎屑灰岩，砂屑为白云石化灰岩见于上部，白云石化灰岩呈块状，生物碎屑主要有孔虫、腕足类、偶见介形虫、海百合茎。

栖二段厚90.84m，灰色—深灰色厚层—块状微晶生物碎屑灰岩夹腕足类、有孔虫等块状灰岩中孔洞较发育，灰色块状微晶砂屑灰岩分布在下部，顶部以砂屑灰岩与茅口组分界。

3) 茅口组（厚145.52m）

自下面上分为茅一段、茅二段、茅三段。

茅一段厚42.11m，下部为深灰色—灰黑色，上部为灰色中层—块状微晶生物居含泥质灰岩，"眼皮"为泥岩，"眼球"为生物灰岩，具生屑灰岩见于上部，与层面平行，植被较丰富，"眼球状"构造发育，中溶层，上部呈块状，白云石化灰岩见于上部，发育刀砍纹，石灰岩分布在下部，生物碎屑主要有孔虫、腕足类，自下面上厚度分别为1.77m，5.28m，8.87m，顶部以砂屑灰岩与茅口组分界。

茅二段厚20.28m，灰色薄层—中层微晶生物碎屑灰岩，裂缝发育，中部见含泥质纹层构造，灰色中溶体，岩石中溶孔发育。

茅三段厚83.13m，下部为深灰色厚层—块状微晶生物碎屑灰岩和壳状微晶生物碎屑灰岩，见团块状灰岩，局部见黑色碳质结核，裂缝较发育，孔洞大发育，上部38.41m为灰色中层夹薄层微晶灰岩夹同色团生物碎屑灰岩，生物碎屑见介形虫、海百合茎、腕足类、双壳类等。

4.3.4.2 上统

1) 峨眉山玄武岩组（$P_3\beta$）（厚312.49m）

中下部为厚层—块状致密玄武岩，杏仁状玄武岩，绿帘石组成，个体一般为5mm，大者可达10mm，含量多者达20%～30%，形态呈深圆状，纵向上杏仁体主要由致密玄武岩→杏仁状玄武岩韵律变化。其中致密玄武岩厚89.1m，杏仁状玄武岩厚93.49m，上部由两个韵律层组成，其中下部微晶致密玄武岩微层（厚80.05m）→杏仁状玄武岩（厚61.91m）→火山角砾岩（厚18.14m），火山角砾岩见球状结构。层面见灌层玄武质泥岩；上部韵律层（厚49.85m）表现为致密玄武岩与杏仁状玄武岩互层。

2) 沙湾组（P_3s）（厚13.36m）

浅灰绿色—灰色厚层晶屑岩屑石英砂岩夹薄层碳质泥岩。

栖霞组孔隙度为0.32%～1.21%，平均为0.72%，渗透率为0.0053～0.195mD，平均为0.036mD。茅口组孔隙度为0.74%～3.81%，平均为1.68%；渗透率为0.005～0.239mD，平均为0.0212mD。

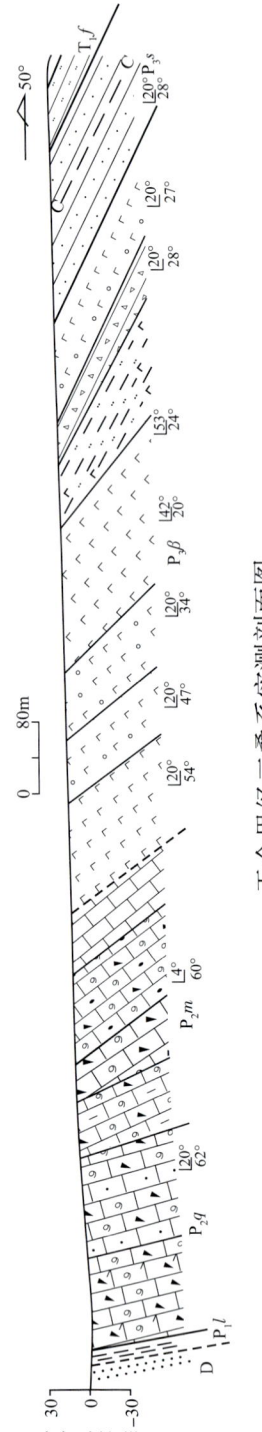

▲ 泥岩

中二叠统底部黑色碳质泥岩与灰白色铝土质泥岩。天全思经，P_2l。露头照片

▲ 层状构造

栖霞组下部中层状构造，灰黑色泥晶生屑灰岩。天全思经，P_1q。露头照片

▲ 刀砍纹构造

栖霞组上部生屑白云岩差异风化作用形成的刀砍纹构造。天全思经，P_1q。露头照片

169

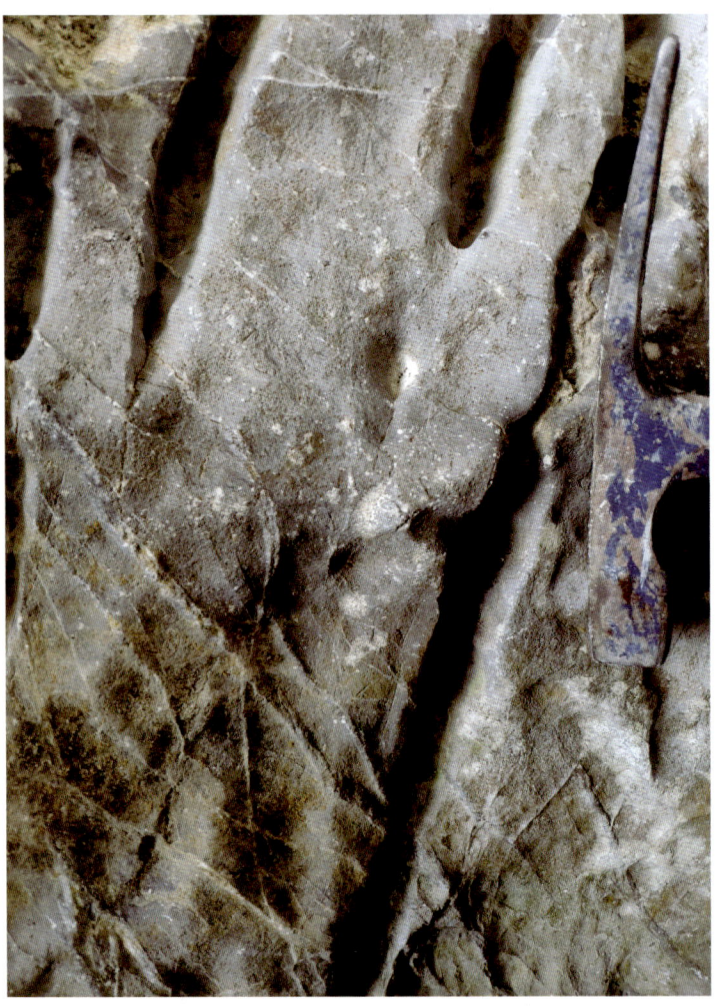

▶ 充填裂缝

栖霞组中部生屑灰岩发育多条裂缝，方解石全充填。天全思经，P_2q。露头照片

▶ 层状构造

茅口组中部层状构造，泥晶生屑灰岩。天全思经，P_2q。露头照片

▶ 地质界线

茅口组与峨眉山玄武岩界线（手指处），右侧为茅口组，左侧为峨眉山玄武岩组，其间平行不整合接触。天全思经。露头照片

▲ 角砾状构造

火山角砾不规则，大小悬殊，呈棱角状，火山碎屑岩。天全思经，$P_3\beta$。露头照片

▲ 杏仁状构造

杏仁体大小不均，个别呈长条状，见绿泥石化，杏仁状玄武岩。天全思经，$P_3\beta$。露头照片

▲ 玄武岩

玄武岩不具层状构造，风化面见褐色氧化铁。天全思经，$P_3\beta$。露头照片

▲ 洞穴充填

玄武岩洞穴中充填硅质和方解石，呈椭壳状，反映多期规则充填，致密玄武岩。天全思经，$P_3\beta$。露头照片

▲ 洞穴充填

玄武岩洞穴充填硅质和方解石，致密玄武岩。天全思经，$P_3\beta$。露头照片

▲ 希瓦格蜓、球瓣虫

生屑泥晶灰岩。天全思经，P_2m。普通薄片，单偏光，显微照片

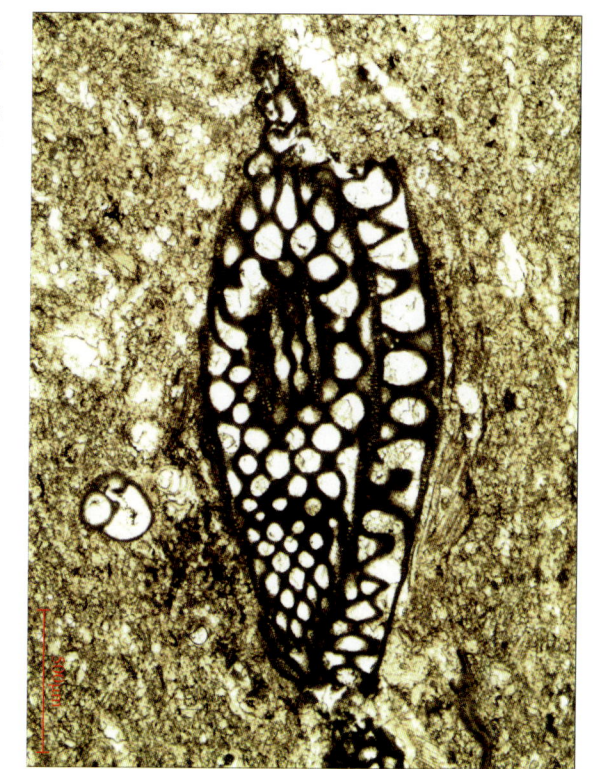

▲ 蜓类

除蜓外，尚见米齐蒌（左上）、节房虫（中下）、球瓣虫（右下）。生屑泥晶灰岩。天全思经，P_2q。普通薄片，茜素红染色，单偏光，显微照片

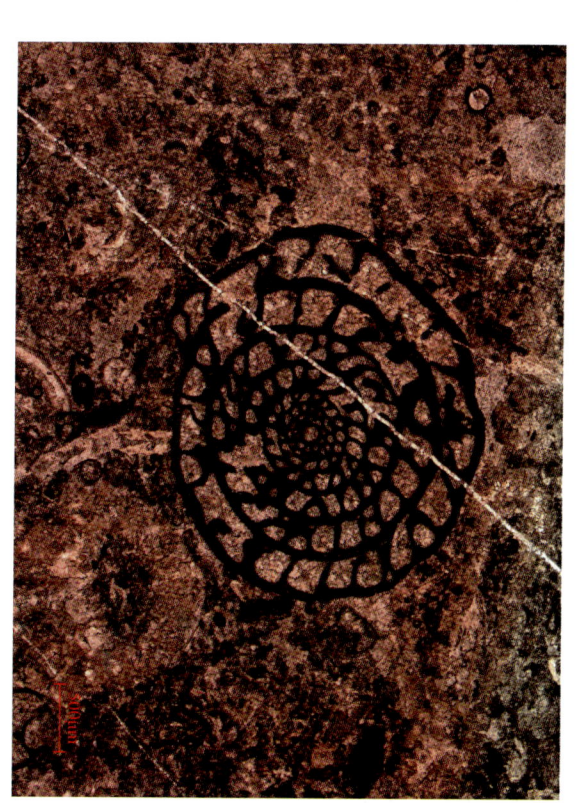

▲ 单体珊瑚

亮晶生屑灰岩。天全思经，P_2q。普通薄片，单偏光，显微照片

▲ 生物碎屑

生物见新盘虫、假橡果虫等。亮晶生屑灰岩。天全思经，P_2q。普通薄片，单偏光，显微照片

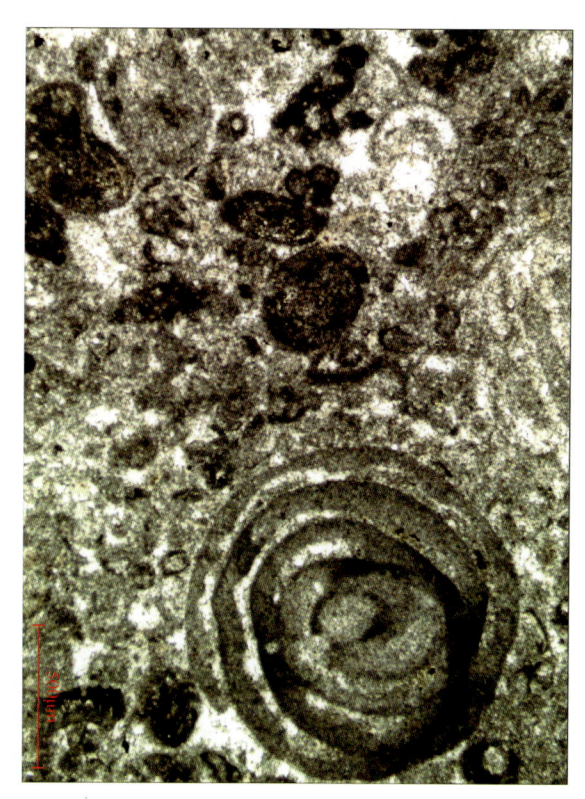

▲ 第格达藻

生屑生屑灰岩。天全思经，P_2q。普通薄片，单偏光，显微照片

▲ 厚壁虫、海胆刺

生屑泥晶灰岩。天全思经，P_2m。普通薄片，茜素红染色，单偏光，显微照片

▲ 残余生屑
绝大部分生屑被次生作用改造，仅剩模糊轮廓，难以分辨，残余生屑灰岩。天全思经，P_2m_2。普通薄片，单偏光，显微照片

▲ 针状斜长石
玄武岩。天全思经，$P_3\beta$。普通薄片，单偏光，显微照片

▲ 伊丁石化
橄榄石伊丁石化，橄榄玄武岩。天全思经，$P_3\beta$。普通薄片，单偏光，显微照片

▲ 绿泥石化
斜长石斑晶玄武岩。天全思经，$P_3\beta$。普通薄片，单偏光，显微照片

▲ 角砾熔岩
岩浆喷溢过程中，角砾被熔浆包裹，角砾为斑晶玄武岩。天全思经，$P_3\beta$。普通薄片，单偏光，显微照片

▲ 含角砾晶屑凝灰岩
碎屑主要由石英晶屑和火山碎屑构成，填隙物及岩屑铁矿化蚀变呈黑色。天全思经，$P_3\beta$。普通薄片，单偏光，显微照片

▲ 鳒类体腔孔

鳒类因重结晶作用面面目全非，面孔率为5.0%，残余生屑灰岩。天全思经，P_2q。铸体薄片，单偏光，显微照片

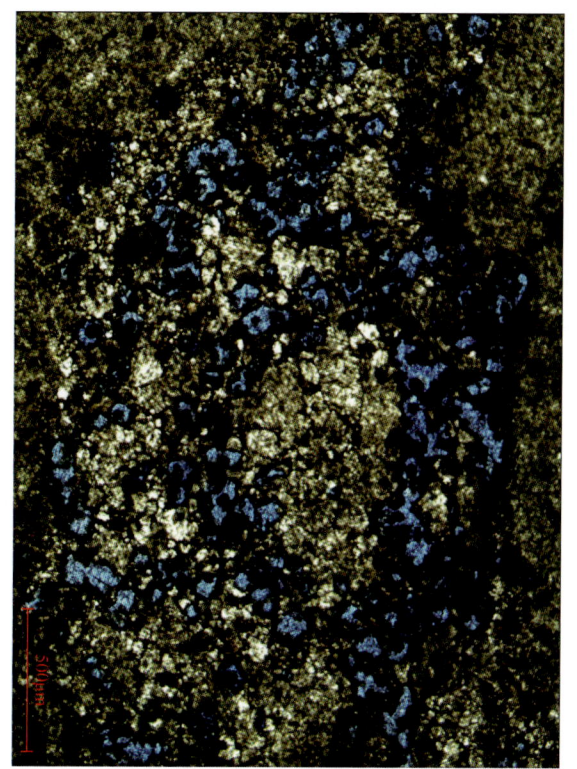

▲ 缝合线切穿构造

缝合线切穿方解石充填缝，其形成晚于构造缝，为细组分容易吸附有机物所致，碎屑密集处沥青少至无。生屑泥晶灰岩。天全思经，P_2q。普通薄片，单偏光，显微照片

▲ 缝中缝

沿缝合线裂开，形成缝合线中张开缝，面缝率为0.5%，泥晶生屑灰岩。天全思经，P_2q。铸体薄片，单偏光，显微照片

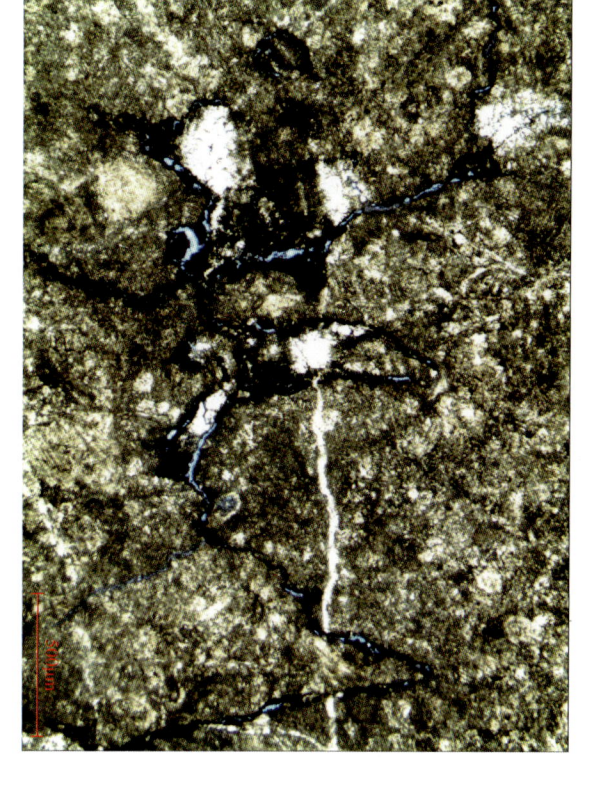

▲ 沥青斑块

沥青斑块（点）大小不等，形态不规则，附有机物所致，碎屑密集处沥青少至无。生屑泥晶云质灰岩。天全思经，P_2m_1。普通薄片，单偏光，显微照片

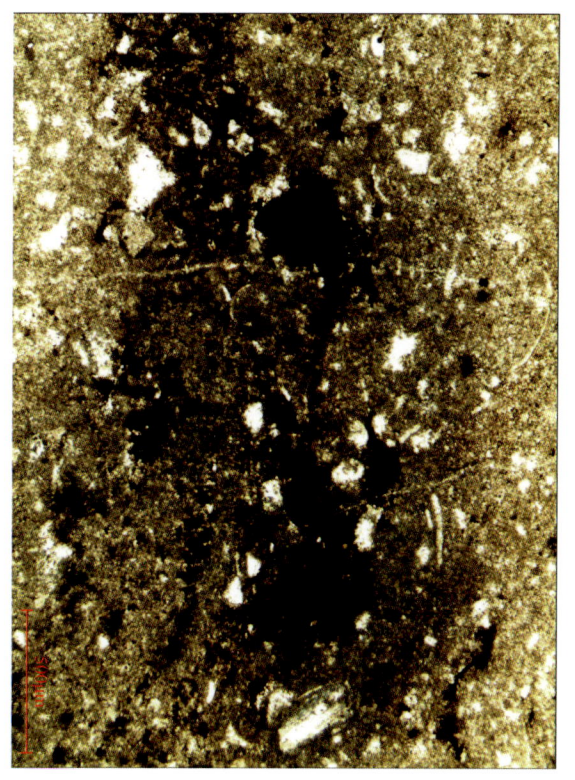

4.3.5 宣汉渡口上二叠统剖面

剖面位应于四川省达州市宣汉县渡口乡立石村，地处宣汉县、万源市、城口县三地交接处，位于巴山大峡谷景区前河河畔巴山大峡谷快速通道公路旁，构造位置属于大巴山前缘弧形构造带。

剖面测量长度为499.5m，上二叠统厚404.03m，其中吴家坪组厚195.65m，长兴坪组厚166.49m。吴家坪组底部深灰色块状硅质结核灰岩与下伏茅口组深灰色硅质灰岩平行不整合接触，二者间见厚30~40cm的土黄色黏土岩。长兴组顶部灰色—浅灰色厚层—块状生屑灰岩与上覆下三叠统飞仙关组残余鲕粒白云岩整合接触。

4.3.5.1 吴家坪组

深灰色厚层—块状硅质结核生屑灰岩夹同色硅质灰岩和硅质结核完晶砂屑灰岩。其中硅质灰岩2层累计厚度为22.62m，硅质结核1层厚13.84m。硅质结核大小悬殊，呈泛瘩状具成层性。生屑主要为䗴类、有孔虫、介形虫、棘皮类。孔洞不发育，仅局部零散分布。

4.3.5.2 长兴组

深灰色—灰色厚层—块状泥晶生屑灰岩，完晶生屑灰岩，泥晶生屑云质灰岩及生屑灰岩呈块状。下部112.77m为灰色厚层—块状完晶生屑灰岩，完晶砂屑生屑灰岩，泥晶生屑灰岩，完晶砂屑生屑灰岩，

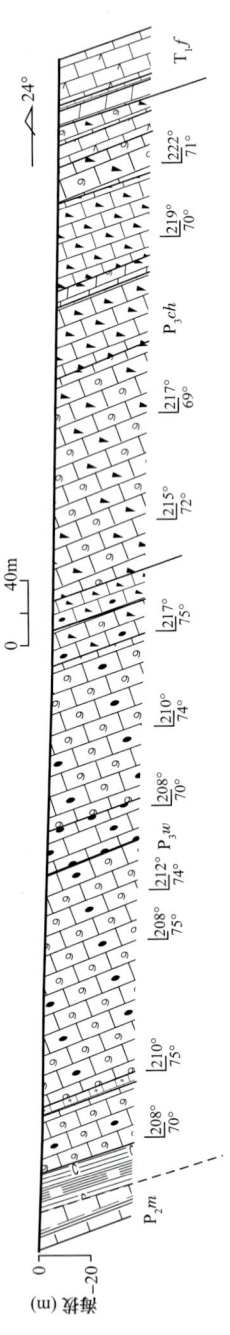

宣汉渡口上二叠统综合柱状图

▲ 层状构造

上二叠统中层状生屑灰岩夹薄层硅质岩。宣汉渡口，P_3w，露头照片

▲ 层状构造

中层状含燧石结核灰岩，风化面上，因燧石结核脱落形成略具层状分布的洞穴。宣汉渡口，P_3w，露头照片

▲ 层状构造

长兴组顶部灰黑色中层状生屑灰岩。宣汉渡口，P_3ch，露头照片

▲ 块状构造

长兴组中下部块状生屑灰岩。宣汉渡口，P₃ch，露头照片

▲ 溶蚀孔洞

沿礁石结核边缘差异溶蚀形成孔洞，多呈孤立状，部分溶蚀程度较高者，使礁石结核脱落形成洞穴，礁石结核灰岩。宣汉渡口，P₃w，露头照片

▲ 硅质结核

中层状含硅质结核灰岩，结核形态各异，大小差异亦明显，部分结核脱落形成洞穴。宣汉渡口，P₃w，露头照片

▶ 燧石条带

燧石呈条带状沿层面分布，边缘略呈不规则状，燧石条带灰岩。宣汉渡口，P_3w，露头照片

▶ 页岩夹层

中层状含生屑灰岩中夹薄层蓝灰色页岩，灰岩顶面凹凸不平。宣汉渡口，P_3w，露头照片

▶ 地质界线

吴家坪组（左）与长兴组（右）分界线，长兴组块状生屑灰岩在地貌上形成陡崖。宣汉渡口，露头照片

▲ 褶皱构造

吴家坪组下部受构造作用影响形成褶皱,地层产状由直立变为近水平状,深灰色中厚层泥晶灰岩。宣汉渡口,P_3w,露头照片

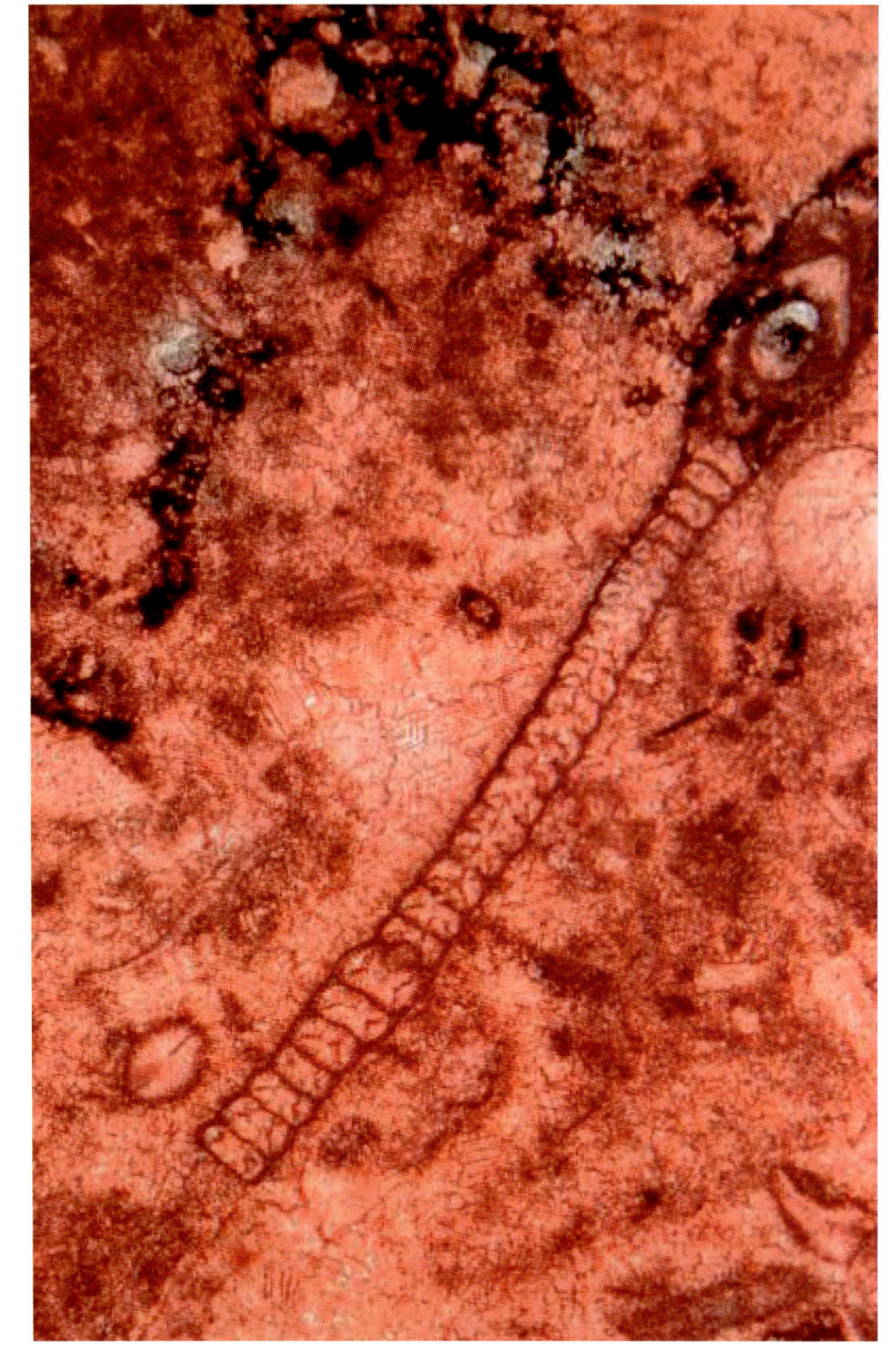

▲ 拉日尔蟥

亮晶生屑灰岩。宣汉渡口,P_3ch。普通薄片,茜素红染色,单偏光,显微照片

▶ 节房虫碎片

保存较完整的节房虫个体被缝合线切割（右上），生屑泥晶灰岩。宣汉渡口，P_3w。普通薄片，单偏光，显微照片

▶ 放射虫

个体细小，多被方解石交代，含放射虫泥晶灰岩。宣汉渡口，P_3w。普通薄片，单偏光，显微照片

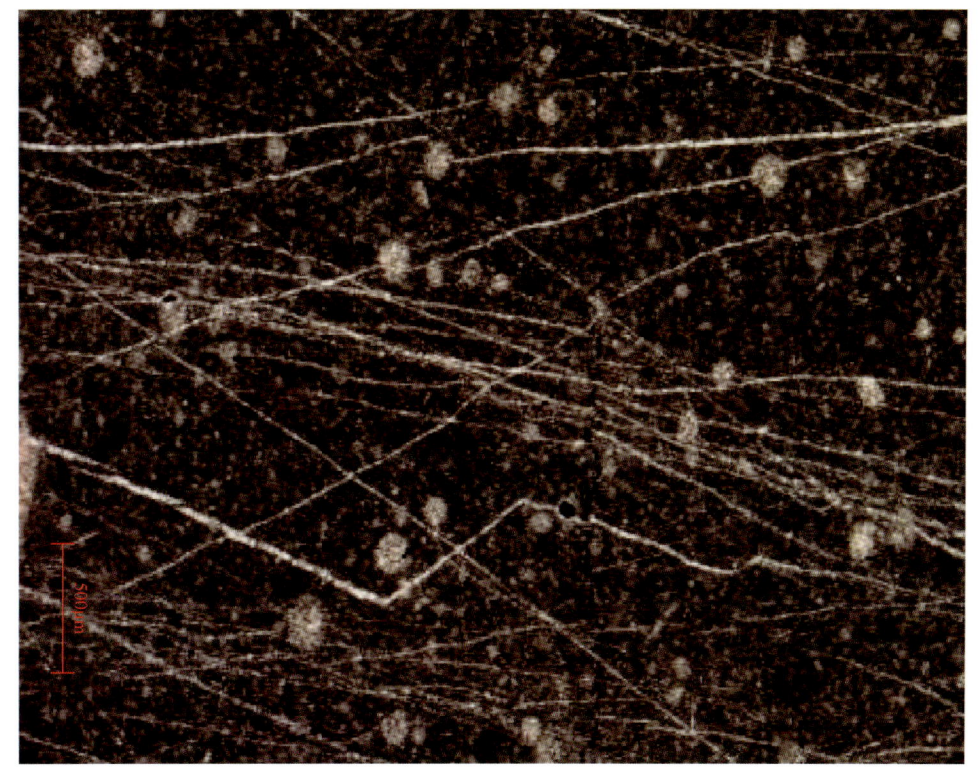

▶ 硅质结核

硅质结核边缘较规则，界限清晰，呈椭圆形夹于石灰岩中，生屑泥晶灰岩夹硅质结核。宣汉渡口，P_3w。普通薄片，单偏光，显微照片

▶ 砂砾屑结构

亮晶砂砾屑灰岩。宣汉渡口，P_3ch。普通薄片，单偏光，显微照片

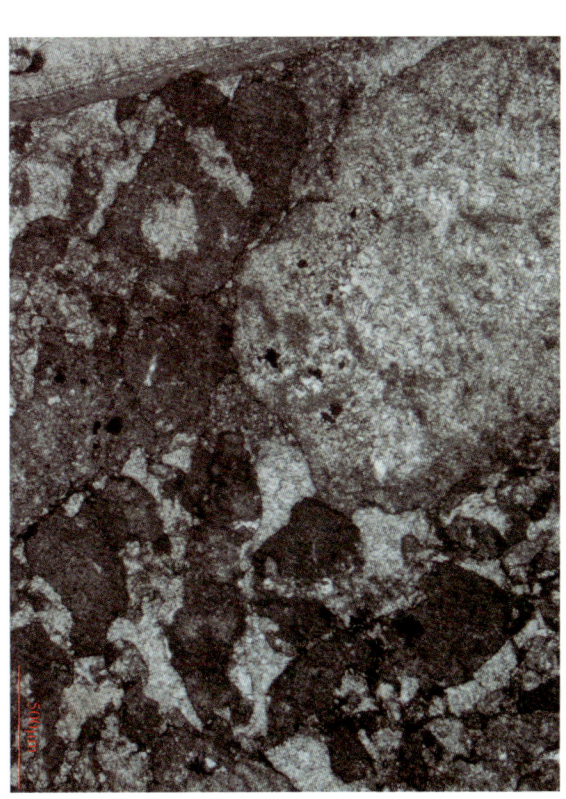

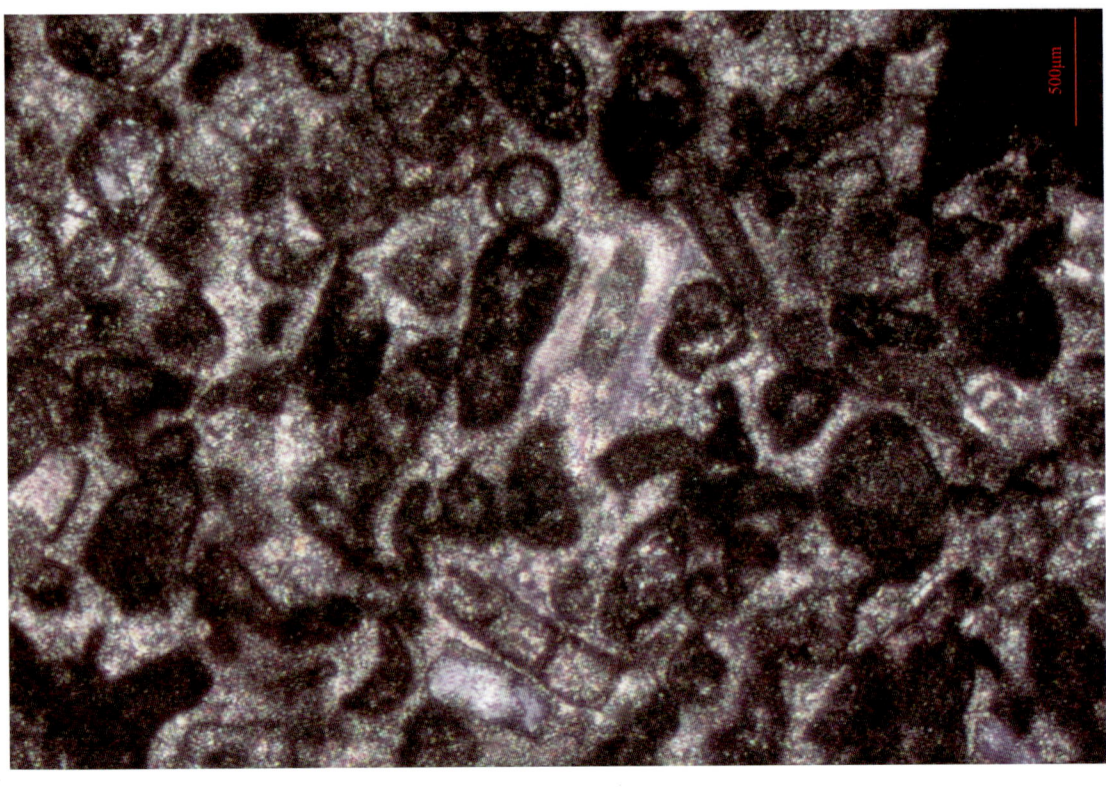

▲ 砂屑结构

亮晶有孔虫砂屑灰岩。宣汉渡口，P_3ch。普通薄片，单偏光，显微照片

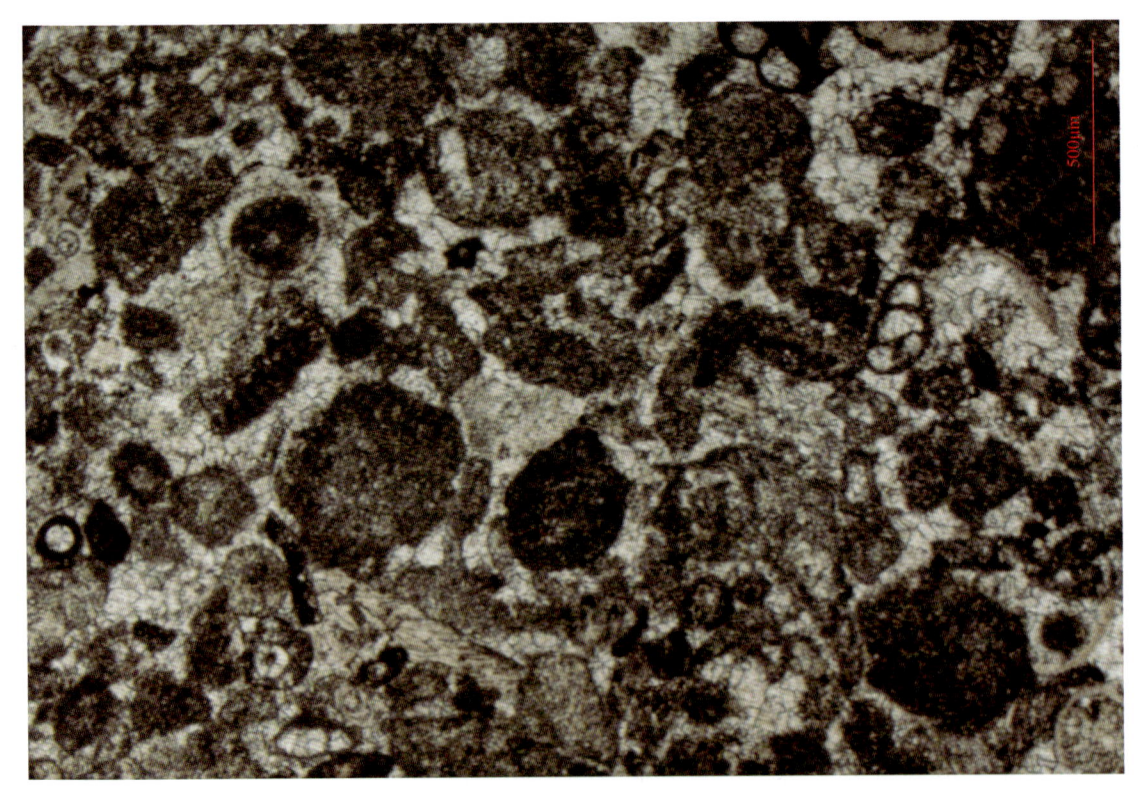

▲ 砂屑结构

亮晶砂屑灰岩。宣汉渡口，P_3ch。普通薄片，单偏光，显微照片

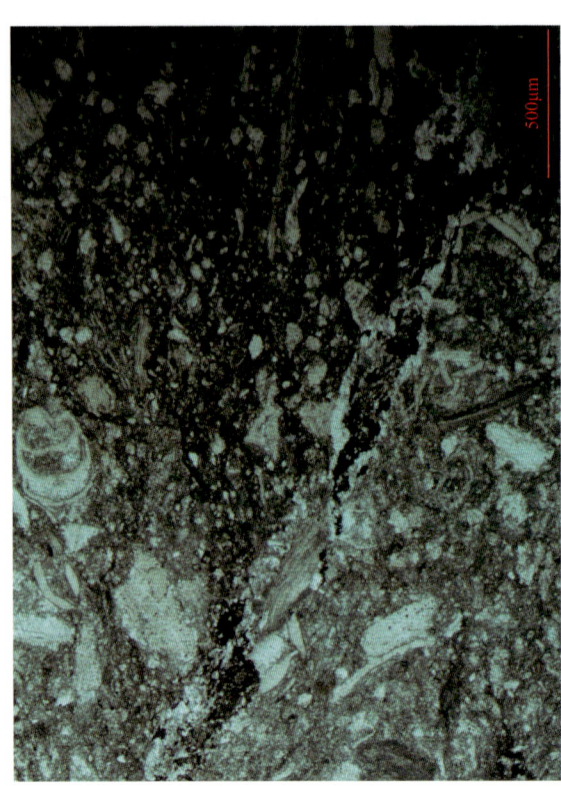

▲ 压溶错动

压溶错动造成岩石结构差异，左为生屑结构，右为泥晶结构（含少量生屑、粉屑），对角线为压溶错动线，生屑泥晶灰岩。宣汉渡口，P_3ch。普通薄片，单偏光，显微照片

▲ 硅化作用

硅化彻底，具生物幻影，个别内部组织保存完好。宣汉渡口，P_3w。普通薄片，茜素红染色，单偏光，显微照片

◀ 缝合线构造。宣汉渡口，P_3ch。普通薄片，单偏光，显微照片

4.3.6 开州满月上二叠统剖面

剖面位于重庆市开州红花园乡与满月乡之间双河口东河河畔，巴山大峡谷东南缘，构造位置为大巴山前缘弧形构造带罗盘营背斜倾没端。

上二叠统厚 337.46m，其中长兴组厚 98.74m，吴家坪组厚 238.72m。

长兴组顶部以深灰色块状微晶生屑灰岩与上覆三叠系大冶组底部厚 0.54m 的灰黑色微晶砂屑灰岩夹泥岩不整合接触，界面见厚 1.5m 的黑色页岩。吴家坪组底部深灰色硅质岩与下伏茅口组顶部黑色硅质岩夹泥岩分界，二者整合接触。吴家坪组与长兴组之间为连续沉积，灰白色铝土岩及浅黄色粉砂质泥岩。

4.3.6.1 吴家坪组

下部为微晶生屑含云质灰岩，生屑灰岩，硅质岩，夹燧石结核（条带），又可分成两部分，底部为厚 27.29m 的灰色局部深灰色薄层—中层状微晶生屑灰岩夹硅质岩，自下而上燧石渐增，由结核渐变为条带，见瓣鳃类，双壳类，有孔虫，苔藓虫，藻类等生屑，底部见 0.10m 土黄色粉砂质泥岩，顶部为厚 0.89m 土黄色粉砂质泥岩，见丰富双壳化石。核合云质生屑灰岩夹含云质灰岩溶蚀孔洞较发育，生屑见有孔虫，腕足类，介形虫，瓣鳃类，海百合茎，棘皮类。

深灰色中厚层局部块状微晶生屑灰岩夹燧石结核（条带），间夹硅质岩，岩性较单一，溶蚀孔洞水少见。

4.3.6.2 长兴组

中下部为深灰色局部灰色微晶生屑灰岩，顶部见藻粘结灰岩，从产状及颜色看，可划分出 4 个深灰色黑色中层生屑灰岩→深灰色厚层—块状生屑灰岩韵律层，自下而上各韵律层厚度分别为 35.19m，34.8m，5.96m，22.79m。厚层及块状生屑灰岩溶蚀孔洞较发育，生屑见有孔虫，腕足类，介形虫，瓣鳃类，海合茎，棘皮类。

长兴组孔隙度为 0.4%~16.6%，平均为 3.24%；渗透率为 0.0033~106.3mD，平均 2.7619mD。

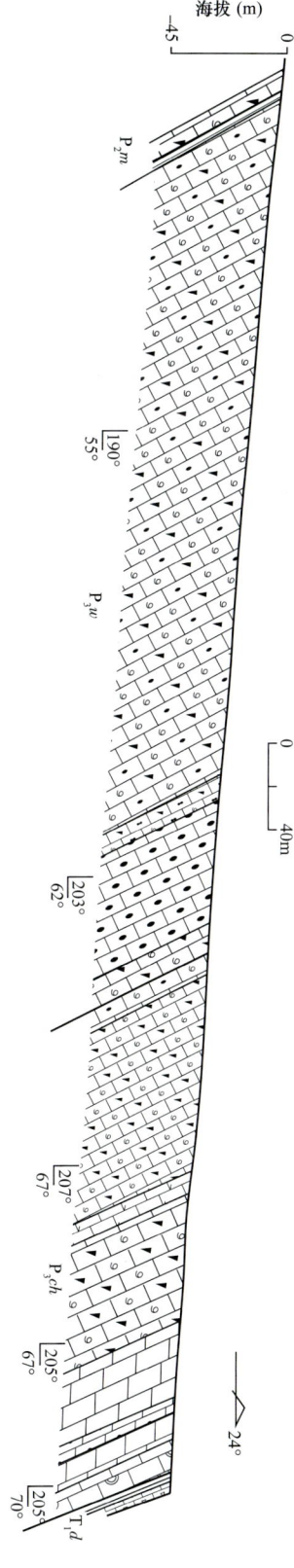

开州满月上二叠统实测剖面图

◀ 缝合线构造。宣汉渡口，P_3ch。普通薄片，单偏光，显微照片

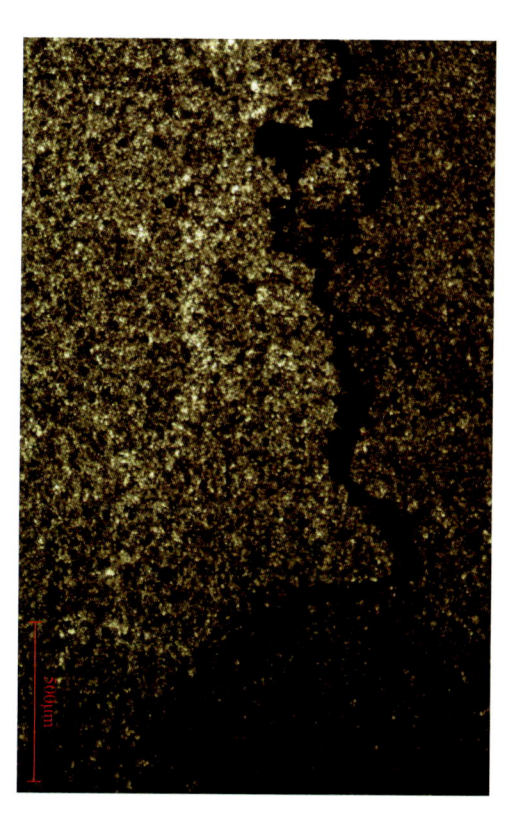

开州满月上二叠统综合柱状图

▲ 层状构造

薄层状硅质岩与石灰岩互层。开州满月，P_3w。露头照片

▲ 实体化石

腕足类的放射状饰纹。开州满月，P_3w。露头照片

▲ 生物碎屑

见腕足类、棘皮类、腹足类等生屑，亮晶生屑灰岩。开州满月，P_3w。露头照片

▲ 䗴类
泥晶䗴灰岩。开州满月，P₃ch。普通薄片，单偏光，显微照片

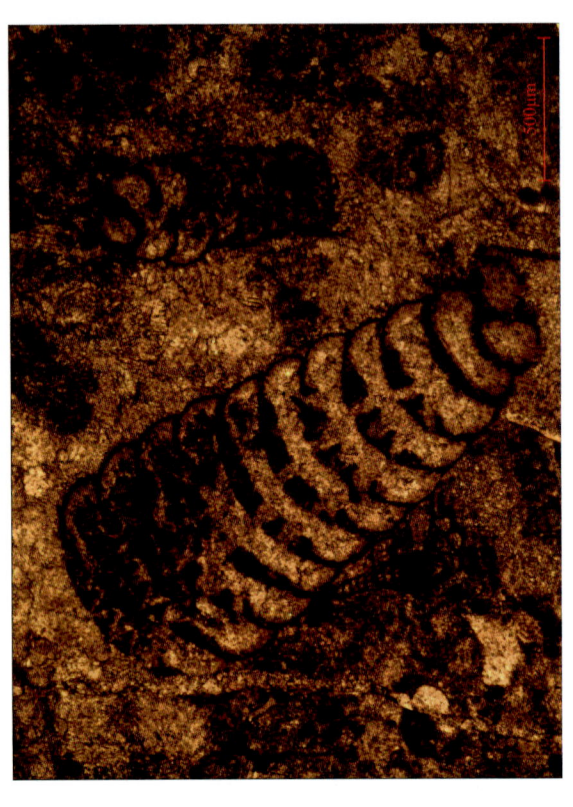

▲ 筛串虫（左）、梯状虫（右）
亮晶生屑灰岩。开州满月，P₃ch。普通薄片，单偏光，显微照片

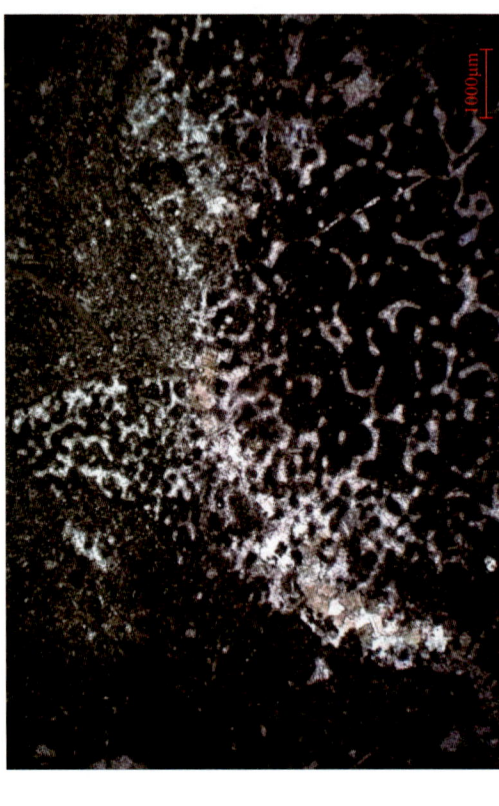

▲ 纤维海绵
海绵泥晶灰岩。开州满月，P₃ch。普通薄片，单偏光，显微照片

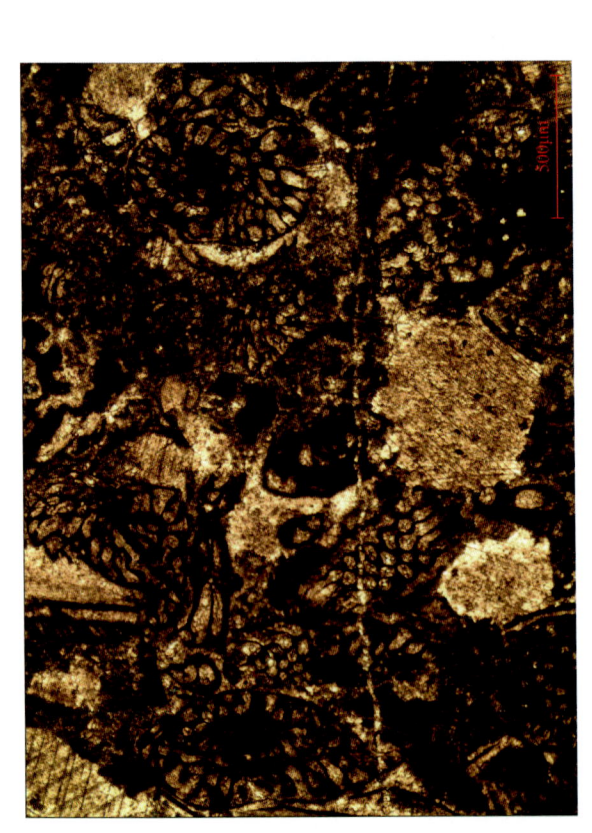

▲ 䗴类
泥晶灰岩。开州满月，P₃ch。普通薄片，单偏光，显微照片

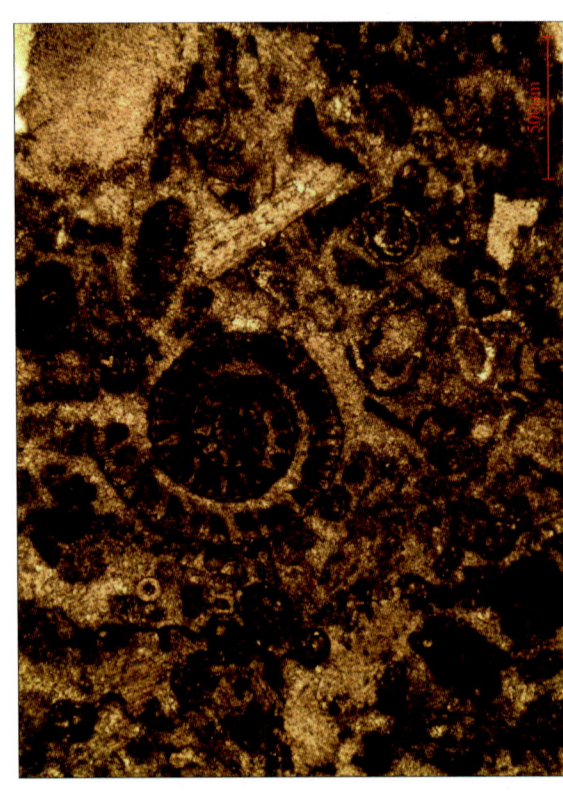

▲ 腹足类
亮晶生屑灰岩。开州满月，P₃ch。普通薄片，单偏光，显微照片

▲ 单体珊瑚
泥晶生屑灰岩。开州满月，P₃ch。普通薄片，单偏光，显微照片

▶ 蠕孔藻

被有机质浸染，泥晶蠕孔藻生屑灰岩。开州满月，P_3ch。普通薄片，显微照片

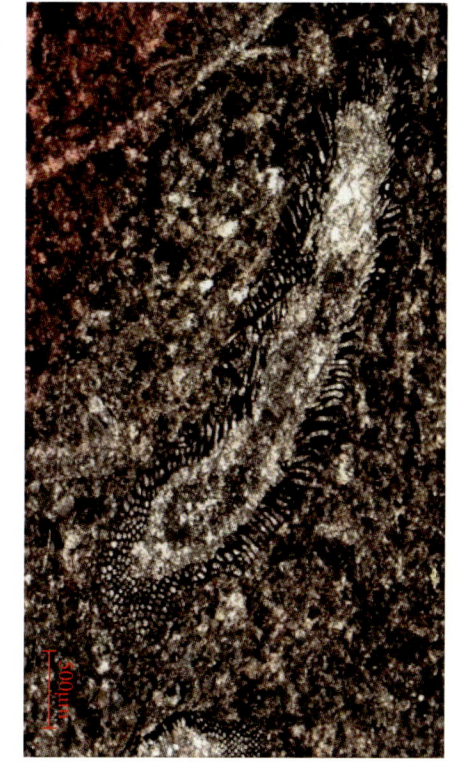

▶ 针状生屑

生屑壳壁似骨针状，略具定向性，泥晶生屑灰岩。开州满月，P_3w。普通薄片，单偏光，显微照片

▶ 放射虫

硅质岩。开州满月，P_3w。普通薄片，单偏光，显微照片

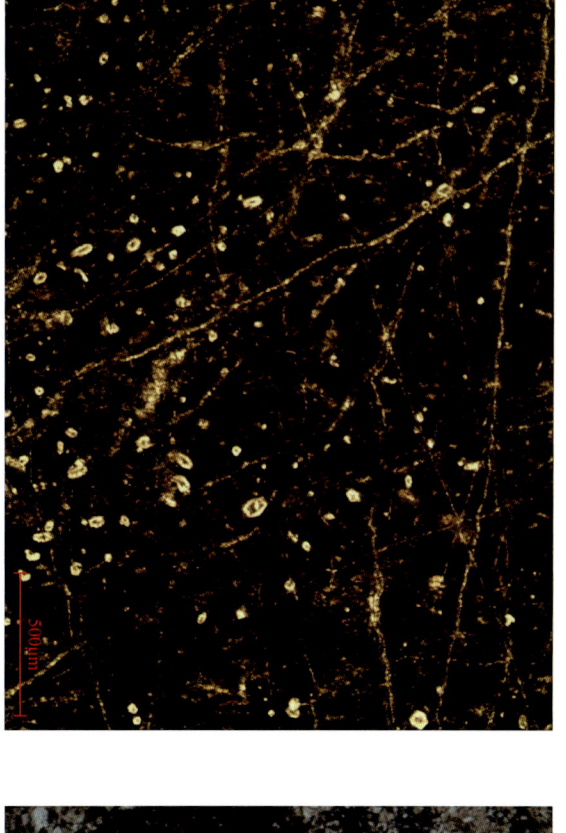

▶ 显隐晶结构

含钙质含云质硅质岩。开州满月，P_3w。普通薄片，单偏光，显微照片

▶ 缝合线构造

缝合线内为黑色不溶物，泥晶灰岩。开州满月，P_3ch。普通薄片，单偏光，显微照片

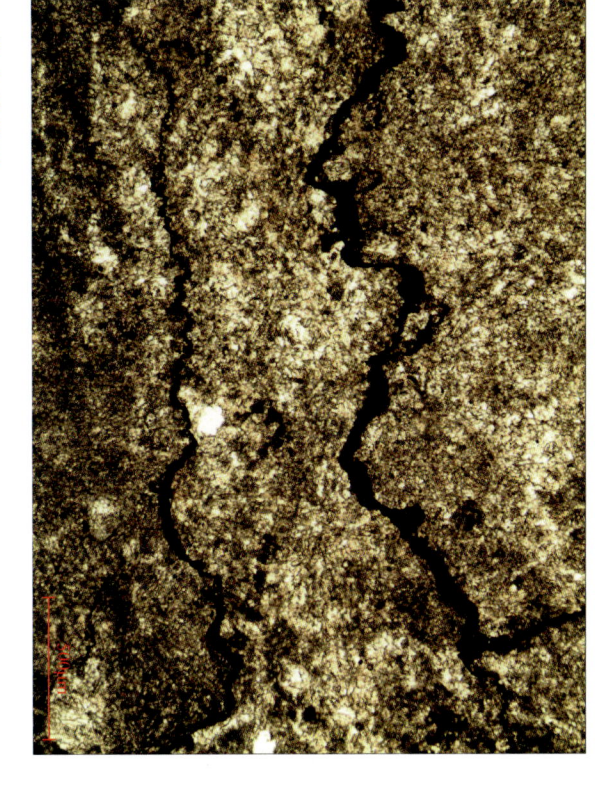

▶ 断续纹层

压溶作用使缝合线内残留泥质、铁质、有机质等不溶物，泥晶生屑灰岩。开州满月，P_3ch。普通薄片，单偏光，显微照片

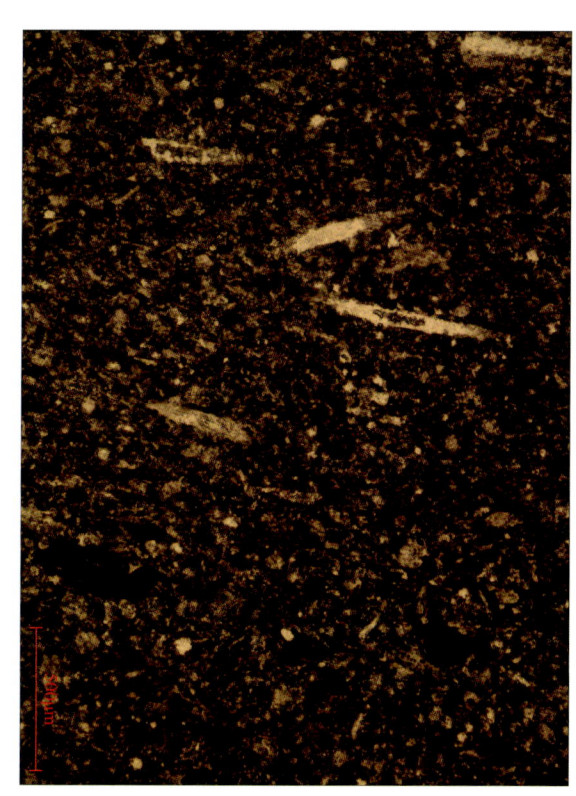

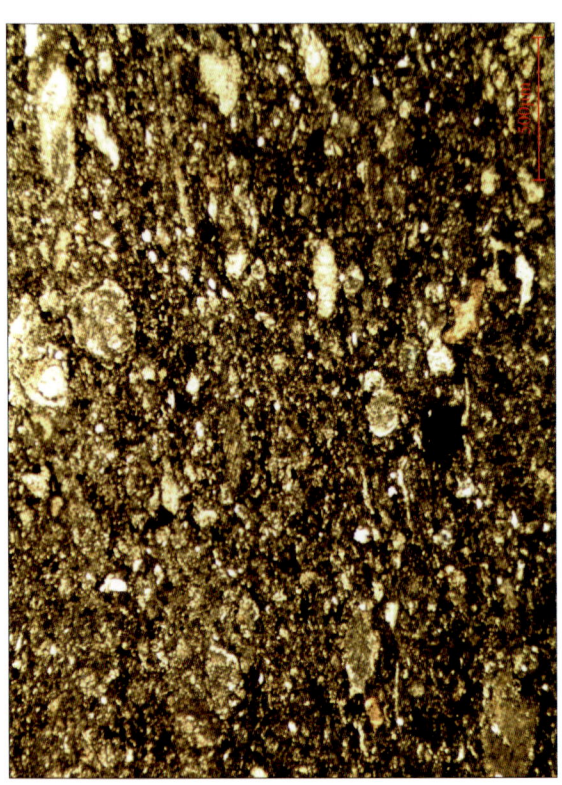
▲ 穿刺构造
差异压实作用使刚性的腕足类壳壁直立，并拱起细粒沉积物，泥晶生屑灰岩。开州满月，P_3w。普通薄片，单偏光，显微照片

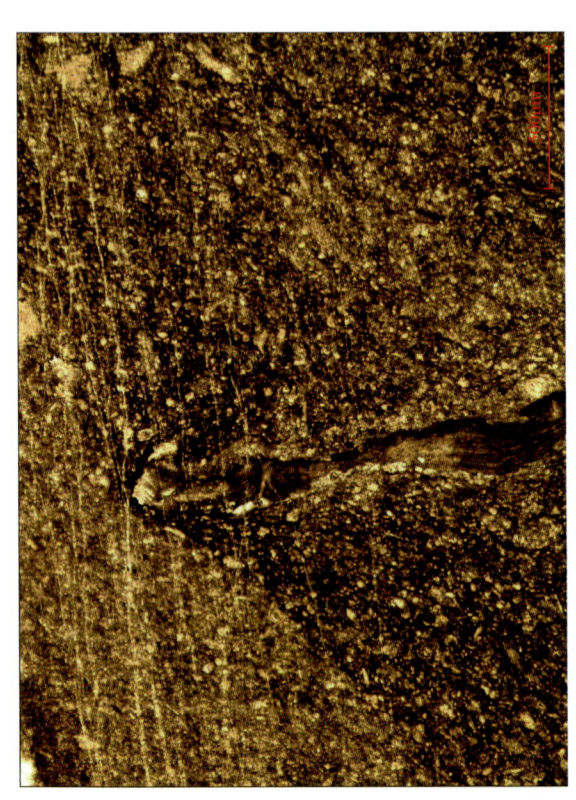
▲ 定向构造
压实作用使颗粒具定向性，泥晶生屑灰岩。开州满月，P_3w。普通薄片，单偏光，显微照片

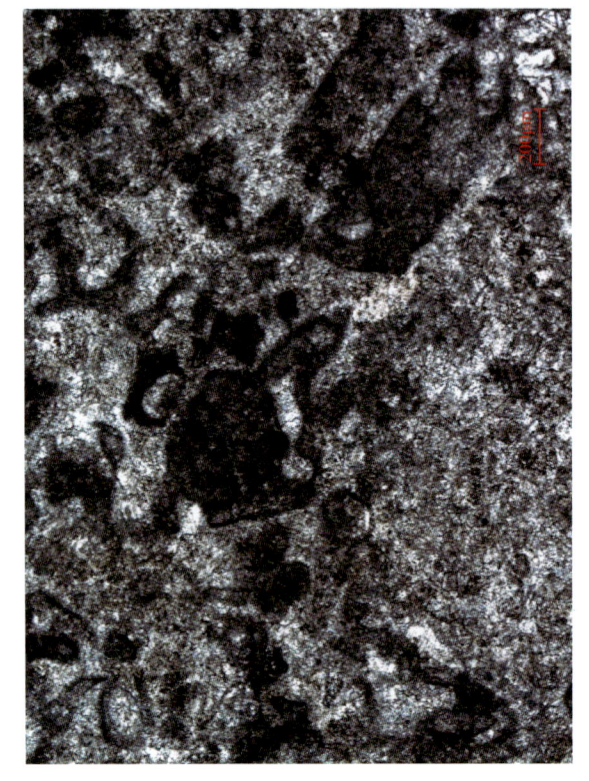
▲ 去云化作用
去云化作用不彻底，保留了部分白云石晶形，白云石晶粒被分解交代形成假晶，次生粉晶生屑灰岩。开州满月，P_3ch。茜素红染色，普通薄片，单偏光，显微照片

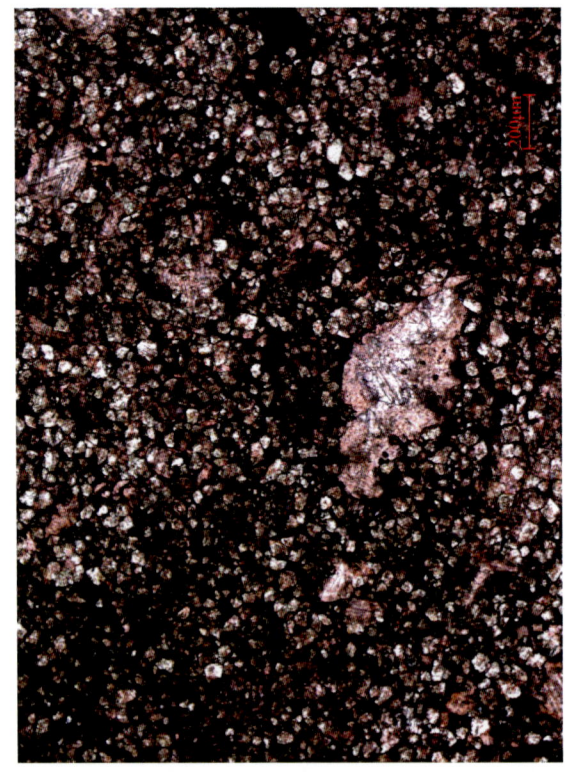
▲ 泥晶化作用
生物壳壁被泥晶化，为海底产物，粉晶生屑灰岩。重庆满月乡，P_3ch。普通薄片，单偏光，显微照片

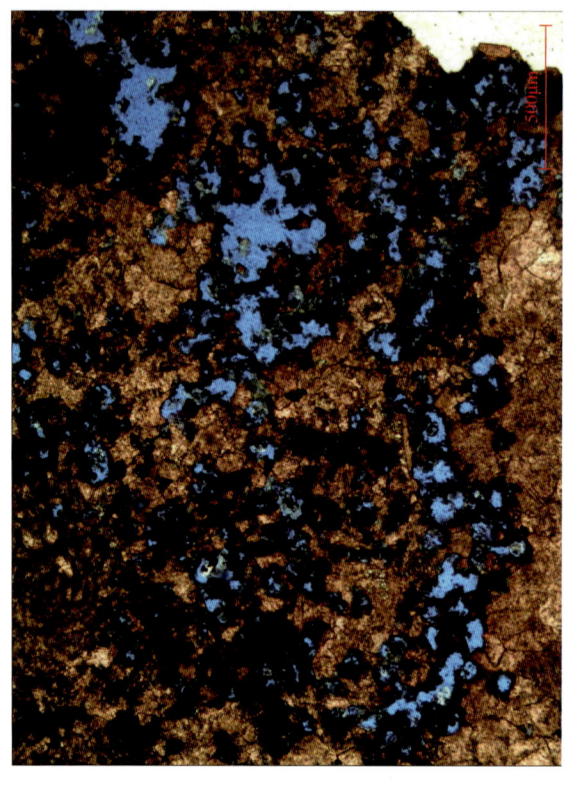
▲ 体模孔
疑为蜓类体内被溶蚀形成的体模孔，孔内沥青半充填，面孔率为5.0%，生屑灰岩。开州满月，P_3ch。铸体薄片，单偏光，显微照片

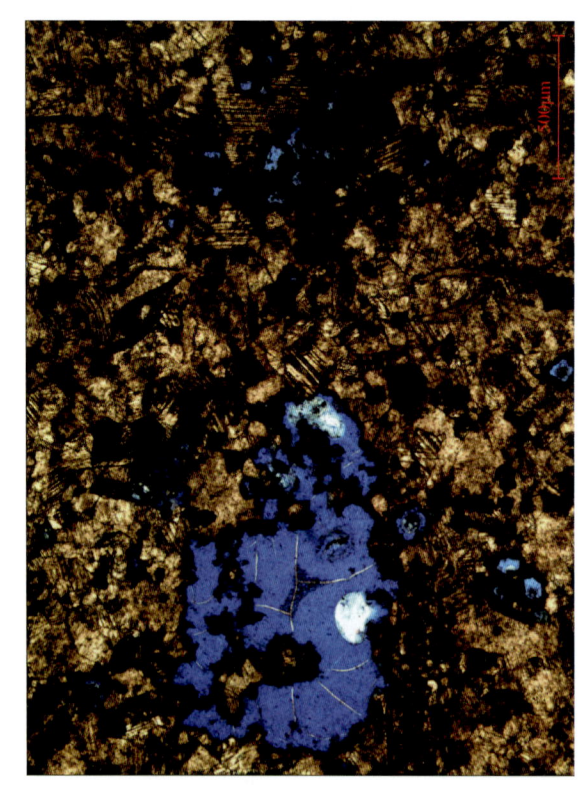
▲ 蜓类体模孔
外形略似纺锤状蜓虫室被溶蚀，隔壁、旋壁被重结晶作用破坏，面孔率为7.0%，粉晶生屑灰岩。开州满月，P_3ch。铸体薄片，单偏光，显微照片

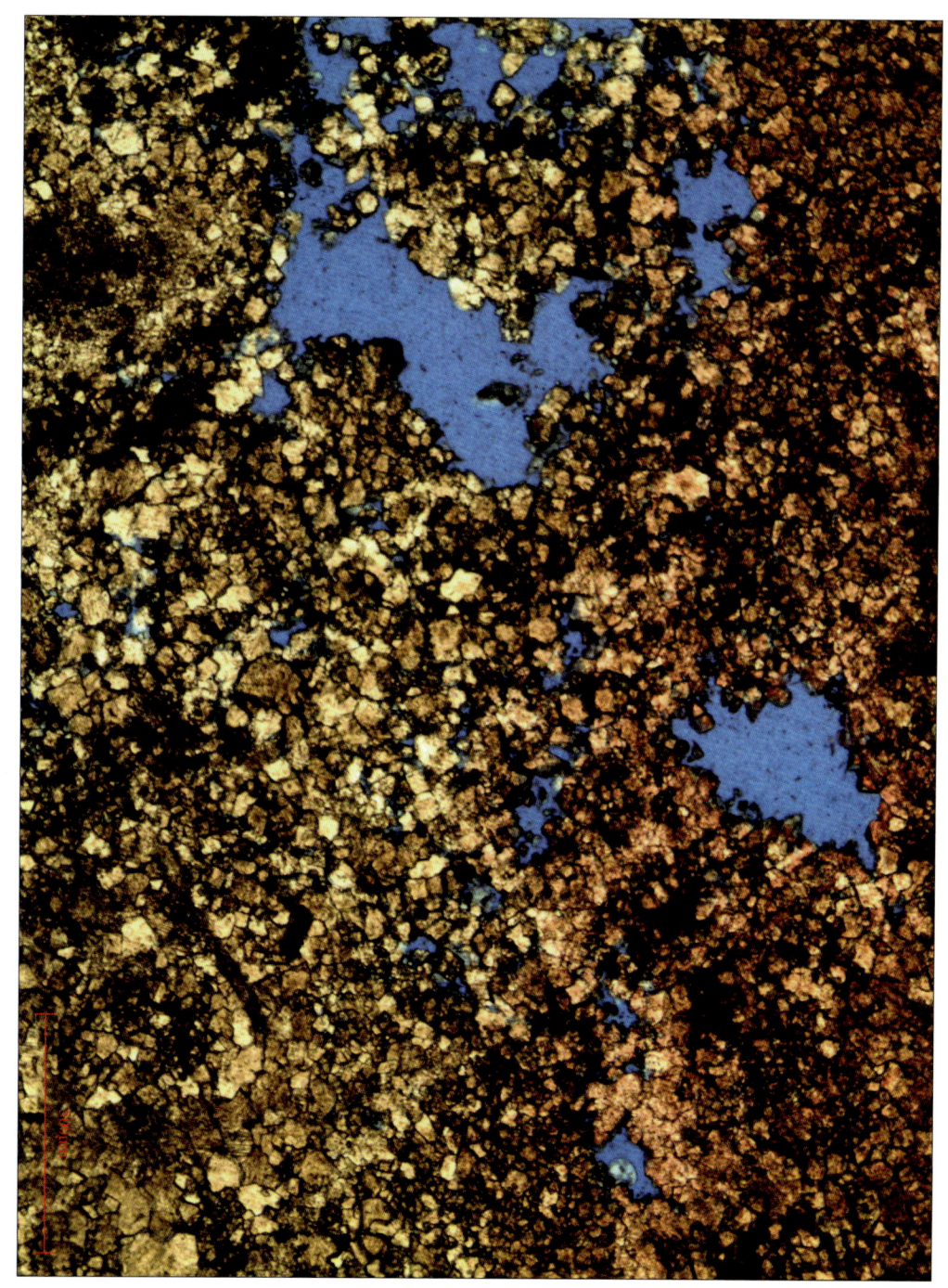

▲ 粒间溶扩孔

面孔率为5.0%，生屑灰岩。开州满月，P_3ch。茜素红染色，普通薄片，单偏光，显微照片

4.3.7 宣汉鸡唱上二叠统长兴组剖面

剖面位于四川省宣汉县鸡唱乡盘龙洞，百里峡地质公园内，前河畔。

上二叠统长兴组厚214m。吴家坪组顶部为深灰色厚层状泥晶灰岩夹硅质条带，与长兴组底部深灰色块状泥晶灰岩—中层状泥晶灰岩整合接触。长兴组顶部灰白色块状生屑灰岩与飞仙关组底部深灰色块状泥晶灰岩整合接触。长兴组表现为完整的生物礁体系，发育礁基、礁核、礁顶。其中礁核尤其发育，厚度较大，而礁基和礁顶较薄，礁顶之上发育生屑滩。

礁基厚27.4m，底部为深灰色薄层—中层状泥晶碳晶灰岩和亮晶生屑灰岩，与下伏吴家坪组接触，其上为厚18.7m的浅灰色，灰白色亮晶生屑砂屑灰岩，为生屑滩相沉积产物。

礁核厚165.2m，浅灰色块状海绵骨架礁灰岩，灰白色云岩，生屑灰岩。其中，礁灰岩和亮晶生屑（砂屑）灰岩主要分布在下部，略呈互层状，上部为礁白云岩。附礁生物主要为腕足类、瓣鳃类、有孔虫、藻类、管壳石、棘皮等，骨架生物以海绵为主，水螅，苔藓虫次之，造礁生物含量大于50%。溶蚀孔洞发育，见大量沥青充填，生屑灰岩厚5.0m，礁骨架41.5m，礁骨架云岩厚118.7m。

礁顶厚4.1m，灰白色亮晶生屑灰岩，溶孔发育。

顶部为厚17.3m的灰白色块状生屑微晶灰岩（生屑滩），与上覆飞仙关组深灰色泥晶灰岩接触。

宣汉鸡唱上二叠统长兴组实测综合柱状图

地层			厚度(m)	岩性剖面	岩性描述	沉积相		
统	组	段				微相	亚相	相
下三叠统	飞仙关组				深灰色粉-细晶砂屑灰岩	砂屑滩	浅滩	台地边缘
上二叠统	长兴组				深灰色微晶灰岩	滩间	浅滩	台地边缘
			50		灰白色微晶生屑灰岩	生屑滩	浅滩	台地边缘
					灰白色亮晶生屑粉晶白云岩，溶孔较发育	礁顶	生物礁	台地边缘
			100		浅灰色块状含碳化沥青海绵障积白云岩。造礁生物主要为海绵，垂直层面生长，形成骨架，附礁生物有腕足、瓣鳃、蜒及有孔虫。溶蚀孔洞发育，其中被充填大量碳化沥青或方解石	礁核	生物礁	台地边缘
					浅灰色块状海绵礁云岩	礁核	生物礁	台地边缘
			150		浅灰色块状海绵骨架礁灰岩。造礁生物主要为海绵，垂直层面生长，形成骨架，附礁生物有腕足、瓣鳃、蜒及有孔虫等	礁核	生物礁	台地边缘
					浅灰色块状含碳化沥青海绵障积白云岩。造礁生物主要为海绵，垂直层面生长，形成骨架，附礁生物有腕足、瓣鳃、蜒及有孔虫。发育较大规模的裂缝，被方解石脉充填	礁核	生物礁	台地边缘
			200		浅灰色块状海绵骨架礁灰岩，附礁生物有腕足、海百合、蜒及有孔虫等	礁核	生物礁	台地边缘
					浅灰色块状海绵礁云岩，溶蚀孔洞较发育，充填碳化沥青	礁核	生物礁	台地边缘
					浅灰色块状海绵礁灰岩，附礁生物有腕足、海百合、蜒及有孔虫等	礁核	生物礁	台地边缘
					浅灰色亮晶砂屑灰岩，附礁生物有腕足、海百合、蜒及有孔虫	礁核	生物礁	台地边缘
					浅灰色块状云质微晶礁灰岩	礁基	生物礁	台地边缘
					浅灰色亮晶砂屑灰岩，含少量生物碎屑	砂屑滩	浅滩	开阔台地
	吴家坪组				深灰、灰白色薄-中层状亮晶微晶灰岩，含少量生物碎屑			开阔台地
					深灰厚层状泥晶灰岩夹硅质条带			开阔台地

▲ 生物礁剖面全貌

宏观上可分出礁基、礁核和礁盖三个沉积微相地貌单元。宣汉鸡唱，P₃ch。露头照片

▲ 地质界线

长兴组生屑泥晶灰岩（左）与飞仙关组泥晶灰岩（右）整合接触。宣汉鸡唱。露头照片

▲ 地质界线

吴家坪组泥晶灰岩夹硅质条带（左）与长兴组泥晶灰岩（右）整合接触。宣汉鸡唱。露头照片

▲ 串管海绵

礁核中海绵骨架礁灰岩,海绵大量分布,藻粘结,空隙被方解石充填,形成晶洞。宣汉鸡唱,P₃ch。露头照片

▲ 海绵

礁核中海绵骨架礁灰岩,形态完整。宣汉鸡唱,P₃ch。露头照片

▲ 串管海绵

礁核中海绵骨架礁灰岩,海绵密集分布,形态完整。宣汉鸡唱,P₃ch。标本照片

▶ 粘结白云岩

蓝藻类包裹海绵形成藻包壳，具有抗浪固礁作用。宣汉鸡唱，P_3ch。露头照片

▶ 粘结白云岩

蓝藻类沿岩层面生长。宣汉鸡唱，P_3ch。露头照片

▶ 串管海绵

礁核中海绵骨架礁灰岩，海绵密集分布，形态完整。宣汉鸡唱，P_3ch。露头照片

▲ 礁角砾白云岩

生物礁在海浪作用下形成角砾状碎屑堆积，反映礁前斜坡带。宣汉鸡唱，P_3ch。露头照片

▲ 海绵骨架礁灰岩

海绵骨架，含量超过50%。宣汉鸡唱，P_3ch。露头照片

▲ 溶蚀孔洞
礁白云岩中发育大量溶蚀孔洞。音汉鸡唱，P_3ch。露头照片

▲ 碳沥青充填
海绵礁白云岩溶孔中充填大量碳沥青。音汉鸡唱，P_3ch。露头照片

▲ 碳沥青充填
骨架礁白云岩裂缝中充填大量碳沥青。音汉鸡唱，P_3ch。露头照片

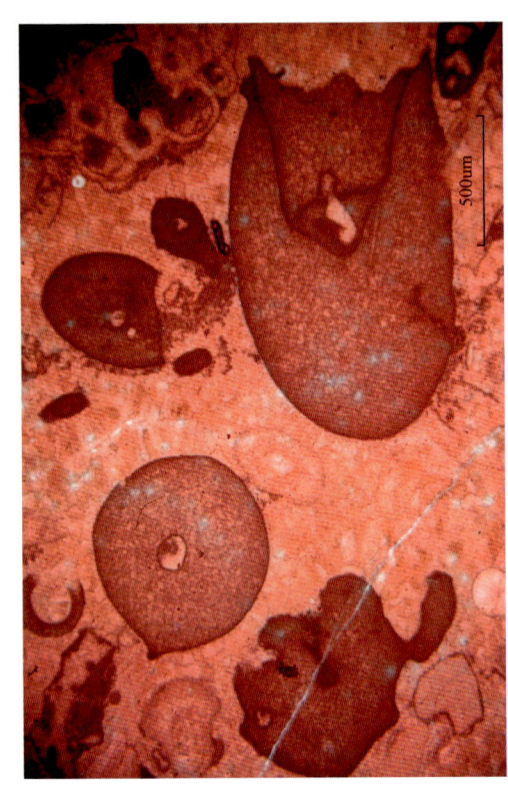

▲ 管壳石

附礁生物，海绵骨架礁灰岩。宣汉鸡唱，P_3ch。普通薄片，茜素红染色，单偏光，显微照片

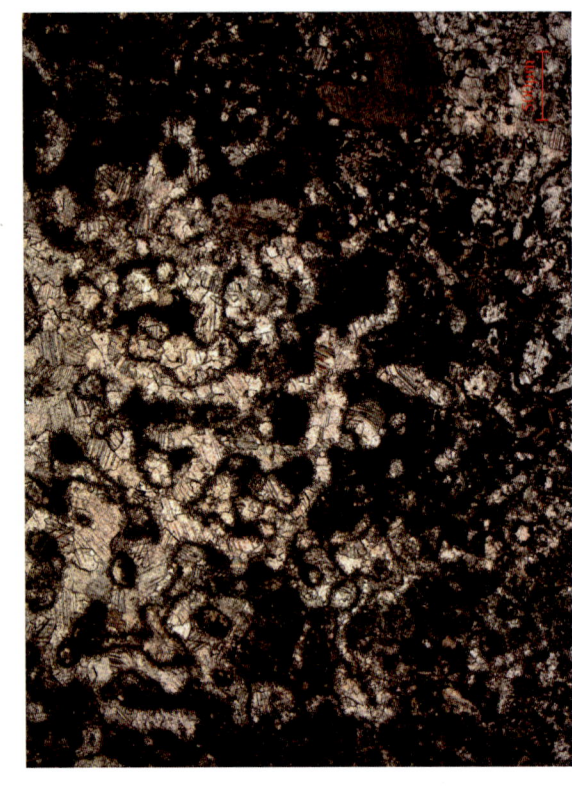

▲ 海绵

具云化，内部结构被破坏，海绵外缘具泥晶套，右下见沥青充填，残余海绵骨架礁白云岩。宣汉鸡唱，P_3ch。普通薄片，茜素红染色，正交偏光，显微照片

▲ 多种生屑

中部见腕鳃类、腹足类、棘皮（上），串管海绵（左下和中上），亮晶胶结，亮晶生屑含云质灰岩。宣汉鸡唱，P_3ch。普通薄片，茜素红染色，正交偏光，显微照片

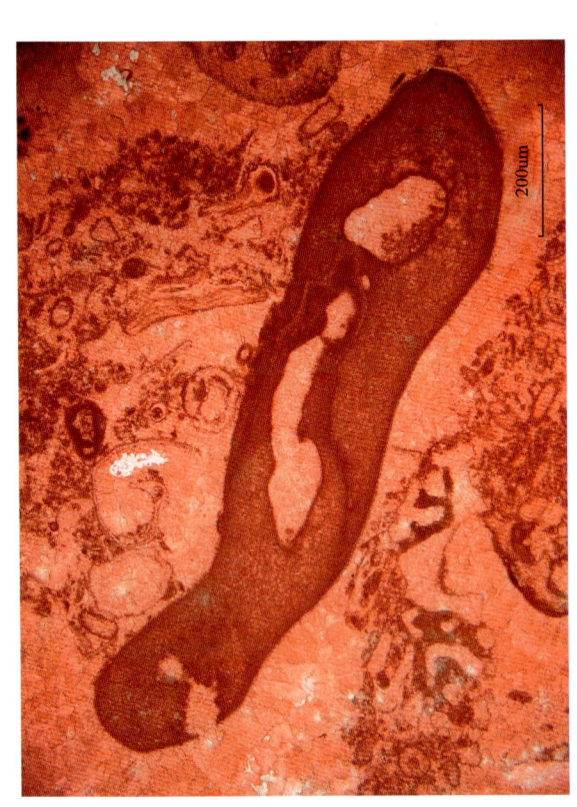

▲ 管壳石

附礁生物，亮晶方解石胶结，海绵骨架礁灰岩。宣汉鸡唱，P_3ch。普通薄片，茜素红染色，单偏光，显微照片

▲ 海绵

海绵见脑纹状结构，泥晶海绵骨架礁灰岩。宣汉鸡唱，P_3ch。普通薄片，单偏光，显微照片

▲ 多种生屑

见喇叭蜓、棘皮、筒串虫，泥晶生屑灰岩。宣汉鸡唱，P_3ch。普通薄片，单偏光，显微照片

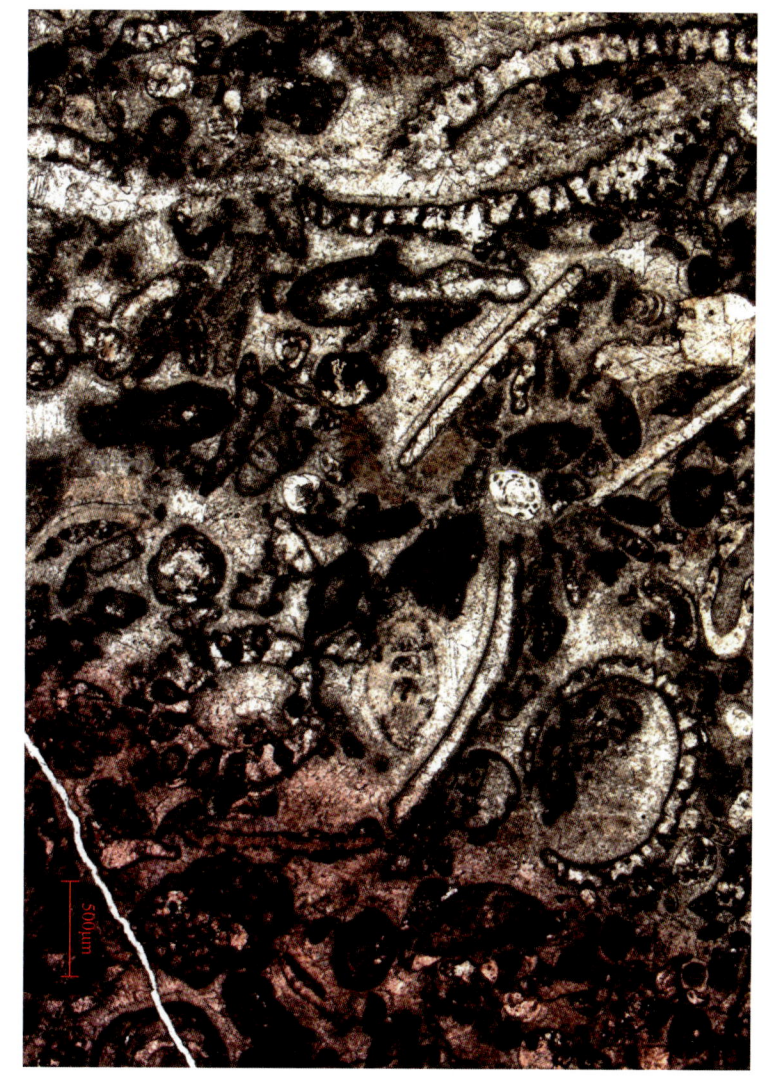

▲ 多种生屑
绿藻为主，见瓣鳃类、有孔虫、亮晶胶结，亮晶生屑灰岩，宣汉鸡唱，P₃ch。普通薄片，茜素红局部染色，单偏光，显微照片

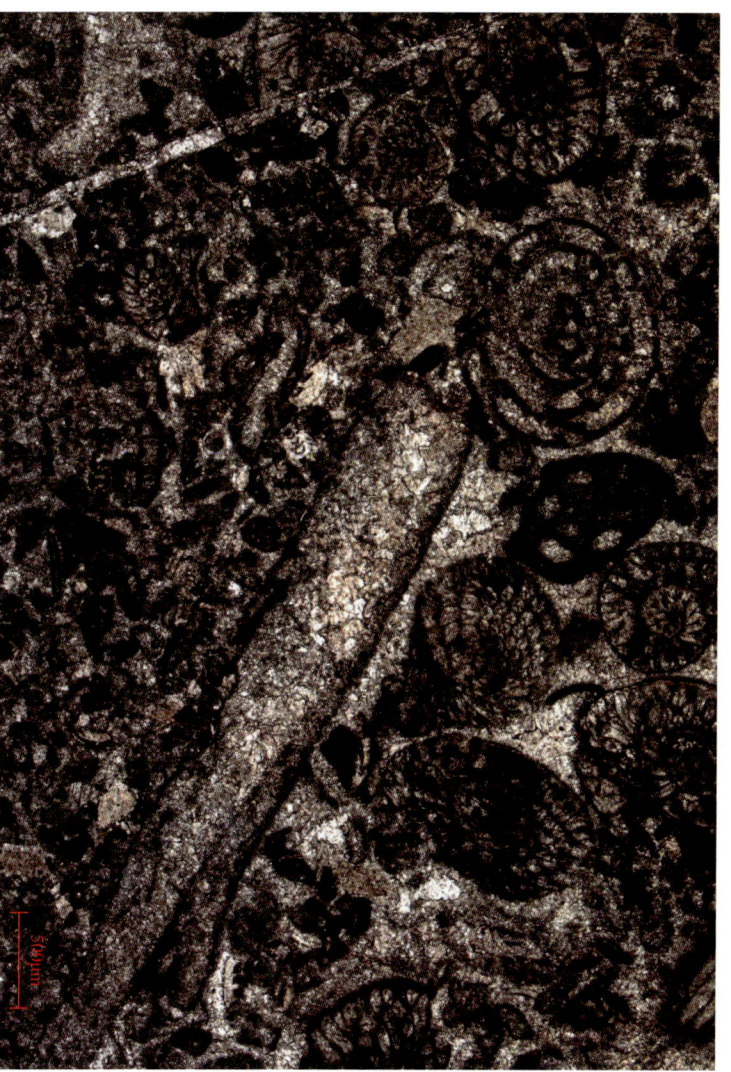

▲ 多种生屑
见叶状藻，螆，亮晶胶结，亮晶生屑灰岩。宣汉鸡唱，P₃ch。普通薄片，单偏光，显微照片

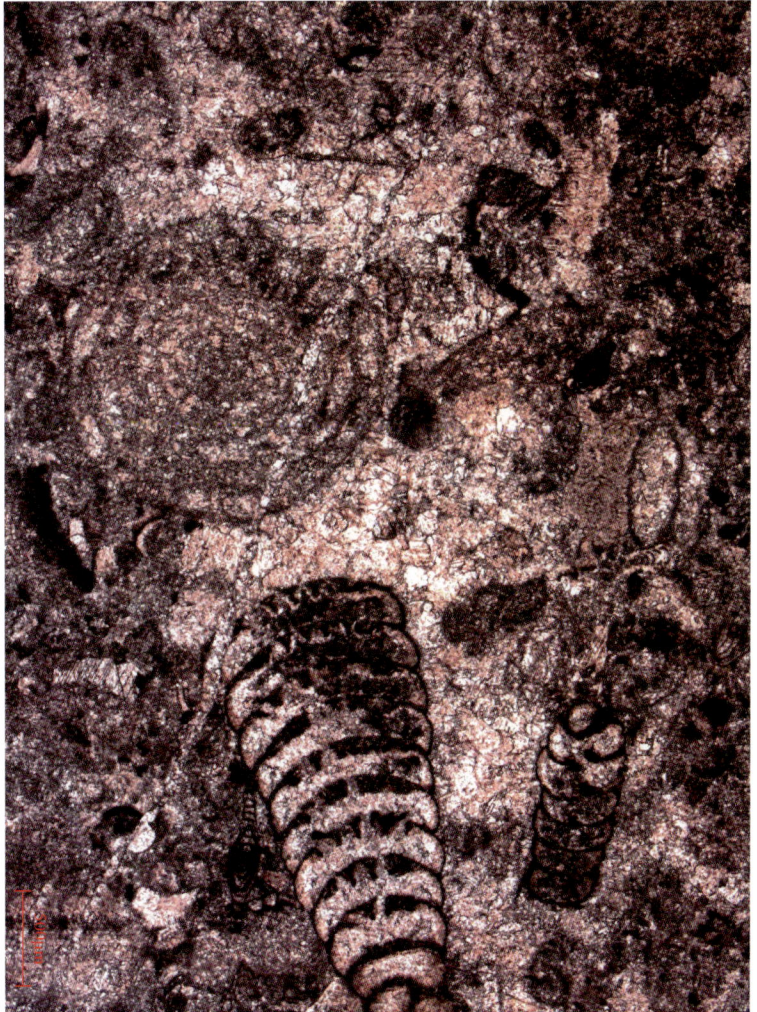

▲ 多种生屑
见梯状虫，拉且尔螆，南京螆等，泥晶生屑灰岩。宣汉鸡唱，P₃ch。普通薄片，茜素红染色，单偏光，显微照片

197

▼ **多种生屑**

含棘皮、腕足类、瓣鳃类、有孔虫，大部分生屑具泥晶化，生屑间亮晶胶结，亮晶生屑灰岩。宣汉鸡唱，P_3ch。普通薄片，单偏光，显微照片

▼ **多种生屑**

绿藻保存完好，其他生屑泥晶化，生屑间充填亮晶胶结物，亮晶生屑灰岩。宣汉鸡唱，P_3ch。普通薄片，单偏光，显微照片

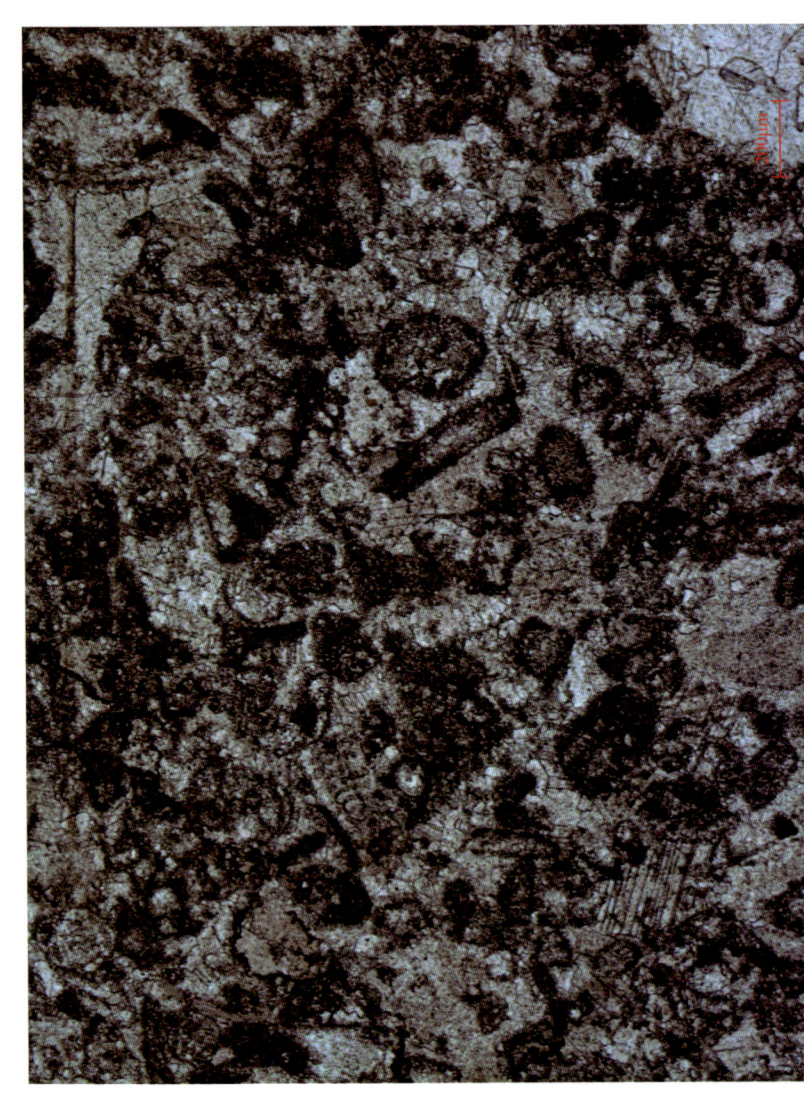

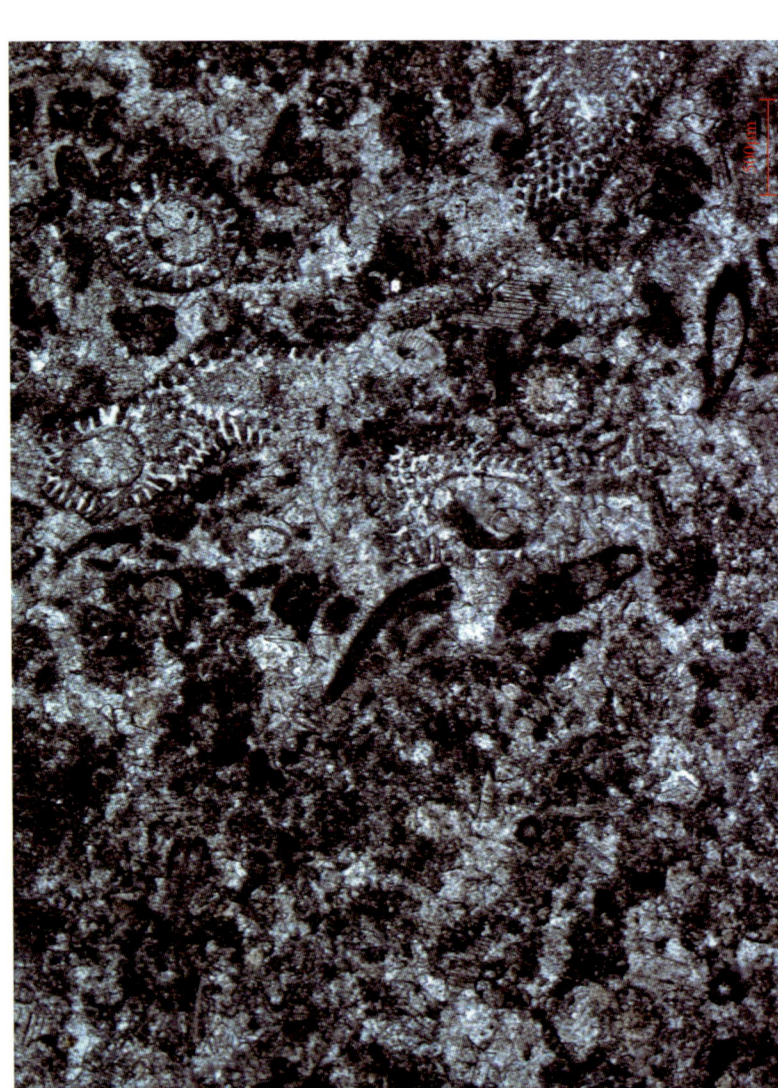

▲ **晶粒结构**

细晶含灰质白云岩。宣汉鸡唱，P_3ch。普通薄片，茜素红染色，单偏光，显微照片

198

5 中—下三叠统

5.1 地层概况

三叠系下统分飞仙关组（T_1f）和嘉陵江组（T_1j），中统为雷口坡组（T_2l）。

四川盆地中—下三叠统在盆缘及其外围广泛出露，盆地内出露于大巴山前缘弧形构造带、川东高陡构造带、蜀南低陡构造带局部。

飞仙关组由赵亚曾 1929 年首次使用，时称"飞仙关系"，黄汲清 1931 年称"飞仙关系"，含义与飞仙关组相同，李春昱 1933 年首次使用"飞仙关组"，时代定为早三叠世。

四川盆地早三叠世早期，即飞仙关组沉积期自西向东由陆源碎屑岩逐渐演变为碳酸盐岩类的规律性变化，西部陆源碎屑岩沉积区为东川相型（T_1dc）：由紫红色细粒—中粒砂岩，粉砂岩夹粉砂质泥岩组成，向东减少，向东过渡为夜郎组相型（T_1y）：以红色碎屑岩—马达—峨眉—带；向北，向东过渡为飞仙关组相型（T_1f）：由紫红色页岩，砂质页岩，夹灰色薄层和鲕粒灰岩，泥灰岩，富含双壳类等化石，紫红色岩石占 80% 以上，厚度为 360~900m，分布在广元—旺苍—宜宾—线以西，天全—乐山—屏山—线以东的地区，由西向东厚度增大，向东过渡为飞四段主要为紫红色泥岩，两类岩石比例近 1:1，由紫红色页岩、砂质页岩段与灰岩段构成互层，厚 380~500m，分布在广元—旺苍—威远—泸州—线以东。通江—达县—涪陵—长寿—南川—线以西地区，大冶组相型（T_1d） 90% 为碳酸盐岩。三合—威远—泸州—线以东。夹中层—厚层状含泥灰岩或云质灰岩夹鲕粒灰岩、底部夹少量黄灰色钙质页岩，含海相双壳类及菊石等化石，厚度为 400~1000m，分布在通江—大竹—丰都—线以东。川东北地区普遍含钙质页岩，其鲕状白云岩是川东北主力"三高"气藏的储集岩。

飞仙关组顶底界与相邻地层均为整合接触。自下而上可分为飞一段、飞二段、飞三段、飞四段。飞一段为灰色、深灰色薄层、黄汲清 1931 年在广元北嘉陵江沿岸命名，时代定为三叠纪，1959 年全国地层会议定名为嘉陵江组。关于嘉陵江组底界问题，中国地层典编委会（1999）将 1964 年陈楚震命名的盆地西南部及龙门山地区铜街子组认同为飞仙关组下部认上部，将飞仙关顶界作为嘉陵江组底界；本图集以"绿豆岩"标志层作为嘉陵江组底界。

嘉陵江组由下伏飞仙关组及上覆雷口坡组均为整合接触。

嘉陵江组为一套以浅海碳酸盐岩，硫酸盐岩为主，夹少量碎屑岩。该组厚度为 300~1050m，盆地内大部分地区厚度为 600~800m，西南部及蜀南地区厚度普遍较小，泸州地区厚度位于通江地区。

嘉陵江组纵向上可分为五段。嘉一段为浅灰色—中厚层状泥质灰岩，泥灰岩，最大厚度小于 400m，盆地东北部东北地区一般为 700~800m，北部地区一般 800~1000m。飞—嘉一段认同为飞仙关组，泥灰岩、鲕粒灰岩、生屑灰岩；二段为中厚层状白云岩与膏岩互层，夹嘉三段为深灰色—中厚层灰岩、石灰岩，嘉四段为中厚层状白云岩与膏岩互层，夹嘉五段为厚层状膏岩，白云岩夹部分地区由许德佑 1939 年在四川威远新场附近的雷口坡命名，时称"雷口坡"，为原嘉陵江灰岩上部划分出来的一个地层单元，时代定为晚三叠世，1956 年《全国区域地层表（草案）》更名为雷口坡组，1959 年召开的第一届全国地层会议将其时代定为中三叠世。

雷口坡组与嘉陵江组整合接触，顶与须家河组平行不整合接触。江油马角坝一带雷口坡组与上覆天井山组整合接触。盆地内雷口坡组厚度变化大，厚度为0~1000m。受印支早幕构造运动影响，泸州古隆起一带雷口坡组剥蚀殆尽，开江古隆起与嘉陵江组整合接触，顶与须家河组平行不整合接触，达州—绵阳—成都一带厚度较大，厚度为600~1000m。

雷口坡组残厚200~500m，纵向上可分为4个岩性段。雷一段为区域分布的"绿豆岩"与嘉陵江组分界，顶部以泥质白云岩、鲕粒白云岩（砂屑白云岩、鲕粒白云岩）与雷二段底部的厚层块状膏岩或白云岩分界。灰色、深灰色泥晶白云岩、泥质白云岩、颗粒白云岩和颗粒灰岩在全盆地范围内普遍发育。雷二段主要由中厚层灰白色膏岩、颗粒白云岩（砂屑白云岩）、云质膏岩和灰、深灰色泥粉晶白云岩、膏质白云岩、鲕粒灰质泥晶灰岩（白云岩）不等厚互层。雷二段主要发育厚层灰色膏岩（厚度大于5m）与雷二段底部深灰色泥晶灰岩（白云岩）构成，雷三段由深灰色泥晶灰岩、泥晶白云岩、泥灰色膏岩、盐岩、颗粒灰岩（白云岩）发育，颗粒灰岩在川西北地区最发育，为台地边缘颗粒滩相。中深1井颗粒岩层厚208m，局部地区膏盐岩极为发育，川中广100井区膏盐岩钻厚大于200m。雷四段为浅灰色白云岩夹膏岩、石灰岩、泥灰岩和泥岩。川西北及川北地区发育颗粒岩，局部地区膏盐岩发育，如苏码1井膏盐岩厚416m。

5.2 油气勘探概况

飞仙关组鲕滩气藏在川南地区早已发现（1962年6月，阳高寺构造阳10井），和长兴组生物礁勘探历程相似，鲕粒气藏的规模勘探始于1995年渡口河构造北高点第一口探井——渡1井，主要产层为二叠系茅口组茅二段8m处，发生强烈井喷，初步估算平均日产气量497×10^{4}m^3，属高含硫天然气。渡1井压井成功后，专层侧钻飞仙关组，发现良好鲕粒白云岩储层。1996年9月23日，对飞仙关组进行射孔管柱井试油，获高产工业气流。渡口河气藏是川东北地区首个环"开江—梁平海槽"台缘鲕粒滩层状孔隙型大型高含硫气藏。此后，在该地区还发现罗家寨、铁山、铁山坡等大型气藏。目前，中国石油探区已在24个构造上发现42个气藏，累计探明储量2530.69×10^{8}m^3，最大为776.85×10^{8}m^3（罗家寨），探明储量大于100×10^{8}m^{3}的气藏还包括渡口河、铁山、七里北、龙岗。

嘉陵江组气藏在新中国成立前就已发现（石油沟1939年11月，圣灯山1944年7月）。此后，1966年开始的蜀南地区嘉陵江组为重点勘探目的层，在蜀南地区嘉陵江五个岩性段均有气藏发现。气藏个数多，规模较小，除分布在背斜构造区，在向斜区也有气藏分布（得胜向斜）。目前，已在59个构造上发现161个气藏，累计探明储量1191.84×10^{8}m^3，平均单个气藏储量7.64×10^{8}m^3，最大326.59×10^{8}m^3（磨溪）。

雷口坡组气藏首先在中坝发现（川19井，1971年），产层为雷三段，探明储量86.3×10^{8}m^3；1980年发现磨溪雷一$_1$亚段气藏，探明储量349.47×10^{8}m^3；2008年在龙岗发现雷四段气藏，探明储量22.1×10^{8}m^3。此外，观音场为小型气藏（探明储量1.24×10^{8}m^3）。雷口坡组气藏分布在不同层位上，中国石油探区内累计探明储量459.31×10^{8}m^3。

四川盆地飞仙关组沉积相类型较齐全，自西南向东北方向依次分布陆相、海陆过渡相、碳酸盐台地相（包括开阔海台地相、蒸发台地相、海槽相、台地边缘相等）（孙春燕等，2015；杨光等，2016），储层主要发育在蒸发台地相、台地边缘相和台地内滩相等，储层岩类主要残余鲕粒白云岩、晶粒白云岩、鲕粒灰岩等。不同岩类储集能力差大，各岩类孔隙度0.35%~26.82%，平均为5.85%，其中，晶白云岩、泥晶白云岩、鲕粒白云岩孔隙度0.35%~6.24%，平均为1.71%；灰质白云岩为0.95%~2.6%，平均为1.63%；泥晶白云岩及含灰白云岩0.54%~3.05%，平均为1.32%。储层发育程度与沉积相关系密切，海相相区大多为致密灰岩，主要为裂缝型储层，呈镜状；碳酸盐岩开阔台地储层平均基质孔隙一般低于6.0%，局部层段达到10.0%以上，白云岩化程度高，白云岩化局部程度高连片分布（胡明毅等，2010；朱露等，2010）；发育云坪、膏云潟湖、云质潟湖、台坪等微相（王鑫等，2020）。各岩性段均发育储层（范嘉松等，1974），单井平均孔隙度多在8.0%~10.0%之间，但均为低孔储层。嘉陵江组以局限海台地潮坪沉积相特征（杜浩坤等，2018），碳酸盐岩蒸发台地相区飞仙关组优质储层发育，嘉陵江组基质孔

四川盆地雷口坡组亦为局限海台地沉积（李凌等，2012；吕玉珍等，2013；孙春燕等，2018），嘉一-嘉三段
云质潟湖、灰质潟湖及粒屑滩等微相。川西北地区雷三段孔隙度主要为3.0%~6.0%，渗透率主峰位于0.01~0.1mD，嘉四 $_2$-嘉四 $_4$亚段基质孔隙度为
0.07%~15.01%，平均为2.25%，储层孔隙度平均为4.29%；嘉五段基质孔隙度为0.04%~22.71%，平均为2.37%。
样品数占比34.25%；小于0.01mD和0.1~1.0mD的样品分别占比23.97%和21.92%。龙岗地区雷口坡组与嘉陵江组及泥
取心井孔隙度为3.0%~6.0%的储层样品占绝对优势（占比90.48%），其次是孔隙度6.0%~9.0%的样品（占
比8.96%），孔隙度大于9%的样品仅占0.56%。

中-下三叠统不具生烃能力，天然气主要来自下伏烃源岩，以上覆须家河组泥岩（中坝及龙岗组气藏）、总体讲，源、储间泥
灰岩、大隆组页岩为主，局部地区来自二叠系龙潭组含煤岩系。吴家坪组和雷口坡组、成藏主控因素中经源断层是重点评价条件。
较多，特别是嘉陵江组和雷口坡组，储层间隔层

5.3 地质剖面

5.3.1 云阳上坝下三叠统飞仙关组剖面

剖面位于重庆市云阳县上坝乡至沙市镇公路旁。
剖面测量总长度539.7m，飞仙关组厚度376.03m，可分4个岩性段，飞四段厚59.6m，飞三段厚122.83m，飞二段厚91.14m，飞一段厚102.46m。

飞一段：下部48.67m为土黄色—深灰色薄层—中层状含泥质灰岩、泥质灰岩多见泥岩条带（纹层）；上部为53.79m为深灰色—灰色中层状泥晶粉屑—砂屑灰岩，局部核形石灰岩间互层。
其中粉屑灰岩与核形石灰岩共23层，累计厚度16.15m，单层厚度均小于1.0m，多见略具顺层分布的溶蚀孔洞，显微镜下可见较多可见铸模孔构造。

飞二段：灰白色—灰色厚层—块状晶粒白云岩同色鲕粒灰岩，砂屑灰岩、局部见鲕粒糖状白云岩。其颗粒白云岩共2层，厚度分别为4.82m、2.98m。该段溶蚀孔洞较发育，充填石、方解石，网状裂缝较发育，方解石充填。

飞三段：下部为深灰色灰紫红色泥岩，中—上部为深灰色鲕粒灰岩—灰色薄层—土黄色泥晶灰岩夹薄层泥灰岩。下部23.88m为深灰色鲕粒灰岩，灌纹层泥岩夹紫红色泥岩，泥岩主要见于下端，泥岩共5层，厚26.91m；石灰岩共4层，累计厚度7.05m，间夹于上端。中—上部端厚20.44m，石灰岩端厚6.62m，表现为多个由泥晶灰岩到砂屑灰岩组成的小型韵律层，中部韵律层厚35.66m，泥岩下部碎屑岩端厚9.69m，由钙质细砂岩（2.01m）、钙质泥岩（7.0m）夹薄层泥灰岩（0.68m）组成，上端为深灰色—灰色—中层泥晶灰岩夹紫红色—紫红色泥岩，厚13.32m，上端见2层泥岩，累计厚0.95m。上部韵律层厚36.23m，下端均为紫红色泥岩，中部为杂色泥岩夹薄层灰岩或透镜体产出，泥岩共4层，岩性为紫红色—土黄色灰绿色段，下部厚30.92m，上端为紫红色泥岩，中部厚11.03m，岩性夹薄层灰岩，发育孤立孔洞，方解石充填，该段见2层泥岩，累计厚度5.56m。

飞四段：上部主要为泥晶灰岩，中部厚4.01m，也见泥晶砂砾屑灰岩，石灰岩颜色较杂，见深灰色、灰色、土黄色等，上部以泥晶灰岩为主，中部厚17.65m，下部主要为紫红色泥晶灰岩夹核形石灰岩泥晶灰岩，这类石大部分被溶蚀，形成碎裂岩，多见生物扰动构造。
核形石厚度与地层厚度之比，下同）1.1%；砂屑灰岩主要位于飞三段中部、核形石灰岩应位于飞一段中部，厚37.1m，岩地比4.1m，鲕粒比9.7%；岩地比

云岩发育于飞二段，厚75.5m，岩地比19.8%，是该剖面最主要的储层岩类。孔隙度为0.36%~8.94%，平均为2.53%，其中孔隙度大于2.0%的样品率为54.05%，平均孔隙度为3.58%；渗透率为0.01~0.64mD，平均为0.095mD。其中，鲕粒白云岩孔隙度为0.67%~5.32%，平均为3.02%；粉（砂）屑灰岩孔隙度为0.48%~3.35%，平均为2.23%；泥晶灰岩孔隙度为0.36%~8.94%，平均为2.41%；泥质灰岩孔隙度为0.61%~5.68%，平均为2.5%。

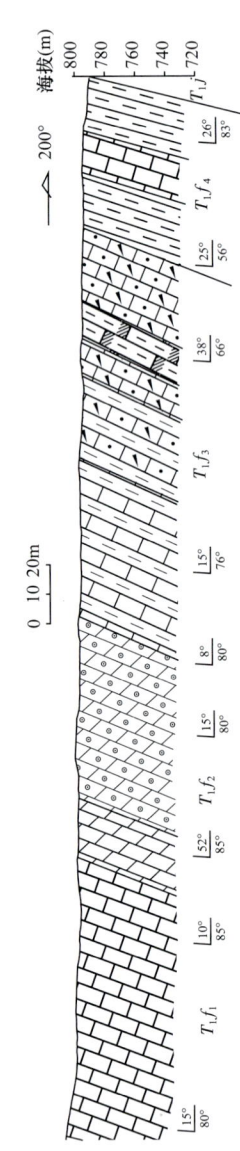

云阳上坝下三叠统飞仙关组实测剖面图

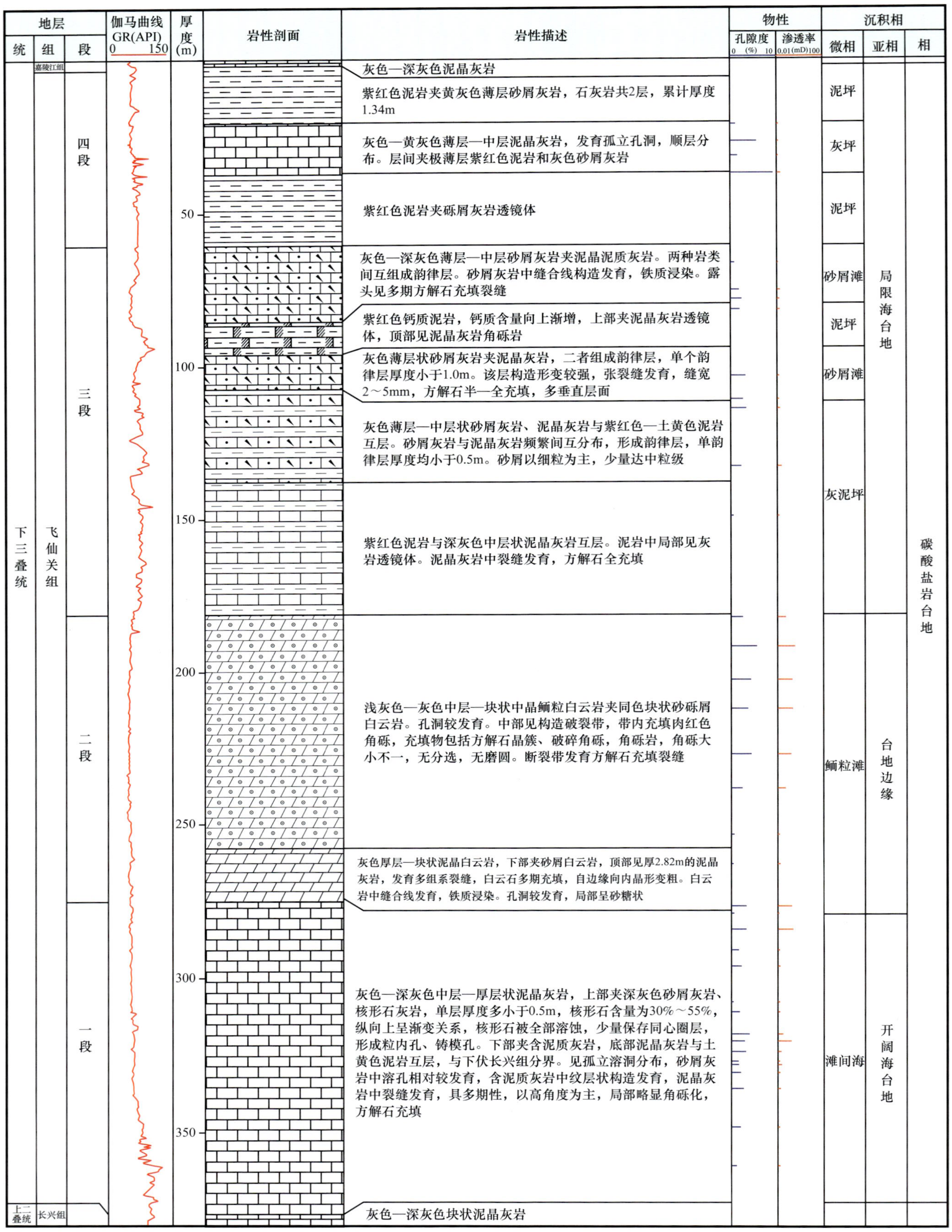

云阳上坝下三叠统飞仙关组综合柱状图

▶ **蠕虫状结构**

深灰色中层含泥质条带的藻斑点泥晶灰岩，斑点形状不规则，分布不均匀。云阳上坝，T_1f_1。露头照片

▶ **溶洞**

核形石被溶蚀，仅残余颗粒形态及少量同心圈层，洞内未充填，面洞率为5.0%，灰色薄层—中层含核形石泥晶灰岩。云阳上坝，T_1f_1。露头照片

▶ **孤立状溶蚀孔洞**

顺层分布，多未充填，少量方解石充填于洞壁，面洞率约为5.0%，灰—深灰色中层泥晶灰岩。云阳上坝，T_1f_1。露头照片

▲ **核形石铸模洞**

核形石多数被溶蚀，呈层状分布，形成核形石铸模洞，面洞率约为 5.0%。灰色中厚泥晶核形石灰岩。云阳上坝，T_1f_1。露头照片

▲ **网状裂缝**

见两组张性缝，第一期密集分布、延伸长、与层面近垂直；第二期较细小、与层面垂直，两期缝均被方解石全充填，深灰色薄—中层泥晶灰岩。云阳上坝，T_1f_2。露头照片

▶ 缝合线构造

全在层面进行，故较平整，深灰色中层泥晶灰岩。云阳上坝，T_1f_3。露头照片

▶ 条带状构造

灰色薄—中层钙质泥岩夹泥岩条带。云阳上坝，T_1f_3。露头照片

▶ 纹层状构造

纹层呈褐色，平直—微波状，延展性好，中下部略见揉皱，原始结构为颗粒岩。灰色纹层状中晶白云岩。云阳上坝，T_1f_2。露头照片

▶ 条带状构造

发育垂直层面的构造缝，细小平直，方解石全充填。深灰色含泥质条带的中层泥晶灰岩。云阳上坝，T_1f_3。露头照片

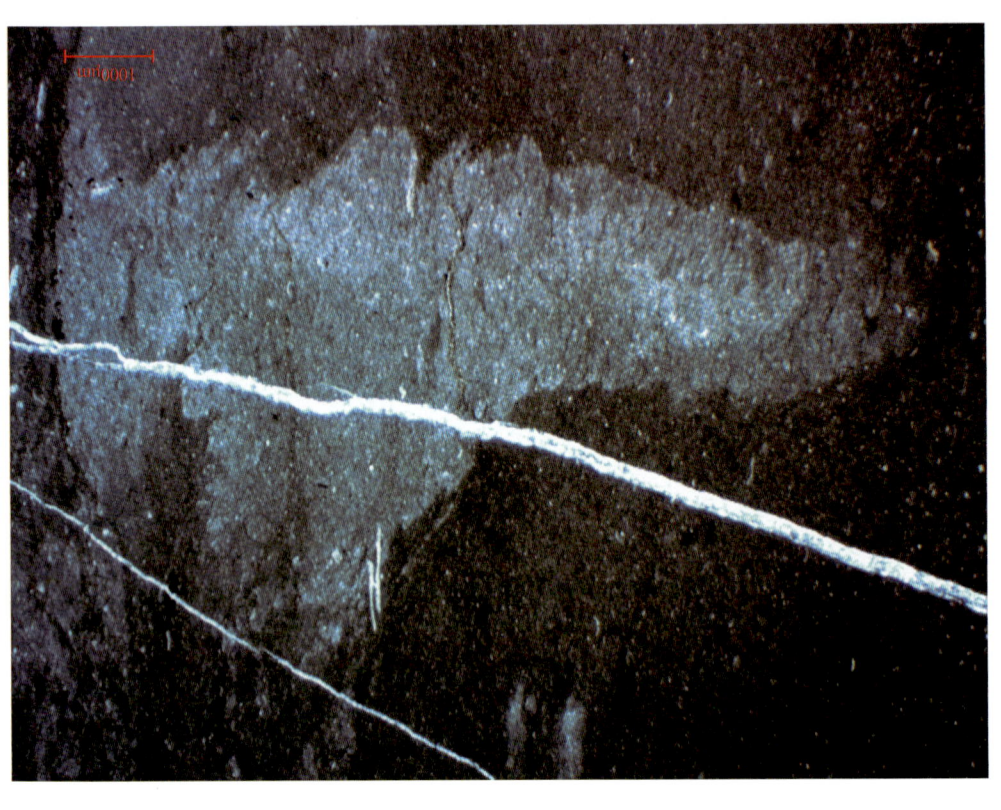

▲ 生物钻孔

形成漏斗形的浅色斑块，上部敞开，下部尖灭，表示生物活动的停止。灰质泥岩。云阳上坝，T_1f_4。普通薄片，单偏光，显微照片

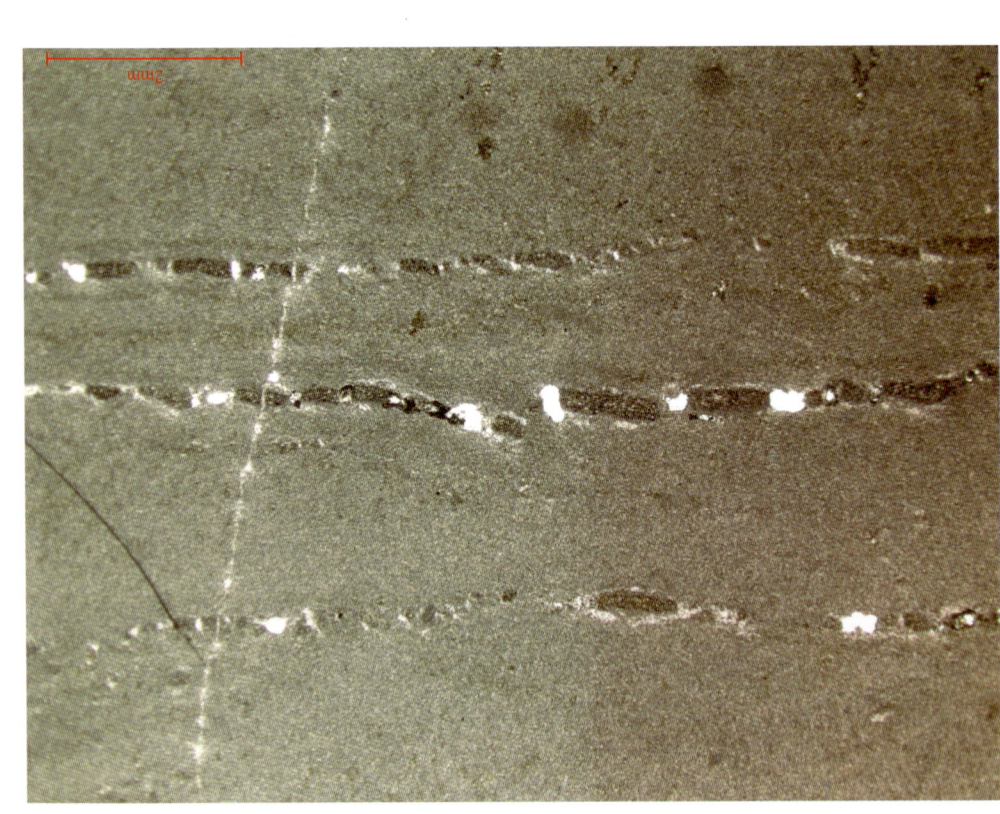

▲ 沉积条纹

泥质条纹顺层分布，相互平行，其内伴随有陆源石英，泥晶灰岩。云阳上坝，T_1f_4。普通薄片，单偏光，显微照片

▲ 生物扰动

生物扰动形成浅色斑块，灰质泥岩。云阳上坝，T_1f_4。普通薄片，单偏光，显微照片

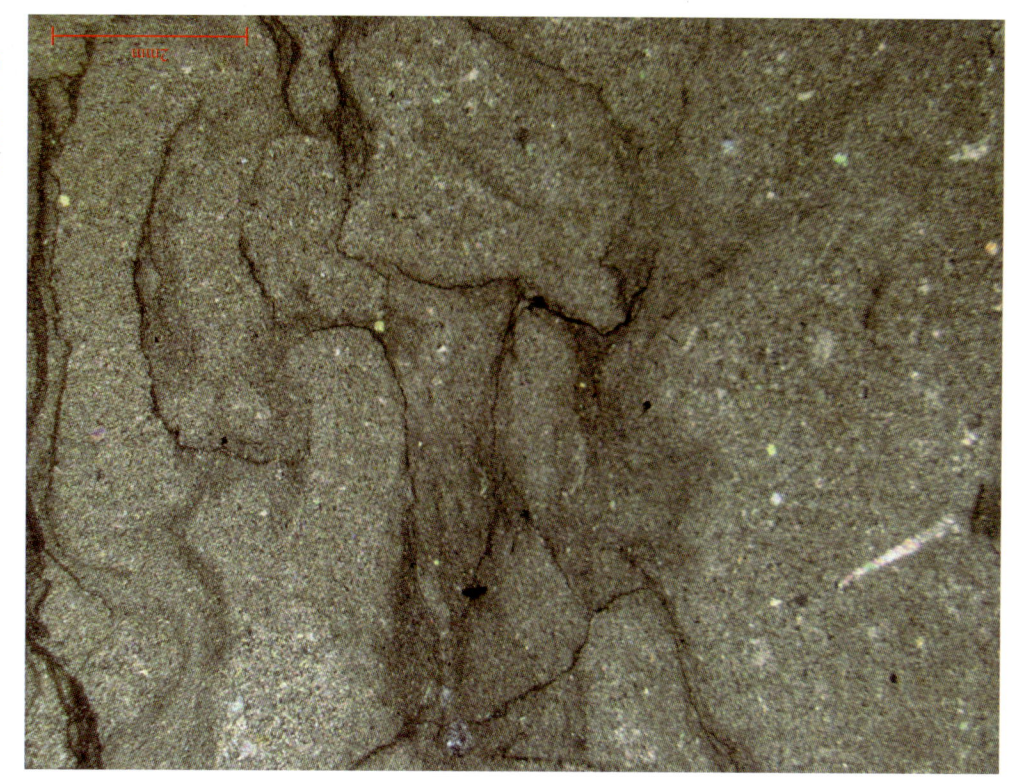

▶ 蠕虫状构造

泥质细纹和不含泥质的灰质纹层频繁交互，经差异压实形成，其长轴方向多平行于岩层层面，泥晶灰岩。云阳上坝，T_1f_1。普通薄片，单偏光，显微照片

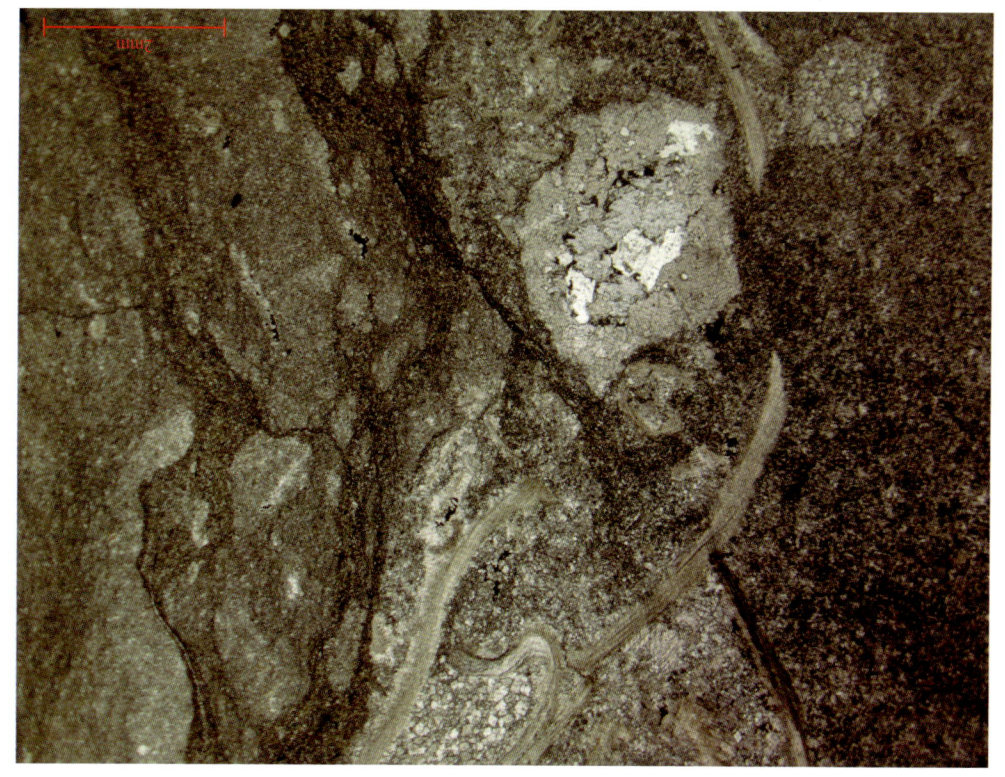

▶ 蠕虫状构造

蠕虫状，内部较纯净，周边被泥质纹层围绕，脱螺化石碎片，泥晶灰岩。云阳上坝，T_1f_1。右上疑为全脱螺化石碎片，泥晶灰岩。云阳上坝，T_1f_1。普通薄片，单偏光，显微照片

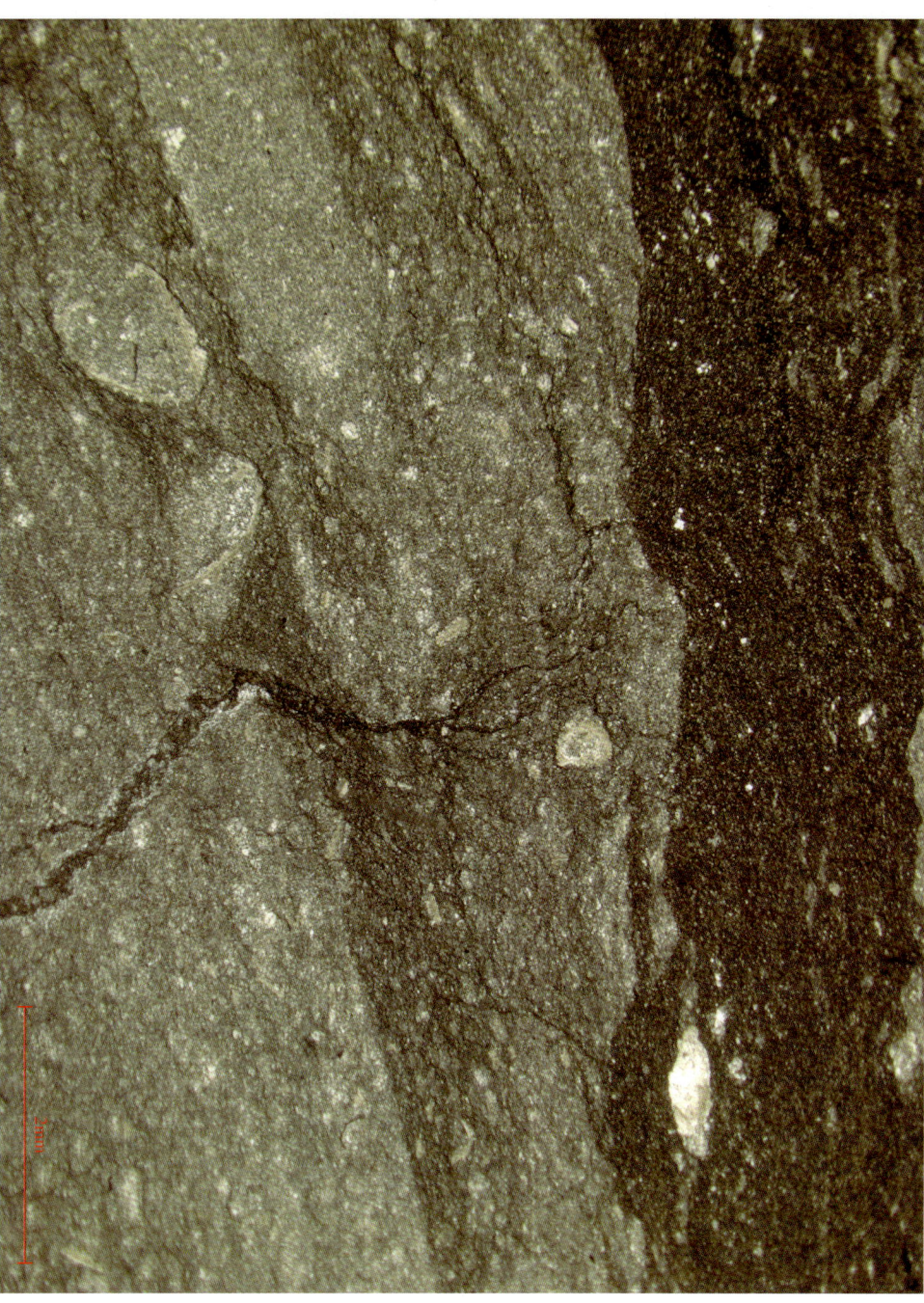

▶ 岩性突变

上部为富含有机质泥晶结构，下部为泥质条纹纹含少量生屑的泥粉晶结构，二者截然不同，泥晶灰岩。云阳上坝，T_1f_1。普通薄片，单偏光，显微照片

▲ 岩性突变

下部为粉晶结构，上部为泥晶结构，反映沉积水动力骤变。云阳上坝，T_1f_3。普通薄片，单偏光，显微照片

▲ 岩性突变

下伏为颗粒灰岩，界面之上为泥质灰岩。云阳上坝，T_1f_3。普通薄片，单偏光，显微照片

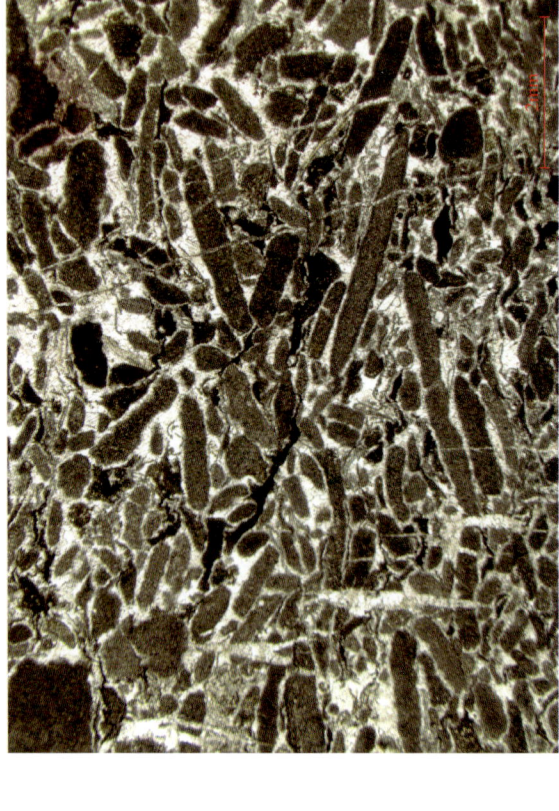

▲ 竹叶状砾屑

强水动力作用使砂砾屑密集堆积，亮晶砂砾屑灰岩。云阳上坝，T_1f_4。普通薄片，单偏光，显微照片

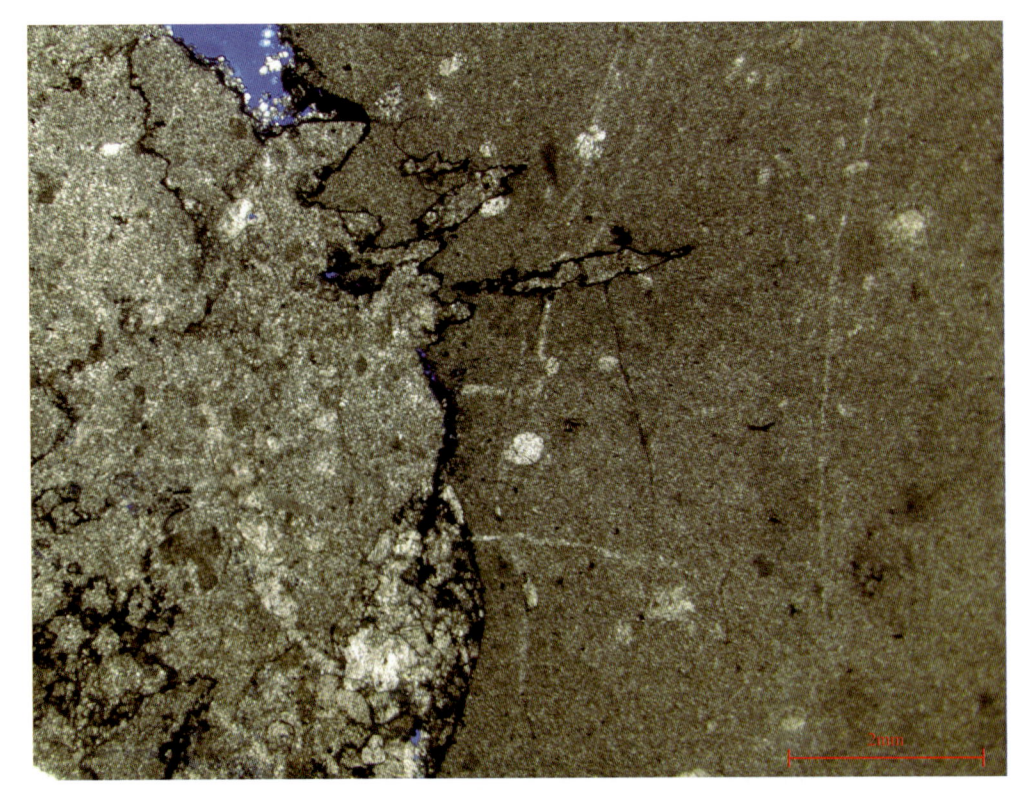

▲ 冲刷构造与缝合线

冲刷面之上为泥粉晶结构，界面之下为泥晶结构，界面起伏较大，不规整。后期压溶作用形成的缝合线沿冲刷面进行。泥晶灰岩。云阳上坝，T_1f_3。铸体薄片，单偏光，显微照片

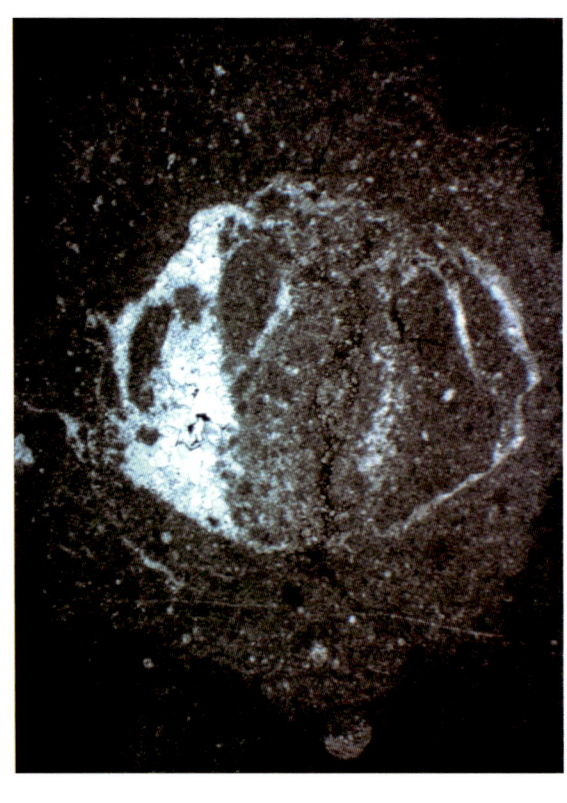

▲ 示底构造

腹足体腔中的示底构造，泥晶灰岩。云阳上坝，T_1f_3。普通薄片，单偏光，显微照片

▶ 递变粒序

砂屑粒度向上变粗，即泥晶云→粉屑→砂屑，泥晶砂屑灰岩。T_1f_1。普通薄片，单偏光。

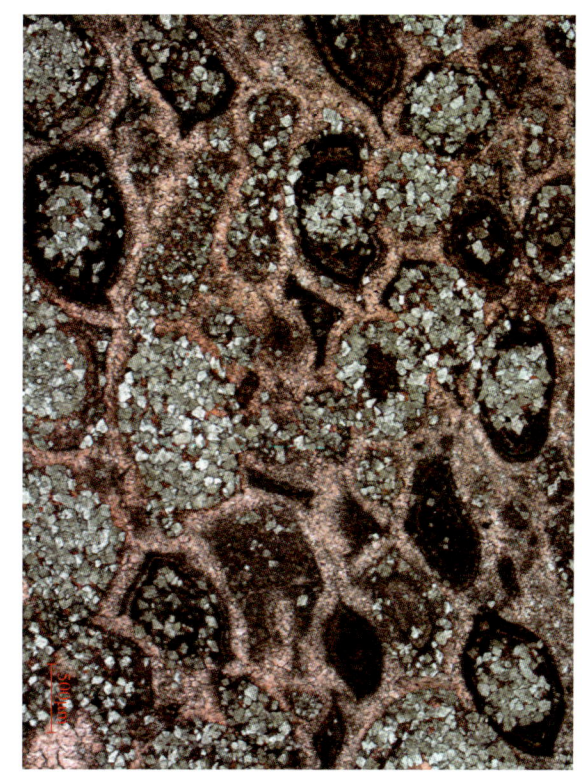

▶ 残余鲕粒

由于白云石交代作用强烈，形成残余鲕粒，孔隙被方解石全充填，残余鲕粒含灰质白云岩。T_1f_1。普通薄片，茜素红染色，单偏光。

▶ 单晶、多晶鲕粒

鲕粒被溶蚀后形成鲕模孔，后期粗大的多晶充填，形成单晶、多晶鲕粒，泥晶鲕粒灰岩。T_1f_2。普通薄片，单偏光，显微照片。

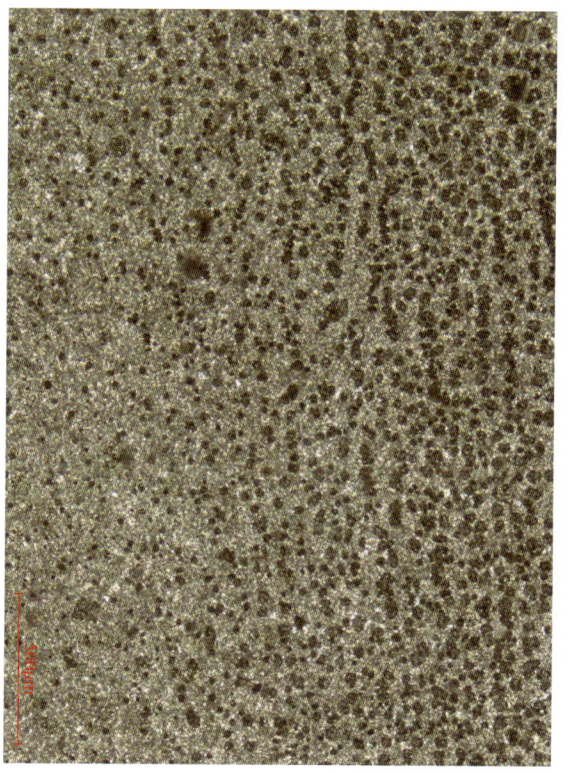

▶ 变形鲕粒

压溶使鲕粒变形，呈"鱼嘴"状、"鲸鱼"状、"蜊蛳"状等，具选择性云化，白云石在鲕粒内交代，粒间方解石胶结，亮晶鲕粒云质灰岩。T_1f_2。普通薄片，茜素红染色，单偏光，显微照片。

▶ 负鲕粒

核心及同心层大部分或全部被溶蚀，形成负鲕粒或鲕粒铸模，面孔率为10%，只剩下一个外部轮廓，泥晶鲕粒白云岩。T_1f_2。普通薄片，单偏光，显微照片。

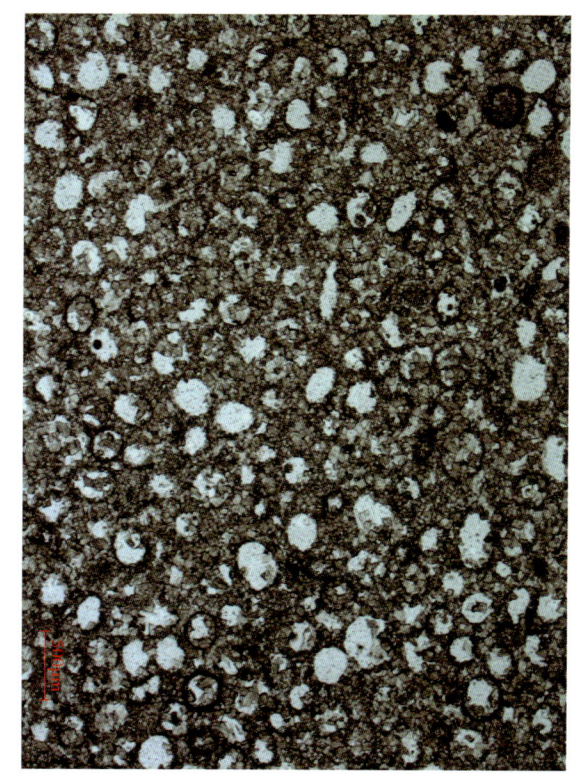

▶ 豆鲕粒

鲕粒同心层因云化作用模糊不清，亮晶鲕粒云质灰岩。T_1f_2。普通薄片，茜素红染色，单偏光，显微照片。

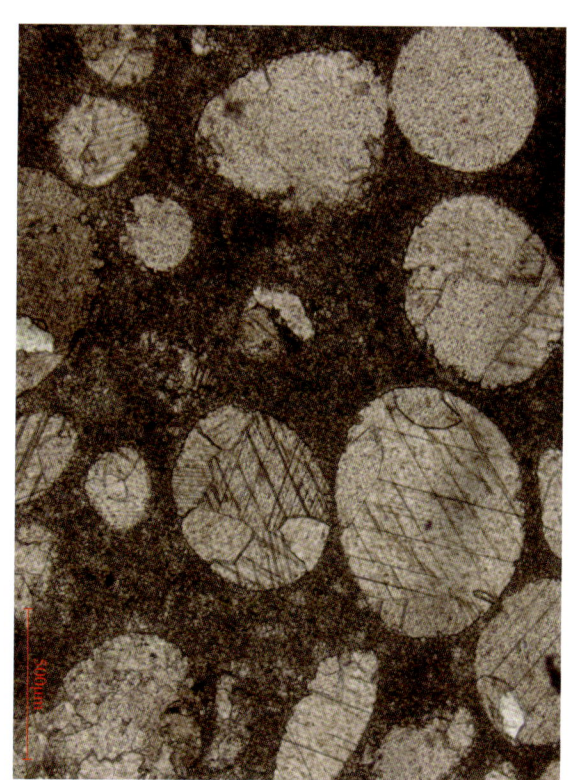

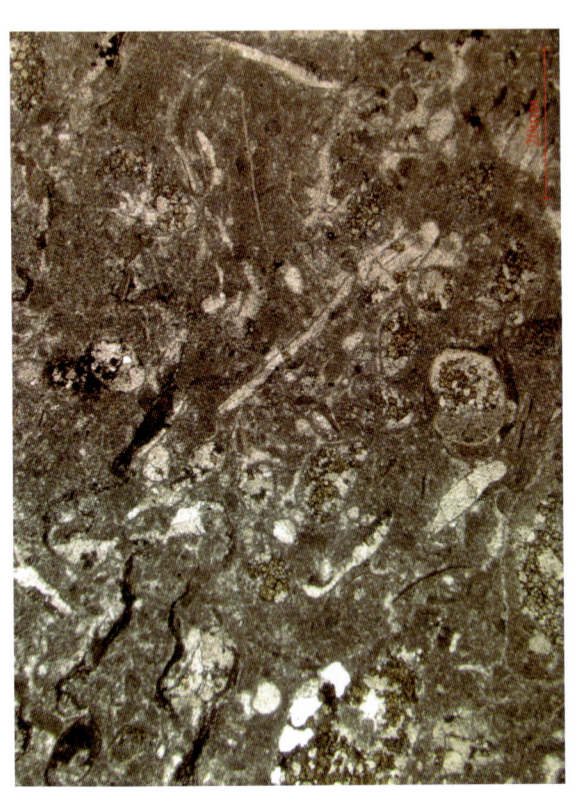
▲ 核形石
由菌藻粘结碳酸盐沉积物，在生长过程中受水动力作用而间歇性滚动，形成不规则的同心增长层，亮晶核形石灰岩。云阳上坝，T_1f_1。普通薄片，单偏光，显微照片

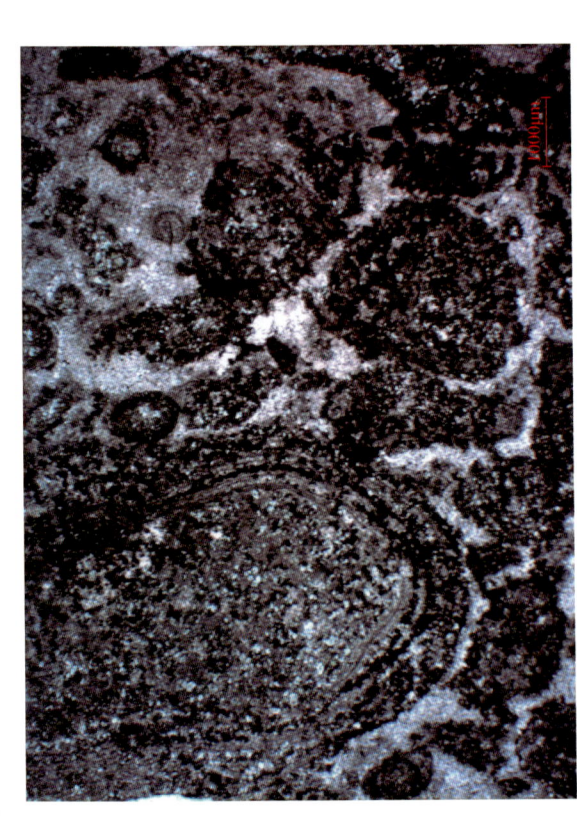
▲ 多种颗粒
生物碎屑、砂屑、少量陆屑、线纹藻屑，泥晶颗粒灰岩。云阳上坝，T_1f_1。普通薄片，单偏光，显微照片

▲ 微细断裂
有机质纹层错断，泥晶灰岩。云阳上坝，T_1f_1。普通薄片，单偏光，显微照片

▲ 构造立缝
宽大的构造裂缝平直穿切层纹，被粗晶方解石充填，泥晶灰岩。云阳上坝，T_1f_1。普通薄片，单偏光，显微照片

▲ 滑动错断
方解石构造直缝被滑动平推错断，泥晶灰岩。云阳上坝，T_1f_1。普通薄片，单偏光，显微照片

▲ 杂乱缝合线
呈凌乱断线状、无规则，中上尚可见较连续的缝合线形态，灰质泥岩。云阳上坝，T_1f_1。普通薄片，单偏光，显微照片

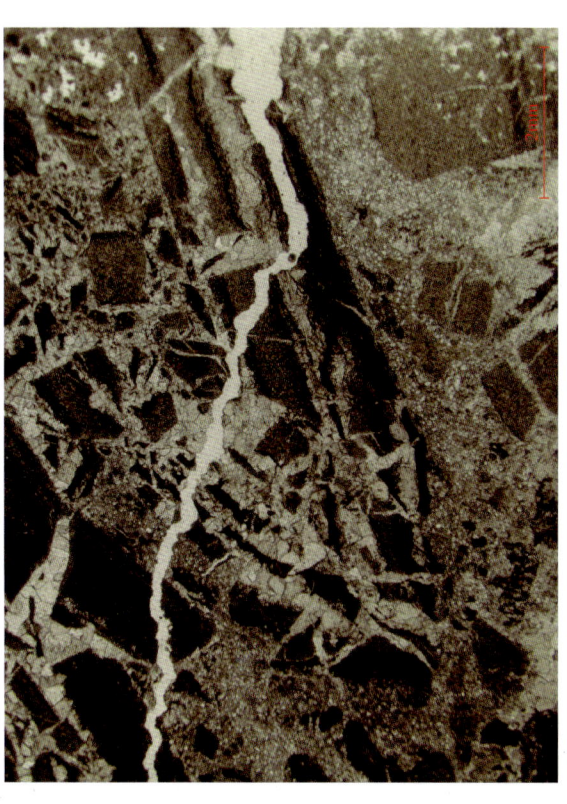

▲ 缝合线构造

泥晶灰岩。云阳上坝，T_1f_1。普通薄片，单偏光，显微照片

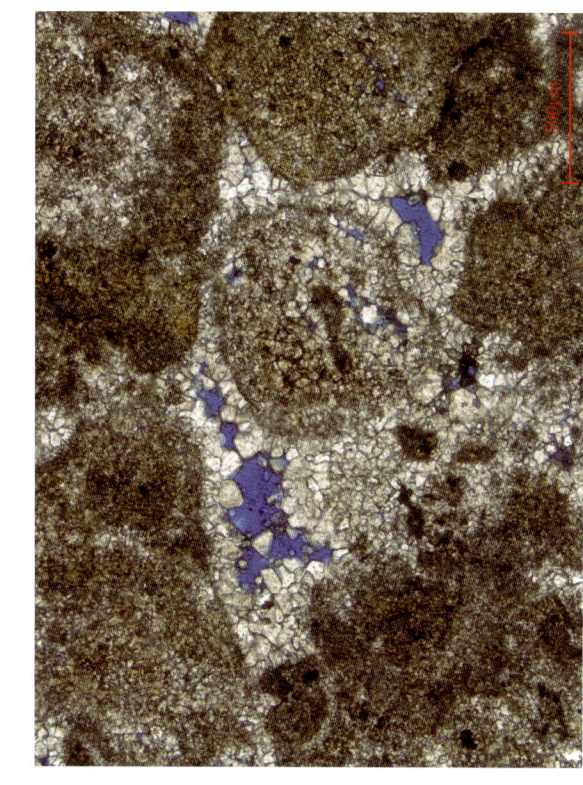

▲ 炭渣状溶孔

非选择性强烈溶蚀，形成炭渣状，孔径粗大，残余核形石灰岩储集岩，面孔率为30%。云阳上坝，T_1f_2。铸体薄片，单偏光，显微照片

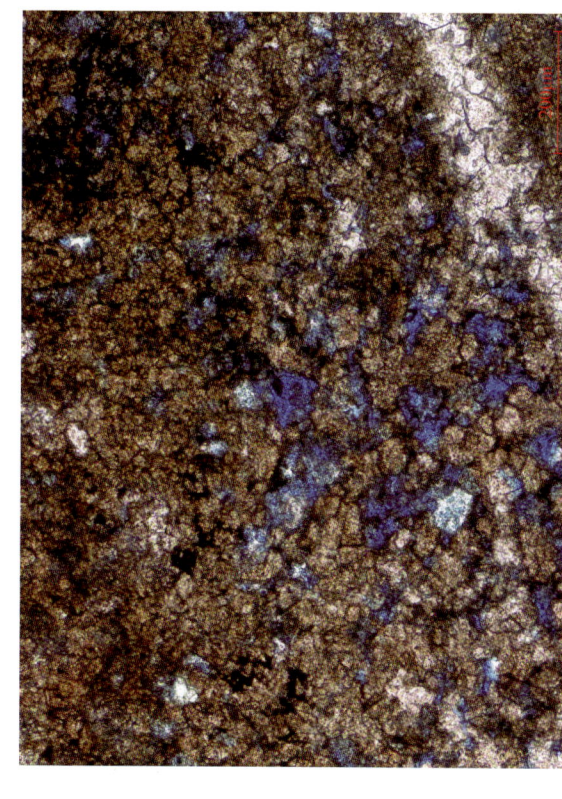

▲ 粒间溶孔

鲕粒间见一个世代马牙状白云石的半充填，面孔率为2.5%，残余鲕粒白云岩。云阳上坝，T_1f_2。铸体薄片，单偏光，显微照片

▲ 构造角砾

构造动力使岩层强烈破碎，形成碎瓷盘状角砾。云阳上坝，T_1f_4。普通薄片，单偏光，显微照片

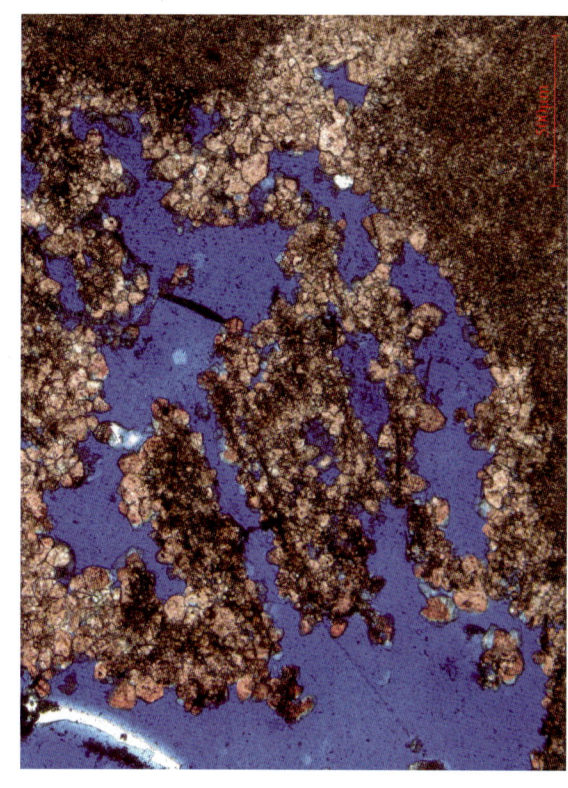

▲ 粒间溶孔

鲕间溶孔见一个世代的半充填，面孔率为1.5%，残余鲕粒白云岩。云阳上坝，T_1f_2。铸体薄片，单偏光，显微照片

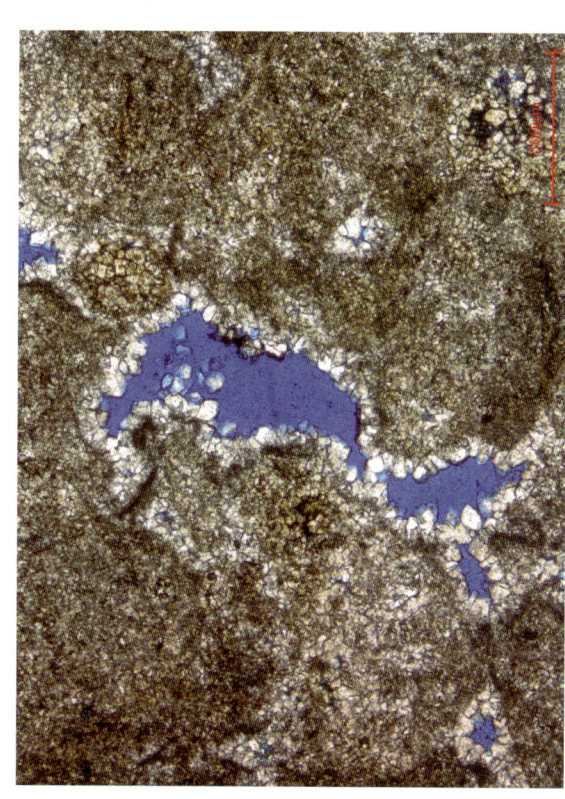

▲ 粒间、粒内溶孔

粒内溶孔孔径不一，粗大者密集，细小者分散，面孔率为7.0%，残余颗粒白云岩。云阳上坝，T_1f_2。铸体薄片，单偏光，显微照片

5.3.2 旺苍铁炉坝下三叠统嘉陵江组剖面

剖面位于四川省广元市旺苍县铁炉坝至三江镇公路一侧鲁口河畔，构造位置在大两会背斜东段南翼，剖面测量总长度705.04m，嘉陵江组厚439.63m，分5段：嘉一段厚132.24m，嘉二段厚115.09m，嘉三段厚43.72m，嘉四段厚102.24m，嘉五段厚46.34m。与上覆雷口坡组均为整合接触。

嘉一段：深灰色—灰色泥晶灰岩夹深灰色—浅红灰色砂屑灰岩，砂屑灰岩、角砾成分以深灰色—黄灰色—厚层角砾灰岩，角砾多呈深灰色，多期方解石充填，雨岩呈黄灰色细砂屑，其由多个泥晶灰岩、角砾可能为准同生期分布的构造缝，红色物质充填边部，多期方解石充填，雨岩为含泥质条纹的泥晶灰岩，角砾成分以准同生差异压实或埋藏期与构造破裂作用相关的成因。第1个韵律层下端泥晶灰岩厚16.31m，上端为砂屑灰岩和构造角砾岩，顶部以厚4.98m的深灰岩（白云岩）组成韵律层：第3个韵律层泥晶灰岩厚12.91m，上端砂屑灰岩厚8.14m；第2个韵律层泥晶灰岩厚34.69m，砂屑灰岩厚5.59m；第4个韵律层下端泥晶灰岩厚4.98m，厚度分别为10.43m，5.96m，4.47m；砂屑灰岩厚4.98m的杂色岩类溶角砾岩。顶部以角砾岩与嘉二段分界。

嘉二段：下部由砂砾屑白云岩→角砾岩→角砾岩构成2个韵律层，中—上部为角砾岩夹泥晶白云岩。

下部韵律层下端为深灰色—浅红灰色薄层泥晶粉屑（砂屑）白云岩，溶蚀孔洞较发育，厚22.61m，上部约厚3.06m的杂色岩溶角砾岩，不具成层性，角砾间杂乱堆积，角砾成分以和磨圆、不具选和磨圆、粒径为2~40cm，角砾内构造溶蚀缝，中—上部为厚37.02m的浅灰色薄层—中层泥晶白云岩夹薄层砂屑白云岩为主，角砾模孔较发育，自下而上厚度分别为27.32m，18.76m，6.39m，角砾大小差异巨大，小者一般为2~35mm，大者为巨型角砾，可达米级，角砾成分包括泥晶白云岩，晶粒白云岩等，偶见孔洞，厚7.74m，上端为厚0.87m的杂色岩溶角砾岩，角砾大小为3~20mm，角砾成分包括泥晶白云岩、膏质白云岩、晶粒白云岩等，不具成层性。

中—上部由泥晶白云岩与膏溶角砾岩间互层，其中泥晶白云粉屑（砂屑）白云岩，单层厚度自下而上分别为7.95m，9.03m，10.8m，偶夹细砂屑，局部富集，单层厚度为3~8cm，构造缝发育，宽0.3~20mm，局部呈网状分布，方解石全充填。膏溶角砾岩计3层，自下而上厚度分别为

嘉四段：下部为厚31.49m的杂色岩溶角砾岩，见溶蚀现象，岩溶角砾形态多样，大小不一，无分选和磨圆，角砾成分包括泥质白云岩、角砾灰岩、砂屑灰岩、泥晶白云岩等，泥质充填，部分角砾内部发育溶蚀孔，角砾模糊孔，偶见角砾内构造溶蚀缝，中—上部为厚37.02m的浅灰色深灰色薄层—中层泥晶白云岩，显水平纹层，偶见砾石，呈竹叶状，具定向排列。砾间泥以细粒级为主，含量为55%~60%，见残余结构，略具定向性，砾径以中—粗粒为主，累计厚度9.87m。

嘉五段：深灰色—浅红灰色—块状红灰色砂屑灰岩—中层泥晶灰岩互层，夹灰色薄层—中层泥晶灰岩夹土黄色泥灰岩。以中—粗粒径3层，累计厚度9.87m；泥晶灰岩2层，累计厚度4.81m。

嘉四段中下部，黄灰色岩溶角砾岩，略具定向性，泥晶灰岩中偶见砂屑灰岩透镜体。白云岩主要分布在中下部，砂砾屑储层主要岩类为砂屑灰岩、砾屑灰岩、砂屑白云岩、角砾岩等。砂屑灰岩主要分布在嘉二段底部，厚52.3m，岩地比11.98%；砾屑灰岩主要分布在嘉五段底部，厚30.6m，岩地比6.9%；泥晶白云岩分布在中层泥晶白云岩互层，夹土黄色泥灰岩。以中—粗粒径3层，累计厚度9.87m；泥晶灰岩2层，累计厚度4.81m。

选较好，见残余结构，底部构造变形，地层发生局部变形，形成构造角砾岩。

角砾成分包括泥质白云岩、角砾灰岩、砂屑灰岩等，泥质充填，部分角砾内部发育溶蚀孔，角砾模糊孔，偶见角砾内构造溶蚀缝，中—上部为厚37.02m的浅灰色深灰色薄层—中层泥晶白云岩，显水平纹层，偶见砾石，呈竹叶状，具定向排列。砾间泥以细粒级为主，含量为55%~60%，见残余结构，略具定向性，砾径以中—粗粒为主，累计厚度9.87m。

嘉三段：深灰色—浅红灰色薄层泥晶灰岩与砂屑灰岩互层，夹灰色薄层—中层泥晶灰岩夹土黄色泥灰岩，砂砾屑以中—粗粒径3层，累计厚度9.87m；泥晶灰岩2层，累计厚度4.81m。

嘉四段：下部为厚31.49m的杂色岩溶角砾岩，见溶蚀现象，岩溶角砾形态多样，大小不一，无分选和磨圆，角砾成分包括泥质白云岩、角砾灰岩、砂屑灰岩、泥晶白云岩等，泥质充填，部分角砾内部发育溶蚀孔，角砾模糊孔，偶见角砾内构造溶蚀缝，中—上部为厚37.02m的浅灰色深灰色薄层—中层泥晶白云岩，显水平纹层，偶见砾石，呈竹叶状，具定向排列。砾间泥以细粒级为主，含量为55%~60%，见残余结构，略具定向性，砾径以中—粗粒为主，累计厚度9.87m。

嘉五段：深灰色—浅红灰色—块状红灰色砂屑灰岩—中层泥晶灰岩互层，夹灰色薄层—中层泥晶灰岩夹土黄色泥灰岩。以中—粗粒径3层，累计厚度9.87m；泥晶灰岩2层，累计厚度4.81m。

储层主要岩类为砂屑灰岩、砾屑灰岩、砂屑白云岩、角砾岩等。砂屑灰岩主要分布在嘉二段底部，厚52.3m，岩地比11.98%；砾屑灰岩主要分布在嘉五段底部，厚30.6m，岩地比6.9%；泥晶白云岩分布在嘉四段中下部，厚12.25m，岩地比2.8%；砂屑白云岩主要分布在嘉二段上部，厚100.2m，岩地比22.8%；泥晶灰岩分布在嘉二段、嘉四段、嘉五段上部，厚83.96m，岩地比19.09%。

据40个样品分析结果表明，孔隙度为0.24%~21.38%，平均为4.33%，其中孔隙度大于2.0%的样品达62.5%，平均孔隙度为6.46%；渗透率为0.01~3.9785mD，平均为0.2822mD。分岩类统计，角砾岩孔隙度

为 0.76%~5.29%，平均为 3.44%；砂屑灰岩孔隙度为 0.27%~6.26%，平均为 3.12%；砂屑白云岩孔隙度为 1.21%~21.38%，平均为 9.05%；泥晶白云岩孔隙度为 0.58%~8.35%，平均为 3.88%。

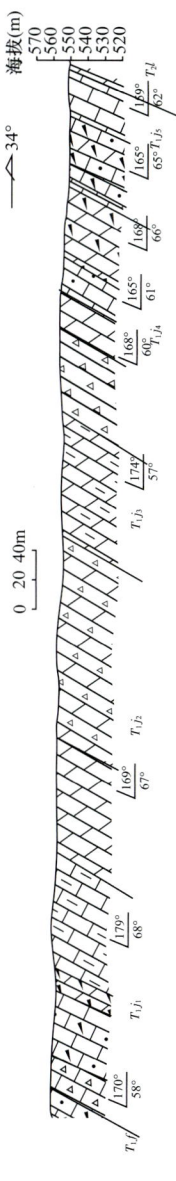

旺苍铁炉坝下三叠统嘉陵江组实测剖面图

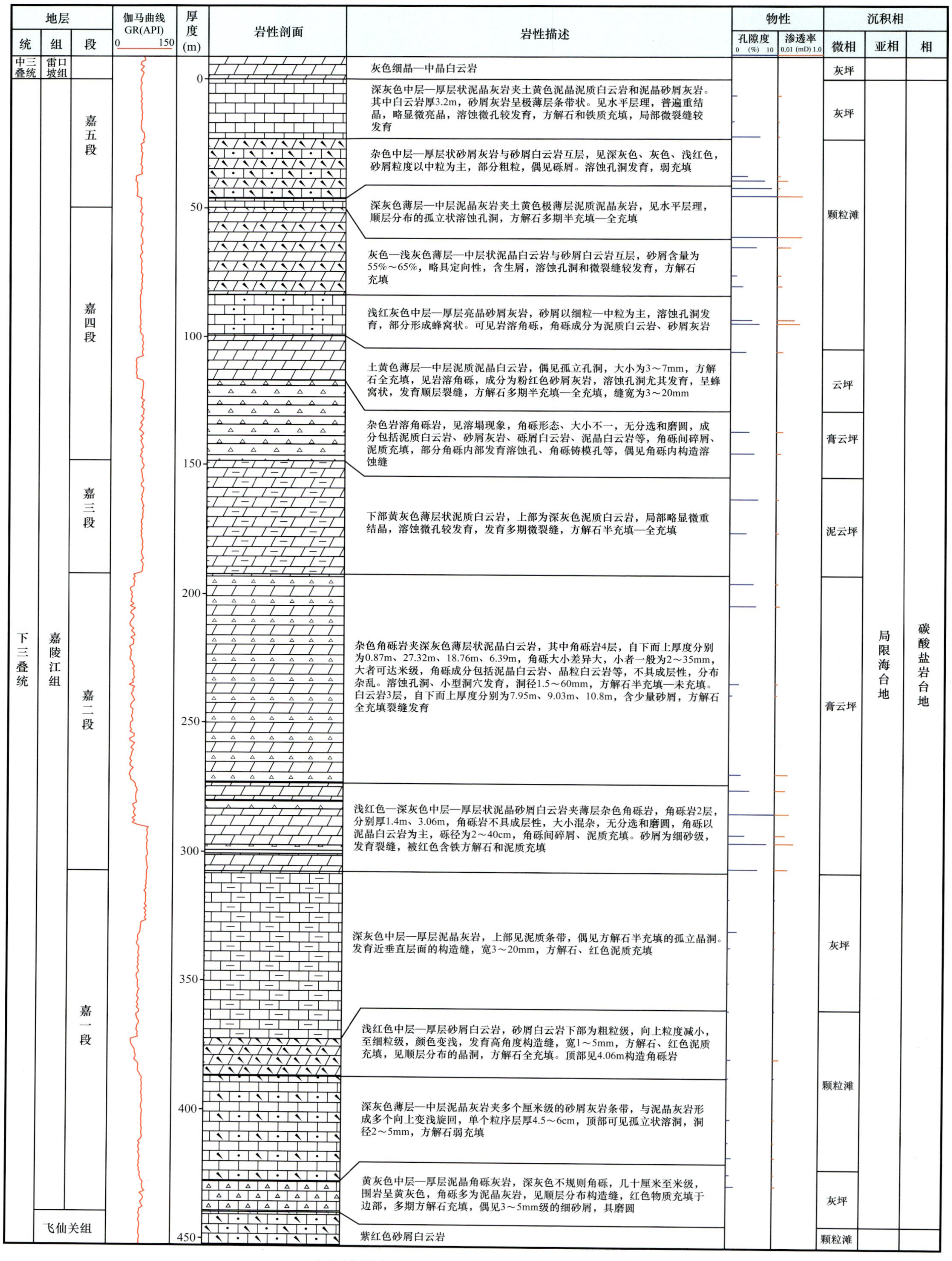

旺苍铁炉坝下三叠统嘉陵江组综合柱状图

▲ 层状构造

嘉一段中部浅紫红色中层状泥晶白云岩，右侧见膏溶角砾岩，旺苍铁炉坝，T_1j。露头照片

▲ 层状构造

嘉一段下部中层状泥晶灰岩。旺苍铁炉坝，T_1j。露头照片

▲ 砾屑结构

具长轴，定向排列，嘉陵江组一段下部砾屑泥晶灰岩，砾屑密集且具定向性，砾屑灰岩。旺苍铁炉坝，T_1j。露头照片

▼ 层状构造

嘉三段下部黄灰色泥质白云岩夹红灰色砂屑灰岩，砂屑以中砂为主，岩层展布稳定。旺苍铁炉坝，T_1j_3。露头照片

▼ 层状构造

嘉五段下部薄层状泥晶砂屑灰岩。旺苍铁炉坝，T_1j_5。露头照片

▼ 条带状构造

嘉陵江组一段上部泥晶灰岩中的砂屑条带，二者间互。旺苍铁炉坝，T_1j_1。露头照片

▼ 溶塌角砾

嘉二段下部砂屑白云岩与膏溶角砾岩，左右侧均为白云岩，中部杂乱堆积处为膏溶角砾岩，角砾为泥晶白云岩。旺苍铁炉坝，T_1j_2。露头照片

▼ 溶塌角砾

嘉二段中部杂色巨厚岩溶角砾岩，角砾含多种岩性：角砾岩、砂屑灰岩、粉晶白云岩等，角砾间灰泥充填。旺苍铁炉坝，T_1j_2。露头照片

▼ 溶蚀孔洞

嘉二段中部杂色岩溶角砾岩与溶蚀孔洞，孔洞局部呈蜂窝状，面洞率为7.0%。旺苍铁炉坝，T_1j_2。露头照片

▶ 石膏假晶

泥晶灰岩。旺苍铁炉坝，T_1j。普通薄片，单偏光，显微照片

▶ 石膏假晶

泥晶灰岩。旺苍铁炉坝，T_1j。普通薄片，单偏光，显微照片

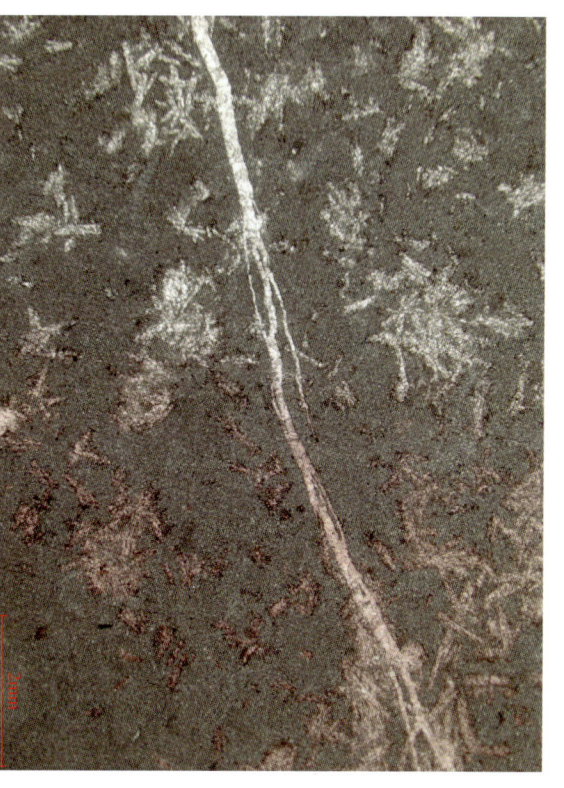

▶ 石膏假晶晶簇

硬石膏常为针柱状，聚集成簇呈花状，方解石交代后形成假晶，泥晶白云岩。旺苍铁炉坝，T_1j。普通薄片，茜素红局部染色，单偏光，显微照片

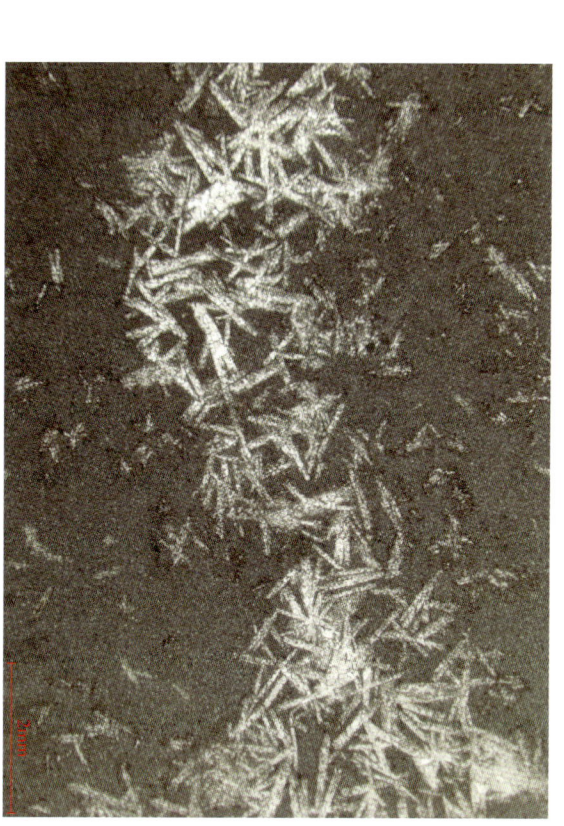

▶ 石膏假晶晶簇

泥晶白云岩。旺苍铁炉坝，T_1j。普通薄片，单偏光，显微照片

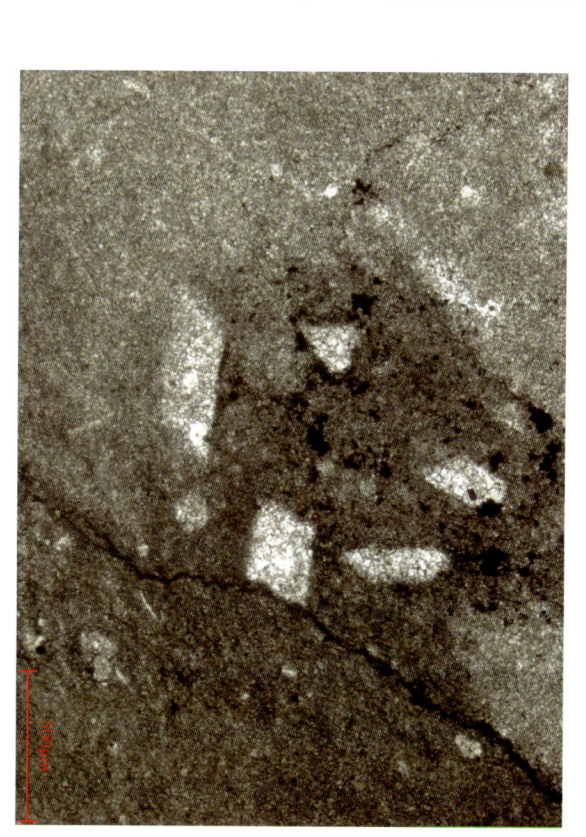

▶ 微型沉积韵律

韵律层下部为亮晶生屑灰岩，向上渐变为泥晶灰岩，韵律层与下部泥岩呈突变接触。旺苍铁炉坝，T_1j。普通薄片，单偏光，显微照片

▶ 岩性突变

下部为晶粒灰岩，上部为泥晶灰岩，界面有起伏。旺苍铁炉坝，T_1j。普通薄片，单偏光，显微照片

▲ 冲刷构造

具冲蚀凹槽，界面充填泥质。泥晶灰岩。旺苍铁炉坝，T_1j_1。普通薄片，单偏光，显微照片

▲ 多个冲刷面

岩层呈楔形，反映沉积水体动荡环境。旺苍铁炉坝，T_1j_1。普通薄片，单偏光，显微照片

▲ 扰动构造

呈包卷层理，见少量生屑（腹足类、瓣鳃类），泥晶灰岩。旺苍铁炉坝，T_1j_1。普通薄片，单偏光，显微照片

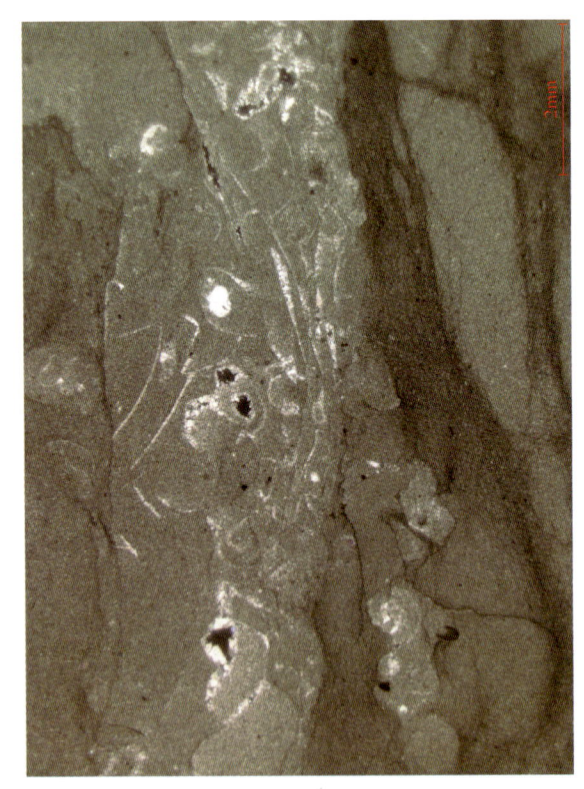

▲ 断续纹层

纹层层被有机质浸染，呈断续状，见少量针柱状石膏假晶，层纹状白云岩。旺苍铁炉坝，T_1j_1。普通薄片，茜素红染色，单偏光，显微照片

▲ 蠕虫状构造

"蠕虫"内成分较纯，色浅，外被泥质包裹，长轴平行于层面，差异压实所致，泥晶灰岩。旺苍铁炉坝，T_1j_1。普通薄片，单偏光，显微照片

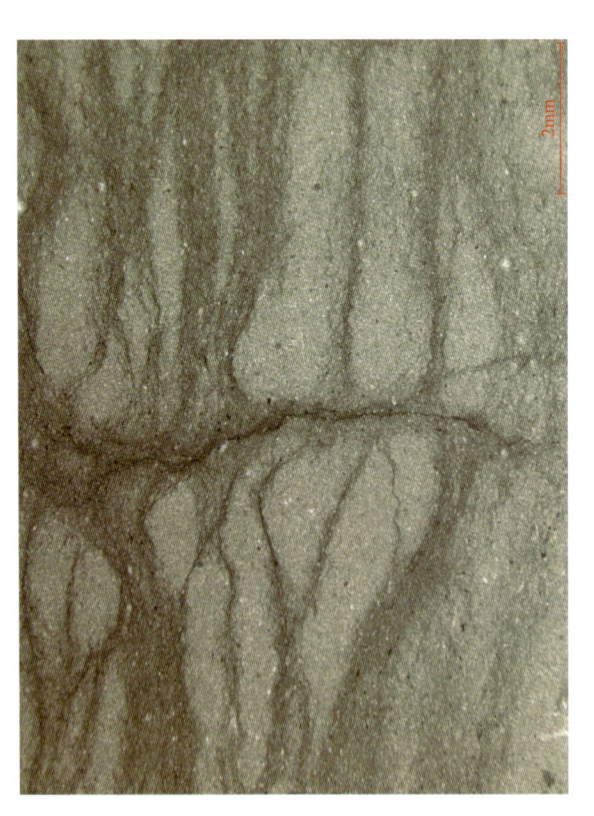

▲ 泄水构造

中晶—细晶灰岩。旺苍铁炉坝，T_1j_1。普通薄片，单偏光，显微照片

▶ 锥型叠锥构造

方解石长晶剑交缝合线形成叠锥构造的初始阶段，中晶—细晶灰岩。旺苍铁炉坝，T₁j₁。普通薄片，单偏光，显微照片

▶ 泥质条纹

呈喷形，与变形粒长轴方向平行，亮晶变形粒灰岩。旺苍铁炉坝，T₁j₁。普通薄片，单偏光，显微照片

▶ 泥灰质条纹

条纹内富含泥质目结构细，条纹上下侧为棘屑，砂屑的粗结构，二者差异性明显。泥晶棘屑砂屑灰岩。旺苍铁炉坝，T₁j₁。普通薄片，单偏光，显微照片

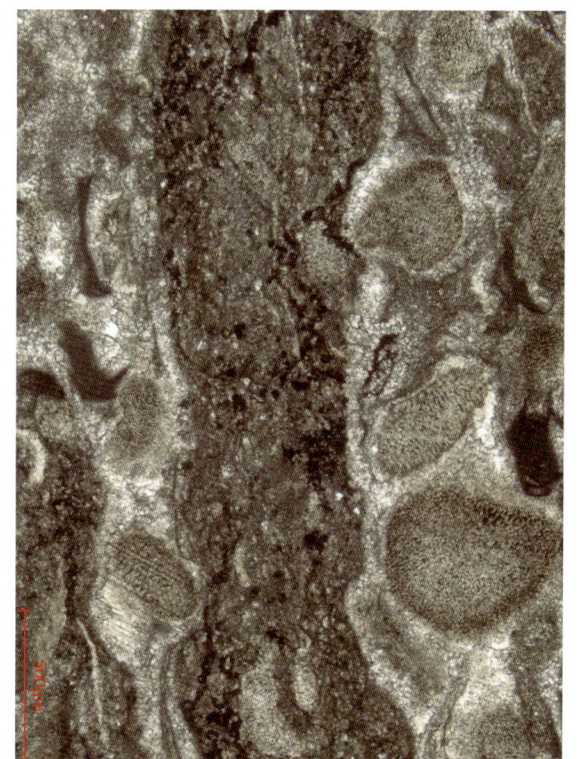

▶ 生物扰动构造

生物扰动处呈暗色泥晶斑块，与周围泥晶生屑结构相异。泥晶生屑灰岩。旺苍铁炉坝，T₁j₁。普通薄片，单偏光，显微照片

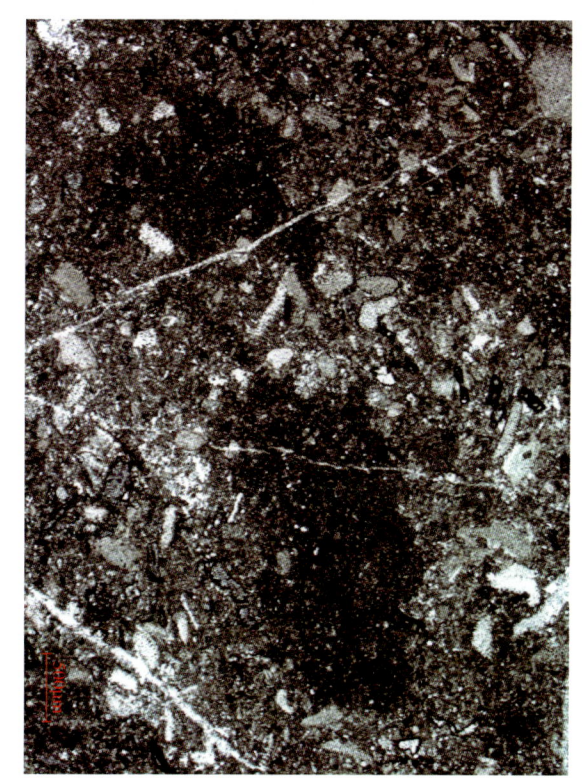

▶ 脱水收缩缝

水体盐度变化或渗透影响引起沉积物脱水形成，呈三叉状，粉晶灰岩。旺苍铁炉坝，T₁j₁。铸体薄片，单偏光，显微照片

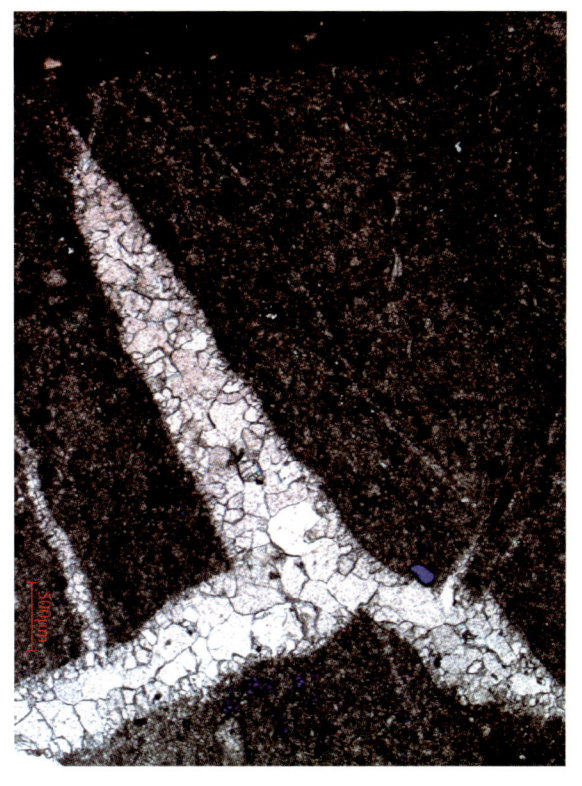

▶ 腹足类个体

鲕粒结构中的腹足类个体保存完整，残余鲕粒灰岩。旺苍铁炉坝，T₁j₁。普通薄片，单偏光，显微照片

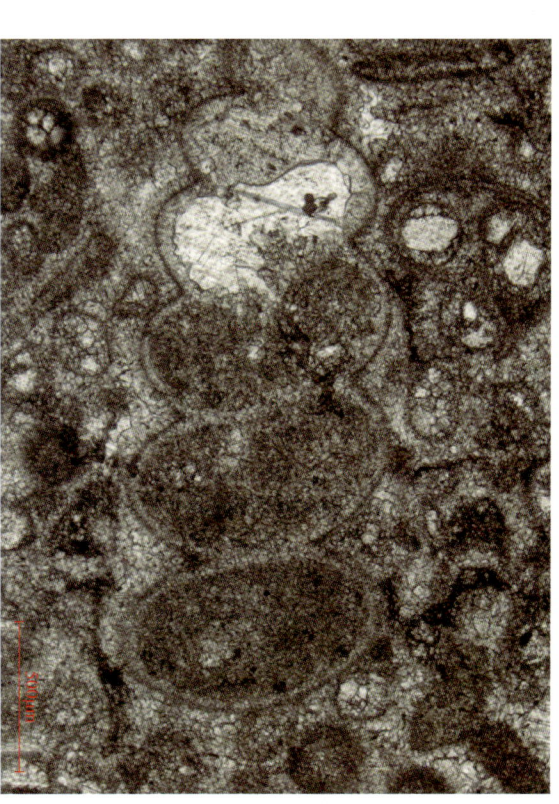

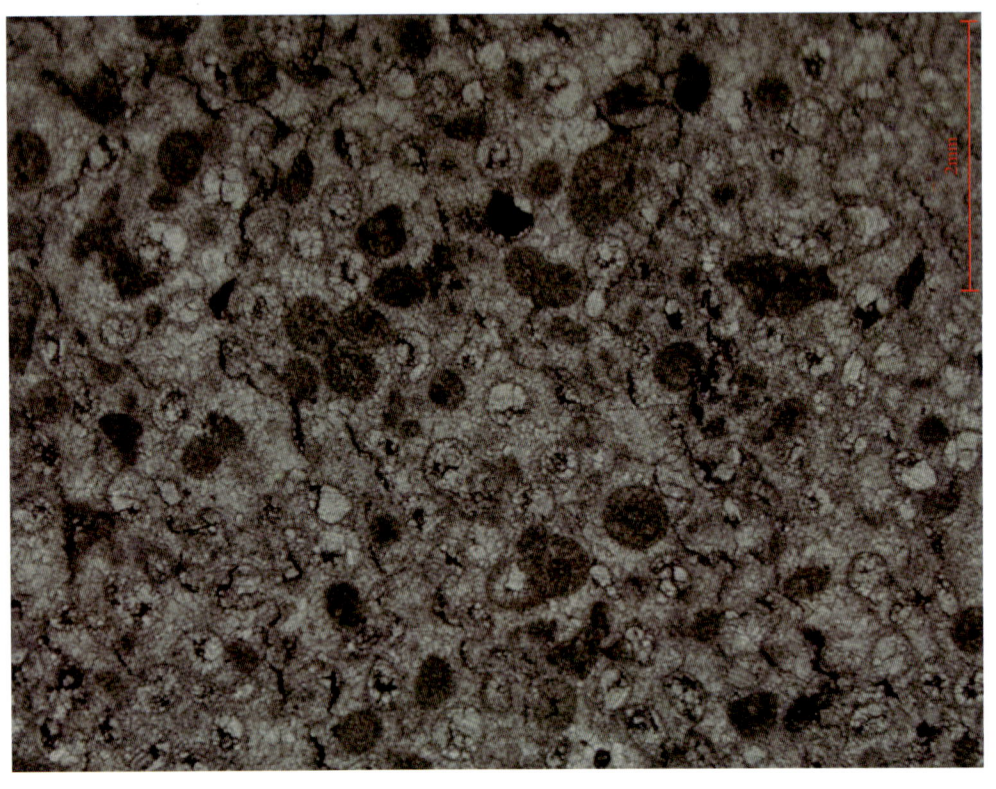

▲ 残余鲕粒结构

鲕粒呈幻影，残余鲕粒灰岩。旺苍铁炉坝，T_1j。普通薄片，单偏光，显微照片

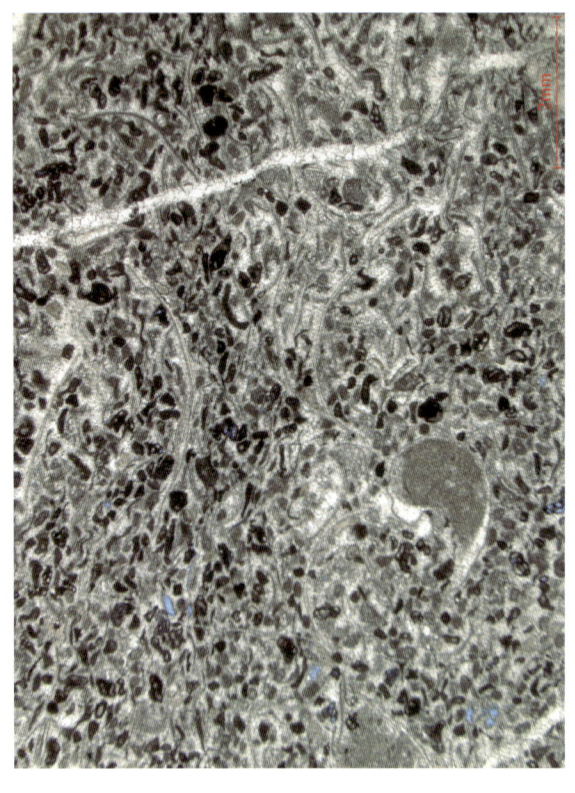

▲ 颗粒结构

砂屑和生屑混杂在一起，生碎见腹足类、球旋虫和线藻，见少量粒模孔，亮晶生屑砂屑灰岩。旺苍铁炉坝，T_1j。铸体薄片，单偏光，显微照片

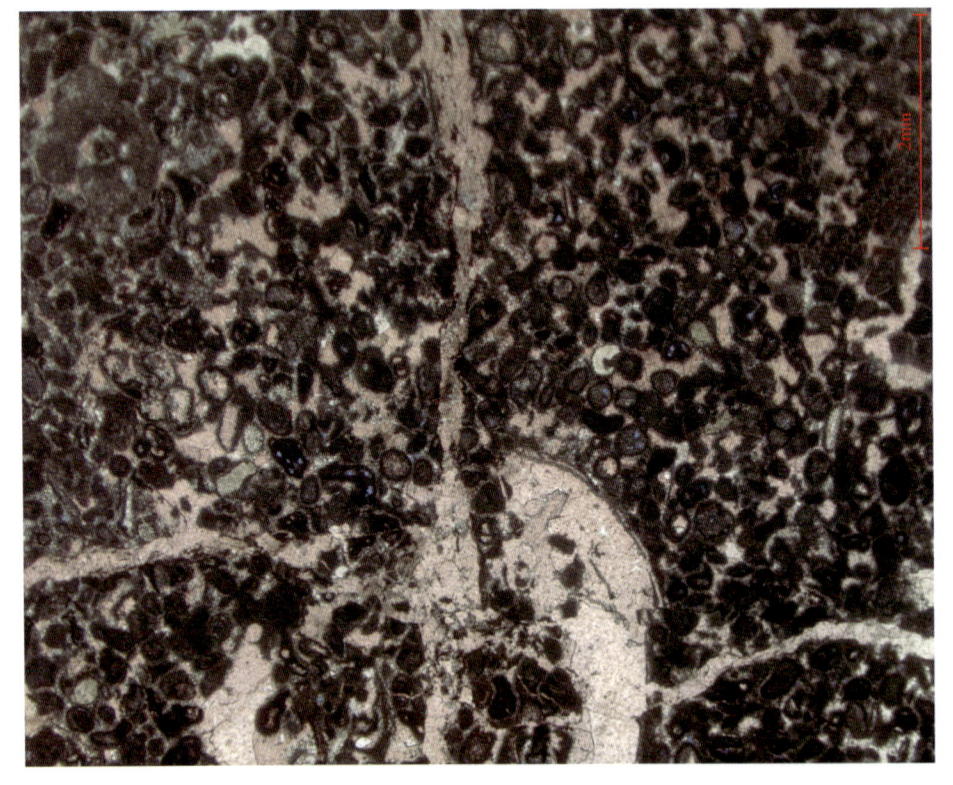

▲ 有孔虫砂

有孔虫被白云石强烈交代，失去了内部组织，但仍依稀可见房室残留，个别见细小的体腔孔，面孔率约为2.0%，亮晶有孔虫砂白云岩。旺苍铁炉坝，T_1j。铸体薄片，单偏光，显微照片

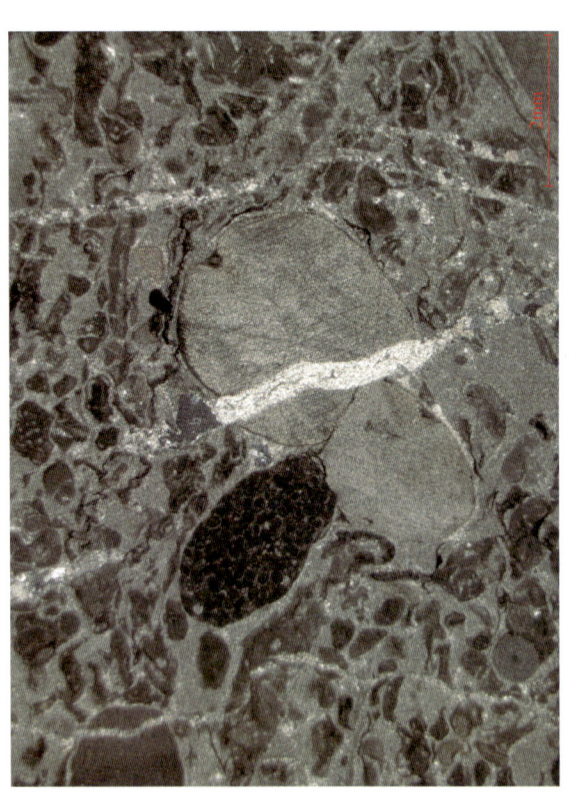

▲ 颗粒结构

砂屑多变形，部分砂砾屑内为鲕粒结构，见明显的同心圈层，亮晶砂砾砂屑灰岩。旺苍铁炉坝，T_1j。普通薄片，单偏光，显微照片

▶ 颗粒结构

砂屑粒度呈层状，略见粒序变化。亮晶颗粒灰岩，旺苍铁炉坝，$T_{1j}5$。茜素红局部染色。普通薄片，单偏光，显微照片

▶ 同生角砾

见冲刷面，界面下部为泥晶灰质组成，上部见灰质角砾，呈撕裂状，角砾内由泥晶灰质组成，同生灰质角砾岩。旺苍铁炉坝，$T_{1j}4$。普通薄片，单偏光，显微照片

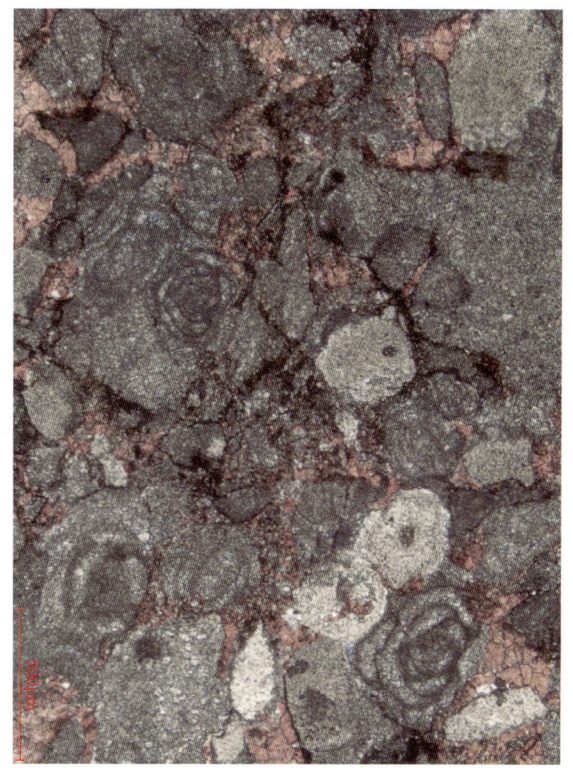

▶ 溶塌角砾

角砾内为泥晶结构，粉晶结构，见球旋虫，砾间被方解石胶结。溶塌灰质角砾岩，旺苍铁炉坝，$T_{1j}2$。茜素红染色。普通薄片，单偏光，显微照片

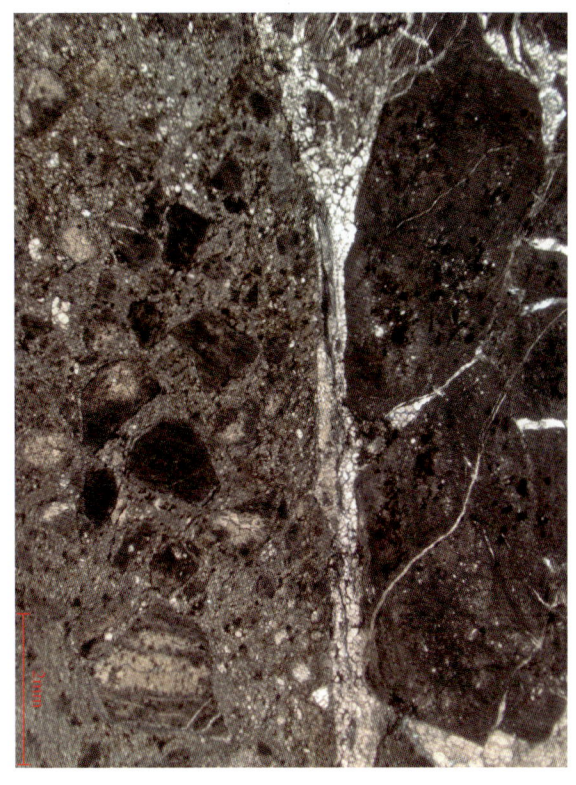

▶ 溶塌角砾

角砾无分选和磨圆，溶塌云质角砾岩。旺苍铁炉坝，$T_{1j}4$。普通薄片，单偏光，显微照片

▶ 溶塌角砾

角砾大小混杂，角砾内见溶孔，面孔率约为1.0%，溶塌云质角砾岩。旺苍铁炉坝，$T_{1j}3$。铸体薄片，单偏光，显微照片

▶ 溶塌角砾

角砾杂乱分布，大小混杂，溶塌云质角砾岩。旺苍铁炉坝，$T_{1j}2$。普通薄片，单偏光，显微照片

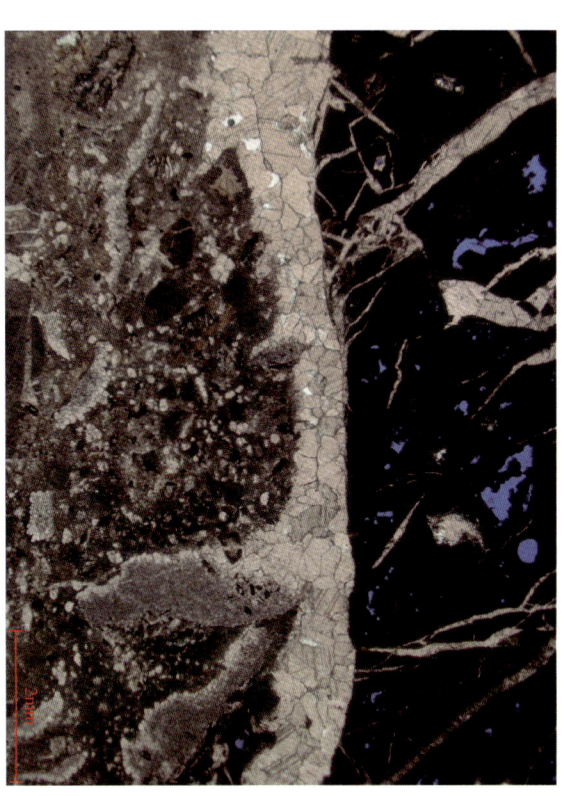

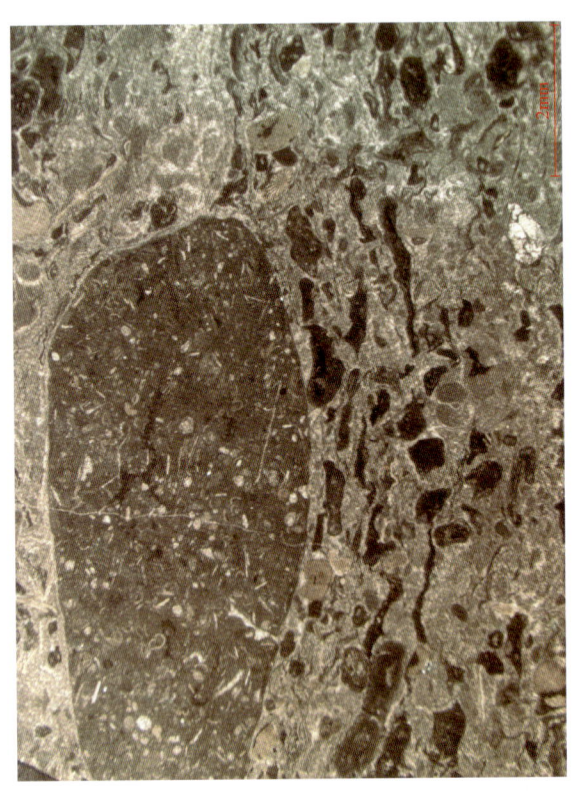

▲ 溶塌角砾

角砾呈棱角状，大小混杂，结构成分为泥晶白云岩。旺苍铁炉坝，T_1j_4。普通薄片，单偏光，显微照片

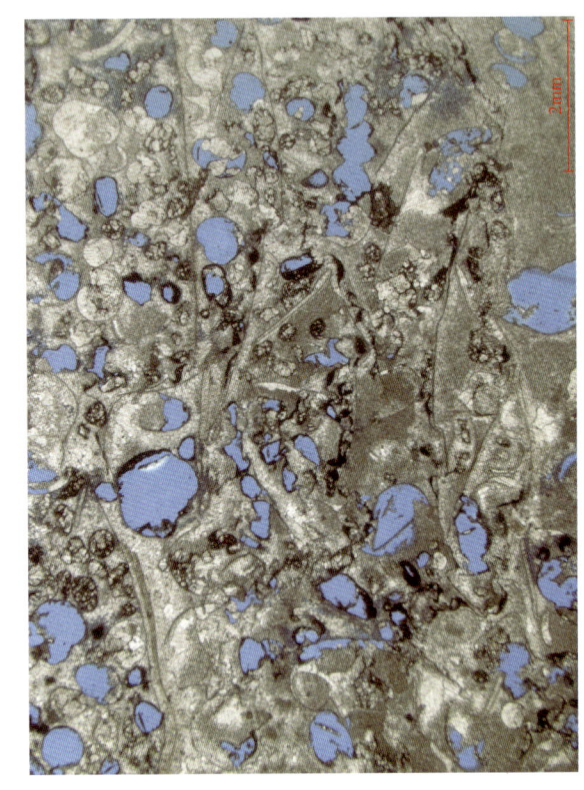

▲ 定向构造

压实作用使砂屑内角砾多具扁平状、拉长状、拖拉状、链锁状，具定向排列。亮晶变泥晶砂屑灰岩。旺苍铁炉坝，T_1j_3。普通薄片，单偏光，显微照片

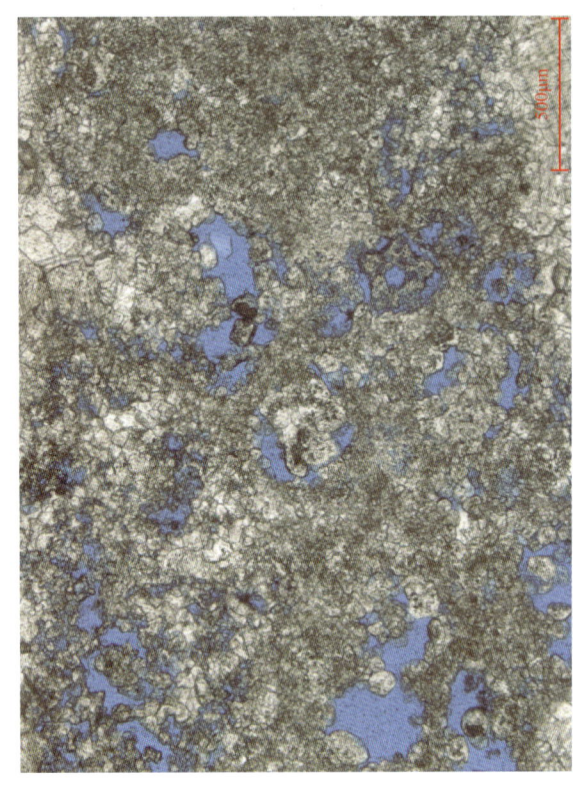

▲ 砾内溶孔

角砾岩中角砾内部被溶蚀，面孔率约为3.0%，溶塌灰质角砾岩。旺苍铁炉坝，T_1j_3。铸体薄片，单偏光，显微照片

▲ 抗压差异

砂屑全部变形，具定向性，砾屑内为泥晶生屑结构，形态较规则，反映不同粒度的颗粒抗压性差异。亮晶砾屑灰岩。旺苍铁炉坝，T_1j_3。普通薄片，单偏光，显微照片

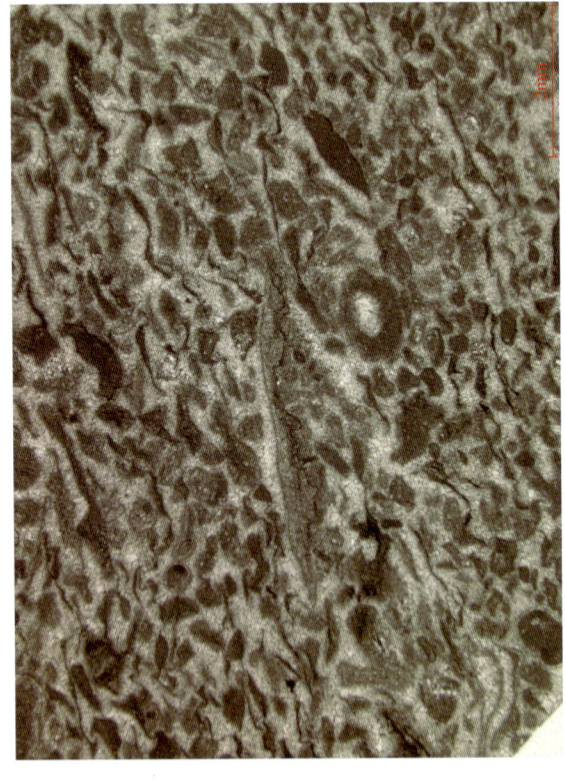

▲ 粒模孔

部分砂屑内被溶蚀形成粒模孔，面孔率为7.0%，含大量线状藻，含生物碎屑砂屑灰岩。旺苍铁炉坝，T_1j_3。铸体薄片，单偏光，显微照片

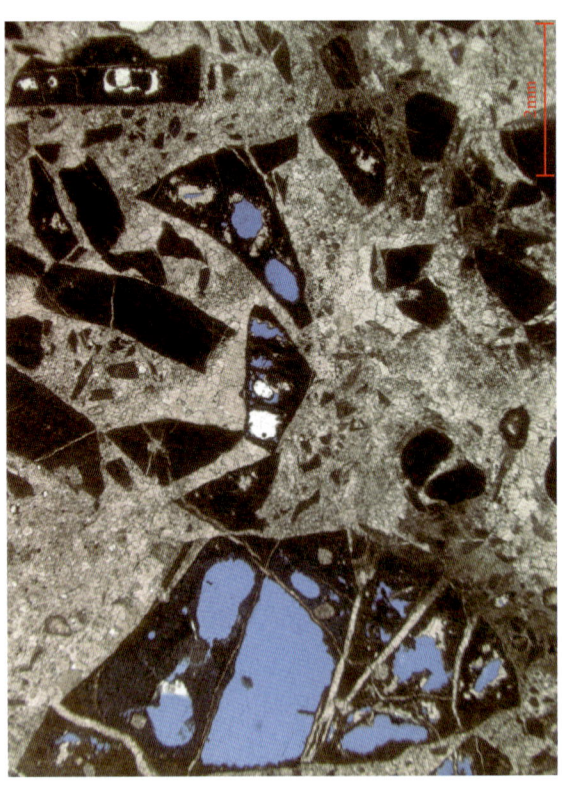

▲ 粒内、粒间溶孔

砂屑呈幻影，部分溶蚀，由于粒间、粒内均被溶蚀，孔隙连通性较好，面孔率约为8.0%。残余砂屑白云岩。旺苍铁炉坝，T_1j_3。铸体薄片，单偏光，显微照片

▶ 非选择性溶蚀形成溶斑，面孔率约为 3.0%，细晶砂质灰岩。旺苍铁炉坝，T_1j_4。茜素红染色，铸体薄片，单偏光，显微照片

▶ 膏溶孔

石膏假晶上部呈晶簇状，下部呈条纹状，部分被溶蚀后形成膏溶斑，面孔率约为 5.0%，含石膏假晶白云岩。旺苍铁炉坝，T_1j_4。铸体薄片，单偏光，显微照片

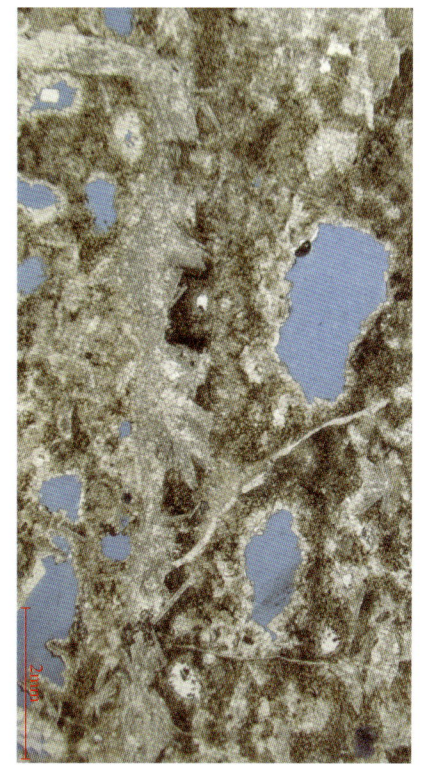

▶ 鲕粒间、鲕粒内溶孔

面孔率约为 4.0%，表鲕粒间见等厚环边胶结，白云岩。旺苍铁炉坝，T_1j_5。铸体薄片，单偏光，显微照片

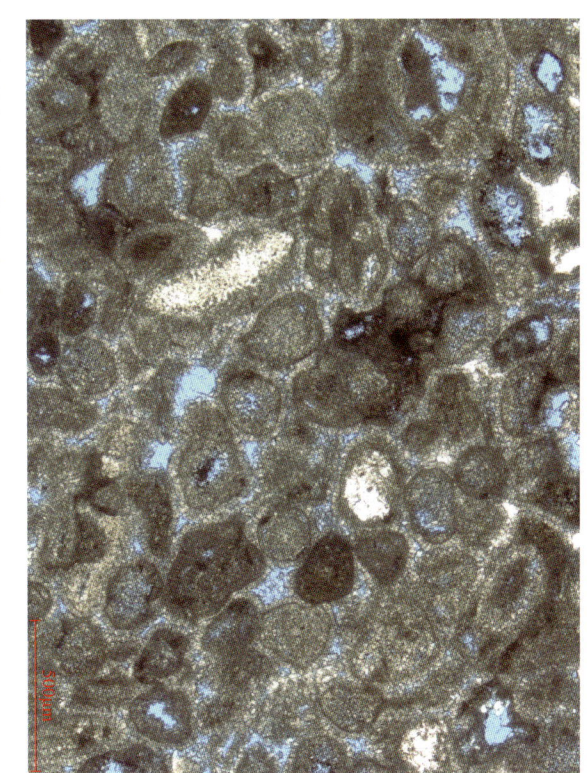

▶ 晶间溶蚀扩大形成网状连通的溶孔，面孔率约为 3.0%，细晶灰岩。旺苍铁炉坝，T_1j_4。茜素红染色，铸体薄片，单偏光，显微照片

▶ 粒内溶扩孔

部分鲕粒被溶蚀形成鲕模孔，进一步溶蚀扩大形成溶扩孔，面孔率约为 8.0%，完晶砂屑白云岩。旺苍铁炉坝，T_1j_5。铸体薄片，单偏光，显微照片

▶ 鲕粒内、鲕粒间溶扩孔

表鲕粒溶蚀程度不一，个别为鲕模孔，局部溶蚀扩大形成溶扩孔，面孔率约为 10%，完晶表鲕粒白云岩。旺苍铁炉坝，T_1j_5。铸体薄片，单偏光，显微照片

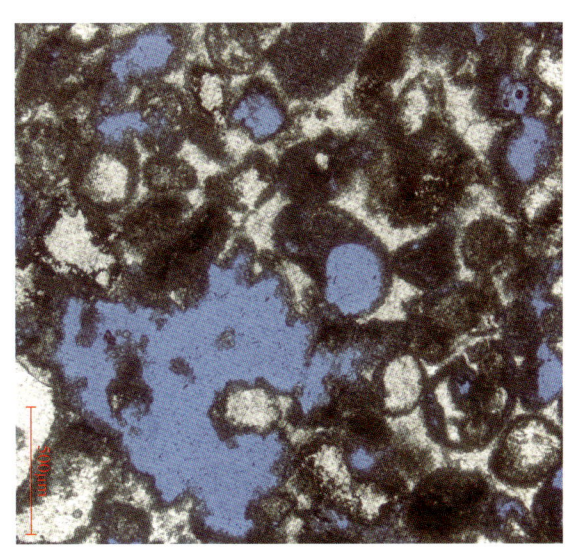

223

5.3.3 盐津黎山下三叠统嘉陵江组剖面

剖面位于云南省昭通市盐津县城至黎山村公路一侧，北距县城 6.8km。构造位置处大田坝向斜西翼南翼。

剖面总长 130.15m，嘉陵江组厚度 61.19m。

嘉陵江组底部深灰色泥晶灰岩与铜街子组顶部紫红色钙质泥晶砂屑白云岩整合接触，顶部土黄色泥晶砂屑白云岩与上覆雷口坡组底部白色水云母黏土岩（绿豆岩）整合接触。

中下部 56.92m 为石岩段，深灰色泥晶灰岩与泥晶砂屑灰岩间互组成规模不等的韵律层，以泥晶灰岩为主，砂屑灰岩多呈薄层状或条带状分布，单个韵律层厚度以小于 1.0m 为主，砂屑以中砂粒级为主，偶见砾屑，砂屑灰岩孔洞相对较发育，多未被充填。上部白云岩段为厚 3.49m 的深灰色一土黄色一土黄色薄层一厚层泥晶白云岩夹 0.78m 泥晶砂屑白云岩。

黎山剖面嘉陵江组储层主要岩石类型为砂屑灰岩，含生物碎屑砂屑灰岩，砂屑白云岩，含生物碎屑砂屑灰岩整条剖面均有发育，集中发育在嘉一段一嘉三段；砂屑白云岩较少，仅在嘉五段发育。含生物碎屑砂屑灰岩厚 14.8m，岩地比 24.6%；砂屑白云岩厚 1.98m，岩地比 3.3%。

孔隙度 0.67%～23.1%，平均为 4.66%，其中孔隙度大于 2.0% 的样品率为 71.43%，平均孔隙度为 6.66%；渗透率为 0.014～0.353mD，平均为 0.046mD。泥晶灰岩孔隙度为 0.67%～5.68%，平均为 2.53%；（含生物碎屑）砂屑灰岩孔隙度为 1.1%～10.46%，平均为 3.48%；砂屑白云岩孔隙度为 1.1%～23.1%，平均为 11.5%。

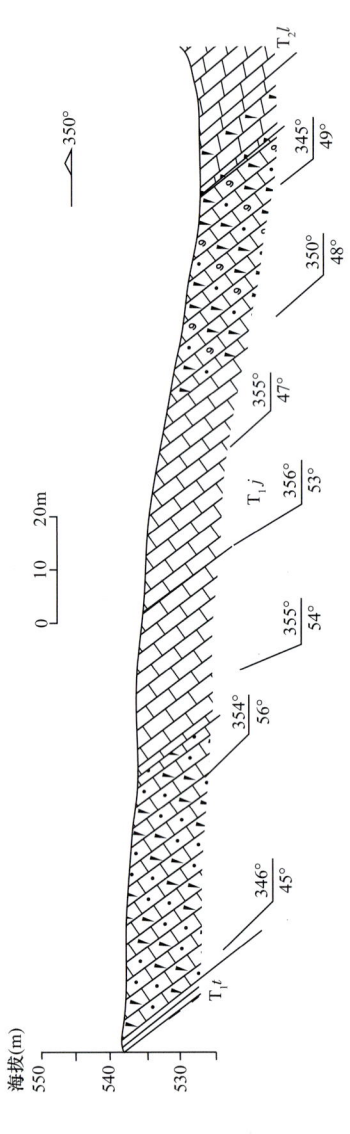

盐津黎山下三叠统嘉陵江组实测剖面图

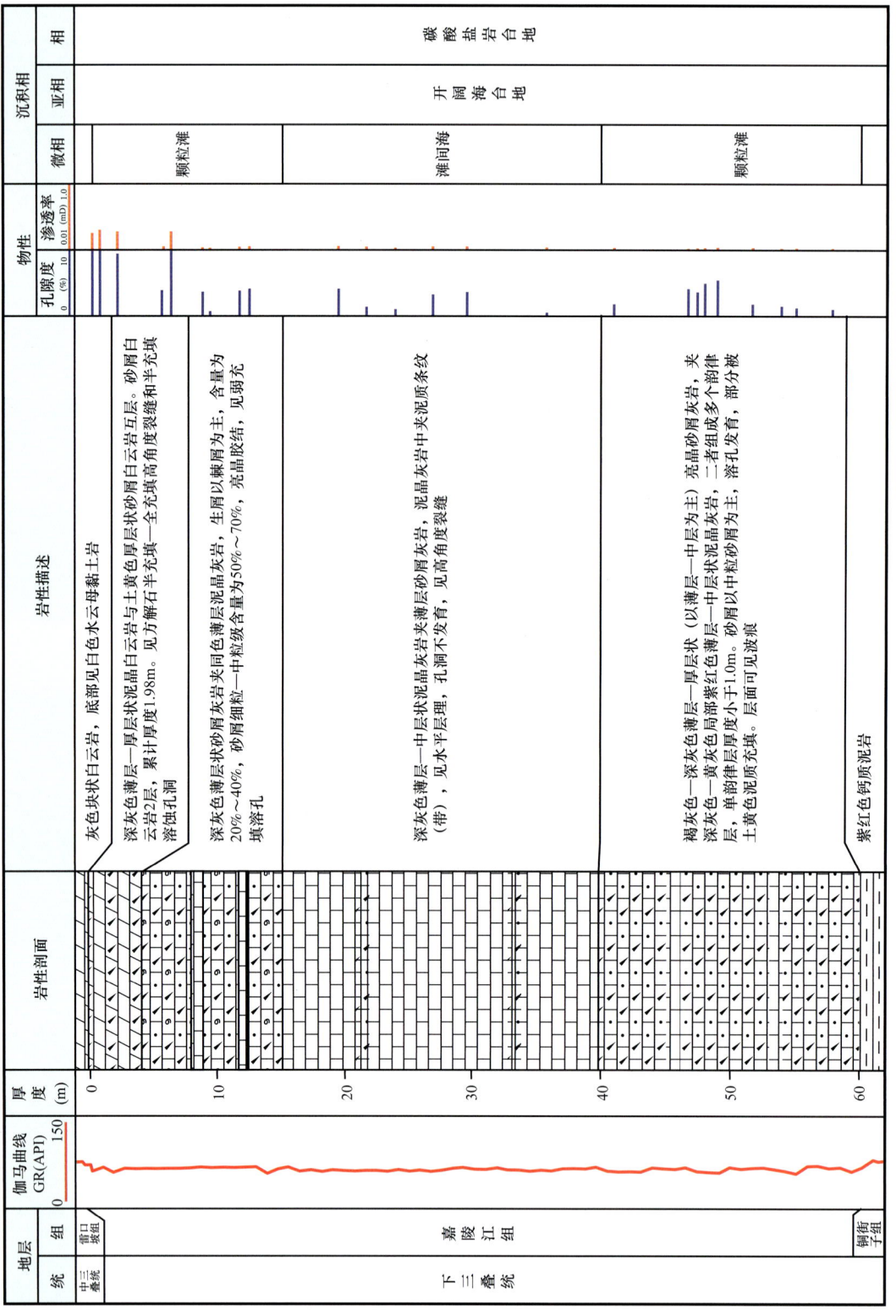

盐津黎山下三叠统嘉陵江组综合柱状图

▶ 砂屑条带

嘉陵江组中部灰色薄层泥晶砂屑灰岩与泥晶灰岩韵律，呈均匀递变。盐津黎山，T_1j。露头照片

▶ 层状构造

嘉陵江组顶部泥晶灰岩与含泥质白云岩薄层互层。盐津黎山，T_1j。露头照片

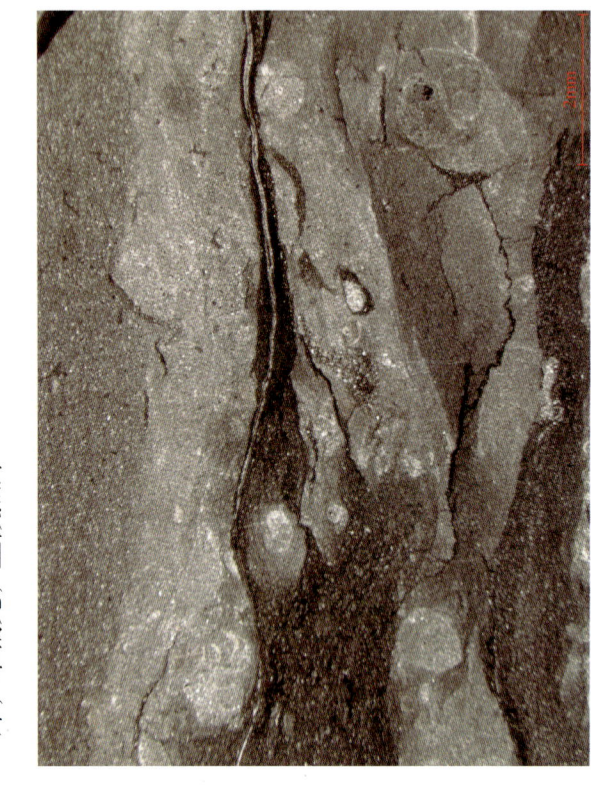

▲ 冲刷面与沉积韵律

单韵律层粒度上粗下细，韵律层间为冲刷界面，见生物钻孔，上为纵切面，呈柱状，下为横切面，呈透镜状。盐津黎山，泥晶灰岩，T_{1j}。普通薄片，单偏光，显微照片

▲ 冲刷界面

上部泥晶灰岩，下部亮晶生屑灰岩，沉积纹层遭到冲刷作用破坏而残缺。盐津黎山，层纹状泥晶灰岩，T_{1j}。普通薄片，单偏光，显微照片

▲ 扰动构造

泥质灰泥质呈不规则状，局部见小型角砾，为动荡水动力产物。盐津黎山，泥晶灰岩，T_{1j}。普通薄片，单偏光，显微照片

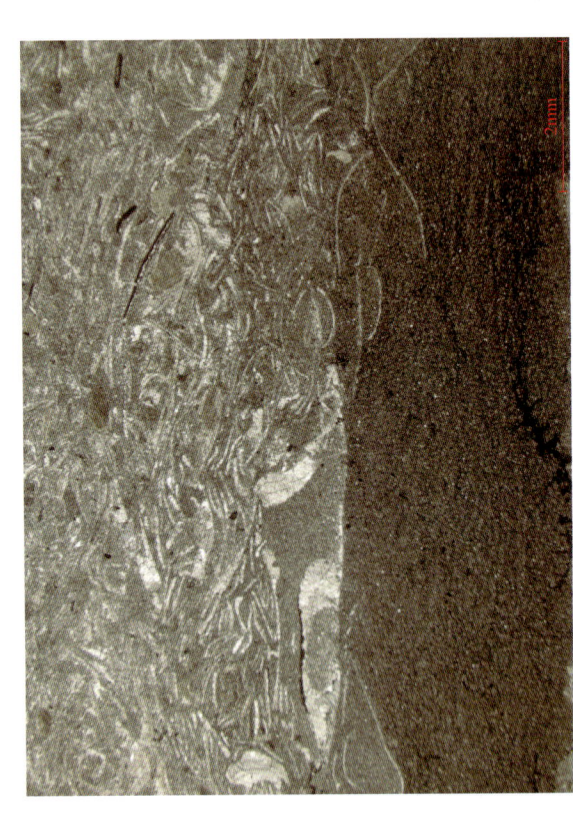

▲ 结构突变

界面之下为泥晶结构，之上为瓣鳃类生屑结构，显示水动力作用突变。盐津黎山，T_{1j}。普通薄片，单偏光，显微照片

▲ 冲刷界面

见冲刷沟槽，呈"V"字形，下伏为泥晶灰岩，界面之上为亮晶颗粒灰岩，界面有起伏。盐津黎山，T_{1j}。普通薄片，单偏光，显微照片

▲ 冲刷扰动构造

水动力动荡形成多个沉积界面，泥晶灰岩。盐津黎山，T_{1j}。普通薄片，单偏光，显微照片

▶ 冲蚀槽谷

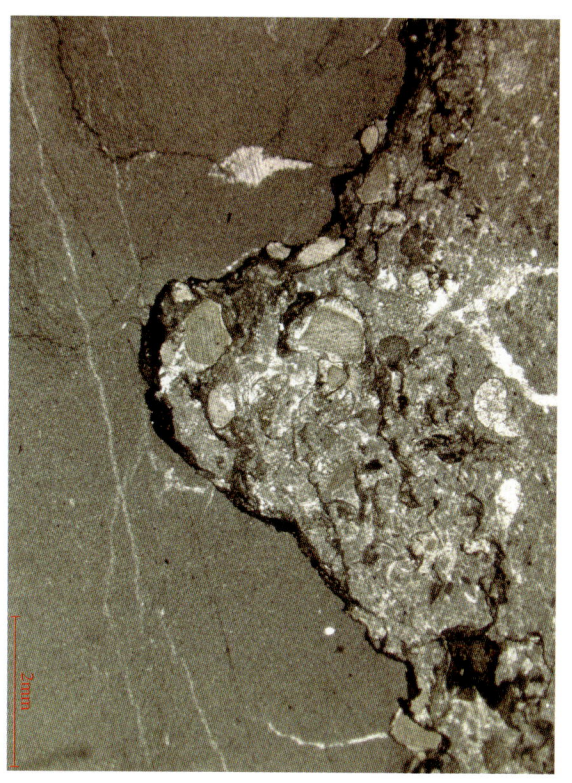

槽谷内堆积了棘皮类、腹足类生屑和变形砂屑，冲刷槽谷面上产生了压溶缝合线。泥晶生屑灰岩。盐津黎山，T₁j。普通薄片，单偏光，显微照片

▶ 遮蔽构造

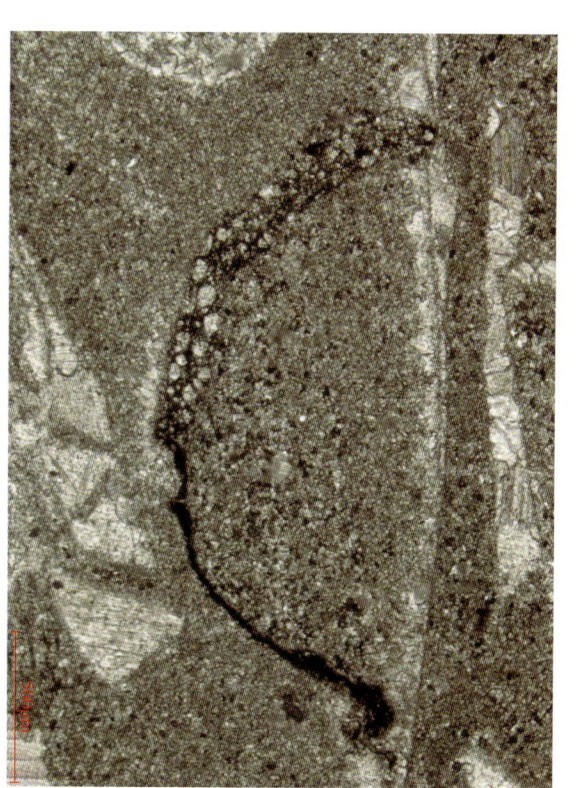

粗大的瓣鳃类壳壁倒扣状，阻挡了上覆沉积物，并保持下部的粉屑沉积，生物潜穴呈面盆状。泥晶生屑灰岩。盐津黎山，T₁j。普通薄片，单偏光，显微照片

▶ 同生角砾

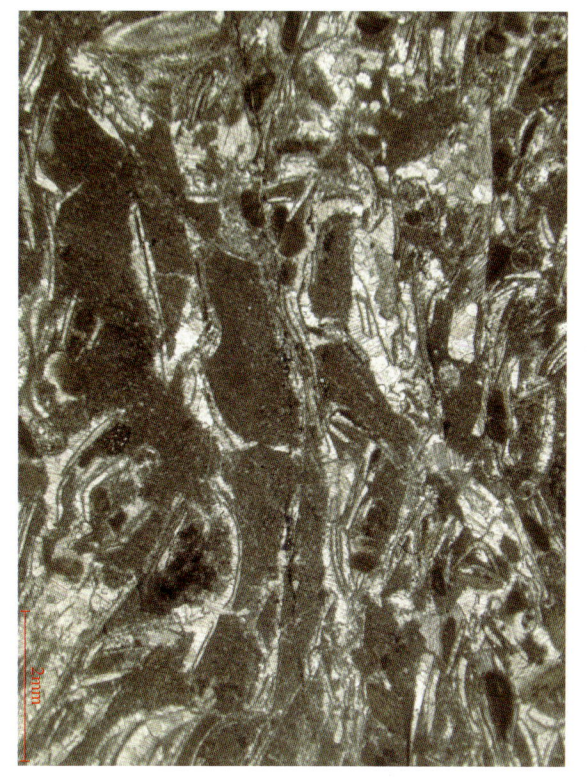

强水动力作用冲撕沉积物，形成角砾，密集堆积，同生灰质角砾岩。砾间方解石胶结，角砾形态多样，大小不一。盐津黎山，T₁j。普通薄片，单偏光，显微照片

▶ 同生角砾

强水动力使生屑和角砾混杂在一起，生屑为有孔虫、棘屑，角砾边界较规整，泥晶结构，呈棱角状，泥晶含角砾生屑灰岩。盐津黎山，T₁j。普通薄片，单偏光，显微照片

▶ 同生角砾

角砾边界较规整，大小混杂，无分选性，混入棘皮类、粉屑结构中，泥晶含角砾屑粉屑灰岩。盐津黎山，T₁j。普通薄片，单偏光，显微照片

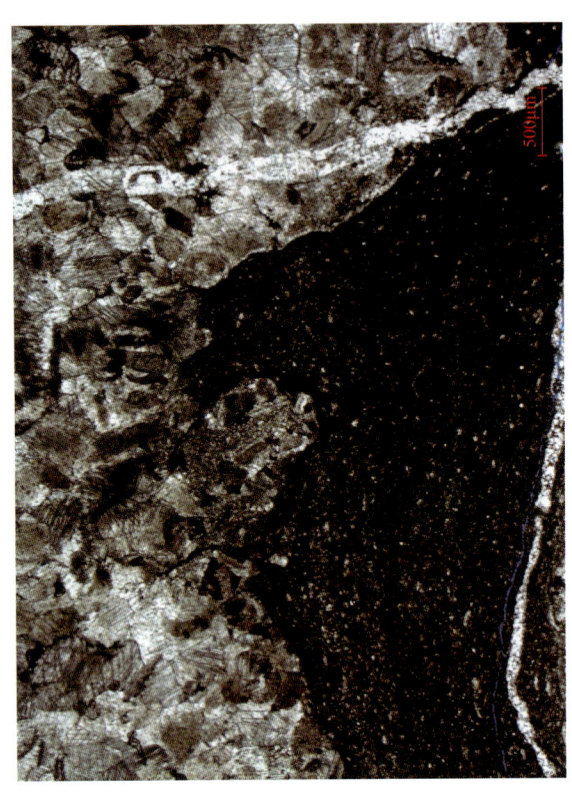

▲ 火焰构造
因负载压力不均，石灰岩嵌入泥岩中，泥岩顶面呈"火焰"状。棘皮类灰岩夹泥岩。盐津黎山，T_1j。铸体薄片，单偏光，显微照片

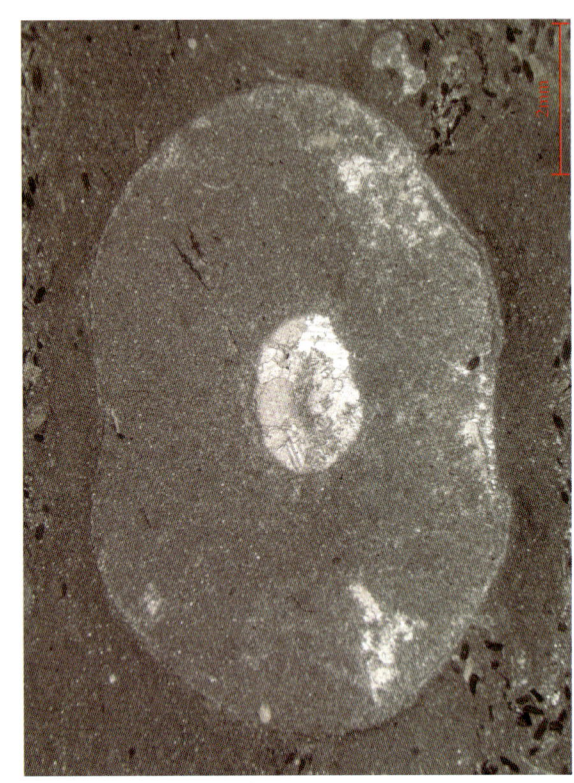

▲ 菊石类
疑为齿菊石，壳壁极薄，个体较大，泥晶灰岩。盐津黎山，T_1j。普通薄片，单偏光，显微照片

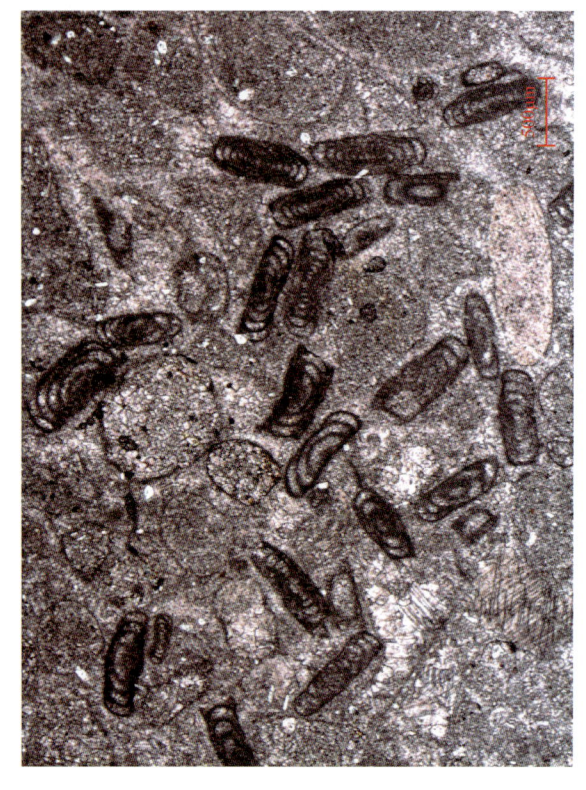

▲ 砂盘虫
亮晶砂屑砂盘虫灰岩。盐津黎山，T_1j。普通薄片，茜素红染色，单偏光，显微照片

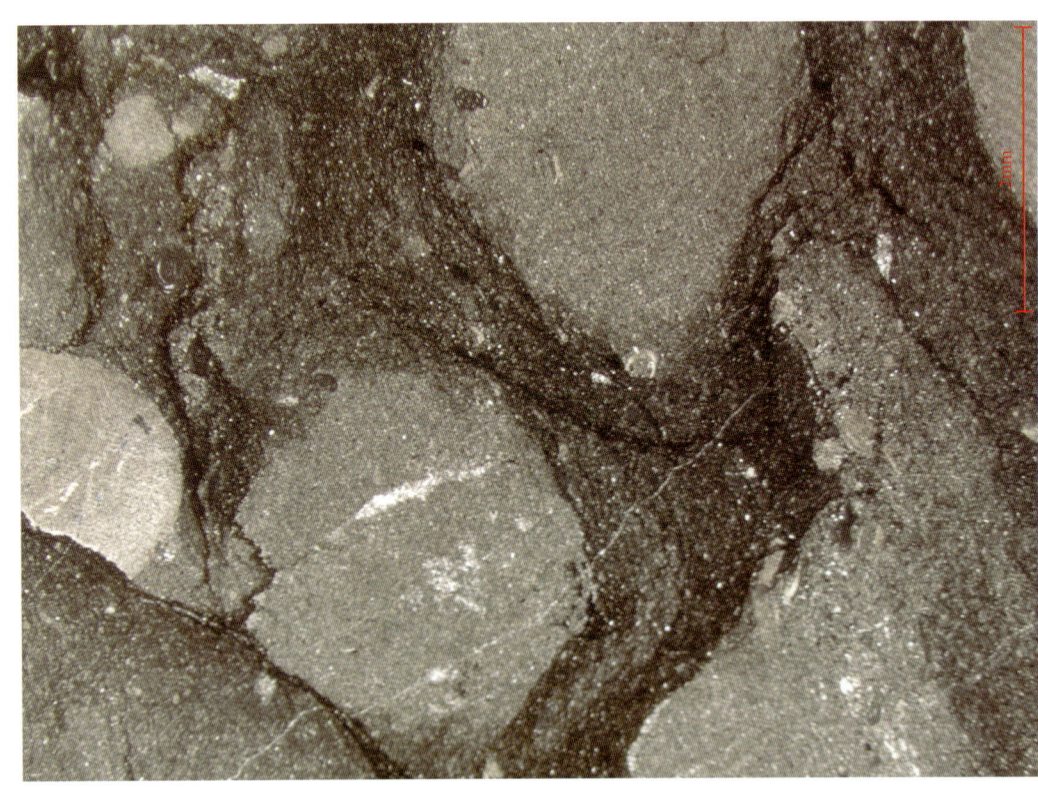

▲ 同生角砾
角砾间充填泥质，灰质角砾岩。盐津黎山，T_1j。普通薄片，单偏光，显微照片

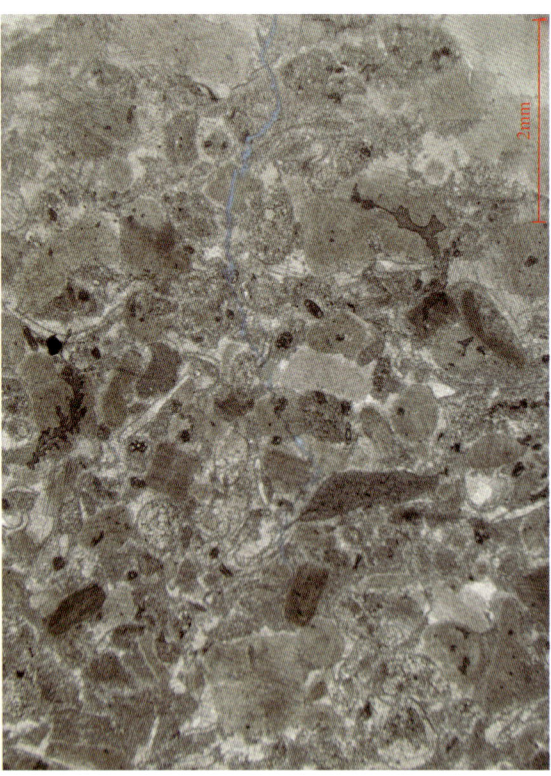

▲ 同生角砾
角砾与生屑混杂，不规则，砾间见有孔虫、棘皮类生屑，泥晶含角砾生屑灰岩。盐津黎山，T_1j。铸体薄片，单偏光，显微照片

▶ 砂盘虫

颗粒由棘屑、砂屑、砂盘虫构成。粒间溶孔发育，面孔率为7.0%，完晶砂盘虫砂屑白云岩。盐津黎山，T_1j。铸体薄片，单偏光，显微照片

▶ 钙芒硝与石盐假晶

钙芒硝假晶呈六边形，石盐假晶呈四边形，均被方解石交代。泥晶含泥质白云岩。盐津黎山，T_1j。普通薄片，单偏光，显微照片

▶ 石膏假晶

四边形和六边形硬石膏晶体被方解石交代，形成假晶。泥晶生物碎屑灰岩。盐津黎山，T_1j。普通薄片，单偏光，显微照片

▶ 石膏假晶

菱形、平行四边形硬石膏晶体被方解石交代形成假晶，泥晶灰岩。盐津黎山，T_1j。普通薄片，单偏光，显微照片

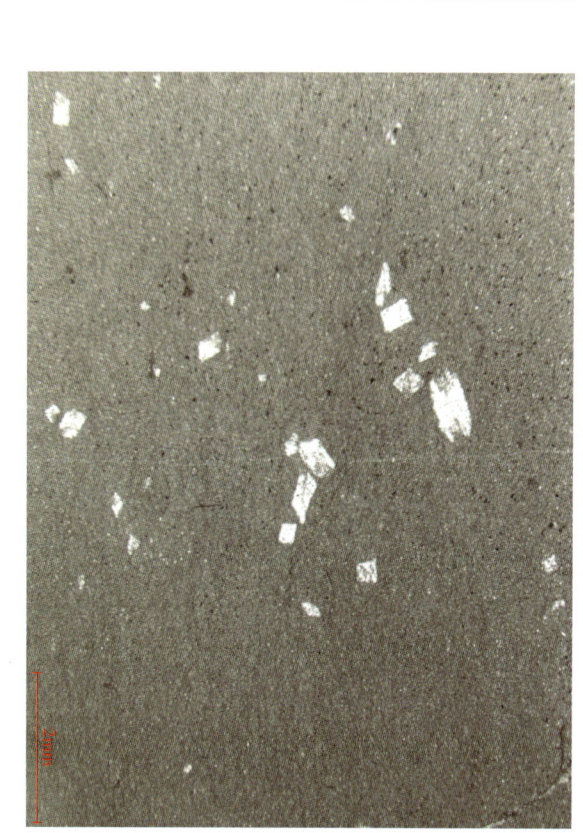

▶ 石膏假晶

柱状石膏晶体被方解石交代，含石膏假晶泥晶灰岩。盐津黎山，T_1j。普通薄片，单偏光，显微照片

▶ 颗粒结构

颗粒由砂盘虫、单晶及多晶偏粒构成，完晶颗粒灰岩。盐津黎山，T_1j。普通薄片，单偏光，显微照片

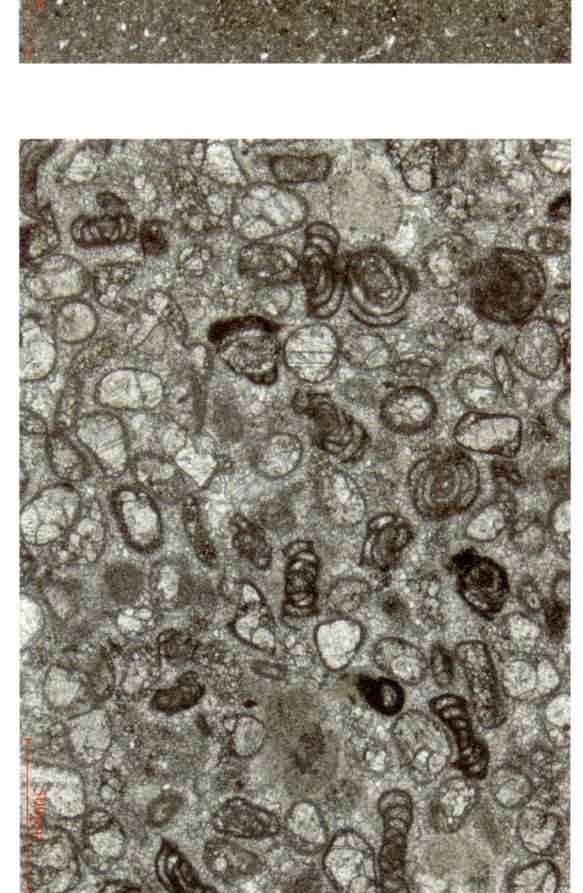

▲ 颗粒结构

颗粒由腹足类、瓣鳃类、棘皮类、砂盘虫和砂屑组成，亮晶方解石胶结。T₁j。盐津黎山，普通薄片，单偏光，显微照片

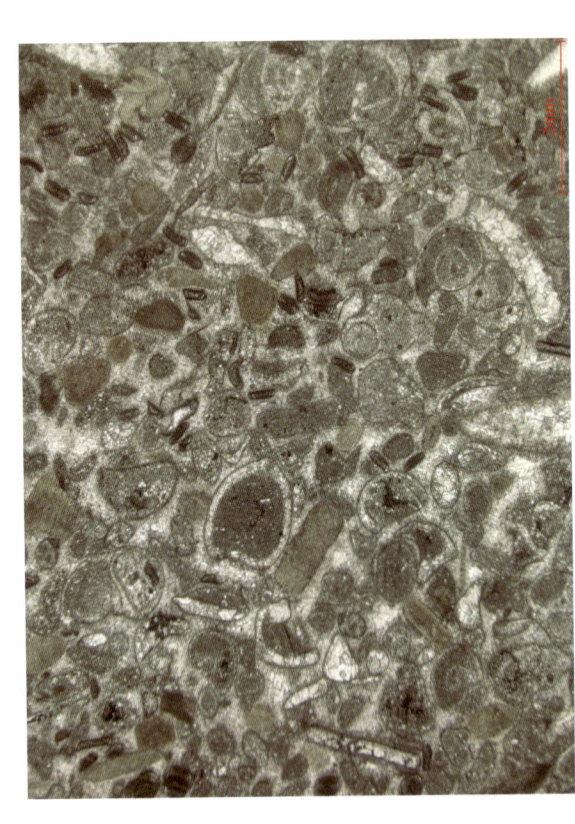

▲ 粒间、粒内溶孔

溶孔呈星点状，面孔率为5.0%，亮晶砂屑灰岩。T₁j。盐津黎山，铸体薄片，单偏光，显微照片

5.3.4 广安前锋光辉中三叠统雷口坡组剖面

剖面位于四川省广安市前锋区光辉乡高岭村村口公路一侧，构造位置为华蓥山背斜北倾没端西翼。剖面测量总长度1155.77m，雷口坡组厚度497.55m，构造位置为华蓥山背斜北倾没端西翼。剖面测量总长度1155.77m，雷口坡组厚度497.55m，分三段：雷一段厚159.44m，雷二段厚152.07m，雷三段厚185.24m。雷口坡组底界清晰，见灰白色绿豆岩，顶部与须家河组分界线接盖。

雷一段：下部为厚69.94m的褐灰色—深灰色泥晶灰岩、泥晶砂屑灰岩组成不同规模韵律层，砂屑灰岩呈褐灰色—灰色，局部见小型溶洞，弱充填一半充填，砂屑以中砂屑级为主，砂屑灰岩共见19层，累计厚度34.8m，针孔发育，最小单层厚17.15m，最大单层厚0.34m。上部为土黄色泥晶白云岩夹泥晶砂屑白云岩，组成不同规模韵律层。其中砂屑灰岩主要见于中下部，泥晶灰岩见于上部。

雷二段：角砾岩与泥晶—亮晶砂屑灰岩、泥晶灰岩和泥质灰岩不等厚互层。第1个韵律层下端为厚3.49m的灰色—黄褐色薄层—中层泥晶砂屑灰岩，上端为厚9.27m的溶塌角砾岩，角砾大小为3~40cm，棱角分明，不具分选和磨圆特征，角砾成分以砂屑灰岩为主，其次为泥晶灰岩、泥晶灰岩，粉屑，部分角砾内部具构造缝，方解石全充填，部分砂屑灰岩角砾内部可见溶蚀孔洞，方解石弱充填一半充填，部分角砾可见现代岩溶蚀痕迹，泥质充填。

第2个韵律层下端为厚4.92m的灰色中层—厚层泥晶—亮晶砂屑灰岩，层面偶见孤立溶蚀孔洞，上端为厚11.01m的溶塌角砾岩，不具成层性，角砾成分以亮晶砂屑灰岩为主，少量含砾砂屑灰岩、粉屑、泥晶灰岩，角砾大小不一，3mm~40cm，棱角分明，无定向性，不具分选和磨圆特征，角砾质，粉屑充填，部分砾间泥质，砂屑充填，角砾成分包括角砾岩等。

第3个韵律层下端为厚12.11m的灰色薄层—中层泥晶—亮晶砂屑灰岩，砂屑以细砂级为主，含量为65%~70%，上端为厚4.33m的溶塌角砾岩。

第4个韵律层下端为厚5.46m的泥晶灰岩、泥质灰岩、砂屑灰岩，上端为厚2.8m的灰色角砾岩。

第5个韵律层下端为厚2.94m的深灰色泥晶砂屑灰岩，上端为厚4.17m的溶塌角砾岩。

第6个韵律层下端为厚90.05m的深灰色—土黄色泥晶灰岩、土黄色泥晶灰岩，上端为厚1.52m的角砾岩，角砾大小不一，2mm~15cm，部分砾间砂屑溶蚀形成铸模孔，角砾大小不一、不规则，角砾质，泥质等，不具逆和磨圆特性，不具成层性，角砾间泥质，砂屑充填，角砾成分包括角砾灰岩、砂屑灰岩等。

雷三段：深灰色—土黄色泥晶灰岩，泥晶砂屑灰岩夹杂色膏溶角砾岩，泥晶砂屑灰岩与泥晶灰岩，泥晶灰岩与薄层晶砂屑灰岩多呈不等厚互层，上端杂色角砾岩厚4.62m，角岩与膏溶充填物呈不规则接触，围岩以泥晶灰岩为主，夹薄层泥晶砂屑灰岩，泥晶灰岩为主。下部膏溶角砾岩石端厚72.31m，以泥晶灰岩为主，夹薄层泥晶砂屑灰岩，与膏溶角砾岩组成韵律层。顶部见泥晶白云岩。泥晶灰岩与泥晶砂屑灰岩组成韵律层。泥晶砂屑灰岩多呈不规则，晶粒方解石多为粗晶，晶形完好，内部发育洞孔，晶洞大小为2~5mm，被方解石半充填—全充填，厚31.99m，发育未充填针孔，上端为厚3.97m的晶粒方解石、泥质等，角砾大小不一、不规则，晶粒方解石多为粗晶，晶形完好，内部发育洞孔，晶洞大小为2~5mm，被方解石半充填—全充填，厚31.99m，发育未充填针孔，上端为厚3.97m的杂色膏溶角砾岩，围岩与膏溶充填物呈不规则接触，围岩以灰色砂屑灰岩为主，充填物包括角砾、晶粒方解石、泥质，角砾大小不一，晶粒多为中晶—粗晶方解石，内部发育孔洞，后期为半充填；第3个韵律层下端为厚31.39m的深灰色—灰色薄层—中层泥晶灰岩，上端为厚5.28m的角砾岩，特征与前述韵律层相似。

上部为厚26.42m的深灰色泥晶灰岩与同色泥晶白云岩互层，顶部见厚9.26m的角砾岩，因靠近风化壳，推测为表生岩溶角砾岩。

高岭剖面雷口坡组储层岩石类型为砂屑泥晶灰岩、砂屑泥晶白云岩等，砂屑泥晶灰岩整条剖面均有发育，但其集中发育在雷一段底部、雷二段中上部及雷四段中下部，厚109.3m，岩地比21.9%；砂屑泥晶白云岩及泥晶白云岩发育在雷一段下部及雷二段上端为厚4.2m的角砾岩，厚32.3m，岩地比6.5%。

孔隙度0.75%～11.4%，平均为3.8%，其中孔隙度大于2.0%的样品率为80.55%，平均孔隙度为4.39%；渗透率为0.018～0.871mD，平均为0.12mD。

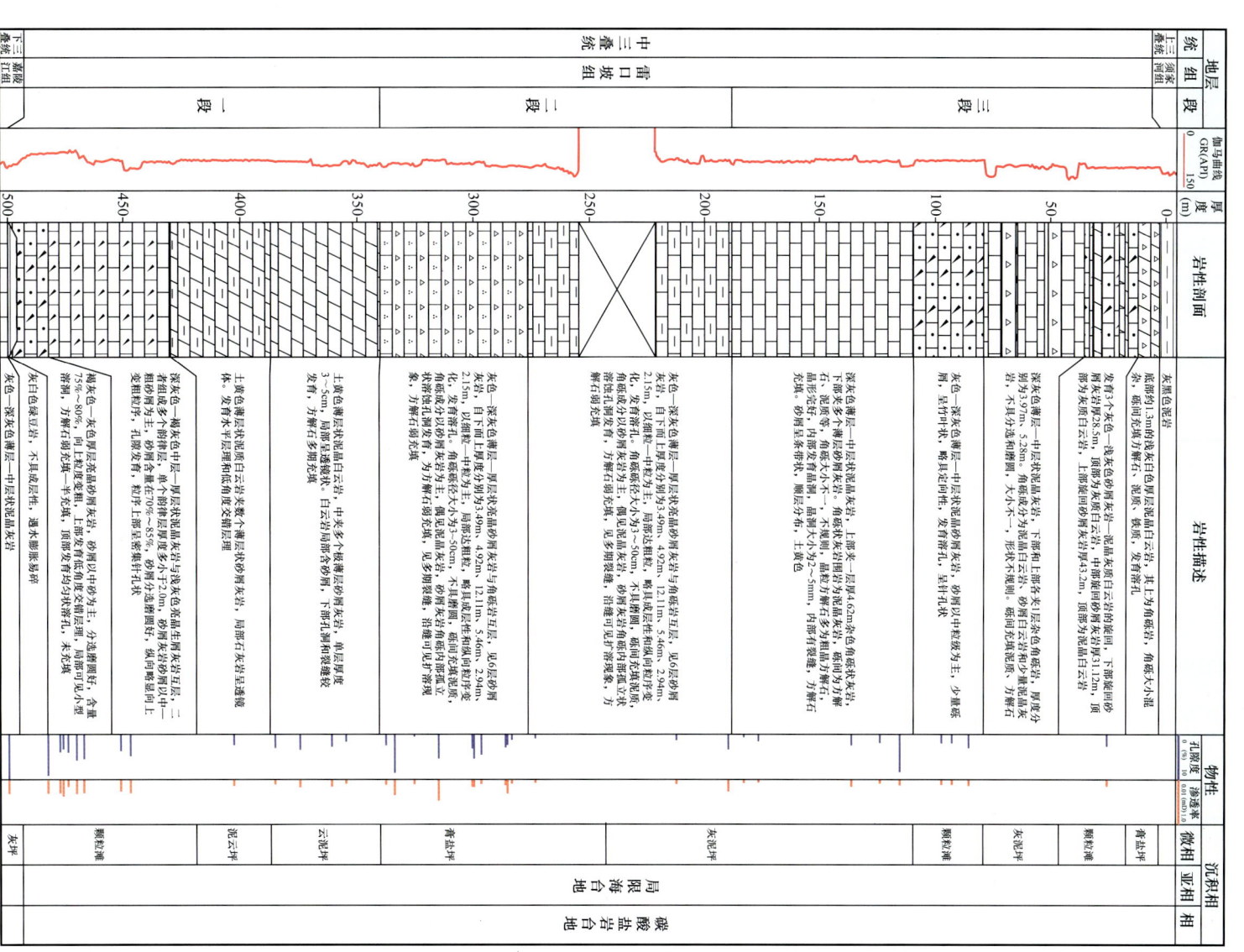

广安前锋光辉中三叠统雷口坡组实测剖面图

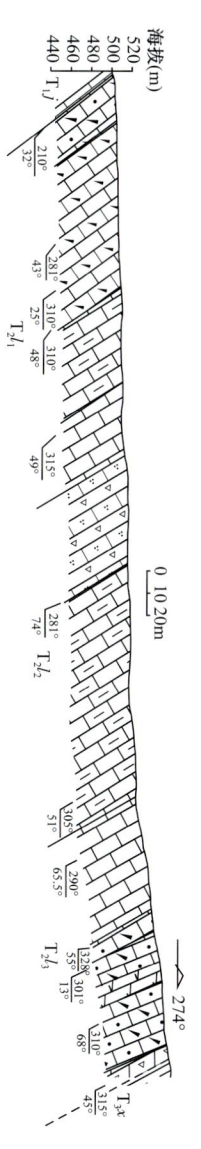

广安前锋光辉中三叠统雷口坡组综合柱状图

▲ 层状构造

雷一段中部土黄色薄层状泥晶白云岩夹同色薄层泥岩。前锋光辉，T_2l_1。露头照片

▲ 层状构造

雷一段中部土黄色薄层状泥晶白云岩夹泥晶粉屑白云岩。前锋光辉，T_2l_1。露头照片

▲ 层状构造

雷二段上部深灰色—灰色中层泥晶含砂屑灰岩。前锋光辉，T_2l_2。露头照片

► 层状构造

雷一段上部浅灰色—深灰色薄层砂屑灰岩夹薄—极薄层泥晶泥质灰岩。前锋光辉，T_2l_2。露头照片

► 溶塌角砾

雷二段顶部溶角砾岩，角砾成分包括砂屑灰岩、泥晶灰岩等，角砾间充填灰泥，见溶蚀孔洞，未充填。前锋光辉，T_2l_2。露头照片

► 岩溶漏斗

雷三段上部溶蚀漏斗（暗色），其内为角砾岩，富含蓝灰色泥岩，与围岩界线清晰。前锋光辉，T_2l_3。露头照片

▲ 层状构造 界面之上为泥晶生屑灰岩，之下为泥晶灰岩，界面较平整。前锋光辉，T_2l_2。普通薄片，单偏光，显微照片

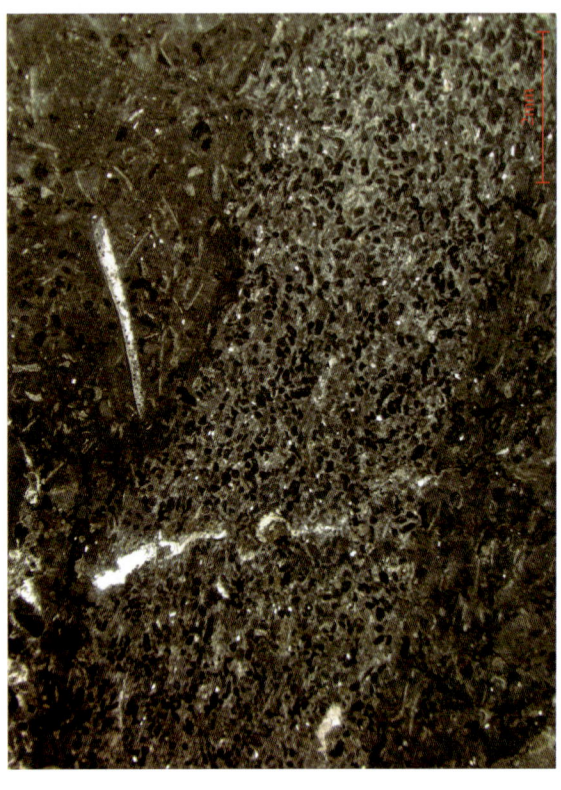

▲ 条带状构造 泥晶生屑灰岩中夹砂屑灰岩条带，因压实作用，层面产生微波弯曲，泥晶砂屑灰岩。T_2l_2。前锋光辉，普通薄片，单偏光，显微照片

▲ 层状构造 由不同砂屑含量组成3个砂屑层，层间为冲刷界面。泥晶砂屑灰岩。前锋光辉，T_2l_2。普通薄片，单偏光，显微照片

▲ 冲刷构造 冲刷界面之上堆积变形砂屑层，砂屑长轴方向与界面起伏大体相同，呈条带状，基岩为泥晶灰岩。前锋光辉，T_2l_2。普通薄片，单偏光，显微照片

▲ 竹叶状构造 内碎屑的粗组分，定向性强，泥晶砾砂屑灰岩。前锋光辉，T_2l_1。普通薄片，单偏光，显微照片

▶ 条带状构造

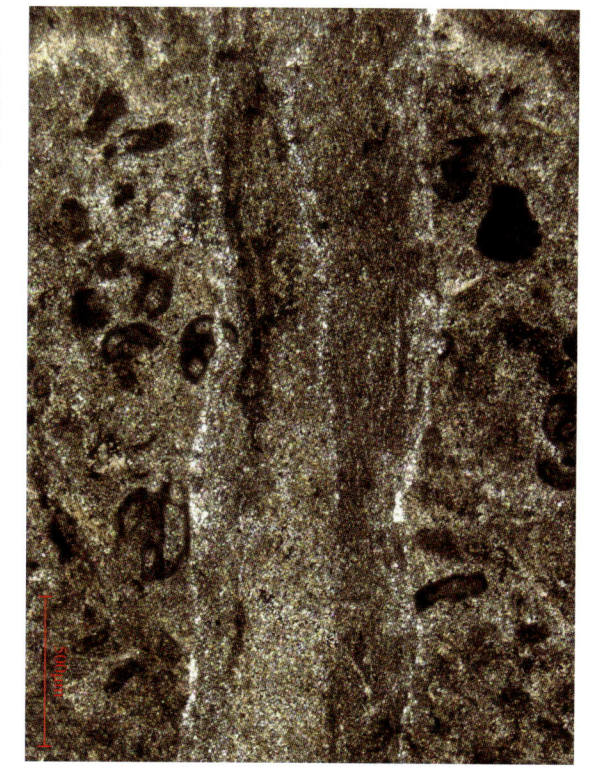

粉晶结构条纹夹于有孔虫粉晶白云岩中，层面平整，有孔虫粉晶白云岩。前锋光辉，T_2l_2。普通薄片，单偏光，显微照片

▶ 生物扰动构造

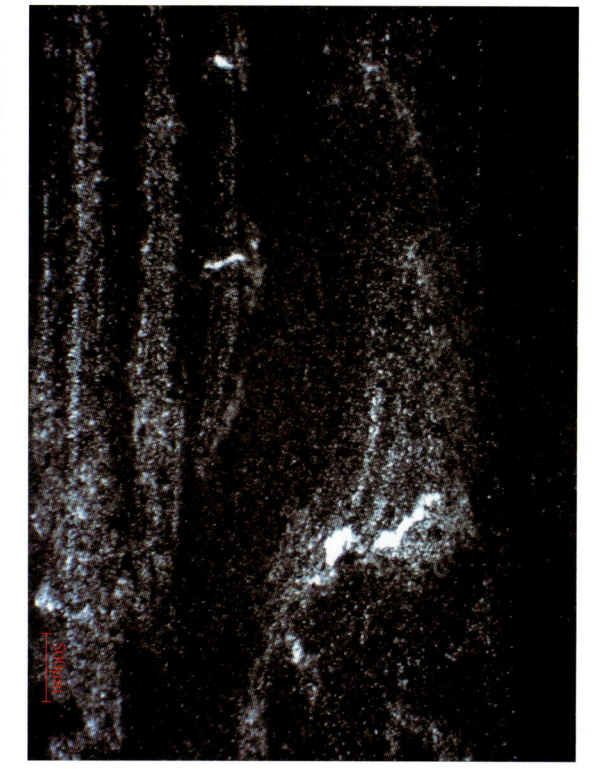

生物扰动将粉砂质构成的平行纹层破坏，纹层状含粉砂泥晶白云岩。前锋光辉，T_2l_1。普通薄片，单偏光，显微照片

▶ 石膏晶模孔

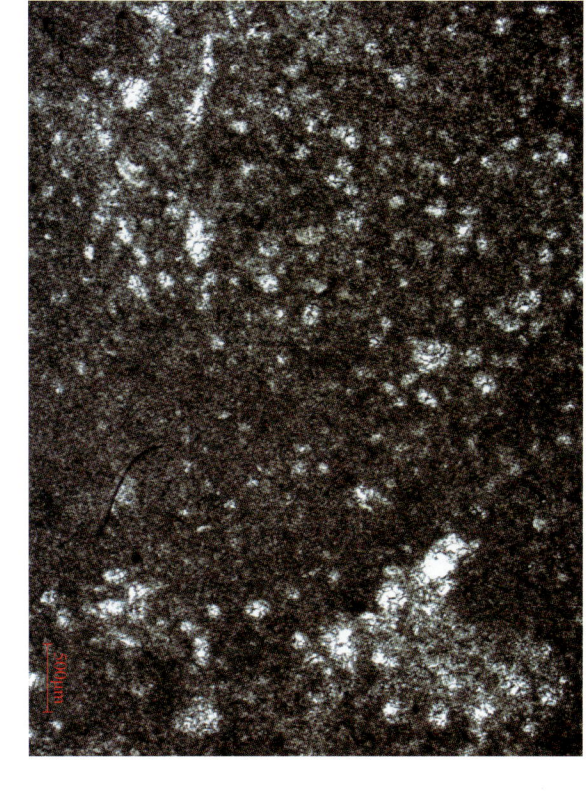

石膏晶模孔被方解石充填，石膏假晶泥晶白云岩。前锋光辉，T_2l_1。普通薄片，单偏光，显微照片

▶ 生物扰动构造

浅色斑状，泥晶灰岩。前锋光辉，T_2l_1。普通薄片，单偏光，显微照片

▶ 矿物假晶

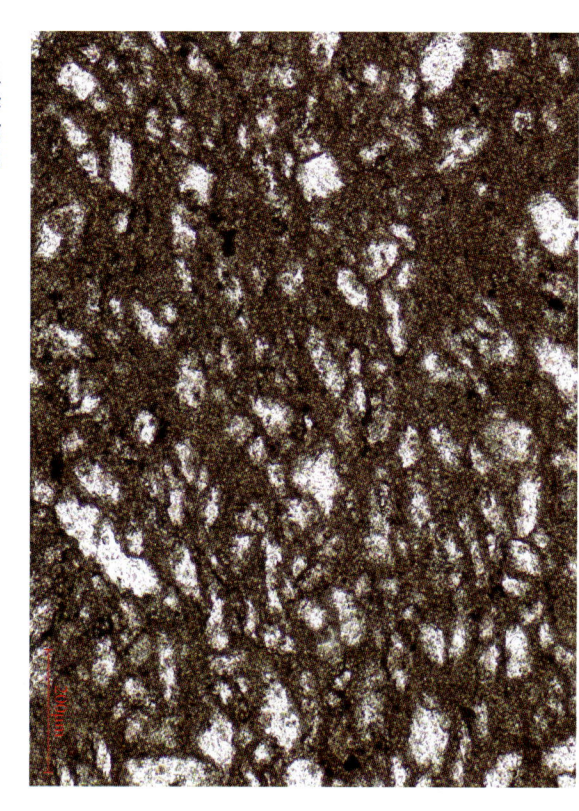

石膏和石盐晶核被方解石充填，石盐（膏）假晶泥晶白云岩。前锋光辉，T_2l_2。普通薄片，单偏光，显微照片

▶ 缝合线构造

缝合线内为黑色残留不溶物，缝合柱起伏差较大，压溶作用较强，泥晶灰岩。前锋光辉，T_2l_1。普通薄片，单偏光，显微照片

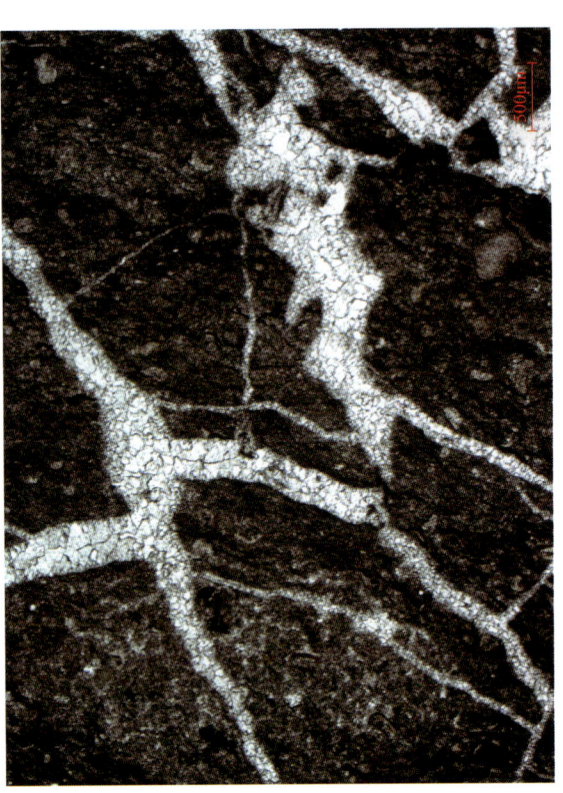

▲ 网状缝
方解石充填，泥晶灰岩，前锋光辉，T_2l_2。普通薄片，茜素红染色，单偏光，显微照片

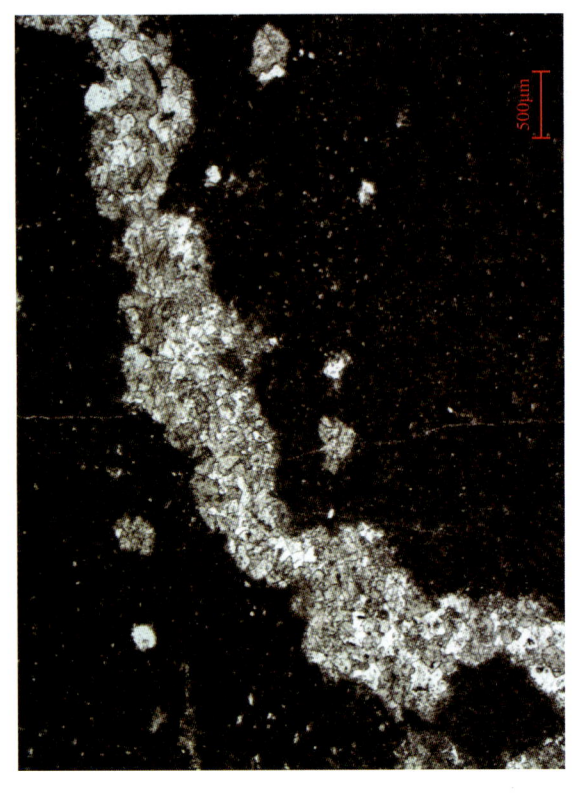

▲ 脱水收缩缝
呈纺锤状，方解石交代泥晶白云石，形成白云石假晶，次生细晶—粉晶灰岩，前锋光辉，T_2l_1。普通薄片，茜素红染色，单偏光，显微照片

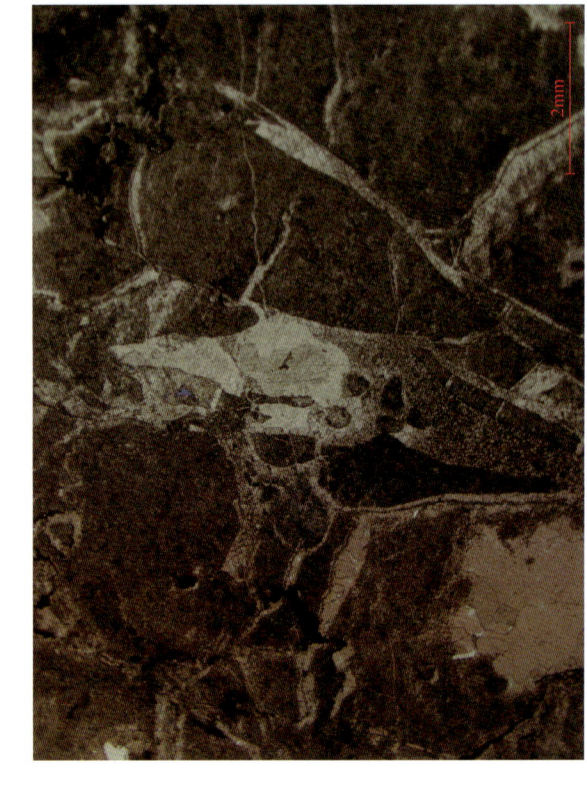

▲ 去云化作用
方解石交代麦粒状白云石，形成白云石假晶，次生细晶—粉晶灰岩，前锋光辉，T_2l_1。普通薄片，茜素红染色，单偏光，显微照片

▲ 脱水收缩缝
因水体盐度变化使沉积岩脱水形成叉状或不规则收缩缝，方解石充填，颗粒泥晶灰岩，前锋光辉，T_2l_1。普通薄片，单偏光，显微照片

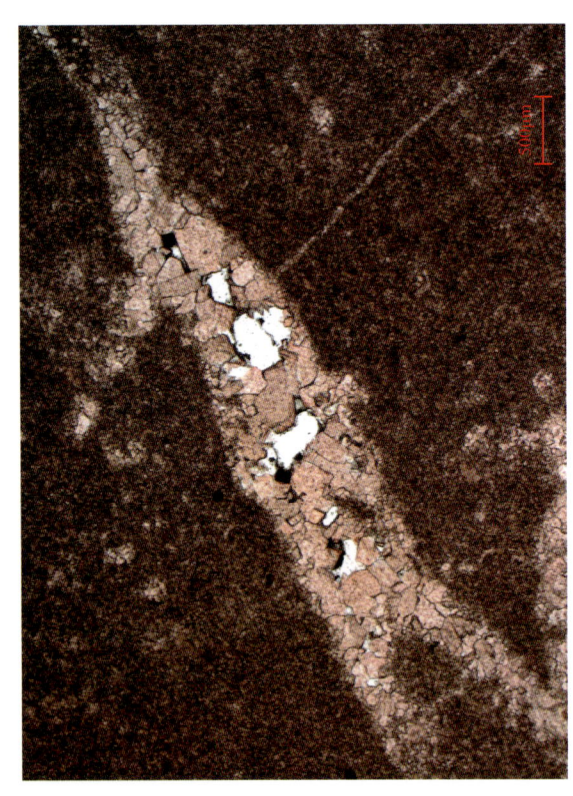

▲ 香肠状溶缝
溶缝形如香肠，其内先被硅质充填，后发生白云石交代硅质，形成复合矿物充填，泥晶灰岩，前锋光辉，T_2l_1。普通薄片，单偏光，显微照片

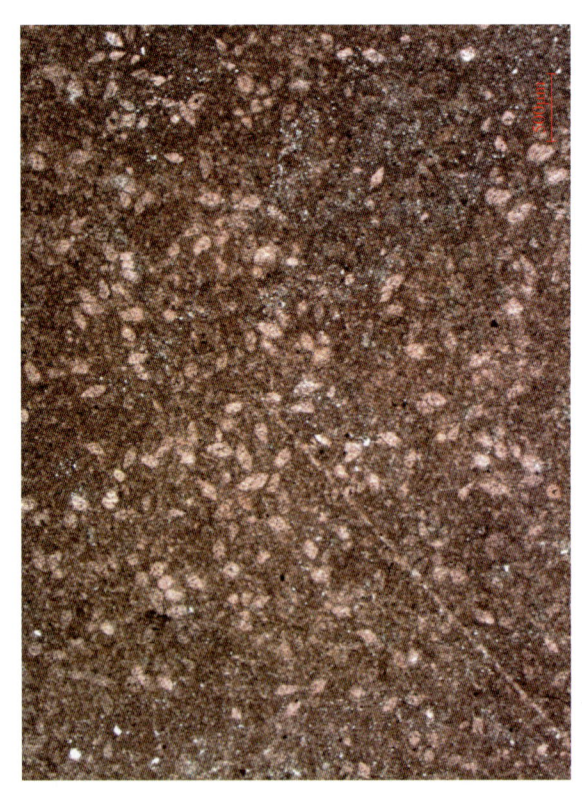

▲ 砾屑结构
砾屑为泥晶结构，泥晶砾屑灰岩，前锋光辉，T_2l_1。普通薄片，单偏光，显微照片

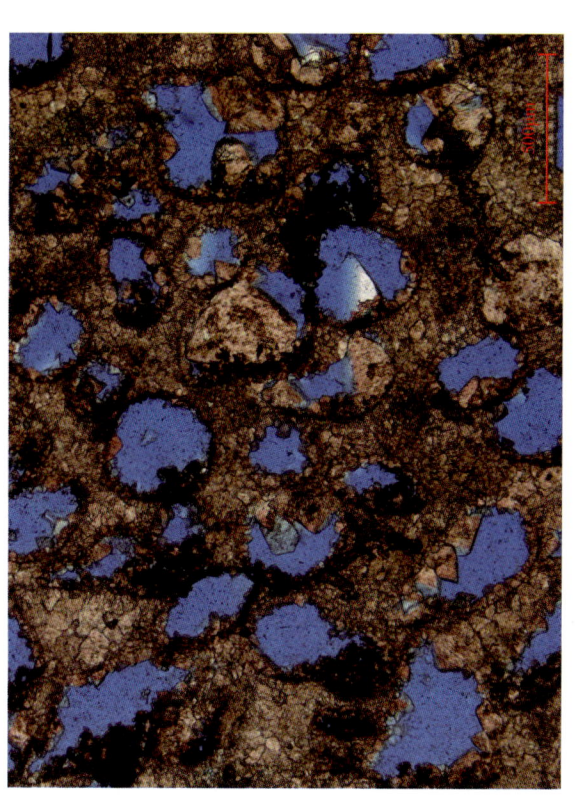

▲ 变形砂屑结构

因压溶作用产生塑性变形，呈锁链状，亮晶变形砂屑灰岩。前锋光辉，T_2l_1。普通薄片，单偏光，显微照片

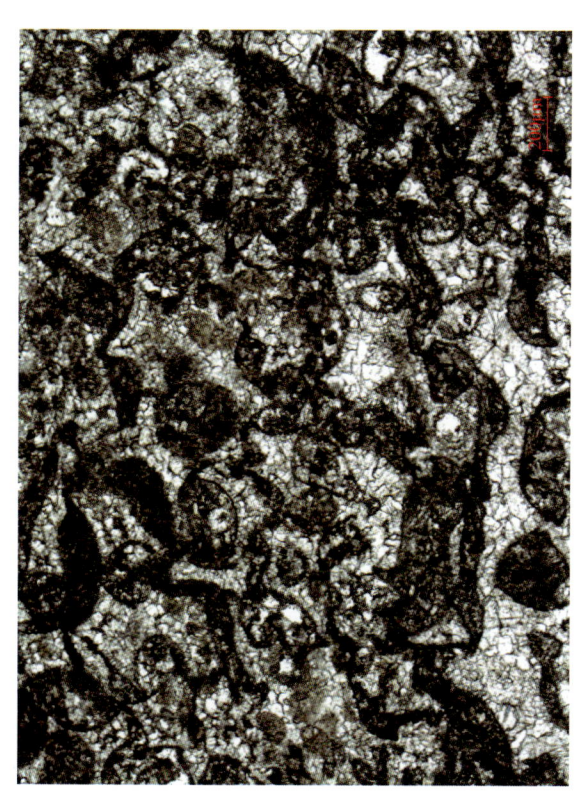

▲ 鲕粒模孔

鲕粒被溶蚀形成鲕模孔，弱充填，面孔率约为15%，亮晶铸模鲕粒灰岩。前锋光辉，T_2l_1。铸体薄片，单偏光，茜素红染色，显微照片

▲ 鲕模孔

鲕模孔孔径大小、外形随鲕粒形态变化，均匀分布，面孔率为18%，亮晶铸模鲕粒灰岩。前锋光辉，T_2l_1。铸体薄片，茜素红局部染色，单偏光，显微照片

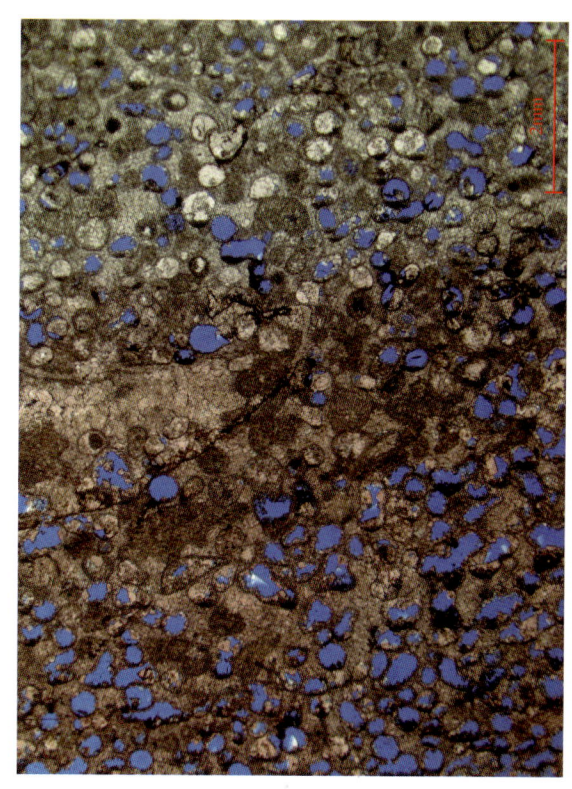

▲ 砂模孔

砂屑内被溶蚀，形成砂屑铸模孔，面孔率约为5.0%，泥晶砂屑灰岩。前锋光辉，T_2l_2。铸体薄片，单偏光，显微照片

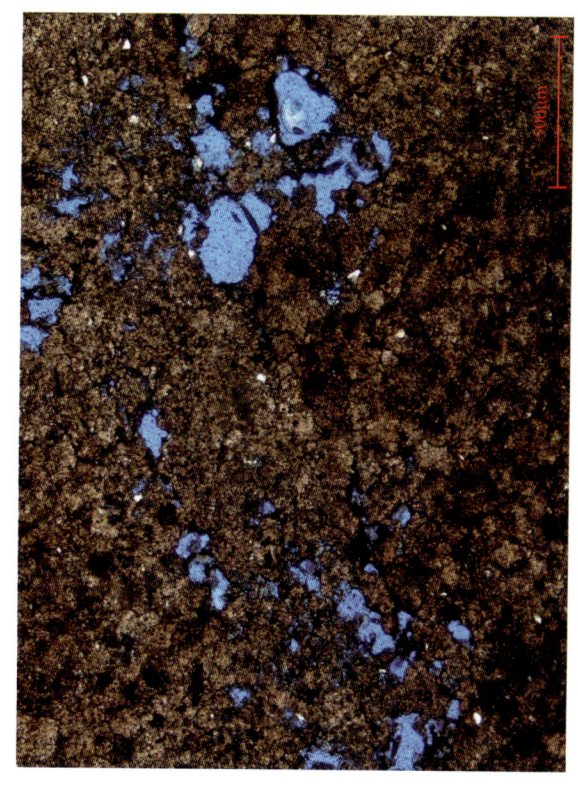

▲ 粒间溶孔

大部分颗粒界线模糊不清，残余砂屑，形成残余砂屑，面孔率约为15%，残余砂屑白云岩。前锋光辉，T_2l_2。铸体薄片，单偏光，显微照片

▲ 粒间、粒内溶孔

砂屑内被溶蚀，形成砂屑铸模孔，部分铸模孔与粒间溶孔连通，面孔率约为7.0%，残余砂屑白云岩。前锋光辉，T_2l_3。铸体薄片，茜素红染色，单偏光，显微照片

▲ 晶间溶扩孔

晶间孔再溶蚀扩大，面孔率约为5.0%，细晶白云岩，前锋光辉，T_2l^2。铸体薄片，单偏光。

▲ 壳模孔

多量瓣鳃类壳壁碳溶蚀，形成长条状、壳模孔，上方多见瓣碳沥青，月牙状、弯锥状的壳模孔，面孔率约为3.0%。瓣鳃泥晶灰岩，前锋光辉，T_2l^2。铸体薄片，单偏光，显微照片

▲ 溶缝

角砾间填隙物被溶蚀，形成丝网状溶缝，面孔率约为1.0%，连通性好，角砾岩，前锋光辉，T_2l^2。铸体薄片，单偏光，显微照片

▲ 缝中缝

粗大的溶缝中先由下方解石半充填，再充填碳沥青，残余溶缝，面孔率约为2.0%。瓣鳃泥晶灰岩，前锋光辉，T_2l^2。铸体薄片，单偏光，显微照片

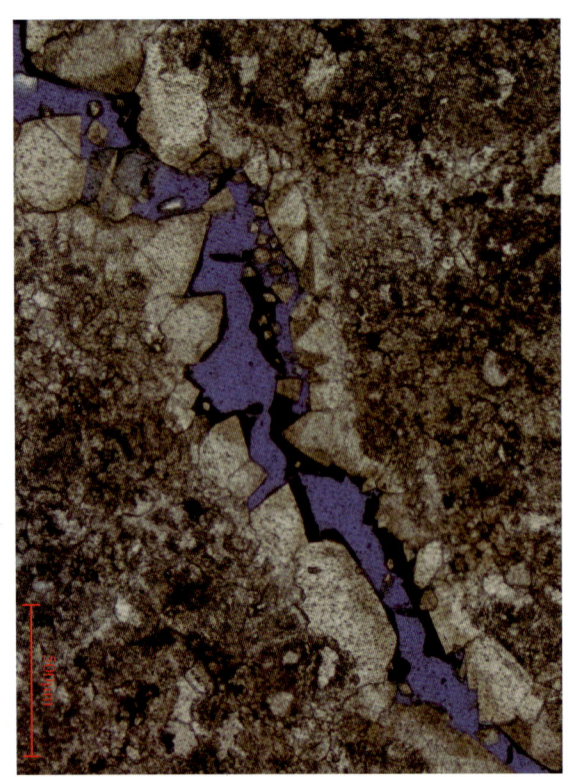

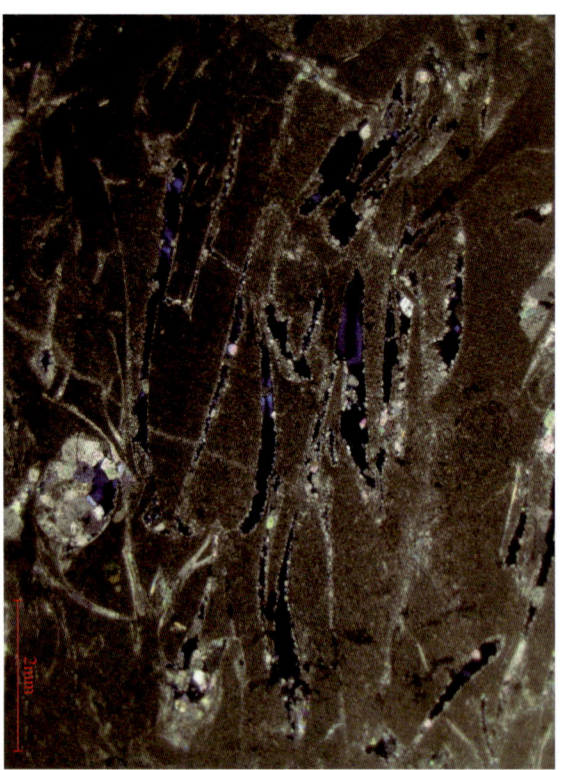

5.3.5 屏山铜厂中三叠统雷口坡组剖面

剖面位于四川省宜宾市屏山县铜厂村附近，构造位置位于五指山背斜东翼，剖面下部有覆盖。

剖面测量总长度572.24m，雷口坡组厚度295.94m，其中雷一段厚135.82m，雷二段厚91.32m，雷三段厚68.8m。

雷口坡组以底部以灰白色水云母黏土岩与下伏嘉陵江组灰白色中层状泥晶灰岩整合接触，顶部浅灰色泥晶白云岩与上三叠统垮洪洞组深灰色泥晶灰岩平行不整合接触。

雷一段：下部深灰色泥质灰岩，泥质白云岩，细砂岩夹薄层泥岩，厚度17.63m。中部暗灰色泥质灰岩，泥晶云质灰岩为灰色—深灰色薄层—中层状泥晶灰岩夹薄层，厚102.17m。上部厚度16.01m，为灰色—深灰色薄层泥晶灰岩与砂屑泥晶灰岩整合接触，植被覆盖严重，坡积物发育，自下而上云质渐增，其中石灰岩计2层，累计厚度2.45m；云质灰岩2层，累计厚度5.83m；白云岩1层，累计厚度7.73m。

雷二段：深灰色泥质灰岩，泥晶灰岩夹褐灰色砂屑灰岩和砂屑灰岩夹泥晶灰岩，局部呈波状。砂屑灰岩计3层，累计厚度16.88m，单层分别厚2.97m，4.37m，9.54m。发育溶蚀孔洞，砂屑以中砂粒级为主，略显平行层理和粒序变化。

雷三段：深灰色—褐灰色砂屑白云岩夹泥晶砂屑白云岩，泥粉晶白云岩夹泥晶砂屑灰岩计5层，累计厚度

45.01m，最大单层厚 20.01m，最小单层厚 1.94m，砂屑以中砂粒级为主，砂屑具条带状，纵向上略显粒序变化，孔洞相对较发育；砂屑灰岩仅 2 层，累计厚度 1.38m；泥晶白云岩 5 层，累计厚度 19.59m，最大单层厚 9.44m，最小单层厚 0.91m。

孔隙度为 0.08%~12.74%，平均为 4.01%，其中孔隙度大于 2.0% 的样品率为 65.71%，平均孔隙度为 5.48%；渗透率为 0.012~2.59mD，平均为 0.23mD。其中泥晶灰岩孔隙度为 0.08%~12.74%，平均为 3.94%，渗透率为 0.017~0.19mD；砂屑灰岩孔隙度为 1.46%~6.48%，平均为 3.19%，渗透率为 0.039~0.75mD，平均为 0.276mD；泥晶白云岩孔隙度为 0.78%~4.32%，平均为 1.87%，渗透率为 0.021~2.56mD，平均为 0.575mD；砂屑白云岩孔隙度为 0.82%~9.65%，平均为 4.74%，渗透率为 0.012~2.59mD，平均为 0.193mD。

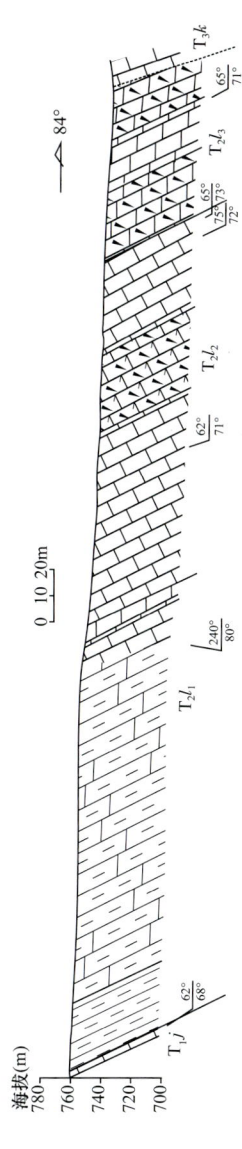

屏山铜厂中三叠统雷口坡组实测剖面图

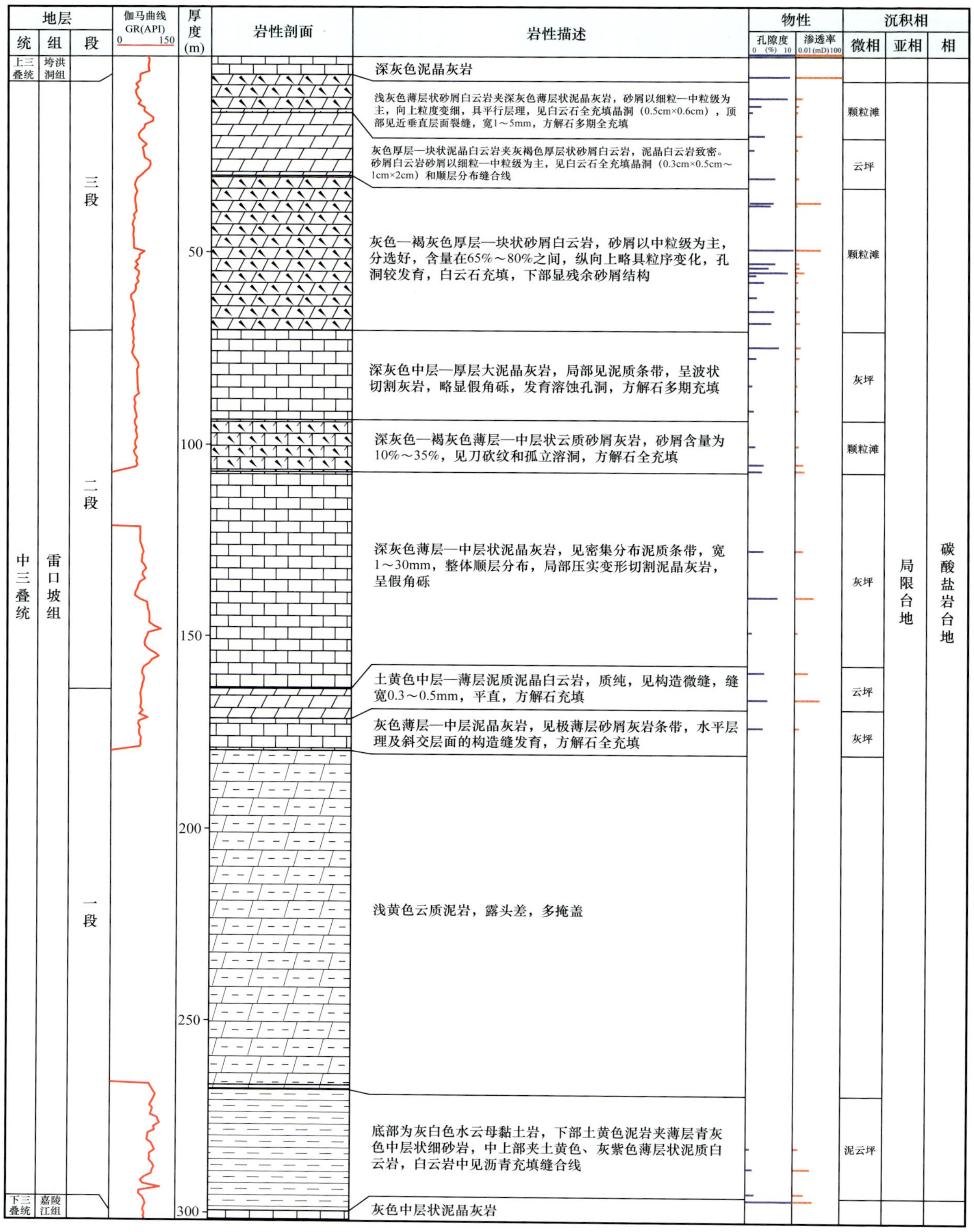

屏山铜厂中三叠统雷口坡组综合柱状图

▶ 石膏假晶

方解石交代了针柱状、半放射状的硬石膏单晶或晶簇，形成假晶，含硬石膏假晶白云岩。屏山铜厂，T_2l^2。普通薄片，单偏光，显微照片

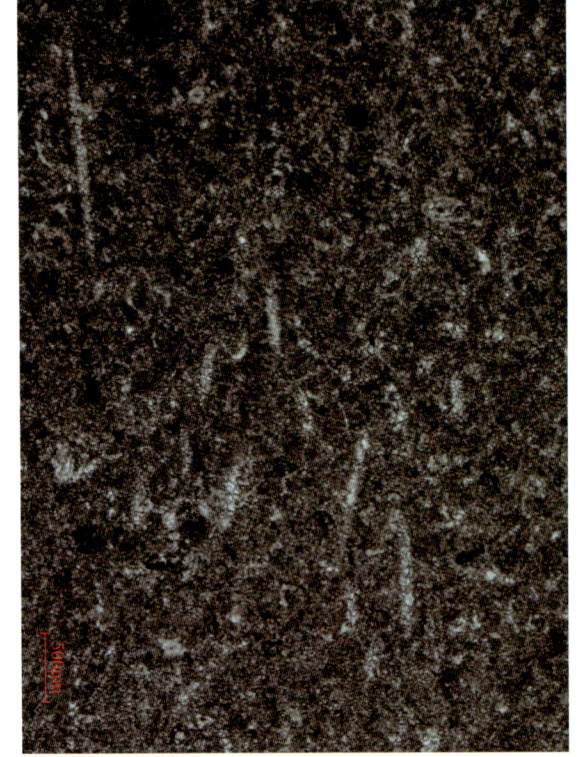

▶ 石膏假晶

方解石交代针柱状石膏单晶，泥晶白云岩。屏山铜厂，T_2l^2。普通薄片，茜素红染色，单偏光，显微照片

▶ 硅质骨针

含硅质骨针泥晶灰岩。屏山铜厂，T_2l^2。普通薄片，单偏光，显微照片

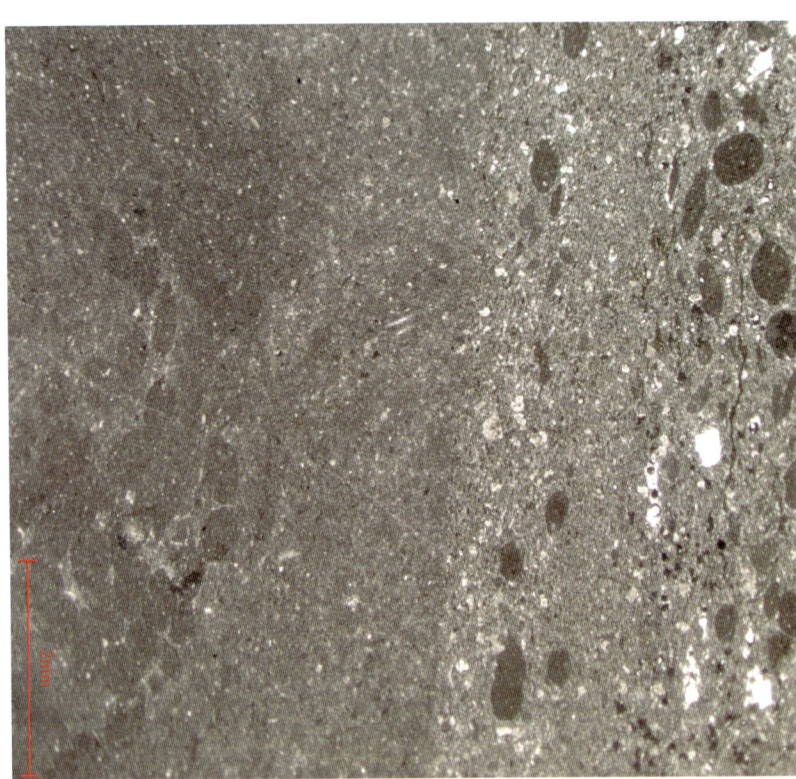

▶ 粒序结构

砂屑粒度向上渐细，砂屑白云岩。屏山铜厂，T_2l^2。普通薄片，单偏光，显微照片

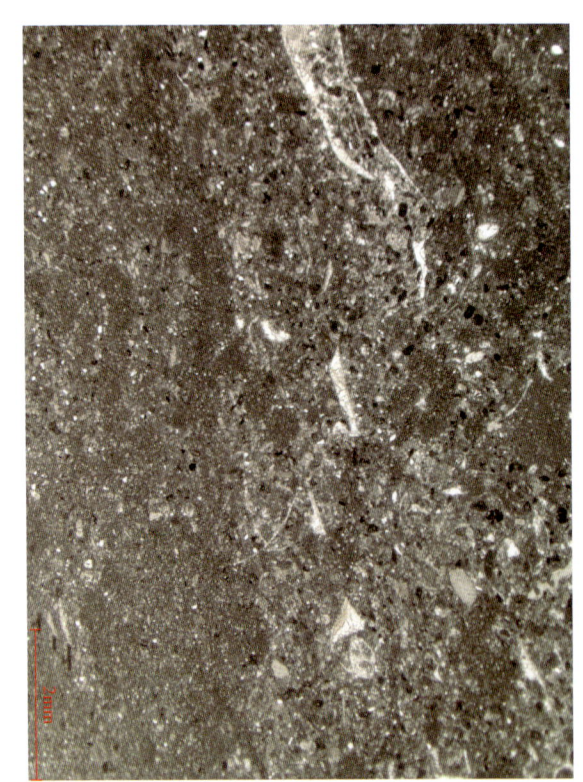

▶ 粒序结构

下部含砂屑泥晶结构，向上渐变为砂屑结构，泥晶砂屑灰岩。屏山铜厂，T_2l^2。普通薄片，单偏光，显微照片

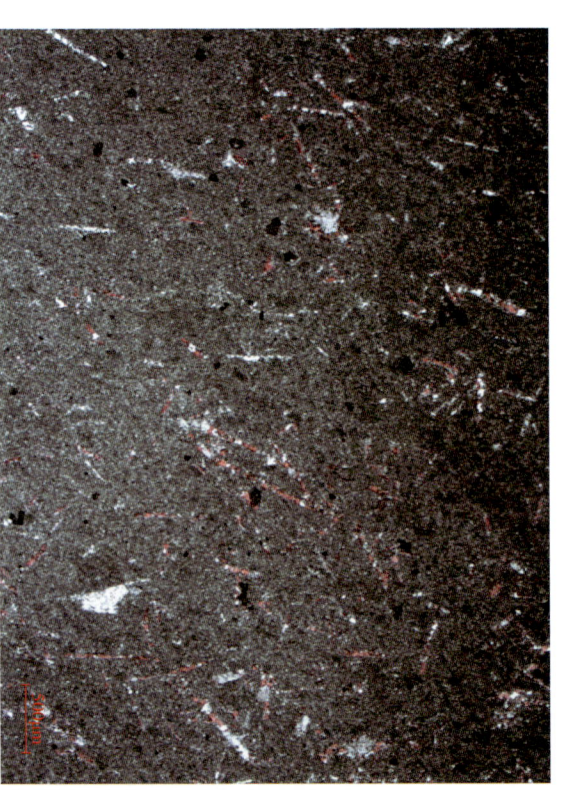

▶ 微小韵律层

砂屑泥晶灰岩,渐变为泥晶灰岩,组成多个微型韵律构造,韵律层底部见侵蚀冲刷面。屏山铜厂,$T_2 l_3$。普通薄片,单偏光,显微照片

▶ 条带状构造

尽管泥晶灰岩和砂屑灰岩界面较规则,反映沉积物粒度变化和水动力强弱交替,但横向厚度有变化。屏山铜厂,$T_2 l_1$。普通薄片,单偏光,显微照片

▶ 砂屑透镜体

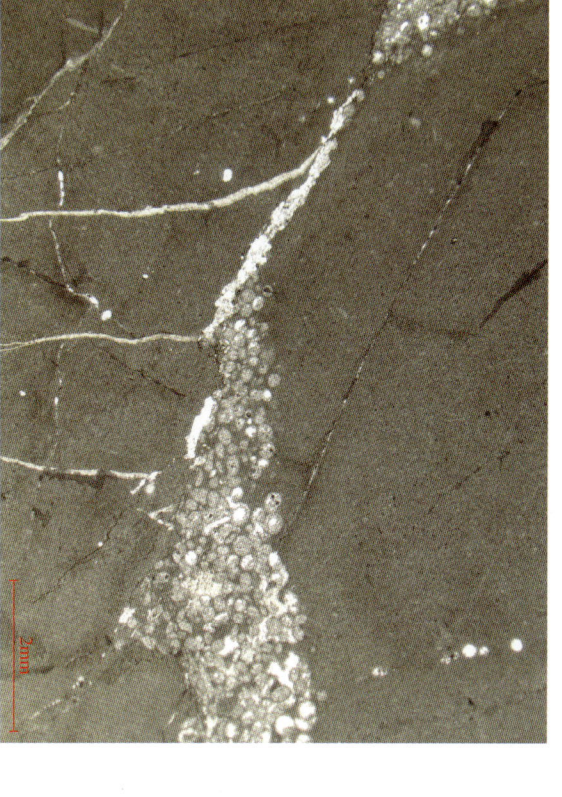

砂屑透镜体夹于泥晶结构中,发育多组多条构造裂缝,泥晶白云岩。屏山铜厂,$T_2 l_3$。普通薄片,单偏光,显微照片

▶ 生物钻孔

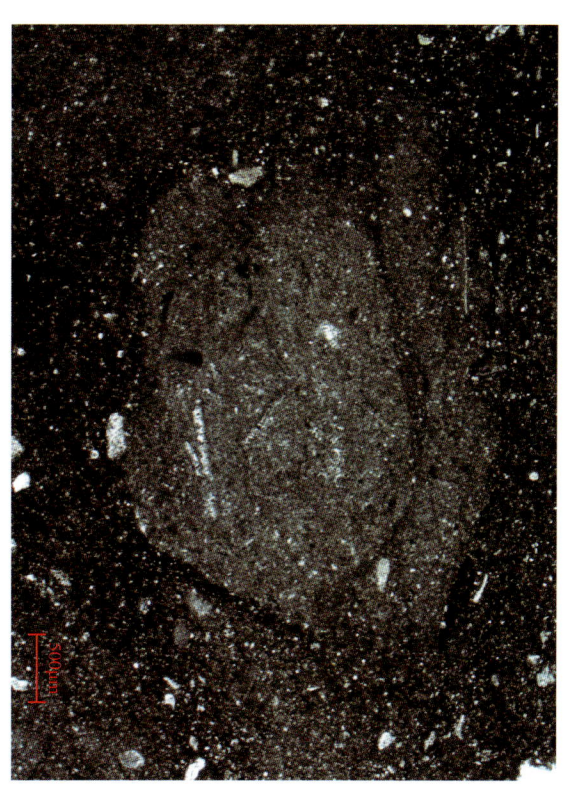

呈浅色斑状,粉砂质泥岩。屏山铜厂,$T_2 l_3$。普通薄片,单偏光,显微照片

▶ 生物遗迹

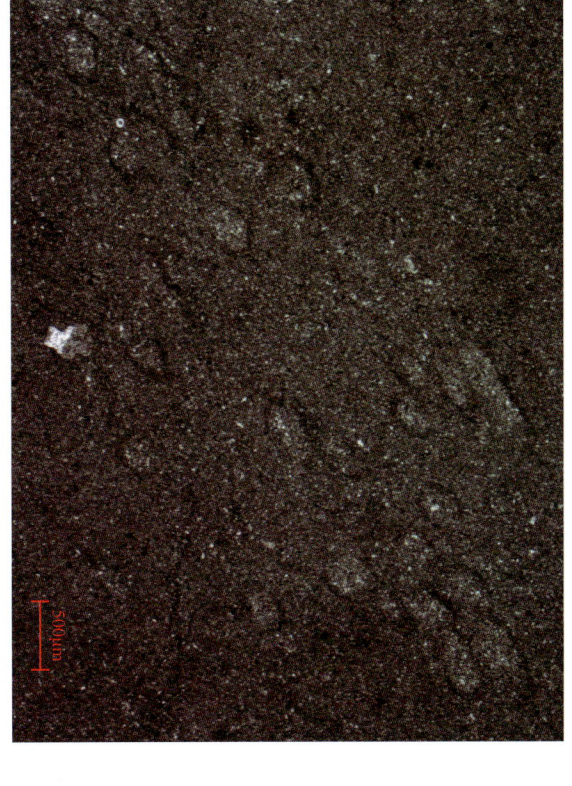

呈椭圆状,长条状,具暗色环边,泥岩。屏山铜厂,$T_2 l_3$。普通薄片,单偏光,显微照片

▶ 细砂屑结构

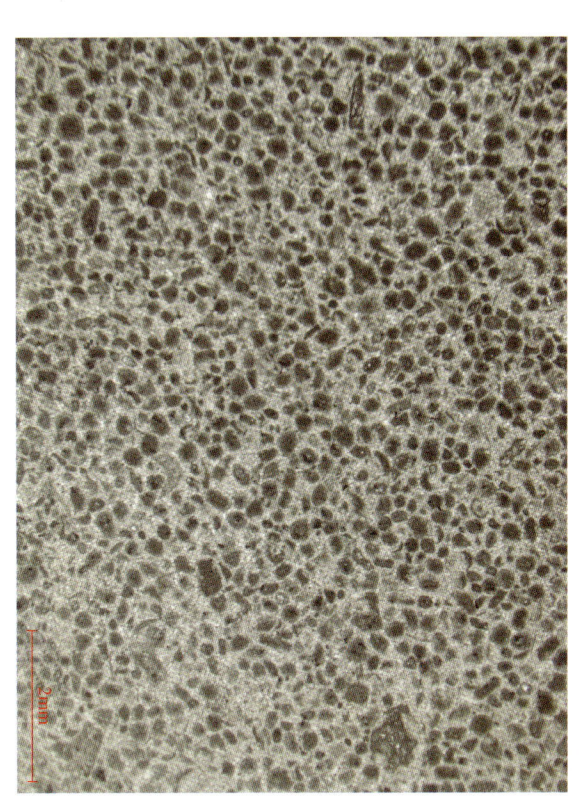

砂屑磨圆度好,分选性好,粒径均匀,亮晶细砂屑白云岩。屏山铜厂,$T_2 l_3$。普通薄片,单偏光,显微照片

▲ 高成低沉

高能环境中形成的砂屑，被搬运到低能环境中，砂屑密集而不均匀，砂屑粉晶白云岩。屏山铜厂，T_2l_2。普通薄片，单偏光，显微照片

▲ 缝合线溶蚀

沿缝合线溶蚀，但未扩溶，面缝率约为0.5%，含砂屑泥晶灰岩。屏山铜厂，T_2l_3。铸体薄片，单偏光，显微照片

▲ 压溶角砾

压溶作用不强，形成边界不清的假角砾，周边被发育不完善的缝合线结构，泥晶生屑含泥灰岩。屏山铜厂，T_2l_2。普通薄片，单偏光，显微照片

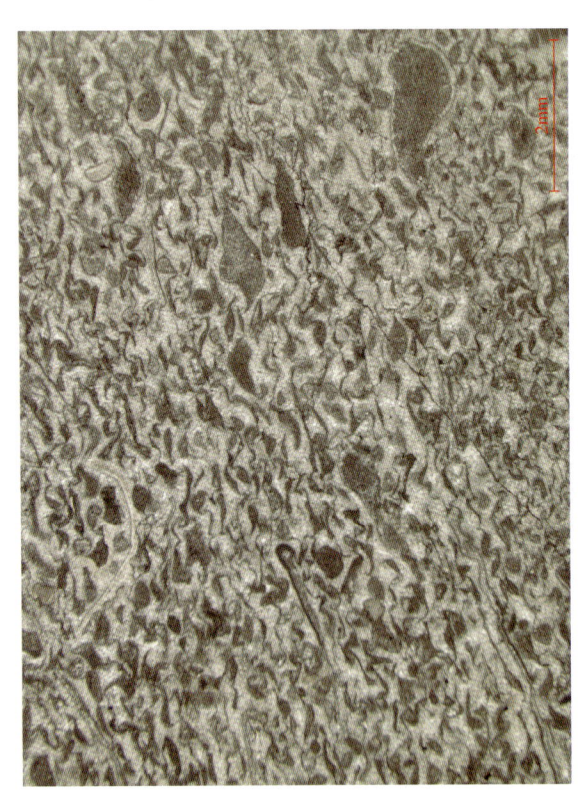
▲ 变形砂屑结构

砂屑呈柱长条状、蝌蚪状、新月状，具定向排列。亮晶砂屑灰岩。屏山铜厂，T_2l_2。普通薄片，单偏光，显微照片

▲ 缝合线构造

缝合柱起伏较大，呈"V"字形，压溶作用将粗结构压嵌入细结构中，砂屑泥晶形成砾间孔。屏山铜厂，T_2l_2。普通薄片，单偏光，显微照片

▲ 构造角砾

构造动力将岩石切割破碎成假角砾，大者裂而无位移，并因遮挡形成砾间孔，砾间多被方解石充填，见残余孔。铸体薄片，单偏光，显微照片，孔率约为2.0%，泥晶灰岩。屏山铜厂，T_2l_1。

242

► 交代作用

石英交代马鞍状白云石和粉晶白云石，石英呈六方柱晶体，粉晶含硅质白云岩。屏山铜厂，T₂l。普通薄片，单偏光，显微照片

► 粒间及粒内溶孔

溶孔疏密不均，面孔率约为4.0%，残余砂屑白云岩。屏山铜厂，T₂l。铸体薄片，单偏光，显微照片

► 粒间溶孔

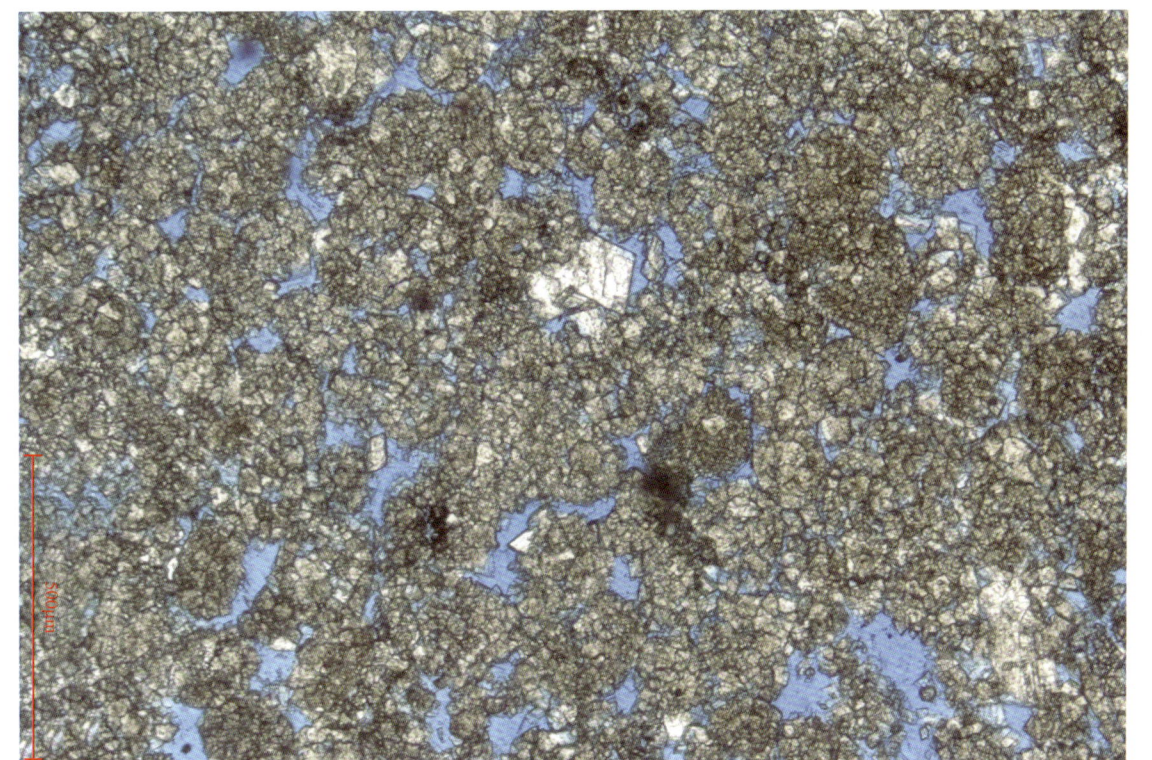

沿砂屑间溶蚀，面孔率约为7.0%，残余砂屑白云岩。屏山铜厂，T₂l。铸体薄片，单偏光，显微照片

► 粒间溶孔

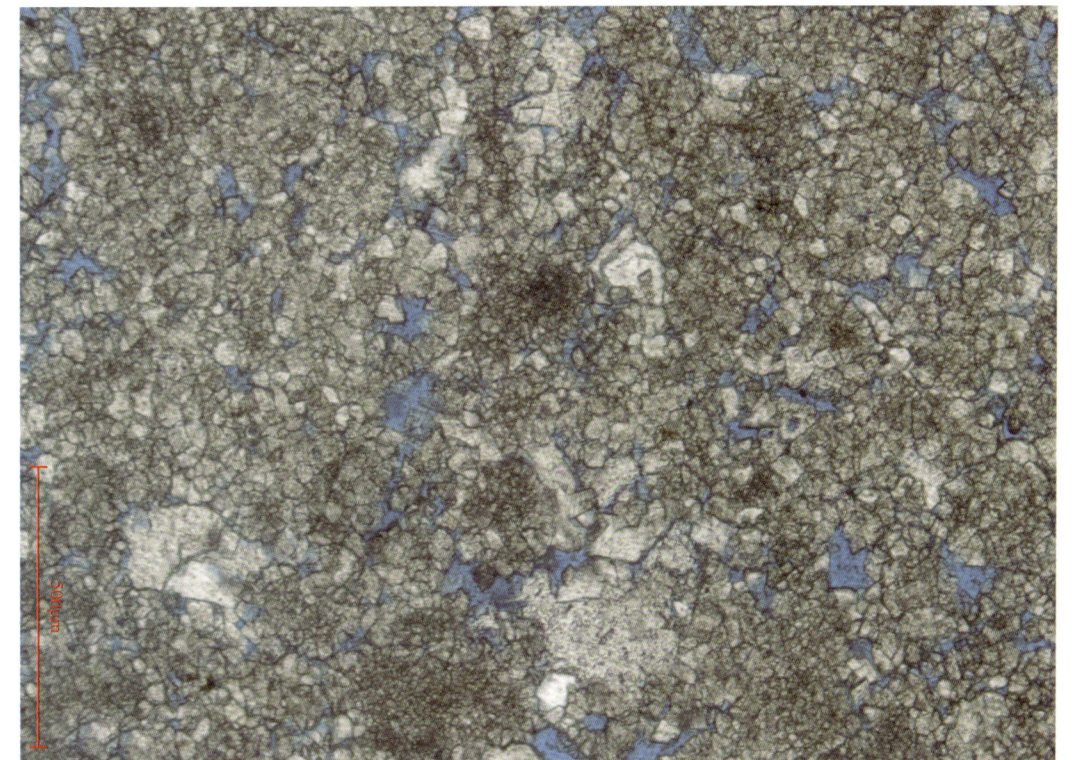

选择性溶蚀，粒内无溶孔，面孔率约为7.0%，残余砂屑白云岩。屏山铜厂，T₂l。铸体薄片，单偏光，显微照片

▲ 晶间孔

白云石多为自形晶、半自形晶，晶间孔隙发育，分布均匀，面孔率约为15%。细晶白云岩。屏山硐厂，T_2l_3。铸体薄片，单偏光，显微照片

▲ 晶间孔

原始为鲕粒灰岩，鲕粒经云化作用改造强烈，仅局部（右下角、中顶部）依稀可见鲕粒幻影，面孔率约为3.0%。细晶白云岩。屏山硐厂，T_2l_3。铸体薄片，单偏光，显微照片

参 考 文 献

陈孟莪, 1982. 四川峨眉麦地坪剖面震旦系—寒武系界线的新认识及有关化石群的记述[J]. 地层学杂志, (3): 253-263+345.

戴鸿鸣, 王顺玉, 李鑫, 等, 1999. 四川盆地震旦系含气系统成藏特征及有利勘探区块[J]. 石油勘探与开发, (5): 16-20+7.

邓胜徽, 樊茹, 李鑫, 等, 2015. 四川盆地及周缘地区震旦系(埃迪卡拉)系划分与对比[J]. 地质科学, 39(3): 239-254.

地质矿产部成都地质矿产研究所, 1987. 上扬子地台区震旦纪碳酸盐岩沉积相及矿产[M]. 重庆: 重庆出版社.

杜金虎, 张宝民, 汪泽成, 等, 2016. 四川盆地下寒武统龙王庙组碳酸盐岩缓坡双颗粒滩沉积模式及储层成因[J]. 矿物岩石地球化学通报, 36(6): 1-10.

范嘉松, 张荫本, 陈季高, 1974. 四川南部三迭系嘉陵江统碳酸岩孔隙类型及其成因的初步研究[J]. 地质科学, 9(4): 330-348.

范嘉松, 张荫本, 陈季高, 李季, 等, 2017. 四川峨边震旦系灯影组三段沉积相地球化学特征及地质意义[J]. 天然气工业, 36(3): 493-501.

范影年, 1978. 西南地区化石图册(二)[M]. 北京: 地质出版社.

冯伟明, 谢渊, 刘建清, 等, 2014. 上扬子区下寒武统龙王庙组沉积模式与油气勘探方向[J]. 地质科技情报, 33(3): 106-111.

冯纯江, 张继庆, 官平苇铭, 1988. 四川地区上二叠统沉积相及其构造控制[J]. 岩相古地理, (2): 1-15.

傅饶, 2015. 川西北寒武口组沉积相特征及成岩作用研究[D]. 成都: 成都理工大学.

谷明峰, 李文正, 李宗凡, 等, 2020. 四川盆地寒武系洗象池组岩相古地理特征[J]. 海相油气地质, 25(2): 162-170.

谷明峰, 邹倩, 黄盛菊, 等, 1996. 四川盆地下寒武统沉积相及勘探潜力区研究[J]. 中国区域地质, 6(2): 114-122.

黄先平, 杨天泉, 张红梅, 2004. 四川盆地下二叠统沉积相及其勘探潜力区研究[J]. 天然气工业, (1): 10-12+101.

胡光灿, 1997. 遗迹化石与二叠系地层与古地理的关系[M]. 北京: 科学出版社.

朗明毅, 魏国齐, 李浩田, 等, 2010. 四川盆地嘉陵江组层序-岩相古地理特征和储层预测[J]. 沉积学报, 28(6): 1145-1152.

郝毅, 谷明峰, 韦东晓, 等, 2020. 四川盆地上二叠统长兴组沉积相分布规律[J]. 海相油气地质, 25(3): 193-201.

何松林, 2016. 玄武岩储层特征及气源分析——以川西南峨眉山玄武岩为例[J]. 天然气勘探与开发, 42(1): 26-33.

金若谷, 1987. 四川龙门山北段晚寒武世晚期沉积环境及沉积模式[J]. 沉积学报, (4): 78-89+169.

胡明灿, 李国辉, 徐春春, 等, 2019. 四川盆地二叠系三分段及其意义[J]. 石油勘探与开发, 46(2): 216-225.

马永生, 王国力, 2009. 中国南方层序地层与古地理[M]. 北京: 科学出版社.

李国辉, 陈洪德, 2015. 川东二叠系沉积相研究[D]. 成都: 成都理工大学.

李国辉, 朱蜀敏, 2005. 四川盆地上二叠统岩相古地理[J]. 中国地质科学院成都地矿所所刊, 第10号.

李国华, 韦翔, 倪秉方, 等, 2003. 川西北地区栖霞组有利沉积相带及岩相古地理特征[J]. 海相油气地质, 18(1): 46(2): 226-240.

李逢, 2016. 川西北部上二叠统长兴组安岳拉张侵蚀槽分布特征及演化[D]. 成都: 西南石油大学.

李忠权, 李应, 倪秉芳, 等, 2015. 四川西部寒武系龙王庙组沉积相及形成演化[J]. 石油勘探与开发, 34(4): 13-22.

吕玉珍, 张超, 张建勇, 等, 2013. 四川盆地中三叠统雷口坡组有利沉积相带及岩相古地理特征[J]. 西南石油大学学报(自然科学版), 34(4): 13-22.

李日辉, 杨武俦, 1988. 川中地区寒武系洗象池群地层与岩相演化[J]. 现代地质, (2): 24-40.

李日辉, 1991. 遗迹化石与剖面震旦系—寒武系界线及其与小壳化石的关系[J]. 地质论评, (3): 214-220.

李伟, 樊茹, 贾鹏, 等, 2019. 四川盆地及周缘地区灯影组地层与岩相古地理演化[J]. 古地理学报, 22(3): 504-522.

卢衍豪, 1941. 云南昆明附近下寒武纪之三叶虫群[J]. 中国地质学会志, 21(1): 71-90.

卢衍豪, 1963. 中国寒武纪的新材料[J]. 地质学报, (4): 317-330.

姜怀诚, 1985. 四川东南部陶瞿岩地层[J]. 微体古生物学报, (1): 14-27+110-112.

牟传龙, 王秀平, 梁薇, 等, 2015. 上扬子地区灯影组白云岩储集体特征及成因——以南江扬明地区灯影组一段为例[J]. 沉积学报, 33(6): 1097-1110.

刘自亮, 邓邑, 施泽进, 等, 2020. 四川盆地下寒武统龙王庙组浅水碳酸盐台地沉积相特征及模式[J]. 西南石油大学学报(自然科学版), 34(4): 13-22.

覃建雄, 陈洪德, 田景春, 1999. 川黔桂二叠系层序地层与油气勘探 [J]. 石油与天然气地质, (1): 32-35.

强子同, 文应初, 雷卞军, 等, 1992. 川东鄂西上二叠统生物礁白云石化岩石学和地球化学 [J]. 地球化学, (2): 158-165+201-203.

四川省区域地层表编写组, 1978. 西南地区区域地层表 四川省分册 [M]. 北京: 地质出版社.

四川油气区石油地质志编写组, 1989. 中国石油地质志 卷十 四川油气区 [M]. 北京: 石油工业出版社.

孙春燕, 胡明毅, 胡忠, 等, 2015. 四川盆地下三叠统飞仙关组层序—岩相古地理特征 [J]. 海相油气地质, 20 (3): 1-9.

孙春燕, 胡明毅, 胡忠贵, 等, 2018. 四川盆地中二叠统茅口坡组沉积特征及有利储集相带 [J]. 石油与天然气地质, 39 (3): 498-512.

苏旺, 江青春, 陈志勇, 等, 2015. 四川盆地中二叠统茅口组层序地层特征及其对源储的控制作用 [J]. 天然气工业, 35 (7): 34-43.

宋晓波, 王琼仙, 隆珂, 等, 2016. 四川盆地西部中二叠统茅口组油气地质条件及勘探潜力 [J]. 海相油气地质, 21 (1): 1-6.

盛辛夫, 1940. 四川峨边金口河附近地质及水晶矿 [J]. 地质论评, 5 (1-2): 85-90.

谭锡畴, 李春昱, 1933. 四川峨眉山地质 [R]. 中央地质调查所地质汇报, 第20号.

田景春, 林小兵, 郭维, 等, 2017. 四川盆地二叠纪玄武岩喷发事件的油气地质意义 [J]. 成都理工大学学报 (自然科学版), 44 (1): 14-20.

王钢, 1986. 贵州奥陶纪年代地层 [J]. 贵州地质, (4): 63-87.

万正权, 1983. 四川龙门山泥盆系研究进展与宝石组的建立 [J]. 中国地质科学院成都地质矿产研究所文集, (2): 111-118+144.

魏国齐, 沈平, 张帆, 等, 2013. 四川盆地上二叠统长兴组生物礁大气田形成条件与勘探远景区 [J]. 石油勘探与开发, 40 (2): 129-138.

魏国齐, 杨威, 朱永刚, 等, 2010. 川西地区中二叠统栖霞组沉积相体系 [J]. 石油与天然气地质, 31 (4): 442-448.

王长生, 龚黎明, 等, 1988. 四川省酉阳和秀山地区的寒武系 [M]. 重庆: 科学技术文献出版社重庆分社.

王鑫, 辛勇光, 田瀚, 等, 2020. 四川盆地中三叠统雷口坡组沉积储层研究进展 [J]. 海相油气地质, 25 (3): 210-222.

王钰, 1938. 湖北峡东"宜昌石灰岩"的时代问题 [J]. 地质论评, (2): 131-142.

王鸿祯, 1956. 地史学教程 [M]. 北京: 地质出版社.

谢武仁, 杨威, 李熙喆, 等, 2018. 四川盆地川中地区寒武系龙王庙组颗粒滩储层成因及其影响 [J]. 天然气地球科学, 29 (12): 1715-1726.

一刚, 文应初, 张帆, 等, 1998. 川东地区上二叠统长兴组生物礁分布规律 [J]. 天然气工业, (6): 25-30+7-8.

向娟, 胡忠贵, 胡明毅, 等, 2011. 四川盆地中二叠统茅口组沉积相分析 [J]. 石油地质与工程, 25 (1): 14-19+141-142.

杨光, 胡科毅, 李楠, 等, 2016. 四川盆地多层系油气成藏特征与富集规律 [J]. 天然气工业, 36 (11): 1-11.

杨敬之, 盛金章, 吴望始, 等, 1962. 中国的石炭系. 全国地层会议学术报告汇编 [M]. 北京: 科学出版社.

杨遵仪, 陈远德, 李善姬, 等, 1982. 四川峨眉麦地坪剖面前寒武系和寒武系界线的划分与对比 [C] // 天津地质矿产研究所, 中国科学院天津地质矿产研究所文集. 北京: 地质出版社.

杨氏溥, 1983. 中国早石炭世腕足动物生物地理分区 [C] //《古生物学基础理论丛书》编委会. 中国古生物地红塔区理区系 [M]. 北京: 科学出版社.

殷继成, 林文球, 李大庆, 1989. 云南东部震旦系一寒武系边界层的遗迹石和遗迹相 [J]. 成都地质学院学报, 16 (4): 44-50.

殷继成, 丁莲芳, 何廷贵, 等, 1980. 四川峨眉高桥震旦日系一寒武系界线 [J]. 中国地质科学院院报, 2 (1): 59-74.

张健, 周刚, 张光荣, 等, 2018. 四川盆地中二叠统天然气地质特征与勘探方向 [J]. 天然气工业, 38 (1): 10-20.

张帆, 文应初, 强子同, 1999. 四川盆地寒武系洗象池群碳酸盐岩向上变浅沉积序列 [J]. 矿物岩石地球化学通报, (1): 25-30.

赵俊兴, 李凤杰, 刘琪, 等, 2008. 四川盆地东北部二叠系沉积相及其演化特征 [J]. 天然气地球科学, (4): 444-451.

赵兵, 王建坡, 2004. 龙门山中段观雾山组生态地层特征及意义 [J]. 沉积学报, 22 (1): 47-53.

《中国地层典》编委会, 1999. 中国地层典 [M]. 北京: 地质出版社.

朱露, 胡明毅, 段金, 等, 2010. 四川盆地西南地区下三叠统嘉陵江组沉积相研究 [J]. 海洋石油, 30 (1): 43-47.